普 通 物 理

主　　编　詹佑邦

编写人员　詹佑邦　杨志红

　　　　　边秋平

南京大学出版社

图书在版编目(CIP)数据

普通物理/詹佑邦主编. —南京：南京大学出版社，2001.9(2014.7 重印)
高等学校小学教育专业教材
ISBN 978-7-305-03751-1

Ⅰ.普…　Ⅱ.詹…　Ⅲ.普通物理学—师范大学—教材　Ⅳ.04

中国版本图书馆 CIP 数据核字(2001)第 068053 号

丛 书 名　高等学校小学教育专业教材
书　　名　普通物理
主　　编　詹佑邦
出版发行　南京大学出版社
社　　址　南京市汉口路 22 号　　邮编 210093
电　　话　025-83596923　025-83592317　传真 025-83328362
网　　址　http://press.nju.edu.cn
电子邮件　nupress1@public1.ptt.js.cn
经　　销　全国新华书店
印　　刷　南京人民印刷厂
开　　本　850×1168　1/32　印张 12.625　字数 326 千
版　　次　2001 年 9 月第 1 版　2014年 7 月第 10 次印刷
印　　数　23001～25000
ISBN　978-7-305-03751-1
定　　价　19.00 元

高等学校小学教育专业教材
编写委员会名单

前　言

培养具有较高学历的小学教师是江苏社会主义现代化建设和基础教育事业发展的迫切需要,也是我国师范教育改革发展的必然趋势。1984 年,江苏省南通师范学校在全国率先进行培养专科程度小学教师的五年制师范教育试验;1998 年,通过联合办学形式,组建南京师范大学晓庄学院,在全国率先进行培养本科程度小学教师的试验,使江苏省较早启动了以高学历、高素质为基本特征的"跨世纪园丁工程"。10 多年来,试验院校为基础教育输送了一大批新型小学教师,提升了小学教师的学历结构,提高了小学教育教学质量,受到了教育行政部门和用人单位的普遍欢迎。但自试验以来,江苏省乃至全国还没有一套专为培养本专科程度小学教师而编写的小学教育专业教材,这不能不说是一种缺憾。

1997 年 6 月,江苏省教委根据原国家教委师范教育司《大学专科程度小学教师培养课程方案(试行)》的基本精神,组织制订并印发了《江苏省五年制师范课程与学习手册》,对培养专科程度小学教师的目标、规格、课程体系作了明确规定,对各专业所开设课程的目标、内容和要求作了具体说明。1999 年 6 月,又对《江苏省五年制师范课程与学习手册》中小学教育专业课程方案进行了修订,正式颁布了《江苏省五年制师范小学教育专业课程方案(试行)》(以下简称《方案》),标志着江苏省培养专科程度小学教师的五年制师范教学内容和课程体系的确立。"九五"期间,原国家教委师范司组织成立了“面向21世纪本专科学历小学教师专业建设”课题组，江苏省教委和南京师范大学承担了其中一系列的子课题研究任务，编写教材纳入了课题组的预期研究成果，这为教材建设提供了理论和实践上的准备。为了着力解决培养本专科程度小学教师学校教材紧缺的燃眉之急，进一步规范和完善教学管理，切实保证教学质量，江苏省教委组织编写了这套高等学校小学教育专业教材。

这套教材以全面贯彻党的教育方针，全面提高教育质量为宗旨，以教育要“面向现代化、面向世界、面向未来”为指针，以《方案》为依据，体现素质教育思想和改革创新精神，体现大学文化程度和为小学教育服务的内在要求，遵循小学教师成长的规律和学科教学特点，加强通识教育，注重文理渗透，强化职业能力培养，合理安排教材结构，科学构建教材体系。在教材编写过程中，充分汲取了省内外试验院校的教学经验，并注意借鉴国际师范教育教学改革的先进成果，在确保科学性的前提下，进一步突出教材内容的时代性、针对性和系统性，坚持师范性和学术性统一，基础性和发展性并重，使教材体系更加符合培养面向21世纪本专科学历小学教师的需要。

全套教材按照“整体规划、分步实施、逐步到位”的教材建设目标进行编写。第一批主要编写《方案》中规定的学科专业必修课、教育专业必修课和部分选修课的教材，共计38本。

学科专业课教材有：《文学理论》、《中国古代文学》、《中国现当代文学》、《外国文学》、《汉语》、《写作》、《普通逻辑概要》、《儿童文学》、《人文社会科学基础》、《高等代数》、《数学分析》、《空间解析几何》、《概率与统计》、《算术基本理论与数论初步》、《微机辅助教学软件设计》、《普通物理》、《现代科技概论》等17本。

教育专业课教材有：《教育基本原理》、《教育技术教程》、《教育技艺原理与训练》、《教育科研方法》、《儿童心理学》、《班队管理》、《小学语文教材概说》、《小学数学教材概说》、《小学语文教学概论》、《小学数学教学概论》等10本。

选修课(必选)教材有:《大学语文》、《高等数学》、《中国文化概说》、《教育思想史》、《素质教育论》、《教育现代化》、《家庭社区教育》、《教育伦理学》、《现代教育思潮》、《小学教育个案研究》、《小学教育比较研究》等11本。

本套教材由国内学养深厚的知名专家学者担任主编,一大批具有丰富教学经验和较高学术水平的学科带头人集体参与编写,确保了教材质量。

本套教材适用于培养大学本、专科学历小学教师的全日制学校,也可以作为在职小学教师本专科学历进修、继续教育和自学考试的指定教学用书。

培养本专科学历小学教师是一项面向未来的探索,小学教育专业建设尤其是教材建设尚处在起步阶段。由于缺乏经验,加上编写时间仓促,难免存在一些不足之处,各地在具体使用过程中有什么问题或建议,请及时与江苏省教委师范教育处联系,以便修订完善。

高等学校小学教育专业
教材编写委员会
2001年9月

目　录

绪　论

物理学是一门自然科学，它所研究的是最基本的物质运动形式，包括机械运动、热运动、电磁运动、原子和原子核的运动等等．这些运动普遍存在于其他较高级的运动形式之中，诸如化学运动、生命过程，甚至心理学中都包含有许多物理现象．所以，物理学研究的物质运动规律具有极大的普适性．

物理学是一门实验科学，它的理论是在对物理现象进行观察、实验的基础上，进行科学的分析、归纳、演绎等抽象思维而建立起来的．观察和实验是物理学的重要实践手段．观察是对自然界中发生的某些现象加以观测研究，加深对它们的认识，总结出其中的规律．实验是在人工控制的条件下，对某些现象反复进行观测研究，从而得到一些基本的规律．物理实验既是物理学研究的基础，又是最后检验理论正确与否的惟一标准．

抽象和假说是物理学研究中经常使用的方法．抽象是根据研究对象的内容和性质，保留一些起决定性作用的因素，略去次要的因素，建立一些与实际情况近似的理想模型来进行研究的方法．例如，质点、刚体、理想气体等都是理想模型．对理想模型进行研究所得到的一些规律往往是反映物理对象主要方面的基本规律．假说则是根据已知的科学原理和科学事实对未知的自然现象提出的一种假定性理论．例如量子假设、光速不变假设等都是物理学中著名的假说例子.在近代物理学的发展中,假说是一种很重要的研究方法.然而,假说并不就是理论,假说的正确与否,要由实践来检验.只有在以假说为基础推出的结论能够被实验证实时,才能上升为理论.

生产发展的客观需要是物理学发展的强大动力,而物理学的研究成果,又有力地推动了生产技术的进一步发展.物理学理论的重大突破往往导致工程技术上革命性的变革,甚至引发新的工业革命.例如,17 世纪～18 世纪,牛顿力学的建立和热力学的发展,满足了研制蒸汽机和发展机械工业的社会需要,引起了第一次工业革命;到了 19 世纪,由于法拉第－麦克斯韦电磁理论的诞生,使人们成功地制造出电机、电器和电讯设备,从而引起了工业电气化,即第二次工业革命;进入 20 世纪,由于相对论和量子力学的建立,使人类得以跨入原子能、电子计算机、半导体、激光、空间科学等新技术的时代.从 1925 年之后,几乎所有的 20 世纪的物质文明都是从这两个物理基础学科发展衍生的.总之,科学技术的发展,是和物理学的研究和应用分不开的.因此,我们应该努力学好物理学,以适应进一步的学习提高和从事社会主义建设的需要,为在我国实现现代化更好地作出贡献.

第 1 章　质点运动学

世界万物无一不处于永恒的运动变化之中,其中最简单、最基本的运动形式是物体位置的变化,称为机械运动.一个物体相对于另一个物体,或者一个物体的某些部分相对于该物体的其他部分的位置的变化,都是机械运动.研究物体机械运动的学科称为力学.运动学是力学的组成部分之一,它只研究物体位置随时间的变化,而不涉及引起运动变化的原因.

1.1　质点　参考系和坐标系

1.1.1　质点

任何实际物体都有一定的大小和形状,一般说来,在运动中物体上各点的运动情况是各不相同的.因此,描述实际物体的运动不是一件容易的事情.但如果在我们所考察的问题中,物体的体积和形状起的作用可以忽略不计,那么就可以把这个物体看成是没有大小和形状的一个几何点,称其为**质点**.质点是从实际物体抽象出来的理想模型.运用建立理想模型研究物理问题的方法具有实际意义,它有助于揭示事物的主要性质,使所研究的问题简化,便于找出主要规律,因此这是一种重要的科学分析方法.

一个物体能否看成质点要根据具体问题来确定.例如研究地

球绕太阳的公转时，由于地球到太阳的距离是地球直径的1万多倍，地球上各点相对于太阳的运动可以视为相同的，这时可以把地球当作一个质点；但在研究地球本身的自转时，由于地球上各点的运动各不相同，这时就不能再将地球看成质点了．由此可见，把一个物体看成为质点是有条件的，是相对而言的．对于同一个物体，由于研究的问题不同，有时可以把它当作一个质点，有时则不能．

1.1.2 参考系和坐标系

在自然界中，一切物体都在不停地运动着，大到地球、星系等天体，小到分子、原子和各种基本粒子，都无时无刻不在运动．所以，物体的运动是普遍的、绝对的．但是，要描述一个物体的机械运动，却又具有相对性．这是因为，在研究一个物体的机械运动时，为了确定这个物体的位置和运动，就必须选择一个或几个相互保持静止的其他物体作为参考，这些被选作参考的物体称为**参考系**．例如，研究公路上车辆的运动，常选择路面或路边静止的物体作为参考系；研究人造地球卫星的运动，常选择地球作为参考系等等．

对于同一物体的运动，如果所选择的参考系不同，对其运动的描述也就不相同．如在作匀速直线运动的车厢中研究一物体的自由下落时，若以车厢作为参考系，该物体作铅直下落运动；但若以地面作为参考系，则物体在作向下的抛物线运动．因此，在描述物体的运动规律时，必须说明选择的是什么参考系．在运动学中，参考系的选择具有任意性，如何选择应由问题的性质和研究的简便程度来决定．

为了定量地描述物体的机械运动，还必须建立与所选参考系相联系的**坐标系**．通常使用的是直角坐标系，另外还有极坐标系、球坐标系和柱坐标系等．在研究物体的机械运动时，坐标系选择得当，可以简化计算或便于描述．

1.2 位置矢量　位移

1.2.1　位置矢量

为了描述质点的运动，首先要定量地表示质点的位置. 在直角坐标系中，质点的位置可以用坐标来表示，也可以用位置矢量来表示. 如图 1－1，质点 P 的位置可以用三个坐标 (x, y, z) 表示，也可用从坐标原点 O 到 P 点的有向线段 $\boldsymbol{r}$ 表示. 有向线段 $\boldsymbol{r}$ 称为 P 点的**位置矢量**或**矢径**，可表示为

$$\boldsymbol{r} = x\boldsymbol{i} + y\boldsymbol{j} + z\boldsymbol{k}. \qquad (1-1)$$

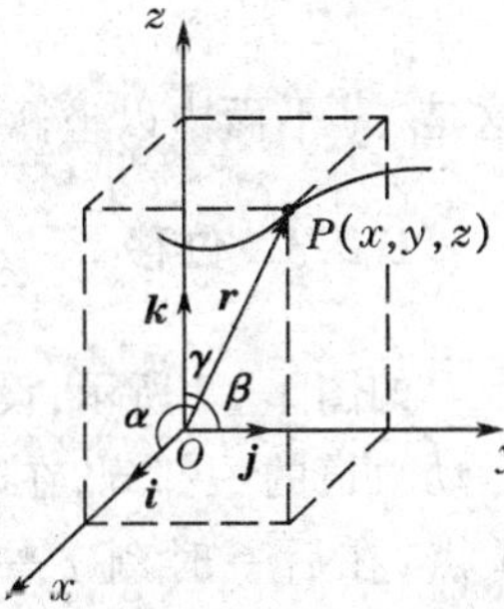

图 1－1

式中，$\boldsymbol{i}, \boldsymbol{j}, \boldsymbol{k}$ 分别为沿 x, y, z 轴正方向的**单位矢量**.

位置矢量的大小为

$$r = |\boldsymbol{r}| = \sqrt{x^2 + y^2 + z^2}, \qquad (1-2)$$

其方向由三个方向余弦来决定，它们分别是

$$\cos\alpha = \frac{x}{r}, \cos\beta = \frac{y}{r}, \cos\gamma = \frac{z}{r}. \qquad (1-3)$$

1.2.2　运动方程

当质点运动时，它的位置随时间不断改变，这时质点的位置矢量和坐标是时间 t 的函数，记作

$$\boldsymbol{r} = \boldsymbol{r}(t), \qquad (1-4)$$

这就是质点的**运动方程**. 在直角坐标系中，其分量式为

$$x = x(t), y = y(t), z = z(t). \qquad (1-5)$$

运动质点在空间所经过的路径称为**轨道**或**轨迹**. 在质点的运动方程中消去时间 t,就可得到质点的**轨道方程**.

例如,一质点的运动方程为

$$x = R\sin\frac{\pi}{6}t, y = R\cos\frac{\pi}{6}t, z = 0.$$

消去 t 后得到轨道方程为

$$x^2 + y^2 = R^2, z = 0.$$

这是 xy 平面内以坐标原点为圆心,半径为 R 的圆.

1.2.3 位移

如图 1-2 所示,设曲线 $\overset{\frown}{AB}$ 是质点运动轨道的一部分,在时刻 t 质点位于 A 点,在后一时刻 $t+\Delta t$ 质点位于 B 点,$\boldsymbol{r}_A$, $\boldsymbol{r}_B$ 分别为 A, B 两点的位置矢量. 在时间 Δt 内,质点的位置变化可用由 A 点(起点)指向 B 点(终点)的有向线段 $\Delta\boldsymbol{r}$ 来表示:

$$\Delta\boldsymbol{r} = \boldsymbol{r}_B - \boldsymbol{r}_A, \qquad (1-6)$$

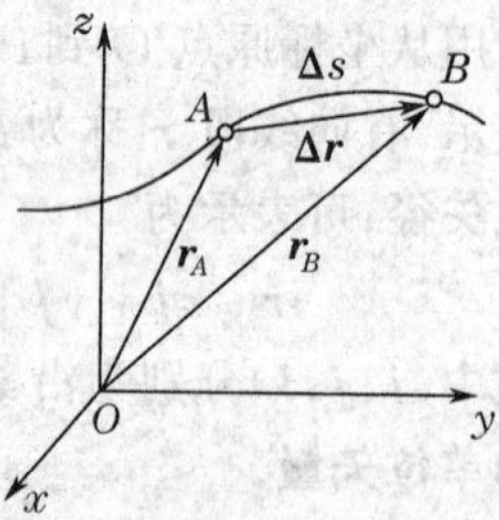

图 1-2

$\Delta\boldsymbol{r}$ 称为质点的**位移**. 位移是位置矢量的增量,它不仅能反映质点位置变动的大小,而且能表示质点移动的方向. 在国际单位制中,位移的单位是 m(米).

需要指出,位移 $\Delta\boldsymbol{r}$ 表示的是质点位置的改变,它不同于质点通过的路程 Δs. 例如,在图 1-2 中,位移是矢量,有方向,其大小 $|\Delta\boldsymbol{r}|$ 是割线 AB 的长度,而路程 Δs 是标量,其大小就是曲线 $\overset{\frown}{AB}$ 的长度. 一般地讲,质点在 Δt 时间内沿着路径走过的路程 Δs 与其位移的大小 $|\Delta\boldsymbol{r}|$ 之间没有确定的关系. 例如质点沿一封闭曲线绕行一周回到起点,这时质点的位移等于零,而路程则等于该封闭曲线的周长.

1.3 速度　加速度

1.3.1 速度

在研究质点的运动时,为了研究质点位置变化的快慢和方向,需要引入速度的概念.如图 1-2 所示,若在时刻 t 到 $t+\Delta t$ 内,质点的位移为 $\Delta \boldsymbol{r}$,所用时间间隔为 Δt,则称 $\Delta \boldsymbol{r}$ 与 Δt 的比值为质点在这段时间内的**平均速度矢量**,简称为**平均速度**,记作

$$\overline{\boldsymbol{v}}=\frac{\Delta \boldsymbol{r}}{\Delta t}, \tag{1-7}$$

其方向与位移 $\Delta \boldsymbol{r}$ 的方向一致.

平均谏度只能粗略地描述质点的运动状况.为了精确地说明质点在时刻 t 的运动,应将 Δt 取得尽可能小,Δt 越小,运动的变化也就越小,平均速度$\frac{\Delta \boldsymbol{r}}{\Delta t}$就越能精确地表示质点在 t 时刻的运动情况.如果使 $\Delta t \to 0$,那么平均速度$\frac{\Delta \boldsymbol{r}}{\Delta t}$的极限就表示 t 时刻位置矢量的瞬时变化率,称为质点在 t 时刻的**瞬时速度**,简称**速度**,即

$$\boldsymbol{v}=\lim_{\Delta t \to 0}\frac{\Delta \boldsymbol{r}}{\Delta t}=\frac{\mathrm{d}\boldsymbol{r}}{\mathrm{d}t}. \tag{1-8}$$

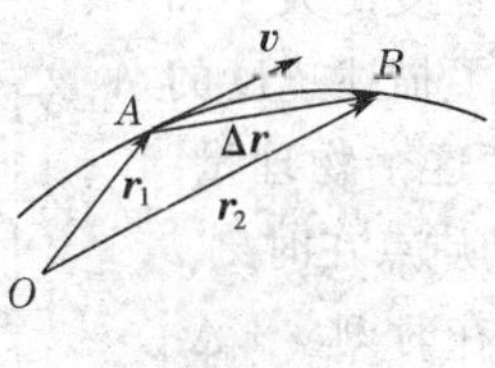

图 1-3

该式表明瞬时速度即为其位置矢量对时间的一阶导数.瞬时速度是矢量,其方向为 $\Delta t \to 0$ 时位移 $\Delta \boldsymbol{r}$ 的极限方向,即沿着 t 时刻质

点所在处运动轨迹的切线方向(图 1－3).瞬时速度的大小称为**瞬时速率**,简称**速率**,记为 v.

$$v=|\boldsymbol{v}|=\left|\frac{\mathrm{d}\boldsymbol{r}}{\mathrm{d}t}\right|=\frac{|\mathrm{d}\boldsymbol{r}|}{\mathrm{d}t}=\frac{\mathrm{d}s}{\mathrm{d}t}. \tag{1-9}$$

瞬时速率是标量,在国际单位制中速度和速率的单位均为 $\mathrm{m\cdot s^{-1}}$(米/秒).

在直角坐标系中,速度可表达为

$$\begin{aligned}\boldsymbol{v}&=\frac{\mathrm{d}\boldsymbol{r}}{\mathrm{d}t}=\frac{\mathrm{d}}{\mathrm{d}t}(x\boldsymbol{i}+y\boldsymbol{j}+z\boldsymbol{k})\\&=\frac{\mathrm{d}x}{\mathrm{d}t}\boldsymbol{i}+\frac{\mathrm{d}y}{\mathrm{d}t}\boldsymbol{j}+\frac{\mathrm{d}z}{\mathrm{d}t}\boldsymbol{k}\\&=v_x\boldsymbol{i}+v_y\boldsymbol{j}+v_z\boldsymbol{k}.\end{aligned} \tag{1-10}$$

其中,

$$v_x=\frac{\mathrm{d}x}{\mathrm{d}t},v_y=\frac{\mathrm{d}y}{\mathrm{d}t},v_z=\frac{\mathrm{d}z}{\mathrm{d}t}, \tag{1-11}$$

它们分别是速度在三个坐标轴上的分量.

速度的大小和方向余弦可表示如下

$$v=\sqrt{v_x^2+v_y^2+v_z^2}, \tag{1-12}$$

$$\cos\alpha_v=\frac{v_x}{v},\cos\beta_v=\frac{v_y}{v},\cos\gamma_v=\frac{v_z}{v}. \tag{1-13}$$

1.3.2 加速度

质点运动时,瞬时速度的大小和方向常随时间变化.为了描述速度的变化,人们引入加速度这个物理量.如图 1－4 所示,一运动质点在时刻 t 位于 A 点,速度为 $\boldsymbol{v}_A$,在时刻 $t+\Delta t$ 质点运动至 B 点,速度为 $\boldsymbol{v}_B$.显然,在 Δt 时间内质点速度的增量为

$$\Delta\boldsymbol{v}=\boldsymbol{v}_B-\boldsymbol{v}_A. \tag{1-14}$$

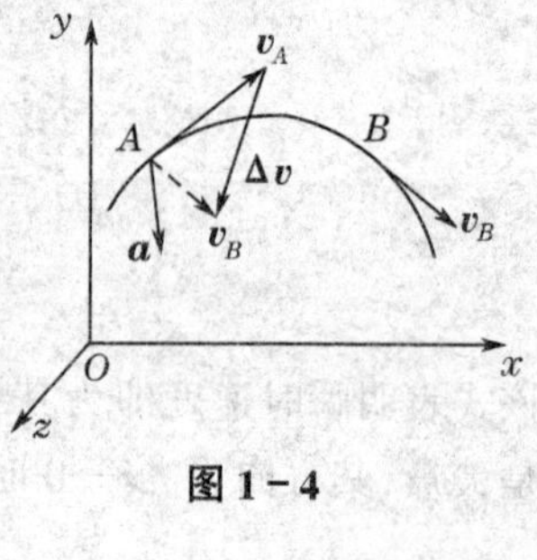

图 1－4

我们称 $\Delta\boldsymbol{v}$ 与 Δt 的比值为质点在相应时间 Δt 内的**平均加速度**，即

$$\overline{\boldsymbol{a}}=\frac{\Delta\boldsymbol{v}}{\Delta t}. \tag{1-15}$$

平均加速度只能粗略地反映质点在 Δt 时间内速度的变化. 为了精确地描述质点在任一时间 t（或任一位置）的速度变化情况，必须引入瞬时加速度的概念. 与瞬时速度类似，当 $\Delta t\to 0$ 时，质点平均加速度的极限即称为质点在 t 时刻的**瞬时加速度**，简称**加速度**，写为

$$\boldsymbol{a}=\lim_{\Delta t\to 0}\overline{\boldsymbol{a}}=\lim_{\Delta t\to 0}\frac{\Delta\boldsymbol{v}}{\Delta t}=\frac{\mathrm{d}\boldsymbol{v}}{\mathrm{d}t}=\frac{\mathrm{d}^2\boldsymbol{r}}{\mathrm{d}t^2}. \tag{1-16}$$

上式表明瞬时加速度是速度对时间的一阶导数，或位置矢量对时间的二阶导数.

加速度是矢量，它的方向是当 $\Delta t\to 0$ 时速度增量 $\Delta\boldsymbol{v}$ 的极限方向. 由于速度变化情况的不同，$\Delta\boldsymbol{v}$ 的极限方向也不同，在一般情况下，$\Delta\boldsymbol{v}$ 的极限方向不同于速度 $\boldsymbol{v}$ 的方向，即质点的加速度与速度在方向上并不一致. 在直线运动中，它们的方向在同一直线上，但有同向与反向两种情况. 在曲线运动中，由于速度增量导致速度方向的改变，加速度的方向总是指向轨迹凹侧（图 1-4）.

在直角坐标系中，加速度可表示为

$$\begin{aligned}\boldsymbol{a}&=\frac{\mathrm{d}\boldsymbol{v}}{\mathrm{d}t}=\frac{\mathrm{d}}{\mathrm{d}t}(v_x\boldsymbol{i}+v_y\boldsymbol{j}+v_z\boldsymbol{k})\\&=\frac{\mathrm{d}v_x}{\mathrm{d}t}\boldsymbol{i}+\frac{\mathrm{d}v_y}{\mathrm{d}t}\boldsymbol{j}+\frac{\mathrm{d}v_z}{\mathrm{d}t}\boldsymbol{k}.\\&=a_x\boldsymbol{i}+a_y\boldsymbol{j}+a_x\boldsymbol{k}\end{aligned} \tag{1-17}$$

式中，

$$a_x=\frac{\mathrm{d}v_x}{\mathrm{d}t},a_y=\frac{\mathrm{d}v_y}{\mathrm{d}t},a_z=\frac{\mathrm{d}v_t}{\mathrm{d}t}, \tag{1-18}$$

是加速度在三个坐标轴上的分量. 加速度的大小由下式给出

$$a=\sqrt{a_x^2+a_y^2+a_z^2}; \tag{1-19}$$

其方向由方向余弦表示

$$\cos\alpha_a=\frac{a_x}{a},\cos\beta_a=\frac{a_y}{a},\cos\gamma_a=\frac{a_z}{a}. \qquad (1-20)$$

在国际单位制中,加速度的单位是 $\mathrm{m\cdot s^{-2}}$(米/秒^2).

【例题 1-1】 一质点沿 x 轴作直线运动,其坐标 x 与时间 t 的关系是

$$x=1.5t^3,$$

其中 t 以 s(秒)计,x 以 m(米)计.求:(1) 在 $t=0$ 和 $t=2\mathrm{s}$ 这段时间内的平均速度和平均加速度; (2)在 $t=2\mathrm{s}$ 时的瞬时速度和瞬时加速度.

【解】 (1) 由关系式 $x=1.5t^3$ 可求得 $t_1=0$ 时质点的位置 $x_1=0$,$t_2=2\mathrm{s}$ 时的位置 $x_2=12\mathrm{m}$,在这段时间内质点移动的距离为

$$\Delta x=x_2-x_1=12\mathrm{m},$$

故这段时间内质点的平均速度为

$$\bar{v}=\frac{\Delta x}{\Delta t}=\frac{12}{2}=6(\mathrm{m\cdot s^{-1}}).$$

将 $x=1.5t^3$ 对 t 求导,得

$$v=\frac{\mathrm{d}x}{\mathrm{d}t}=4.5t^2,$$

由此可算出 $t_1=0$ 时的速度 $v_1=0$; $t_2=2\mathrm{s}$ 时的速度 $v_2=18\mathrm{m\cdot s^{-1}}$.故 $t_1=0$ 到 $t_2=2\mathrm{s}$ 这段时间内的平均加速度为

$$\bar{a}=\frac{v_2-v_1}{t_2-t_1}=\frac{18}{2}=9(\mathrm{m\cdot s^{-2}}).$$

(2) 由 $v=4.5t^2$ 已求得 $t_2=2\mathrm{s}$ 时的瞬时速度为 $18\mathrm{m\cdot s^{-1}}$.

将 $v=4.5t^2$ 对 t 求导,得

$$a=\frac{\mathrm{d}v}{\mathrm{d}t}=9t,$$

故 $t_2=2\mathrm{s}$ 时的瞬时加速度为

$$a_2 = 18\text{m}\cdot\text{s}^{-2}.$$

【例题 1-2】 已知质点的运动方程为 $\boldsymbol{r} = 5\boldsymbol{i} + 3t\boldsymbol{j} + 2t^2\boldsymbol{k}$(单位:m),求 $t=0$ 和 $t=1$(单位:s)时质点的速度矢量和加速度矢量.

【解】 由 $x=5$ 可知,质点在过 $x=5\text{m}$ 处的 $Y-Z$ 平面上运动.

(1) 先求速度矢量:

$$\boldsymbol{v} = \frac{\mathrm{d}\boldsymbol{r}}{\mathrm{d}t} = 3\boldsymbol{j} + 4t\boldsymbol{k}.$$

$\boldsymbol{v}$ 的大小为

$$v = \sqrt{9 + 16t^2},$$

$\boldsymbol{v}$ 的方向余弦为

$$\cos\alpha = 0, \cos\beta = \frac{3}{v}, \cos\gamma = \frac{4t}{v}.$$

(ⅰ) 当 $t=0$ 时,

$$v = 3\text{m}\cdot\text{s}^{-1},$$

$$\cos\alpha = \cos\gamma = 0, \cos\beta = 1.$$

表明质点速度沿 Y 轴正方向($\alpha = \gamma = 90°, \beta = 0°$).

(ⅱ) 当 $t=1\text{s}$ 时,

$$v = 5\text{m}\cdot\text{s}^{-1},$$

$$\cos\alpha = 0, \cos\beta = 0.6, \cos\gamma = 0.8.$$

即

$$\alpha = 90°, \beta = 53°8', \gamma = 36°52'.$$

(2) 再求加速度矢量:

$$\boldsymbol{a} = \frac{\mathrm{d}\,\boldsymbol{v}}{\mathrm{d}t} = 4\boldsymbol{k},$$

从而可知 $\boldsymbol{a}$ 的大小和方向余弦为

$$a = 4\text{m}\cdot\text{s}^{-2},$$

$$\cos\alpha=\cos\beta=0,\cos\gamma=1.$$

表明质点作 $a=4\mathrm{m}\cdot\mathrm{s}^{-2}$的匀加速直线运动,其加速度方向沿 z 轴正方向($\alpha=\beta=90^\circ,\gamma=0^\circ$).

【例题 1-3】 汽车沿一水平直线运动,刹车后汽车的加速度 $a=-kv$,k 为正常数.刹车时汽车的速度为 v_0,求:(1) 汽车的速度表达式;(2) 刹车后汽车最多能行进多远.

【解】 (1) 由 $a=\dfrac{\mathrm{d}v}{\mathrm{d}t}=-kv$,

对上式进行分离变量得

$$\frac{\mathrm{d}v}{v}=-k\mathrm{d}t,$$

两边积分

$$\int_{v_0}^{v}\frac{\mathrm{d}v}{v}=\int_0^t -k\mathrm{d}t$$

得

$$\ln\frac{v}{v_0}=-kt,$$

所以汽车的速度表达式为

$$v=v_0\mathrm{e}^{-kt}.$$

(2)由 $v=\dfrac{\mathrm{d}x}{\mathrm{d}t}=v_0\mathrm{e}^{-kt}$,

则有

$$\mathrm{d}x=v_0\mathrm{e}^{-kt}\mathrm{d}t,$$

两边积分

$$\int_0^x\mathrm{d}x=\int_0^t v_0\mathrm{e}^{-kt}\mathrm{d}t$$

得

$$x=\frac{v_0}{k}(1-\mathrm{e}^{-kt}).$$

所以，当 $t\to\infty$，汽车能行进的最大距离为

$$x_{\max}=\frac{v_0}{k}.$$

1.4 圆周运动

1.4.1 匀速圆周运动

质点作圆周运动时，如果质点在每一时刻的速率都相等，称这种运动为**匀速圆周运动**. 如图 1－5 所示，设圆周半径为 R，圆心为 O，质点在时刻 t 至 $t+\Delta t$ 这段时间内从 A 点到达 B 点，速度分别为 $\boldsymbol{v}_A$ 和 $\boldsymbol{v}_B$. 根据定义，$\boldsymbol{v}_A$ 和 $\boldsymbol{v}_B$ 大小相等，皆等于 v，方向分别与半径 OA 和 OB 垂直. 在时间 Δt 内，质点速度的增量为

$$\Delta\boldsymbol{v}=\boldsymbol{v}_B-\boldsymbol{v}_A.$$

由定义(1－16)式，质点的加速度为

$$\boldsymbol{a}=\lim_{\Delta t\to 0}\frac{\Delta\boldsymbol{v}}{\Delta t}=\lim_{\Delta t\to 0}\frac{\boldsymbol{v}_B-\boldsymbol{v}_A}{\Delta t}.$$

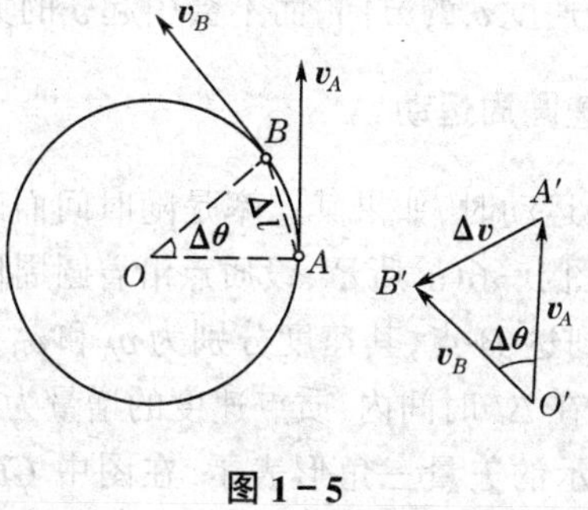

图 1－5

从图 1－5 中容易看出△OAB 与△$O'A'B'$相似，根据相似三角形的对应边成比例的关系，得

$$\frac{|\Delta \boldsymbol{v}|}{v}=\frac{\Delta l}{R},$$

式中 Δl 是$\overline{AB}$弦的长度，整理后在等式两边同时除以 Δt，得

$$\frac{|\Delta \boldsymbol{v}|}{\Delta t}=\frac{v\Delta l}{R\Delta t},$$

对上式两边同时取 $\Delta t\to 0$ 的极限，从而得到

$$a=\lim_{\Delta t\to 0}\frac{|\Delta \boldsymbol{v}|}{t}=\lim_{\Delta t\to 0}\frac{v\Delta l}{R\Delta t}=\frac{v}{R}\lim_{\Delta t\to 0}\frac{\Delta l}{\Delta t}.$$

我们注意到，当 $\Delta t\to 0$ 时，B 点趋近于 A 点，因而弦长 Δl 趋近于弧长 Δs，所以上式可化为

$$a=\frac{v}{R}\lim_{\Delta t\to 0}\frac{\Delta s}{\Delta t}=\frac{v^2}{R}. \qquad (1-21)$$

这就是匀速圆周运动中加速度 $\boldsymbol{a}$ 的大小，当半径 R 和速率 v 确定时，它是一个恒定量.

加速度 $\boldsymbol{a}$ 的方向就是速度增量 $\Delta\boldsymbol{v}$ 的极限方向. 由图 1－5 可知，随着 Δt 的趋于零，点 B 趋于点 A，$\Delta\boldsymbol{v}$ 的极限方向应垂直于 $\boldsymbol{v}_A$. 也就是说，在 A 点处加速度 $\boldsymbol{a}$ 的方向沿着半径 OA 指向圆心. 这个加速度通常称为向心加速度，或法向加速度. 向心加速度的作用效果只是改变速度 $\boldsymbol{v}$ 的方向，而不会引起 $\boldsymbol{v}$ 的大小的变化.

1.4.2 变速圆周运动

质点作圆周运动时，如果其速率是随时间而改变的，则称为**变速圆周运动**. 如图 1－6(a)所示，设质点沿着圆周作变速运动，在 Δt 时间内从 A 点到达 B 点，其速度分别为 $\boldsymbol{v}_A$ 和 $\boldsymbol{v}_B$，它们不但方向不同，大小也不同，在 Δt 时间内，质点速度的增量为 $\Delta\boldsymbol{v}=\boldsymbol{v}_B-\boldsymbol{v}_A$，可由图 1－6(b)所示的矢量三角形表示. 在图中 CE 上取一点 F，使 $CF=CD$，这样就把速度增量 $\Delta\boldsymbol{v}$ 分解为 $\Delta v_n\boldsymbol{n}_0$ 和 $\Delta v_t\boldsymbol{t}_0$ 两部分，即

$$\Delta\boldsymbol{v}=\Delta v_n\boldsymbol{n}_0+\Delta v_t\boldsymbol{t}_0.$$

按照加速度的定义，变速圆周运动的加速度为

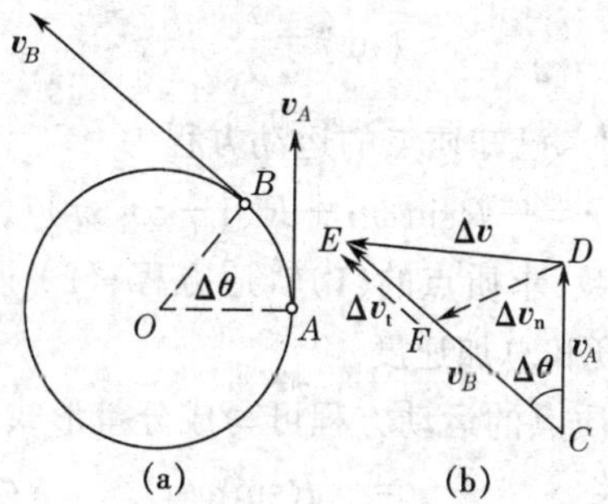

图 1-6

$$\boldsymbol{a}=\lim_{\Delta t\to 0}\frac{\Delta \boldsymbol{v}}{\Delta t}=\lim_{\Delta t\to 0}\frac{\Delta v_{\mathrm{n}}}{\Delta t}\boldsymbol{n}_0+\lim_{\Delta t\to 0}\frac{\Delta v_{\mathrm{t}}}{\Delta t}\boldsymbol{t}_0. \qquad (1-22)$$

式中 $\boldsymbol{n}_0, \boldsymbol{t}_0$ 分别表示法向和切向单位矢量.不难看出,$\Delta \boldsymbol{v}_{\mathrm{n}}\boldsymbol{n}_0$ 与前述匀速圆周运动中的 $\Delta\boldsymbol{v}$ 相当,故 $\lim\limits_{\Delta t\to 0}\dfrac{\Delta v_{\mathrm{n}}}{\Delta t}\boldsymbol{n}_0$ 所表示的就是向心加速度即法向加速度,用 $a_{\mathrm{n}}\boldsymbol{n}_0$ 表示,其大小为 $a_{\mathrm{n}}=\dfrac{v^2}{R}$,方向指向圆心.$\Delta v_{\mathrm{t}}\boldsymbol{t}_0$ 的极限方向与 $\boldsymbol{v}_{\mathrm{A}}$ 的方向一致,即在 A 点的切线方向上,所以 $\lim\limits_{\Delta t\to 0}\dfrac{\Delta v_{\mathrm{t}}}{\Delta t}\boldsymbol{t}_0$ 就是沿切线方向的加速度,称为**切向加速度**,用 $a_{\mathrm{t}}\boldsymbol{t}_0$ 表示,其大小为 $a_{\mathrm{t}}=\dfrac{\mathrm{d}v}{\mathrm{d}t}$,方向沿切线方向。所以变速圆周运动的加速度可以写成

$$\boldsymbol{a}=a_{\mathrm{n}}\boldsymbol{n}_0+a_{\mathrm{t}}\boldsymbol{t}_0=\frac{v^2}{R}\boldsymbol{n}_0+\frac{\mathrm{d}v}{\mathrm{d}t}\boldsymbol{t}_0. \qquad (1-23)$$

其中,法向加速度 a_{n} 的作用效果只是改变速度的方向,而切向加速度 a_{t} 只是改变速度的大小.

加速度 $\boldsymbol{a}$ 的大小可表示为

$$a=\sqrt{a_{\mathrm{n}}^{\ 2}+a_{\mathrm{t}}^{\ 2}}, \qquad (1-24)$$

其方向可用它与速度 $\boldsymbol{v}$ 之间的夹角 θ 的正切来表示

$$\tan\theta = \frac{a_n}{a_t}. \tag{1-25}$$

【例题 1-4】 已知质点的运动方程为

$$\boldsymbol{r} = -R\sin\omega t\boldsymbol{i} + R(1-\cos\omega t)\boldsymbol{j},$$

式中,R,ω 为常数,求质点的(1)轨道方程;(2) 速度;(3) 切向加速度、法向加速度和总加速度.

【解】 (1) 质点的运动方程可写成分量形式

$$x = -R\sin\omega t,$$
$$y = R(1-\cos\omega t).$$

由上式消去 t,可得轨方程为

$$x^2 + (y-R)^2 = R^2,$$

这是中心在 y 轴上$(0,R)$点处,半径为 R 的圆.

(2) 质点的速度为

$$\boldsymbol{v} = \frac{\mathrm{d}\boldsymbol{r}}{\mathrm{d}t} = -R\omega\cos\omega t\boldsymbol{i} + R\omega\sin\omega t\boldsymbol{j},$$

速度的大小为

$$v = \sqrt{(-R\omega\cos\omega t)^2 + (R\omega\sin\omega t)^2}$$
$$= R\omega.$$

可见,v 为恒值,表明做匀速圆周运动.

(3) 切向加速度的大小为

$$a_t = \frac{\mathrm{d}v}{\mathrm{d}t} = \frac{\mathrm{d}(R\omega)}{\mathrm{d}t} = 0,$$

法向加速度的大小为

$$a_n = \frac{v^2}{R} = \frac{(R\omega)^2}{R} = R\omega^2,$$

从而可知总加速度 $\boldsymbol{a} = a_n\boldsymbol{n}_0$,大小为 $R\omega^2$,方向指向圆心.

【例题 1-5】 如图 1-7 所示,一质点从静止出发沿半径为 $R=3$ 米的圆周运动,切向加速度为 $a_t = 3\mathrm{m\cdot s^{-2}}$. 问

(1) 经过多少时间它的总加速度 $\boldsymbol{a}$ 恰好与半径成45°角？

(2) 在上述时间内，质点所经过的路程是多少？

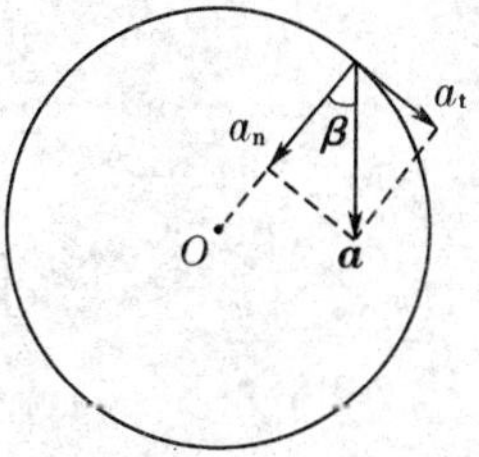

图 1－7

【解】 已知 $a_t=\frac{dv}{dt}=3$，由此可求出瞬时速率.

由
$$dv=3dt$$
积分
$$\int_0^v dv=\int_0^t 3dt$$
得质点的瞬时速率为
$$v=3t.$$

质点的法向加速度的大小为
$$a_n=\frac{v^2}{R}=\frac{3^2t^2}{3}=3t^2,$$
其方向则恒指向圆心. 这样总加速度为
$$\begin{aligned}\boldsymbol{a}&=a_n\boldsymbol{n}_0+a_t\boldsymbol{t}_0\\&=3t^2\,\boldsymbol{n}_0+3\,\boldsymbol{t}_0.\end{aligned}$$

(1) 设总加速度 $\boldsymbol{a}$ 与半径的夹角为 β，则有
$$a\cos\beta=a_n,\ a\sin\beta=a_t.$$
当 $\beta=45°$角，有 $a_t=a_n$，即要求
$$3t^2=3.$$
其解为
$$t=1(\text{另一负根舍去}).$$
所以 $t=1$s 时，总加速度 $\boldsymbol{a}$ 与半径成45°角.

(2) 由 $\frac{ds}{dt}=v$ 及初始条件：$t=0$ 时，$s_0=0$ 得
$$s=\int v\,dt=\int 3t\,dt=\frac{3}{2}t^2,$$

将 $t=1\text{s}$ 代入,可得到这段时间内质点经过的路程为

$$s_1=\frac{3}{2}t^2\bigg|_{t=1}=\frac{3}{2}\times1^2=1.5\,(\text{m}).$$

1.5 抛体运动

1.5.1 运动叠加原理

运动的叠加性(或独立性)是物体运动的一个重要特性. 如图1-8所示,A,B 为处于同一水平位置上的两个小球. 若我们利用一实验装置,在同一时刻使A球自由下落,B 球沿水平方向抛出,那么我们将会看到两球同时落地. 这一实验结果说明,B 球在水平方向上的运动并未影响它在竖直方向上的运动,这两个运动是相互独立的,B 球的实际运动是这两个彼此独立进行的运动叠加而成的平抛运动. 综合大量的客观事实可以得到这样一个结论:一个运动可以看成是由几个各自独立进行的运动叠加而成. 这个结论称为**运动叠加原理**,也称为**运动独立性原理**.

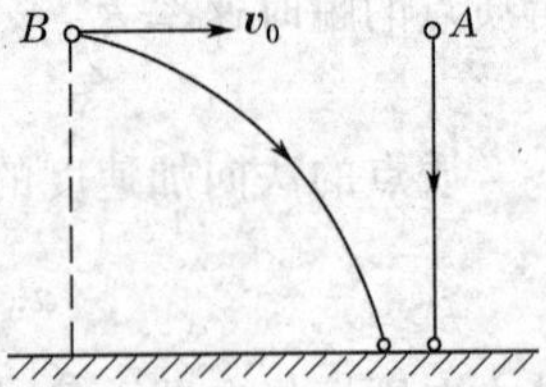

图 1-8

1.5.2 抛体运动

设物体(质点)从初速度 $\boldsymbol{v}_0$ 与水平方向成 θ_0 角向上抛出,以抛射点为原点建立直角坐标系,如图1-9所示. 忽略空气阻力的影响,并视重力加速度为恒量. 按照运动叠加原理,物体的斜抛运动可分解

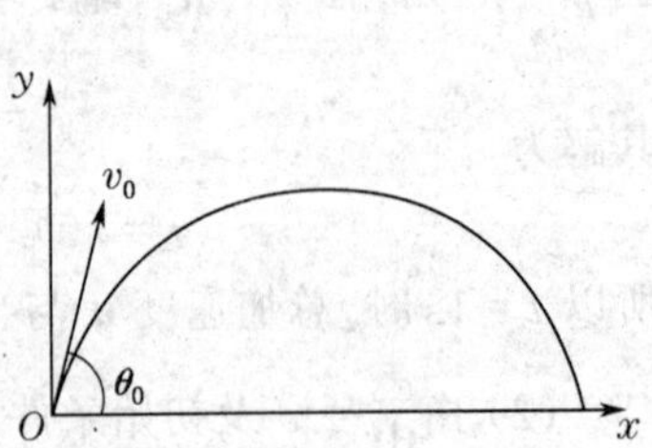

图 1-9

为沿水平方向的匀速直线运动和竖直方向上的匀变速直线运动.从物体被抛出时开始计时，$t=0$ 时的速度分量为

$$v_{0x}=v_0\cos\theta_0, v_{0y}=v_0\sin\theta_0;$$

物体在任意时刻 t 的速度分量为

$$v_x=v_0\cos\theta_0, v_y=v_0\sin\theta_0-gt; \tag{1-26}$$

运动方程为

$$x=(v_0\cos\theta_0)t, y=(v_0\sin\theta_0)t-\frac{1}{2}gt^2. \tag{1-27}$$

消去 t，可得物体运动的轨道方程为

$$y=x\tan\theta_0-\frac{gx^2}{2v_0^2\cos^2\theta_0}. \tag{1-28}$$

【例题 1-6】 在时刻 $t=0$，在坐标原点将一重球以初速 v_0 抛出，初速度的方向与水平线成 θ_0 角(图 1-10)，不计空气阻力，试求：

(1) 任意 t 时刻重球速度的大小和方向.

(2) 任意 t 时刻重球切向和法向加速度的大小.

(3) 重球的最高点高度和水平抛投距离.

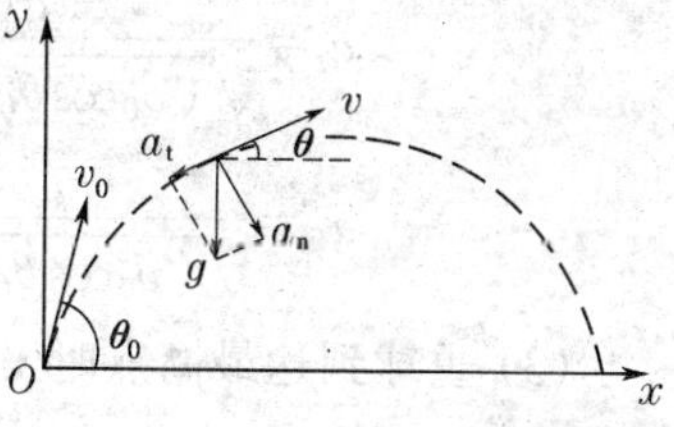

图 1-10

【解】 (1) 由(1-26)式知，重球在任意时刻 t 的速度分量为

$$v_x=v_0\cos\theta_0,$$

$$v_y=v_0\sin\theta_0-gt,$$

所以 t 时刻速度的大小为

$$\begin{aligned} v &=\sqrt{v_x^2+v_y^2} \\ &=\sqrt{(v_0\cos\theta_0)^2+(v_0\sin\theta_0-gt)^2}. \end{aligned}$$

令 t 时刻速度矢量与 x 轴的夹角为 θ(图 1-10),则有

$$\theta=\arctan\frac{v_y}{v_x}=\arctan\frac{v_0\sin\theta_0-gt}{v_0\cos\theta_0}.$$

(2) 抛体运动的总加速度 $\boldsymbol{a}$ 即为重力加速度 $\boldsymbol{g}$,是一恒矢量.如图 1-10 所示,任一时刻(即任一位置)的切向加速度 a_{t} 和法向加速度 a_{n} 可由重力加速度 $\boldsymbol{g}$ 分解得到,其大小分别为

$$a_{\mathrm{t}}=-g\sin\theta,$$

$$a_{\mathrm{n}}=g\cos\theta.$$

由速度分量式 $v_x=v_0\cos\theta_0$, $v_y=v_0\sin\theta_0-gt$ 可推得

$$\sin\theta=\frac{v_y}{\sqrt{v_x^2+v_y^2}}=\frac{v_y}{v},$$

$$\cos\theta=\frac{v_x}{v}.$$

所以

$$a_t=\frac{-g(v_0\sin\theta_0-gt)}{\sqrt{(v_0\cos\theta_0)^2+(v_0\sin\theta_0-gt)^2}},$$

$$a_n=\frac{gv_0\cos\theta_0}{\sqrt{(v_0\cos\theta_0)^2+(v_0\sin\theta_0-gt)^2}}.$$

(3) 重球到达最高点时 $v_y=0$,将此式代入速度分量 v_y 式,

$$v_y=v_0\sin\theta_0-gt=0,$$

即可得到重球到达最高点的时间

$$t_{\mathrm{H}}=\frac{v_0\sin\theta_0}{g}.$$

将 t_{H} 代入(1-27)式中的 y 式,得最高点的高度为

$$H=\frac{v_0^2\sin^2\theta_0}{2g}.$$

再以 $y=0$ 代入(1-27)式中的 y 式,可得到重球的飞行总时间

$$T=\frac{2v_0\sin\theta_0}{g}\text{(舍去 } t=0 \text{ 解)}.$$

将 T 代入(1-27)式中的 x 式,得重球的水平抛投距离为

$$L=\frac{v_0^2\sin 2\theta_0}{g}.$$

习 题 1

1. 已知质点的运动方程为

$$x=4.5t^2-2t^3.$$

求:(1) 质点在第 2s 末时的速度和加速度;(2) 质点在第 2s 内的位移和平均加速度.

2. 火箭竖直向上发射,在开始 30s 内以 $18\,\mathrm{m\cdot s^{-2}}$的加速度推进,然后关闭推进器,继续上升一段距离后又返回地面.(1) 计算火箭达到的最大高度;(2) 计算整个飞行的时间;(3) 画出火箭的 $v-t$ 曲线,在曲线中与最大高度对应的是什么?与整个飞行时间对应的又是什么?(取 $g=9.8\,\mathrm{m\cdot s^{-2}}$,不计空气阻力.)

3. 一质点在 Oxy 平面上运动,运动方程为 $x=3t+5$, $y=\frac{1}{2}t^2+3t-4$, x 和 y 的单位是 m, t 的单位是 s. 求:(1) 轨道方程;(2) 位置矢量;(3)从 1s 到 2s 的位移;(4) 1s 时的速度;(5) 2s 时的加速度.

4. 一物体沿 x 轴运动,加速度 $a=-kv^2$, k 为常数. 在 $t=0$ 时, $x=0$, $v=v_0$. 求任一时刻的速度和位置.

5. 在离水面高为 h m 的岸边,有人用绳拉船靠岸,船在离岸边 s m 处,当人以 v_0 的速度收绳时,试求船的速度及加速度的大小.

6. 路灯高 h_1,一高 h_2 的人以速率 v 沿直线行进,求人影前端的速率.

7. 一质点沿半径为 R 的圆周按下面规律运动:

$$s=At-\frac{B}{2}t^2,$$

式中 A 和 B 都是常量. A, B 的单位分别为 $\mathrm{m\cdot s^{-1}}$, $\mathrm{m\cdot s^{-2}}$. 求

(1) t 时刻质点的总加速度;(2) t 为何值时,总加速度在数值上等于 B?

(3) 总加速度为 B 时,质点运行多少圈?

8. 物体从静止出发沿半径 $R=3$ m 的圆周运动,切向加速度 $a_t=3\ \mathrm{m \cdot s^{-2}}$,试问:(1) 经过多少时间它的总加速度恰与半径成 45°角?(2) 在上述时间内物体所通过的路程是多少?

9. 电机的电枢每分钟转 1800 圈,以电流停止时为计时起点,经过 20 s 电枢均匀地停止转动.试求(1) 在此期间内,电枢转了多少圈?(2) 经过 10 s 时,距转轴 $r=1.0\times10^{-1}$ m 处的质点的线速度、切向加速度和法向加速度.

10. 设一球以 $v_0=9.8\ \mathrm{m \cdot s^{-1}}$ 的速度从倾角 $\theta=45°$ 的斜面上端水平抛出,然后又落到斜面上.求抛出点到落下点之间的距离 L.

11. 设飞机在离地面 500 m 的低空以 $72\ \mathrm{km \cdot h^{-1}}$ 匀速水平飞行,为将一箱药品准确投到地上指定地点,问应在离指定地点水平距离多远处投下药品?

第 2 章　质点动力学

在第 1 章里介绍了如何描述质点的运动，但没有涉及运动发生和变化的原因. 动力学能够说明物体作各种运动的原因，因为动力学是研究物体间的相互作用以及由于这种相互作用所引起的物体运动状态变化的规律的. 本章只研究质点的动力学，主要讨论牛顿运动定律、动量定理与动量守恒定律、动能定理与机械能守恒定律、功能原理等基本问题，这也是整个经典力学理论的基础.

2.1　牛顿运动定律

英国物理学家牛顿(1642 年～1727 年)在前人研究的基础上，对物体的运动规律进行深入研究，依据他自己多年的潜心观察和实验，卓越地提出了三条运动定律，概括和总结了物体运动的基本规律. 这三条运动定律发表于牛顿在 1687 年出版的名著《自然哲学的数学原理》中，后人称其为牛顿运动定律.

2.1.1　牛顿第一定律

牛顿第一定律是这样表述的：任何物体都保持其相对静止或匀速直线运动状态，直到其他物体所作用的力迫使它改变这种状态为止.

牛顿第一定律阐明了惯性和力这两个概念. 第一定律指出任

何一个不受外力的物体都将保持相对静止或匀速直线运动状态,即任何物体都具有保持运动状态不变的性质,这一性质称为**惯性**.因此牛顿第一定律又称为**惯性定律**.惯性是物体本身所固有的一种属性.第一定律还指出,要改变物体的运动状态,必须有其他物体对它施以作用,这种作用称为**力**.即力是改变物体运动状态的原因.第一定律的这个论断纠正了自亚里士多德(希腊哲学家,公元前384年~公元前322年)以来统治了科学界近两千年的一种错误观点,即认为力是维持物体运动的原因.

必须指出,第一定律所表述的原理是意大利物理学家伽利略(1564年~1642年)在经过大量观察和实验的基础上进行了大胆的逻辑推理而首先提出来的,牛顿在总结动力学基本规律时称它为第一运动定律.由于这条定律是在大量事实基础上推论得出的,而自然界中不存在完全不受外力作用的物体,因此牛顿第一定律不能用实验直接验证,而只能间接地加以验证.事实上,无数的事例已经证实了它的正确性.

2.1.2 牛顿第二定律

牛顿第二定律可以表述为:在外力作用下,物体所获得的加速度的大小与所受外力的大小成正比,与物体的质量成反比,加速度的方向与合外力的方向相同,其数学表达式为

$$\boldsymbol{F}=m\boldsymbol{a}. \tag{2-1}$$

式中 $\boldsymbol{F}$ 是作用力,单位是N(牛顿);m 是物体的质量,单位是kg(千克);$\boldsymbol{a}$ 是物体产生的加速度,单位是 $m \cdot s^{-2}$(米/秒^2).式(2-1)是质点动力学的基本方程.

牛顿第二定律阐明了力和惯性的量度方法.

2.1.2.1 对力的量度

由于物体的加速度与它所受的外力成正比,因此可以通过测量物体的加速度来确定物体所受的力.例如,当用弹簧作为力的施

加者时,则作用力的大小与弹簧的伸长有固定的函数关系.利用弹簧的这一性质,我们可先用一弹簧对一标准物体施力,通过测量该物体的加速度来定量地量度作用力(弹簧伸长长度),那么当用这个弹簧再对其他物体施力时,由弹簧的伸长就可以确定出所施的作用力的大小,从而实现了对力的动力学量度.

2.1.2.2 对物体惯性的量度

牛顿第一定律表明任何物体都具有惯性.物体的惯性除了表现在物体不受外力时,物体将保持其运动状态不变外,物体的惯性还表现在使其运动状态改变时的难易程度上.大量实验表明,在大小相等的外力作用下,若物体获得的加速度大,则表明改变其原来的运动状态容易,即它的惯性小;若物体获得的加速度小,则表明难以改变其原来的运动状态,即它的惯性大.牛顿第二定律把物体惯性的这一表现用质量这一概念定量地表示出来了.惯性是决定物体加速度大小的内部原因,物体的惯性大,质量就大,物体的惯性小,质量就小.牛顿第二定律中的质量 m 即为物体惯性大小的量度,正因为此,我们将该质量称为**惯性质量**.

关于牛顿第二定律应注意以下几点:

(1) 定律中的 $\boldsymbol{F}$ 是物体所受的合外力.

(2) 定律表示的是力与加速度之间的瞬时关系.有力作用就有相应的加速度产生,力变化加速度也同时变化,力消失加速度则变为零.所以牛顿第二定律说明了力的瞬时效应.

(3) 式(2-1)是矢量式.实际应用时,常用它的分量式.在直角坐标系中,其分量式为

$$F_x = ma_x, F_y = ma_y, F_z = ma_z. \tag{2-2}$$

在处理曲线运动问题时,则常用式(2-1)沿切线方向和法线方向的分量式

$$F_{\mathrm{t}} = ma_{\mathrm{t}}, F_{\mathrm{n}} = ma_{\mathrm{n}}. \tag{2-3}$$

式中,F_{t} 和 F_{n} 分别是切向分力和法向分力.

2.1.3　牛顿第三定律

牛顿第三定律的内容是：当一个物体给另一物体有一个作用力时，另一物体必然同时给该物体一个反作用力，作用力和反作用力大小相等、方向相反，且在同一条直线上.若用$\boldsymbol{F}_1$和$\boldsymbol{F}_2$分别表示这两个物体的作用力和反作用力，则第三定律的数学表达式为

$$\boldsymbol{F}_1=-\boldsymbol{F}_2. \tag{2-4}$$

在应用牛顿第三定律时，应注意以下几点：

(1) 作用力和反作用力总是成对出现的，即同时产生，同时消失.

(2) 作用力和反作用力总是分别作用在两个物体上，因此不能相互抵消.

(3) 作用力和反作用力总是属于同种性质的力，例如都是万有引力等.

牛顿运动三定律是相互紧密联系的.第一、第二定律分别说明力的作用和物体运动状态变化之间的关系，第二定律定量地给出了其间的关系式，第三定律则阐明了物体间的作用力具有相互作用的本质.总之，牛顿运动三定律是一个整体，它们相互联系，互为补充，从而构成了经典力学的理论基础.

必须指出，牛顿运动三定律中所说的“物体”都应当作质点看待.这是因为定律中所说的运动，只涉及物体的平动，而不涉及物体的转动以及物体内部各部分间的相对运动.因此，三条定律都是质点运动定律.但任何物体都可以看成是由大量质点所组成，所以牛顿运动定律仍能应用于任何经典力学系统.

2.1.4　惯性参照系

在本书1.1中曾经指出，从运动学的角度看，描述质点(物体)运动的参考系原则上是可以任意选择的.然而，大量的事实表明，

在应用牛顿运动定律时,参照系却不能任意选择.例如,有两人分别坐在停在路边的汽车和另一辆正在加速行驶的汽车中,静止汽车中的人看到路边的树木和房屋皆保持静止,牛顿定律可以很好地成立;但对于坐在加速汽车里并以汽车为参考系的观察者来说,他看到路边的树木和房屋在未受任何推力的情况下却向相反方向加速运动,与牛顿运动定律产生了矛盾.观察和实验表明,在一般情况下,以地球为参考系时,牛顿运动定律可以成立.我们把牛顿运动定律成立的参考系称为**惯性参考系**(简称**惯性系**).

要确定一个参考系是否是惯性系,只能根据观察和实验.天文观测指出,以太阳为参考系时,宇宙飞行器的运动较精确地与牛顿运动定律相符,因而太阳是一个较精确的惯性系.进一步的观测表明,凡是相对于惯性系作匀速直线运动的参考系也都是惯性系,而相对于惯性系作变速运动的参考系则不是惯性系,称为**非惯性系**.在非惯性系中,如上述相对于地面作加速运动的汽车,牛顿运动定律不成立.因此,我们在应用牛顿第一、第二定律时,必须注意参考系的选择.

应当指出,由于地球既有公转,又有自转,所以地球并不是严格的惯性系.但由于地球公转和自转的加速度都很微小,对于日常所见的大量运动问题,在相当高的精度内,可以把地球看作是惯性系,因此通常皆以地球作为应用牛顿运动定律时的参考系.

2.2 牛顿运动定律应用举例

应用牛顿运动定律可以解决的质点动力学问题大致可以分为两类:一是已知质点的运动状态,求质点所受的作用力;二是已知质点所受的作用力,求解该质点的运动状态.

应用牛顿运动定律解题的步骤通常是:

(1) 弄清题意,根据问题的要求及计算方便,明确研究对象;

(2) 分析研究对象的运动情况和受力情况,画出隔离体受力图;

(3) 选定惯性参考系,建立适当的坐标系;

(4) 依照牛顿运动定律列出方程(分量式)并求解;

(5) 对所得结果进行分析讨论.

【例题2-1】 将一块质量为 m_1 的木块放在一块质量为 m_2 的木块上面,而 m_2 放在光滑桌面上(图 2-1). 若在 m_1 上施加水平的作用力,则实验发现,当此力大于 F_1 时,m_1 刚好能相对于 m_2 开始滑动. 问:若单独在 m_2 上施加水平的作用力 F_2,则 F_2 超过多大值时,m_1 开始相对于 m_2 滑动?

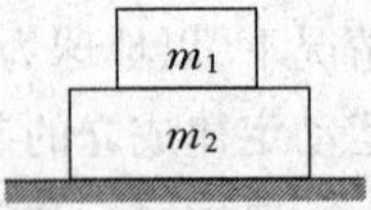

图 2-1

【解】 按题设,当 F_1 水平作用于 m_1 时,m_1 与 m_2 处于刚好不相对滑动的临界状态,则这时 m_1 与 m_2 之间的摩擦力应等于最大静摩擦力,设为 f_{max}(图 2-2),并设这时两木块的加速度为 a. 对于 m_1 和 m_2,分别有

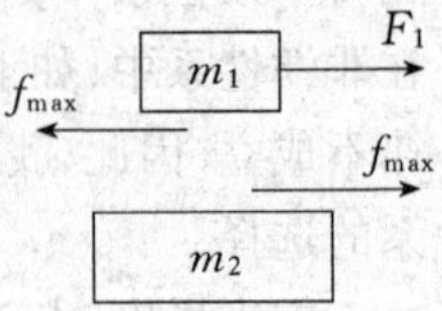

图 2-2

$$F_1 - f_{max} = m_1 a,$$

$$f_{max} = m_2 a,$$

可得到

$$f_{max} = \frac{F_1 m_2}{m_1 + m_2}.$$

再设用 F_2 水平作用于 m_2(图 2-3). 设 F_2 是这样的临界值:当作用力超过此值时,m_1 与 m_2 将开始相对滑动. 设这时两木块的加速度为 a',则对于 m_1 和 m_2 有

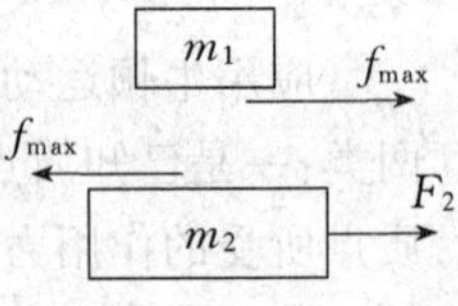

图 2-3

$$f_{max} = m_1 a',$$

$$F_2 - f_{max} = m_2 a'.$$

从而可得到

$$F_2 = \frac{m_1 + m_2}{m_1} \cdot f_{max} = \frac{m_2 F_1}{m_1}.$$

【例题 2-2】 长为 L 的细链条,质量可视为均匀分布,其一部分静止在水平的光滑桌面上,另一长为 $b(b<L)$的部分沿桌边下垂.求链条自动全部滑离桌面时的速率.

【解】 以桌面为向下坐标轴的原点.这样,链条下垂部分的长度就可用链条下端端点的坐标 x 表示.设整个链条的质量为 m,当下垂部分长为 $x(b<x<L)$时(图 2-4),作用在整个链条上使之向下运动的力等于下垂部分所受的重力 $F = \frac{x}{L}mg$,因而,当以整个链条为研究对象时,其动力学方程为

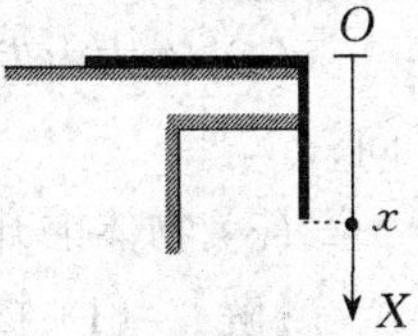

图 2-4

$$\frac{x}{L}mg = ma = m\frac{\mathrm{d}^2 x}{\mathrm{d}t^2}. \tag{1}$$

由于

$$\frac{\mathrm{d}^2 x}{\mathrm{d}t^2} = \frac{\mathrm{d}v}{\mathrm{d}t} = \frac{\mathrm{d}v}{\mathrm{d}x}\frac{\mathrm{d}x}{\mathrm{d}t} = v\frac{\mathrm{d}v}{\mathrm{d}x}.$$

代入(1)式并分离变量,可得

$$v\mathrm{d}v - \frac{g}{L}x\mathrm{d}x,$$

积分

$$\int_0^v v\mathrm{d}v = \int_a^L \frac{g}{L}x\mathrm{d}x$$

可得

$$\frac{1}{2}v^2 = \frac{g}{2L}(L^2 - a^2),$$

故

$$v=\sqrt{\frac{g}{L}(L^2-a^2)}.$$

【例题 2-3】 一质量为 m 的物体，由地面以初速 v_0 铅直向上发射.物体受到空气阻力与物体的速率成正比，设比例系数为 k ($k>0$).试求：

(1) 物体运动的速度公式(即任一时刻的速度)；

(2) 物体由发射运动到最大高度所需时间；

(3) 物体上升的最大高度.

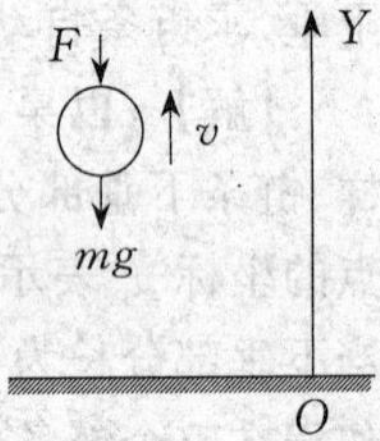

图 2-5

【解】 (1) 物体运动过程中的受力图如图 2-5，建立坐标 OY，竖直向上，取抛出点为坐标原点，可列出牛顿方程式

$$-F-mg=-kv-mg=ma=m\frac{\mathrm{d}v}{\mathrm{d}t},$$

分离变量并积分

$$\int_{v_0}^{v}\frac{-m\mathrm{d}v}{mg+kv}=\int_0^t\mathrm{d}t,$$

可得

$$\ln\left(\frac{kv+mg}{kv_0+mg}\right)=-\frac{k}{m}t,$$

从而有

$$v=\left(v_0+\frac{mg}{k}\right)e^{-\frac{k}{m}t}-\frac{mg}{k}.$$

(2) 达最大高度时，$v=0$，由上式可解得

$$t=\frac{m}{k}\ln\left(1+\frac{k}{mg}v_0\right).$$

(3) 将牛顿方程式中的自变量 t 换为 x，

则
$$-kv-mg=m\frac{\mathrm{d}v}{\mathrm{d}y}\frac{\mathrm{d}y}{\mathrm{d}t}=mv\frac{\mathrm{d}v}{\mathrm{d}y},$$
分离变量并积分
$$\int_0^H\mathrm{d}y=\int_{v_0}^0\frac{-v\mathrm{d}v}{g+\frac{k}{m}v},$$
解得
$$H=\frac{m}{k}\left[\frac{mg}{k}\ln\left(1+\frac{kv_0}{mg}\right)-v_0\right].$$

2.3 动量定理 动量守恒定律

上一节介绍了物体所受外力与其加速度之间的瞬时关系.本节我们将研究力的累积作用之一,即力的时间累积效应.

2.3.1 冲量

物体间的相互作用即互施作用力总有一定的作用时间,我们把作用在物体上的力与力作用时间的乘积称为力作用于物体的**冲量**,冲量表示力对时间的累积效应.

如果外力 $\boldsymbol{F}$ 是恒力,则在 t_1 到 t_2 的作用时间内,力的冲量 $\boldsymbol{I}$ 可表示为
$$\boldsymbol{I}=\boldsymbol{F}(t_2-t_1)=\boldsymbol{F}\Delta t. \tag{2-5}$$
在一般情况下,力的大小和方向都会随时间改变,从 t_1 到 t_2 的作用时间内,变力的冲量可写为
$$\boldsymbol{I}=\int_{t_1}^{t_2}\boldsymbol{F}\mathrm{d}t. \tag{2-6}$$
冲量是矢量,若力 $\boldsymbol{F}$ 为恒量,冲量的方向与 $\boldsymbol{F}$ 相同;若力 $\boldsymbol{F}$ 为变量,则冲量的方向由积分 $\int_{t_1}^{t_2}\boldsymbol{F}\mathrm{d}t$ 的方向决定.在国际单位制中,冲

量的单位是牛顿·秒(N·s)

2.3.2 动量 动量定理

根据牛顿第二定律，在外力 $\boldsymbol{F}$ 的作用下，物体速度 $\boldsymbol{v}$ 的变化率与力 $\boldsymbol{F}$ 间的关系为

$$\boldsymbol{F} = m\boldsymbol{a} = m\frac{\mathrm{d}\boldsymbol{v}}{\mathrm{d}t}.$$

若物体的质量 m 是恒量，则上式可写为

$$\boldsymbol{F} = \frac{\mathrm{d}}{\mathrm{d}t}(m\boldsymbol{v}) = \frac{\mathrm{d}\boldsymbol{p}}{\mathrm{d}t}, \tag{2-7}$$

式中 $\boldsymbol{p} = m\boldsymbol{v}$ 称为物体的**动量**. 动量是矢量，其方向与速度方向相同. 在国际单位制中，动量的单位是 $\mathrm{kg \cdot m \cdot s^{-1}}$(千克·米/秒).

(2-7)式可改写为

$$\boldsymbol{F}\mathrm{d}t = \mathrm{d}(m\boldsymbol{v}).$$

对上式积分，并设物体在时刻 t_1, t_2 的速度分别为 $\boldsymbol{v}_1, \boldsymbol{v}_2$，则

$$\int_{t_1}^{t_2} \boldsymbol{F}\mathrm{d}t = m\boldsymbol{v}_2 - m\boldsymbol{v}_1. \tag{2-8}$$

上式表明，物体所受合外力的冲量等于物体在相应时间内动量的增量. 这一结论称为**质点的动量定理**. 动量定理是矢量式，在直角坐标系中，它的分量式为

$$\left.\begin{aligned} I_x &= \int_{t_1}^{t_2} F_x \mathrm{d}t = mv_{2x} - mv_{1x} \\ I_y &= \int_{t_1}^{t_2} F_y \mathrm{d}t = mv_{2y} - mv_{1y} \\ I_z &= \int_{t_1}^{t_2} F_z \mathrm{d}t = mv_{2z} - mv_{1z} \end{aligned}\right\}. \tag{2-9}$$

(2-8)式还表明，当作用在物体上的合外力为变力时，冲量的方向总是与该物体动量增量的方向一致，而不是决定于某一瞬时的合

外力方向.

动量定理对于解决冲击和碰撞等问题起了重要作用.在这类问题中,物体间互施的作用力的特点是数值很大、作用时间很短且变化很快,这种力称为冲力.由于冲力随时间的变化一般很复杂,其每一时刻的瞬时值很难量度,所以通常用平均冲力来表示之.图2-6中的曲线描述了冲力的大小随时间变化的情形,曲线下的面积与冲量的大小相等.图中的水平直线即为平均冲力,用$\overline{\boldsymbol{F}}$表示,直线下的面积与曲线下的面积相等.按定义

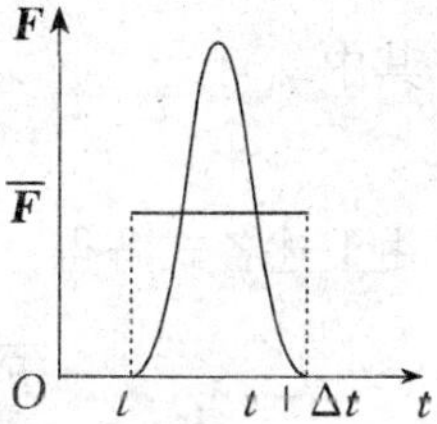

图 2-6

$$\boldsymbol{I}=\int_{t_1}^{t_2}\boldsymbol{F}\mathrm{d}t=\overline{\boldsymbol{F}}(t_2-t_1), \qquad (2-10)$$

将上式代入(2-8)式,得

$$\overline{\boldsymbol{F}}=\frac{m\,\boldsymbol{v}_2-m\,\boldsymbol{v}_1}{t_2-t_1}. \qquad (2-11)$$

此式表明,利用动量定理,可以不再考虑碰撞或冲击等问题中复杂变力的变化细节,而只要测得物体始末两状态的动量变化和相应的过程时间,就可以算出这段时间内的平均冲力.

【例题 2-4】 用棒打击质量 $m=0.3\ \mathrm{kg}$,速率 $v_0=20\ \mathrm{m\cdot s^{-1}}$的水平飞来的小球,使球沿竖直方向上升了 10 m 高后下落(不计空气阻力).设棒与球的接触时间为 0.02 s,求小球受到的平均冲力.

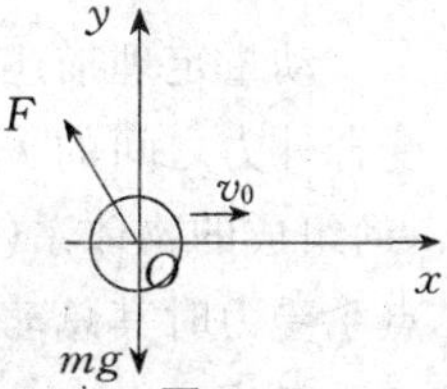

图 2-7

【解】 以球为研究对象,受力情况如图 2-7 所示,取坐标系 xOy,列出动量定理的分量式

$$-\int_0^t F_x\mathrm{d}t=-\overline{F}_x\Delta t=0-mv_0,$$

$$\int_0^t (F_y - mg)\mathrm{d}t = (\overline{F_y} - mg)\Delta t = mv' - 0$$

其中

$$v' = \sqrt{2gh}.$$

由上述各式解得

$$\overline{F_x} = \frac{mv_0}{\Delta t} = \frac{0.3\times 20}{0.02} = 300\ (\mathrm{N}),$$

$$\begin{aligned}\overline{F_y} &= mg + \frac{m}{\Delta t}\sqrt{2gh}\\ &= 0.3\times 9.8 + \frac{0.3}{0.02}\sqrt{2\times 9.8\times 10} = 213\ (\mathrm{N}).\end{aligned}$$

平均冲力的大小为

$$\overline{F} = \sqrt{\overline{F_x}^2 + \overline{F_y}^2} = 368\ \mathrm{N}.$$

设平均冲力矢量与 Y 轴正方向的夹角为 α，则

$$\begin{aligned}\alpha &= \arctan\frac{\overline{F_x}}{\overline{F_y}} = \arctan\frac{300}{213}\\ &= 54°38'.\end{aligned}$$

2.3.3 动量守恒定律

动量定理描述了单个物体(质点)在运动过程中动量改变和所受合外力之间的关系.在实际问题中常会遇到由若干个物体(质点)组成的物体系(质点系)受力作用的情况,现在我们就来讨论质点系受力时其总动量变化的规律.

考虑一个由 n 个质点组成的质点系.我们把系统内各质点所受的力分为内力和外力,其中系统内各质点间的相互作用力称为内力,而系统外的其他物体作用于系统内质点的力称为外力.设系统中任意第 i 个质点所受合内力为 $\boldsymbol{f}_i$,外力为 $\boldsymbol{F}_i$,则根据牛顿第二定律,可写出该质点的运动方程

$$\boldsymbol{F}_i + \boldsymbol{f}_i = \frac{\mathrm{d}}{\mathrm{d}t}(m_i \boldsymbol{v}_i).$$

对于整个系统的所有质点,有

$$\sum_i^n (\boldsymbol{F}_i + \boldsymbol{f}_i) = \sum_i^n \frac{\mathrm{d}}{\mathrm{d}t}(m_i \boldsymbol{v}_i) = \frac{\mathrm{d}}{\mathrm{d}t} \sum_i^n (m_i \boldsymbol{v}_i).$$

由牛顿第三定律知,系统内各质点的合内力的矢量和 $\sum_i \boldsymbol{f}_i = 0$,故有

$$\sum_i^n \boldsymbol{F}_i = \frac{\mathrm{d}}{\mathrm{d}t} \sum_i^n (m_i \boldsymbol{v}_i). \tag{2-12}$$

式中, $\sum_i^n \boldsymbol{F}_i$是系统所受外力的矢量和, $\sum_i^n (m_i \boldsymbol{v}_i)$称为系统的总动量.

如果系统不受外力的作用或外力的矢量和为零(即 $\sum_i^n \boldsymbol{F}_i = 0$),则可得

$$\sum_i^n (m_i \boldsymbol{v}_i) = 恒矢量. \tag{2-13}$$

这就是系统的**动量守恒定律**.它指出:在系统不受外力或所受外力的矢量和为零时,系统的总动量守恒.(2-13)式是一个矢量式,在直角坐标系中其分量式为

$$\left.\begin{aligned} \sum m_i v_{ix} &= 恒量(当 \sum F_{ix} = 0 时) \\ \sum m_i v_{iy} &= 恒量(当 \sum F_{iy} = 0 时) \\ \sum m_i v_{iz} &= 恒量(当 \sum F_{iz} = 0 时) \end{aligned}\right\}. \tag{2-14}$$

如果系统所受外力的矢量和不等于零,即系统的总动量不守恒,但只要外力矢量和在某一方向的分量为零,则总动量在该方向上的分量应是守恒的.这个结论往往使解决某些力学问题更为简便.

关于动量守恒定律,需要明确以下几点:

(1) 系统的总动量守恒是指系统内各质点动量的矢量和不变,并不排除系统内各质点的动量变化.

(2) 当系统所受外力远小于系统的内力时,可忽略外力的作用,近似认为系统的总动量守恒.

(3) 动量守恒定律只适用于惯性系.

(4) 动量守恒定律在条件满足时不仅适用于宏观物体,而且还适用于牛顿定律一般不适用的微观粒子,如分子、原子等.

【例题 2-5】 沿 x 轴方向以速率为 v_0 运动的电子与静止的氢原子核相碰,碰后电子沿与 x 轴成 α 角方向运动(图 2-8),而氢原子核沿 x 轴成 β 角方向运动.设电子的质量为 m,氢原子核的质量为 M.试求碰撞后电子和氢原子核的速率各为多大?

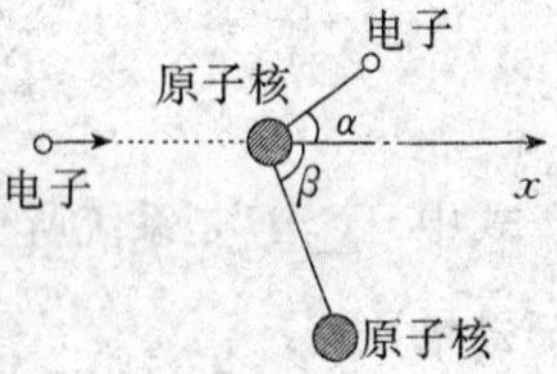

图 2-8

【解】 设碰撞后电子速度为 $\boldsymbol{v}_1$,氢原子核的速度为 $\boldsymbol{v}_2$.由于物体系没有外力作用,所以动量是守恒的.根据动量守恒定律,有

$$m\boldsymbol{v}_0 = m\boldsymbol{v}_1 + M\boldsymbol{v}_2,$$

沿 x 轴方向的分量式为

$$mv_0 = mv_1\cos\alpha + Mv_2\cos\beta,$$

沿 y 轴方向的分量式为

$$0 = mv_1\sin\alpha - Mv_2\sin\beta.$$

从而求得

$$v_1 = \frac{v_0}{\sin\alpha(\cot\alpha + \cot\beta)},$$

$$v_2 = \frac{mv_0}{M\sin\beta(\cot\alpha + \cot\beta)}.$$

2.4 功 动能定理

2.4.1 功

当物体受到力的作用并沿着力的方向产生位移时,我们就说该力对物体做了**功**.可见,功是描述力对空间的累积效应的物理量.

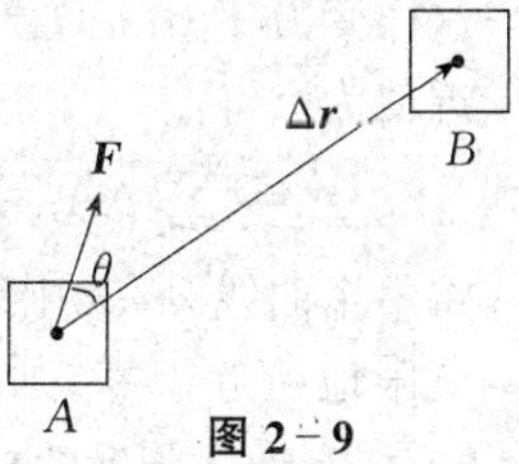

图 2-9

恒力做功的定义是,力在作用点位移方向上的分量与作用点位移大小的乘积.如图 2-9 所示,一物体在恒力 $\boldsymbol{F}$ 持续作用下沿直线移动了一段位移 $\Delta\boldsymbol{r}$,$\boldsymbol{F}$ 与 $\Delta\boldsymbol{r}$ 的夹角为 θ,则力对物体所做的功为

$$A = F|\Delta\boldsymbol{r}|\cos\theta. \tag{2-15}$$

式中 $F\cos\theta$ 是力在位移方向的分量,$|\Delta\boldsymbol{r}|$ 是位移的大小.由于力和位移都是矢量,所以功的计算公式可用矢量的标积来表示

$$A = \boldsymbol{F}\cdot\Delta\boldsymbol{r}. \tag{2-16}$$

功是标量,由(2-15)式可知,功的值有正有负.当 $0\leqslant\theta<\frac{\pi}{2}$ 时,$A>0$,表示力对物体做正功;$\theta=\frac{\pi}{2}$ 时,$A=0$,表示力不做功;当 $\frac{\pi}{2}<\theta\leqslant\pi$ 时,$A<0$,表示物体反抗外力做功.

在很多情况下,作用于物体上的力 $\boldsymbol{F}$ 的大小和方向可能随时间而变化,在这种变力的作用下,物体作一般的曲线运动.设一物体在变力 $\boldsymbol{F}$ 的持续作用下沿图 2-10 的轨道曲线从 a 点运动到 b 点.为了计算变力所做的功,我们将曲线分成许多足够小的线段,使每一小段可近似地看成一直线段,这些小线段称为位移元,如图

2−10 中的 $\Delta \boldsymbol{r}_i$，而且，在每一位移元上的力 $\boldsymbol{F}_i$ 都可近似地看作是恒力. 根据(2−16)式，可知在任一位移元上力 $\boldsymbol{F}$ 做的元功为

$$\Delta A_i = \boldsymbol{F}_i \cdot \Delta \boldsymbol{r}_i ,$$

这样变力 $\boldsymbol{F}$ 沿整个曲线 ab 所做的总功近似为

$$A = \sum \Delta A_i = \sum \boldsymbol{F}_i \cdot \Delta \boldsymbol{r}_i .$$

将整个曲线 ab 无限细分，即位移元 $\Delta \boldsymbol{r}_i$ 无限地趋近于零，则上式的极限就是变力 F 对物体所做的功，即

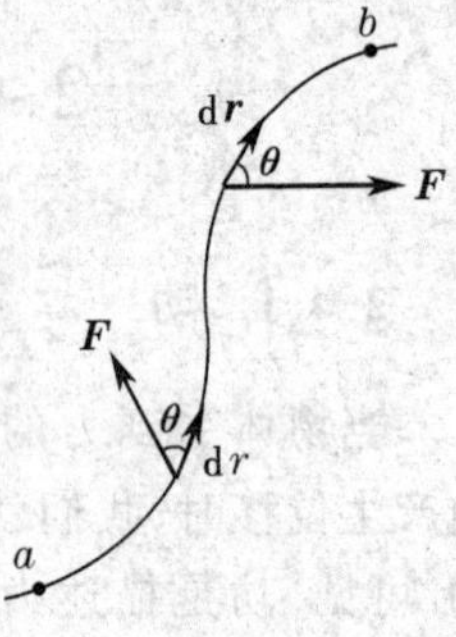

图 2−10

$$A = \lim_{\Delta r_i \to 0} \sum \boldsymbol{F}_i \cdot \Delta \boldsymbol{r}_i = \int_a^b \boldsymbol{F} \cdot \mathrm{d}\boldsymbol{r} . \qquad (2-17)$$

如果物体同时受到 N 个力 $\boldsymbol{F}_1, \boldsymbol{F}_2, \cdots, \boldsymbol{F}_N$ 的持续作用，则这些力的合力所做的功为

$$\begin{aligned} A &= \int_b^a (\boldsymbol{F}_1 + \boldsymbol{F}_2 + \cdots + \boldsymbol{F}_N) \cdot \mathrm{d}\boldsymbol{r} \\ &= \int_a^b \boldsymbol{F}_1 \cdot \mathrm{d}\boldsymbol{r} + \int_a^b \boldsymbol{F}_2 \cdot \mathrm{d}\boldsymbol{r} + \cdots + \int_a^b \boldsymbol{F}_N \cdot \mathrm{d}\boldsymbol{r} \\ &= A_1 + A_2 + \cdots + A_N . \end{aligned} \qquad (2-18)$$

这表明合力对物体所做的功等于各分力分别对该物体所做的功的代数和.

在国际单位制中，功的单位是 J(焦). 1J = 1 N·m.

2.4.2 功率

在许多实际问题中，不仅要知道力做功的多少，而且还需要知道做功的快慢. 为此要引入功率这一概念，即单位时间内所做的功.

若在 Δt 时间内做功为 ΔA，则在这段时间内的**平均功率** P 可表示为

$$P=\frac{\Delta A}{\Delta t}. \tag{2-19}$$

当 $\Delta t \to 0$，则得到某一时刻的**瞬时功率**（简称**功率**）

$$P=\lim_{\Delta t\to 0}\frac{\Delta A}{\Delta t}=\frac{\mathrm{d}A}{\mathrm{d}t}, \tag{2-20}$$

瞬时功率还可以表示为

$$P=\frac{\mathrm{d}A}{\mathrm{d}t}=\frac{\boldsymbol{F}\cdot\mathrm{d}\boldsymbol{r}}{\mathrm{d}t}=\boldsymbol{F}\cdot\boldsymbol{v}. \tag{2-21}$$

上式表明瞬时功率等于力与受它作用的物体速度的标积.

在国际单位制中，功率的单位为 W(瓦). $1\mathrm{W}=1\mathrm{J}\cdot\mathrm{s}^{-1}$.

2.4.3 动能定理

以上的讨论指出，当力的作用使物体产生位移时，力对物体做功；另一方面，力的作用可引起物体运动状态的改变. 显然，力对物体所做的功与物体运动状态的改变之间必定存在着某种联系.

设一质量为 m 的物体在变力 $\boldsymbol{F}$ 的作用下由 a 点运动到 b 点（图 2-10），并设物体在 a 点和 b 点的速度分别为 $\boldsymbol{v}_a$ 和 $\boldsymbol{v}_b$，由(2-17)式可得变力 $\boldsymbol{F}$ 对物体所做的功为

$$A=\int_a^b \boldsymbol{F}\cdot\mathrm{d}\boldsymbol{r}=\int_a^b m\boldsymbol{a}\cdot\mathrm{d}\boldsymbol{r}.$$

由于 $\boldsymbol{a}=\frac{\mathrm{d}\boldsymbol{v}}{\mathrm{d}t}$，$\mathrm{d}\boldsymbol{r}=\boldsymbol{v}\mathrm{d}t$，从而有

$$A=\int_a^b m\frac{\mathrm{d}\boldsymbol{v}}{\mathrm{d}t}\cdot\boldsymbol{v}\,\mathrm{d}t=\int_a^b m\boldsymbol{v}\cdot\mathrm{d}\boldsymbol{v}.$$

由矢量分析可知

$$\mathrm{d}v^2=\mathrm{d}(\boldsymbol{v}\cdot\boldsymbol{v})=2\boldsymbol{v}\cdot\mathrm{d}\boldsymbol{v},$$

于是

$$A = \int_a^b \frac{1}{2} m \mathrm{d}v^2 = \int_a^b d\left(\frac{1}{2} mv^2\right)$$

$$= \frac{1}{2} mv_b^2 - \frac{1}{2} mv_a^2. \tag{2-22}$$

令

$$E_a = \frac{1}{2} mv_a^2, E_b = \frac{1}{2} mv_b^2,$$

则(2－22)式可改写为

$$A = E_b - E_a. \tag{2-23}$$

我们称 $E = \frac{1}{2} mv^2$ 为物体的动能.(2－22)和(2－23)式表明,合外力对物体做的功等于物体动能的增量.这个结论称为**动能定理**.

由(2－23)式可知,当外力对物体做正功($A>0$)时,物体的动能增加;当物体反抗外力做功($A<0$)时,物体的动能减少.这说明,对于一个运动的物体来说,功是物体动能变化的量度.这也是力对物体做正功或负功的物理意义.

在国际单位制中,动能的单位与功相同,均为J(焦).

【例题2－6】 质量 $m=2$ kg 的物体从静止出发沿 x 轴做直线运动,受力 $\boldsymbol{F}=12t$ N(牛),试求(1)在最初3 s内该力做功多少?(2) $t=3$ s时的功率?

【解】 (1) $A = \int \boldsymbol{F} \cdot \mathrm{d}\boldsymbol{r} = \int 12t \mathrm{d}x$

$$= \int_0^3 12tv \mathrm{d}t,$$

因

$$v = v_0 + \int_0^t a \mathrm{d}t = 0 + \int_0^t \frac{F}{m} \mathrm{d}t$$

$$= \int_0^t \frac{12t}{2} \mathrm{d}t = 3t^2,$$

所以

$$A=\int_0^t 12t(3t^2)\mathrm{d}t=9t^4\Big|_0^3$$
$$=729(\mathrm{J}).$$

(2) $t=3$ s时的功率为

$$P=\frac{\mathrm{d}A}{\mathrm{d}t}=\frac{\mathrm{d}}{\mathrm{d}t}(9t^4)=36t^3$$
$$=972\ (\mathrm{W}).$$

【例题2-7】 一质量为 8×10^{-2} kg 的子弹,以 400 $\mathrm{m\cdot s^{-1}}$的速度水平打穿厚为 5×10^{-2} m 的木板,穿出后的速度为 100 $\mathrm{m\cdot s^{-1}}$.求(1) 子弹所做的功; (2) 木板的阻力.

【解】 (1) 取子弹为研究对象.子弹沿水平方向共受一个力,即木板对子弹的阻力 F.

根据动能定理得

$$A=\frac{1}{2}mv_2^2-\frac{1}{2}mv_1^2$$
$$=\frac{1}{2}\times8\times10^{-2}\times100^2-\frac{1}{2}\times8\times10^{-2}\times400^2$$
$$=-600(\mathrm{J}).$$

阻力 F 对子弹做负功,使子弹的动能减少.而子弹克服阻力 F 所做的功为

$$A'=-A=600(\mathrm{J}).$$

(2) 木板厚度为 $d=5\times10^{-1}$ m,木板的阻力为

$$F=\frac{A}{d}=\frac{600}{0.05}=12\,000(\mathrm{N})$$

2.5 势　能

2.5.1 重力做功

设一质量为 m 的物体,在重力作用下自 a 点沿任意路径 acb 运动到 b 点,选取如图 2-11 所示的 Oxy 坐标系,原点在地平面上,a 点和 b 点距地面的高度分别为 h_a 和 h_b,在路径上任意一点 c 处,重力 $\boldsymbol{G}$(大小为 mg)所做的元功为

$$\begin{aligned} dA &= \boldsymbol{G}\cdot d\boldsymbol{r} = mg\cos\alpha\,|d\boldsymbol{r}| \\ &= mg(-dh). \end{aligned}$$

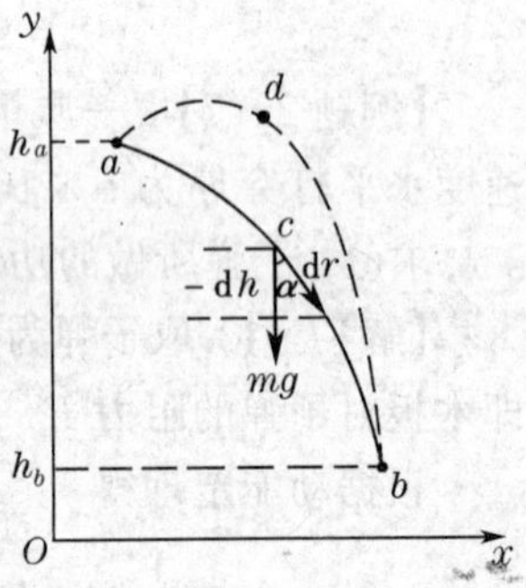

图 2-11

由此可求得在物体由 a 到 b 的过程中重力所做的总功为

$$\begin{aligned} A &= \int dA = \int_{h_a}^{h_b} -mg\,dh \\ &= mgh_a - mgh_b. \end{aligned} \tag{2-24}$$

由以上计算过程及结果可以看出,如果物体从 a 点沿另一任意路径 adb 到达 b 点,重力所做的功必定仍如(2-24)式.这表明,重力对物体所做的功只与物体的始末位置有关,而与物体所经路径无关.

2.5.2 弹性力做功

如图 2-12 所示,轻弹簧的一端固定,另一端连接一物体,放在光滑的水平面上.以弹簧无形变时物体的位置(称为平衡位置) O 为坐标原点,并取向右为 x 轴的正方向.当弹簧发生形变时,根

据胡克定律知道物体所受的弹性力为 $\boldsymbol{F}=-kx$，即弹性力是变力.根据(2-17)式，在物体由 a 点运动到 b 点的过程中，弹性力对物体所作的功为

$$A=\int_{x_a}^{x_b}-kx\mathrm{d}x=\frac{1}{2}kx_a^2-\frac{1}{2}kx_b^2. \tag{2-25}$$

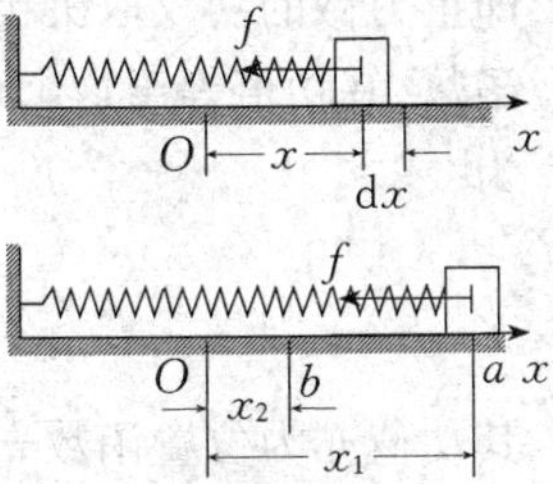

图 2-12

由(2-25)式可见，弹性力做功与重力做功的特点相同，即功只与受力物体的始末位置有关，而与物体经过的路径无关.

2.5.3 保守力

以上的讨论指出，重力和弹性力做功具有共同的特点，即都与路径无关.这种做功与路径无关的力称为**保守力**.除了重力与弹性力，还有万有引力、静电力等也都是保守力.做功与路径有关的力，称为非保守力.例如摩擦力、磁场力等是非保守力.

保守力的一个重要特性是，物体在保守力的作用下沿任意闭合路径绕行一周所做的功恒等于零.如图 2-11 中的物体若沿 $acbda$ 绕行一周，重力 $\boldsymbol{F}$ 做的功为

$$\begin{aligned}\oint\boldsymbol{F}\cdot\mathrm{d}\boldsymbol{r}&=\int_{acb}\boldsymbol{F}\cdot\mathrm{d}\boldsymbol{r}+\int_{bda}\boldsymbol{F}\cdot\mathrm{d}\boldsymbol{r}\\&=\int_{acb}\boldsymbol{F}\cdot\mathrm{d}\boldsymbol{r}-\int_{adb}\boldsymbol{F}\cdot\mathrm{d}\boldsymbol{r}\\&=0.\end{aligned} \tag{2-26}$$

2.5.4 势能

由(2-24)式可知，重力做功为

$$A_{ab}=-(mgh_b-mgh_a),$$

即重力做的功仅取决于与物体始末位置有关的形为 mgh 的位置函数，其功值等于这个位置函数增量的负值. 类似地，弹性力做功为

$$A_{ab}=-\left(\frac{1}{2}kx_b^2-\frac{1}{2}kx_a^2\right),$$

其功值亦为位置函数 $\frac{1}{2}kx^2$ 的增量的负值. 总之，在保守力做功的问题中，总存在一个位置函数，保守力做功即等于这个位置函数增量的负值. 可以用 E_p 表示这个位置函数，则有

$$A=-(E_{p2}-E_{p1})=-\Delta E_p. \qquad (2-27)$$

式中 E_{p1}，E_{p2} 分别表示受力物体在始、末位置时的位置函数. (2-27)式表明，保守力的功是位置函数 E_p 变化的量度. 显然，这一描述与动能定理中功是物体动能变化的量度相类似，即 E_p 这个位置函数亦应具有能量的意义. 我们将位置函数 E_p 称为**势能**(亦称**位能**)，它表示受保守力作用的物体具有的做功本领.

受重力作用的物体所具有的势能称为**重力势能**，表示为 $E_p=mgh$，因而(2-24)式可以改写为

$$A=mgh_a-mgh_b=-(E_{p_b}-E_{p_a}). \qquad (2-28)$$

该式表明重力所做的功等于重力势能增量的负值. 如果重力做正功($A>0$)，则重力势能减少($E_{p_b}<E_{p_a}$)；如果重力做负功($A<0$)，则重力势能将增加($E_{p_b}>E_{p_a}$). 类似地，弹性系统所具有的势能称为**弹性势能**，用 $E_p=\frac{1}{2}kx^2$ 表示.

势能是标量. 在国际单位制中，势能的单位是 J(焦).

关于势能的概念应注意以下几点：

(1) 相互作用力是保守力才能引入势能的概念，不存在与非保守力相关的势能.

(2) 势能是属于整个系统的，而不是单独属于系统内某个物

体的.如重力势能是属于物体和地球所组成的系统的,仅在习惯上常说某物体的势能.

(3) 势能的量值是相对的.在实际问题中,重要的是势能的增量.零势能参考位置的决定仅以计算方便为原则.

2.6 功能原理 机械能守恒定律

2.6.1 功能原理

设有一由若干个物体组成的物体系,系统的初动能和末动能分别为 E_{k_0} 和 E_k.根据动能定理有

$$A = E_k - E_{k_0},$$

式中的功 A 为系统所受的外力和内力做功的代数和.由于内力所做的功可分为保守内力做的功 $A_{保内}$ 和非保守内力做的功 $A_{非内}$,所以

$$A = A_{外} + A_{保内} + A_{非内}.$$

从上节的讨论知,保守内力做的功等于势能增量的负值,即

$$A_{保内} = -(E_p - E_{p_0}).$$

式中 E_{p_0} 和 E_p 是系统在初状态和末状态的势能,由以上三式可得到

$$A_{外} + A_{非内} = (E_k + E_p) - (E_{k_0} + E_{p_0}). \qquad (2-29)$$

式中 $(E_k + E_p) = E$ 和 $(E_{k_0} + E_{p_0}) = E_0$ 分别表示系统在末状态和初状态时具有的机械能.(2-29)式表明,外力和非保守内力对系统做功的代数和等于系统机械能的增量,这称为功能原理.

2.6.2 机械能守恒定律

由(2-29)式可以看出,如果外力和非保守内力都不做功或它

们所做的总功为零，则

$$E_{\mathrm{k}}+E_{\mathrm{p}}=E_{\mathrm{k}_0}+E_{\mathrm{p}_0}=\text{恒量}, \tag{2-30}$$

即系统的总机械能保持不变，这就是**机械能守恒定律**.

必须指出，机械能守恒只是指系统的动能和势能的总和不随时间变化，但系统内各物体之间的动能和势能是可以互相转化的.

【例题 2-8】 物体从高度为 h 的斜面滑下，停止在与斜面顶点的水平距离为 s 的地方(图 2-13). 假定斜面和水平面的摩擦系数相同，试证明：摩擦系数 $\mu=\dfrac{h}{s}$.

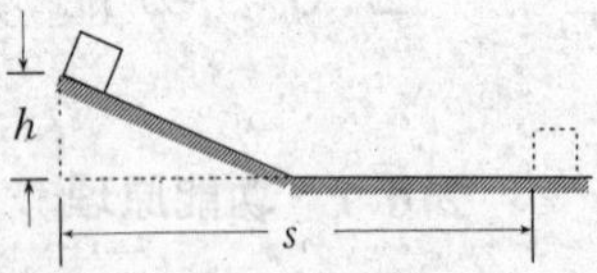

图 2-13

【解】 据题意存在摩擦力，而摩擦力为非保守力，且其功不为零，因此机械能不守恒，可用功能原理求解.

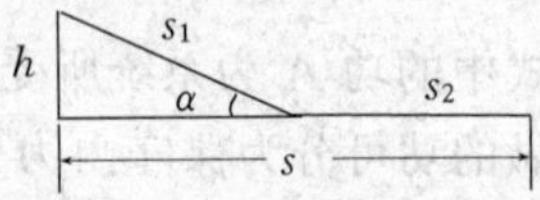

图 2-14

根据功能原理，有

$$mgh=f_1s_1+f_2s_2,$$

其中 s_1 和 s_2 如图 2-14 所示，f_1 和 f_2 分别为 s_1 及 s_2 相应的摩擦力，有

$$f_1=\mu mg\cos\alpha,$$

$$f_2=\mu mg.$$

于是

$$\begin{aligned} mgh &= \mu mgs_1\cos\alpha+\mu mgs_2 \\ &= \mu mg(s_1\cos\alpha+s_2) \\ &= \mu mgs, \end{aligned}$$

所以

$$\mu=\frac{h}{s}.$$

【例题 2-9】 小车沿图 2-15 所示的光滑轨道自 A 点无初

速地滑下.已知圆环的半径为 R,问 A 点的高度应等于多少方能使小车在轨道的全程内都不出轨.

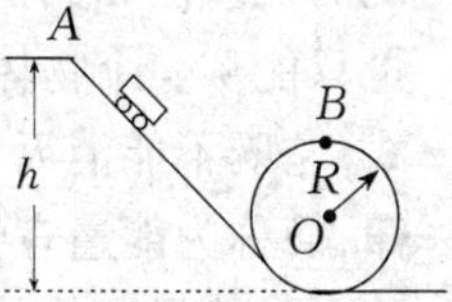

图 2－15

【解】 根据牛顿第二定律,小球在圆环最高点 B 处时

$$m\frac{v^2}{R}-N+mg,$$

式中 N 为小车在 B 点处圆环对小车的正压力,小车在 B 点时不出轨的条件是 $N\geqslant0$.设 v_1 为小车位于 B 点、同时 $N=0$ 时的速度,此速度即为小车在 B 点保持不出轨的最小速度,则

$$m\frac{v_1^2}{R}=mg,$$

从而

$$v_1^2=Rg.$$

根据机械能守恒定律

$$mgh=\frac{1}{2}mv_1^2+mg\cdot2R,$$

故而有

$$mgh=\frac{1}{2}mRg+mg\cdot2R.$$

所以

$$h=\frac{1}{2}R+2R=2.5R.$$

2.6.3 能量转换与守恒定律

由功能原理可知,如果系统的非保守内力做功,则系统的机械能将发生变化.大量的实验表明:在系统的机械能增加或减少的同时,必定有等值的其他形式的能量减少或增加.例如因摩擦力做功而机械能减少时,必然有等值的热能或其他形式的能量产生,即系

统的机械能和其他形式能量的总和仍为恒量.无数的事实证明,能量只能从一个物体传递给其他物体或者从一种形式转化为其他形式,它既不能消灭,也不能创造.这一结论称为**能量转换和守恒定律**,简称为**能量守恒定律**.这是物理学中最普遍的定律之一,也是整个自然界遵从的普遍规律.

必须指出,能量和功是两个完全不同的概念.能量描述的是一个运动状态,是状态物理量;而功则与能量的交换或转化的过程相联系,是一个过程物理量.能量是系统状态的单值函数,系统的状态一旦确定,相应的能量也就惟一地确定.而对于功来说,做功是能量交换或转化的一种形式,功则是被交换或转化的一种量度,也可以说,功可被看作是物体在相互作用过程中传递或转化的能量.

*2.7 碰 撞

在物理学中,当两个或两个以上的物体相互接近时,在极短的时间内,物体之间的相互作用使得它们的运动状态发生显著的变化,这种过程称为**碰撞**.碰撞现象是大量存在的,除了常见的击球、打桩、锻铁外,分子、原子、原子核等微观粒子之间的某些相互作用过程也是碰撞过程.

在碰撞过程中,由于物体间相互作用的冲力很大,而作用时间极短,因此作用于碰撞物体上的其他作用力相对地可以忽略不计.若把相互碰撞的物体作为一个系统来考虑时,则可认为系统在碰撞过程中仅有内力作用,应遵守动量守恒定律.下面我们以两个小球的碰撞为例,来研究碰撞现象的一些规律.

如果两球碰撞前的速度方向在两球中心的连线上,那么碰撞后它们的速度方向也一定在这一连线上,这种碰撞称为对心碰撞或称为正碰.在本节中只讨论正碰.如图 2－16 所示,取两球中心连线为 x 轴,向右为正方向,设两个小球的质量分别为 m_1 和 m_2,

碰撞前的速度分别为 $\boldsymbol{v}_{10}$ 和 v_{20}，碰撞后的速度分别为 v_1 和 v_2. 根据动量守恒定律，有

$$m_1 v_{10} + m_2 v_{20} = m_1 v_1 + m_2 v_2, \tag{2-31}$$

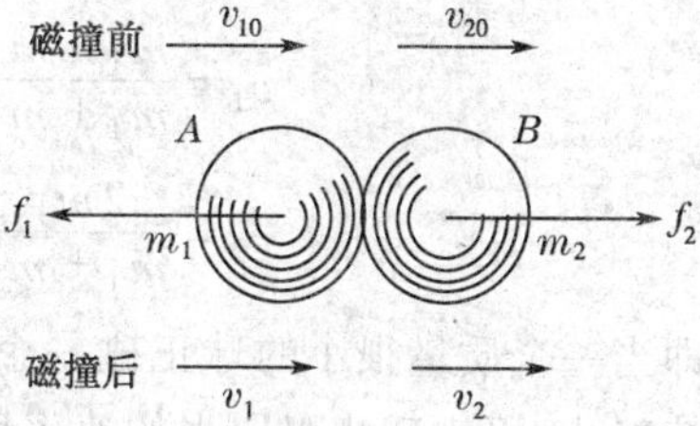

图 2-16

其中各球的速度凡与规定正方向同向者取正值，反之取负值. 至于未知方向的速度则由最后计算结果的正负而定.

在碰撞过程中，两球的机械能并不一定守恒. 如果在碰撞后，两球的机械能完全没有损失，这种碰撞称为**完全弹性碰撞**，这是理想的情形. 通常，两球碰撞后，总会损失一部分机械能，这称为**非弹性碰撞**. 如果两球在碰撞后结为一体不再分开，并以同一速度运动，则称为**完全非弹性碰撞**.

2.7.1　完全弹性碰撞

在完全弹性碰撞中，两球的动能之和不变，从而有

$$\frac{1}{2}m_1 v_{10}^2 + \frac{1}{2}m_2 v_{20}^2 = \frac{1}{2}m_1 v_1^2 + \frac{1}{2}m_2 v_2^2. \tag{2-32}$$

由(2-31)和(2-32)式，可解得

$$\begin{cases} v_1 = \dfrac{m_1 - m_2}{m_1 + m_2} v_{10} + \dfrac{2m_2}{m_1 + m_2} v_{20}, \\ v_2 = \dfrac{m_2 - m_1}{m_1 + m_2} v_{20} + \dfrac{2m_1}{m_1 + m_2} v_{10}. \end{cases} \tag{2-33}$$

下面讨论两种常见的特殊情况：

(1) 若 $m_1 = m_2$，则(2-33)式可改写成

$$v_1 = v_{20}, v_2 = v_{10},$$

即质量相等的两球经过完全弹性正碰后将交换彼此的速度.

(2) 若 $m_2 \gg m_1$，且 $v_{20}=0$，则可得

$$v_1=\frac{m_1-m_2}{m_1+m_2}v_{10}\approx -v_{10},$$

$$v_2=\frac{2m_1}{m_1+m_2}v_{10}\approx 0.$$

即当一个质量很小的球正碰一个质量很大的静止球时，大球仍保持静止，而小球将以原来的速率反向弹回.

2.7.2 完全非弹性碰撞

在完全非弹性碰撞中，两球碰撞后的速度相同，即

$$v_1=v_2=v,$$

代入(2-31)式可得

$$v=\frac{m_1v_{10}+m_2v_{20}}{m_1+m_2}. \tag{2-34}$$

由(2-34)式，可算出经完全非弹性碰撞后两球动能的损失为

$$\Delta E=\frac{m_1m_2(v_{10}-v_{20})^2}{2(m_1+m_2)}, \tag{2-35}$$

这部分动能在使物体产生永久形变的过程中转变为其他形式的能量，如热能等.

2.7.3 非弹性碰撞

在非弹性碰撞中，两球碰后仍然分开，以各自的速度运动，但两球相碰产生的形变不能完全恢复原状，动能有一定的损失(转变成其他形式的能量)，因而碰撞前后的总动能不守恒. 牛顿根据实验结果总结出：碰撞后两球的分离速度(v_2-v_1)与碰撞前两球的接近速度($v_{10}-v_{20}$)成正比，其比值可表示为

$$e=\frac{v_2-v_1}{v_{10}-v_{20}}, \tag{2-36}$$

比值 e 称为恢复系数,其数值由两球的质料决定. $e=1$ 对应于完全弹性碰撞的情形; $e=0$ 则对应于完全非弹性碰撞; 至于非弹性碰撞则为 $0<e<1$.

由(2-31)式和(2-36)式,可求得一般情形下两球碰撞后的速度为

$$\begin{cases} v_1 = v_{10} - \dfrac{(1+e)m_2(v_{10}-v_{20})}{m_1+m_2}, \\ v_2 = v_{20} + \dfrac{(1+e)m_1(v_{10}-v_{20})}{m_1+m_2}. \end{cases} \tag{2-37}$$

显然,若 $e=1$ 或 $e=0$,则上式分别是完全弹性碰撞和完全非弹性碰撞的结果.

【例题2-10】 一个质量为 $M=10\ \mathrm{kg}$ 的物体放在光滑水平面上,并与一水平轻弹簧相连(如图2-17). 弹簧的劲度系数 $k=1\,000\ \mathrm{N\cdot m^{-1}}$. 今有一质量为 $m=1\ \mathrm{kg}$ 的小球,以水平速度 $v_0=4\ \mathrm{m\cdot s^{-1}}$ 飞来,与物体 M 正碰后以

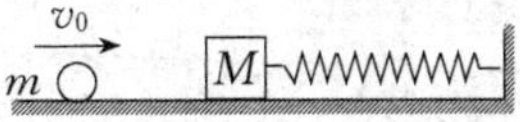

图 2-17

$v_1=2\ \mathrm{m\cdot s^{-1}}$的速度弹回,问:

(1) M 起动后,弹簧将被压缩,弹簧可缩短多少?

(2) 小球 m 和物体 M 的碰撞是弹性碰撞吗? 恢复系数多大?

【解】 (1) 设 M 对弹簧的最大压缩量为 Δx, m 与 M 碰撞分离时 M 的速度为 v_m.

碰撞中,水平方向无外力,系统动量守恒,有

$$mv_0 = Mv_m - mv_1.$$

M 压缩弹簧过程中,只有弹性力做功,所以机械能守恒,即

$$\frac{1}{2}Mv_m^2 = \frac{1}{2}k(\Delta x)^2.$$

由以上两式可解得

$$\Delta x = \sqrt{\frac{M}{k}} \cdot \frac{m}{M}(v_0 + v_1)$$

$$= \sqrt{\frac{10}{1\,000}} \times \frac{1}{10} \times (4+2) = 0.06\ \text{m}.$$

(2) 根据碰撞前后总动能的计算,可得

$$\frac{1}{2}mv_0^2 > \frac{1}{2}mv_1^2 + \frac{1}{2}Mv_m^2,$$

所以是非弹性碰撞.

$$e = \frac{v_m - (-v_1)}{v_0}$$

$$= \frac{\left[\frac{m}{M}(v_0 + v_1) + v_1\right]}{v_0}$$

$$= \frac{\left[\frac{1}{10}(4+2) + 2\right]}{4} = 0.65.$$

从 $e<1$,也可看出碰撞为非弹性碰撞.

习　题　2

1. 质量为 m 的质点在力 $F=2t$(N)的作用下沿 x 轴运动. 当 $t=0$ 时 $x_0=0, v_0=0$. 求:(1) 2 秒时质点的速率;(2) 质点的运动方程.

2. 一个质量为 50 kg 的人,站在升降机上,试求出升降机在下述情况下地板受的力:(1) 以 10 $\text{m}\cdot\text{s}^{-1}$的速度匀速上升或匀速下降;(2) 以0.80 $\text{m}\cdot\text{s}^{-2}$的加速度下降;(3) 以 0.20 $\text{m}\cdot\text{s}^{-2}$的加速度上升.

3. 质量为 $m_2=20$ kg 的小车,可以在光滑平面上水平运动,车上放一物体,质量为 $m_1=2.0$ kg,与小车间的摩擦系数为 $\mu=0.25$. 现使物体受一水平拉力 f 作用,已知 $f=20$ N. 试求物体与小车的加速度和二者之间的摩擦力.

4. 一物体由静止下落,所受阻力与速率成正比:$R=-kv$(k 为常数).

求任一时刻的速度和收尾速度.

5. 枪弹在枪管内前进时受到的合力随时间变化:$F=a-bt$.枪弹到达枪口时恰好 $F=0$,速度为 v_0.求枪弹的质量.

6. 将物体用细绳系住,绳的另一端固定在支架上,绳长 l,物体经推动后,在一水平面内做匀速圆周运动,形成所谓的圆锥摆.已知物体质量为 m,绳与铅直线的夹角为 θ.试求此时绳的张力和物体运动的周期.

7. 一根均匀长绳,其单位长度的质量(即质量线密度)$\lambda=2\ \mathrm{kg\cdot m^{-1}}$,盘绕在光滑的水平桌面上,开始时绳端点的高度、速度均为零.今以 $F=98\ \mathrm{N}$ 的恒力竖直向上提绳,求(1) 绳端点升到 2 m 处的加速度大小;(2) 加速度为零时的高度.

8. 把一根长为 l 的柔软均匀链条挂在轻定滑轮上,滑轮的转轴光滑.当挂在滑轮一边的链条长 x 时将链条释放.求此时链条的加速度.

9. 在水平桌面上有质量为 m_1 和 m_2 的两个木块叠放在一起.木块之间的摩擦系数为 μ_1,木块与桌面间的摩擦系数为 μ_2.今用一恒定的水平力 F 拉木块 m_2.问至少要使 F 为多大才能将木块 m_2 从木块 m_1 下抽出?

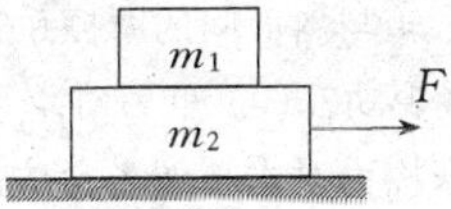

9 题图

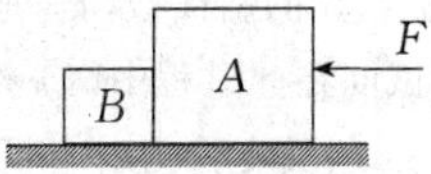

10 题图

10. 在水平面上有质量 $M=60\ \mathrm{kg}$ 的物体 A 和质量 $m=40\ \mathrm{kg}$ 的物体 B 靠在一起,它们与水平面间的摩擦系数分别为 $\mu_A=0.05$ 和 $\mu_B=0.10$.当对 A 施以水平推力 $F=98\ \mathrm{N}$ 时,二物间的相互作用力多大?

11. 质量为 $m=2.0\ \mathrm{kg}$ 的物体因受到水平变力 f 的作用而运动,$f=12t\ \mathrm{N}$.试求:(1) 前 3 秒内该力的冲量;(2) 第 3 秒末物体的速度.

12. 质量为 m 的小球在向心力的作用下,在水平面内作半径为 R 的匀速圆周运动,速率为 v.已知小球由任一点 A 出发逆时针运动半周到达 B 点,试问:(1) 小球动量变化多少?(2) 向心力的平均值是多大,方向如何?

13. 一个垒球的质量 $m=0.20\ \mathrm{kg}$,如果投出时的速度值为 $v=30\ \mathrm{m\cdot s^{-1}}$,被棒击回的速度值为 $50\ \mathrm{m\cdot s^{-1}}$,方向相反,试求球的动量变化和打

击力的冲量.如果球与棒接触时间为 $\Delta t=0.0020\ \mathrm{s}$,求打击的平均力.

14. 一个质量为 80 kg 的人站在一只长 18 m,质量为 400 kg 的滑冰船的尾部,船正在光滑的冰上以 $4\ \mathrm{m\cdot s^{-1}}$的速度运动.此人决定以相对于船的速率 2 米/秒走向船头.问当他从船尾走到船头时船在冰上滑动多远?

15. 一质量 $m=0.02\ \mathrm{kg}$ 的小球以速率 $v=4\ \mathrm{m\cdot s^{-1}}$作匀速圆周运动,绕行一周需时 $\Delta t=4\ \mathrm{s}$.求在半个圆周上小球受到的冲量和平均力.

16. 镭原子核含有 88 个质子和 138 个中子,在衰变时放出一个 α 粒子(含二个质子和二个中子),其速率为 $v_1=1.5\times10^7\ \mathrm{m\cdot s^{-1}}$.设镭原子核原来静止,且认为质子和中子的质量相等.求剩下的氡原子核具有的速率 v.

17. 一以速率 v 竖直升空的烟花炸成质量相等的三块,其中二块速率相等,但一块水平向前运动,另一块水平向后运动.求第三块的速度.

18. 一质量为 4 kg 的物体在外力作用下由静止开始运动,直到具有动量 $8\ \mathrm{kg\cdot m\cdot s^{-1}}$.求在此过程中外力所做的功.

19. 设物体在 $\boldsymbol{F}=(6+4x)\boldsymbol{i}\ \mathrm{N}$ 的作用下沿 X 轴从 $x_1=1\ \mathrm{m}$ 移动到 $x_2=2\ \mathrm{m}$ 处.求力在此过程中所做的功.

20. 质量为 $m=100\ \mathrm{kg}$ 的木箱在水平推力 f 的作用下,沿长 $l=3.0\ \mathrm{m}$,倾角 $\alpha=30^\circ$的斜面被匀速地推上汽车,已知木箱与斜面间的摩擦系数为 $\mu=0.20$.试问在此过程中(1) 推力 f 对木箱做多少功?(2) 重力对木箱做多少功?(3) 斜面支持力对木箱做多少功?(4) 摩擦力对木箱做多少功?

21. 地下蓄水池的底面积 $S=5.0\ \mathrm{m^2}$,贮水深度 $h=1.5\ \mathrm{m}$,若水面低于地面的高度 $h=5.0\ \mathrm{m}$,问将池水全部抽到地面时,须做多少功?若水泵的效率 $\eta=80\%$,输入功率 $N=35\ \mathrm{kW}$,须要多少时间可以抽完?

22. 质量为 $m=10\ \mathrm{kg}$ 的某物体的运动方程为 $x=2t^3$.试求在 3 s 内合力所做的功.

23. 如图所示,用 $F=10\ \mathrm{N}$ 的水平作用力通过一轻绳和定滑轮拉物体 B.当绳与地面的仰角 θ 从 30°变到 60°过程中,拉力做了多少功?

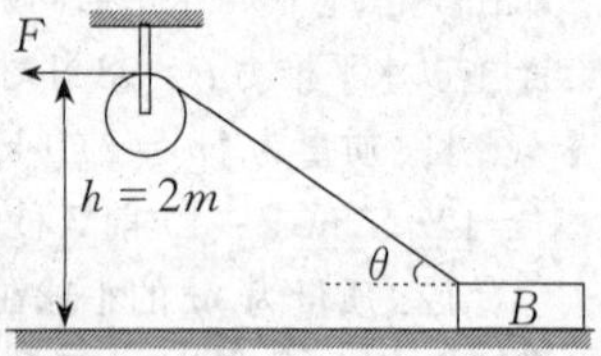

23 题图

24. 质量为 $m=2.0\ \mathrm{kg}$ 的物体由静止开始沿四分之一圆周轨道由 A 点滑行到 B 点,已知其在 B 点的末速度的大小

为 $v=6.0\ \mathrm{m\cdot s^{-1}}$，圆半径 $R=4.0\ \mathrm{m}$，试求在整个滑行过程中摩擦力所做的功.（四分之一圆周轨道放在铅直平面内.）

25. 在桌面上固定一个半径为 R 的光滑球体，顶点 A 处有一质量为 m 的物体，若物体以水平初速 v_0 开始运动，试问：(1) 物体将在何处($\varphi=?$)脱离球体(2) v_0 之值多大时刚好能使物体一开始就脱离？

26. 质量为 5 kg 的物体以初速 $\boldsymbol{v}=4\boldsymbol{i}\ \mathrm{m\cdot s^{-1}}$运动，在力 $\boldsymbol{F}=4x^2\boldsymbol{i}$ N 作用下通过 3 m 的距离. 试求在这过程中动能的增量和末动能.

27. 有一摆长为 L 的单摆，悬点在 A. 在 A 的正下方有一钉 B. 今使摆由水平位置释放. 摆锤恰可绕 B 作圆周运动. 求 A、B 间的距离 d.

28. 原来静止的物体沿光滑弯曲轨道和圆环滑行. 环半径 $R=0.3$ m. 物体起滑点 A 离环底的高度 $H=2R$. 已知物体在 B 点脱离圆环. 求 B 点的高度 h.

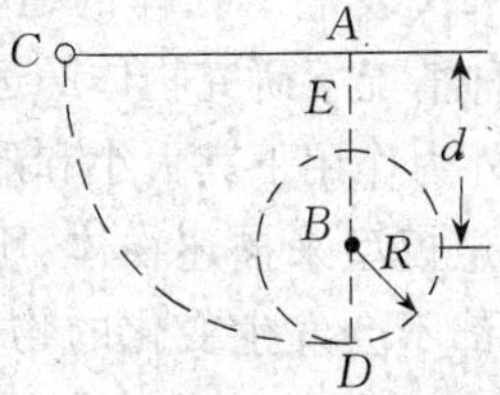

27 题图

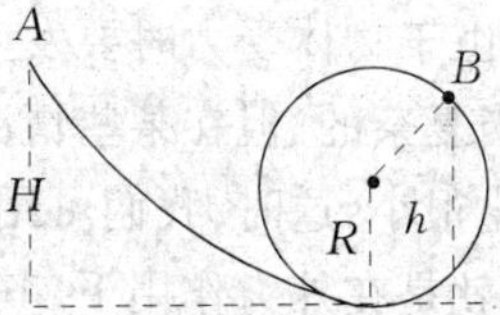

28 题图

29. 将一个质量为 $m=2.0\times10^{-3}$ kg 的砝码放在竖直放置的轻弹簧顶端，然后向下压缩弹簧，使其压缩 1.0×10^{-2} m，已知弹簧的倔强系数 $k=40\ \mathrm{N\cdot m^{-1}}$，质量可以不计，试问弹簧释放后，砝码将被上抛到多大高度？

第3章 刚体的转动

在前两章中,我们把物体看作质点并讨论其运动规律.然而,在很多情况下,物体的大小和形状在所研究的问题中往往起着重要的作用,如车轮的滚动、陀螺的转动等,这时必须考虑物体的形状大小,而不能再用一个质点的运动来代表整个物体的运动.通常,由于物体受力时要发生形变,在这种情况下研究物体的运动是相当复杂的.但在某些情况下,物体在外力作用下其大小和形状的变化很小,这时,我们可用刚体这一理想模型来描述物体.所谓刚体,就是在外力作用下,其大小和形状都不会发生变化的物体.本章主要讨论刚体绕定轴的转动,在质点运动规律的基础上,导出刚体定轴转动的一般规律以及角动量守恒定律.

3.1 刚体的定轴转动

3.1.1 平动和转动

平动和转动是刚体的两种基本运动形式.在刚体运动过程中,如果连接刚体内任意两点的直线的方向始终保持不变,则称这种运动为**平动**.刚体平动时,体内所有的点的运动是完全相同的,它们具有相同的位移、速度和加速度.因此,可以用刚体中任何一点的运动来代表整个刚体的平动,也就是说,可以用质点运动的规律来描述和处理刚体的平动.

在刚体运动过程中,如果体内各点都绕同一条直线作圆周运动,则称这种运动为**转动**,该直线称为**转轴**.如果转轴在参照系中是固定不动的,则这种转动称为刚体的**定轴转动**.

刚体的一般运动总可以看作为是其平动和转动的叠加.

3.1.2 角量

在研究刚体定轴转动时,通常在刚体上任意选取一个垂直于定轴的平面作为转动平面.由于转动平面上各点离开转轴的距离不同,故当刚体作定轴转动时,各点的位移、速度和加速度一般是不同的.为了研究方便,引入角位移、角速度和角加速度等物理量来描述刚体的转动,这些物理量一般称为**角量**.

设一刚体绕固定轴 OO' 转动,如图 3-1 所示.过转轴上任一点 O 作垂直于转轴的平面,此即为转动平面.在转动平面内由 O 点引一条射线,取为 OX 轴.这样,在时刻 t,位于转动平面内的刚体上任一点 P 的位置就可以由线段 OP 与 OX 轴之间的夹角 θ 来确定,θ 角称为该时刻刚体的**角位置**或**角坐标**.

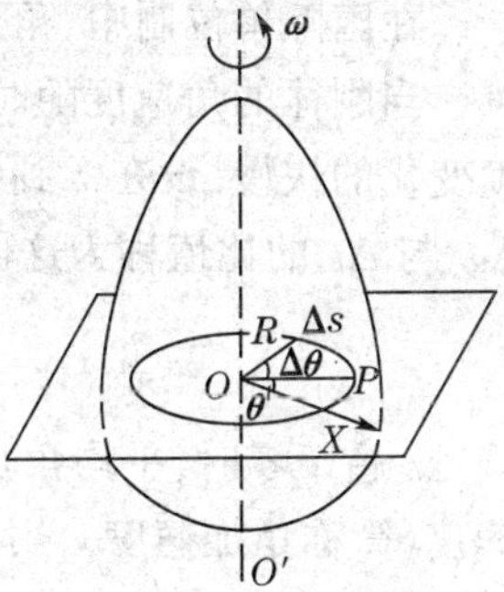

图 3-1

刚体作定轴转动时,其角坐标 θ 随时间改变.若 t 时刻刚体的角坐标是 θ,$t+\Delta t$ 时刻角坐标为 $\theta+\Delta\theta$,则 $\Delta\theta$ 称为在 Δt 时间内刚体的**角位移**.在国际单位制中,角坐标和角位移的单位都是 rad(弧度).

刚体定轴转动的快慢通常用角速度描述.若刚体在 t 到 $t+\Delta t$ 时间内的角位移为 $\Delta\theta$,则角位移 $\Delta\theta$ 与时间 Δt 之比称为 Δt 时间内刚体转动的**平均角速度**,用 $\overline{\omega}$ 表示,即

$$\overline{\omega}=\frac{\Delta\theta}{\Delta t}. \tag{3-1}$$

当 Δt 趋于零时,平均角速度的极限值称为 t 时刻刚体的**瞬时角速度**(简称**角速度**),用 ω 表示,即

$$\omega=\lim_{\Delta t\to 0}\frac{\Delta\theta}{\Delta t}=\frac{d\theta}{dt}. \tag{3-2}$$

角速度是矢量,其大小由(3-2)式给出,而它的方向可用右手螺旋法则来确定:用右手握住转轴并使姆指垂直其余四指,四指顺着刚体的转动方向,这时大姆指指向就是角速度矢量的方向,如图 3-2 所示.

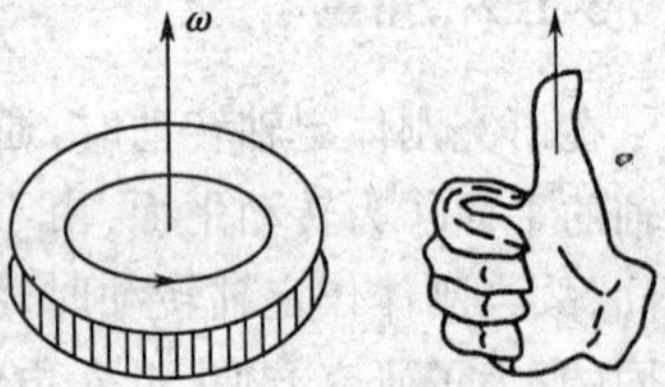

图 3-2

在国际单位制中,角速度的单位是 $rad\cdot s^{-1}$(弧度/秒).

当刚体的角速度随时间变化时,需引入角加速度以描述角速度变化的快慢.设在 t 到 $t+\Delta t$ 时间内角速度的改变量为 $\Delta\omega$,则 $\Delta\omega$ 与 Δt 的比值称为这段时间内的**平均角加速度**,表示为

$$\overline{\beta}=\frac{\Delta\omega}{\Delta t}. \tag{3-3}$$

当 Δt 趋于零时,平均角加速度的极限值称为 t 时刻的**瞬时角加速度**(简称**角加速度**),用 β 表示,即

$$\beta=\lim_{\Delta t\to 0}\frac{\Delta\omega}{\Delta t}=\frac{d\omega}{dt}=\frac{d^2\theta}{dt^2}, \tag{3-4}$$

角加速度也是矢量.其方向沿转轴,并与 ω 的方向相同或相反,作加速转动时,β 与 ω 同向,作减速转动时,β 与 ω 反向.在国际单位制中,角加速度的单位是 $rad\cdot s^{-2}$.

3.1.3 匀变角速转动公式

刚体作定轴转动时,若角加速度等于零,则角速度为常量,这

种转动称为刚体的匀速转动.若角加速度不等于零,则刚体作变速转动.若角加速度为不等于零的常量,则刚体作匀变速转动.

设刚体转的初始条件为:$t=0$ 时,$\theta=\theta_0$,$\omega=\omega_0$.当刚体作匀速转动时,由(3-2)式知

$$\omega=\frac{\mathrm{d}\theta}{\mathrm{d}t}=\text{常量},$$

从而有

$$\theta=\theta_0+\omega_0 t. \tag{3-5}$$

当刚体作匀变速转动时,由(3-4)式有

$$\mathrm{d}\omega=\beta\mathrm{d}t\ (\beta\text{ 为常量}),$$

从而可得到

$$\omega=\omega_0+\beta t; \tag{3-6}$$

$$\theta=\theta_0+\omega_0 t+\frac{1}{2}\beta t^2; \tag{3-7}$$

$$\omega^2=\omega_0^2+2\beta(\theta-\theta_0). \tag{3-8}$$

以上为刚体定轴转动的运动学公式,它们类似于质点的匀速和匀加速直线运动情况.

3.1.4 角量和线量的关系

刚体作定轴转动时,刚体中的每个质点都作圆周运动.这些质点的运动既可用角位移、角速度和角加速度等角量来描述,亦可用与角量对应的位移、速度和加速度等线量来描述,显然角量和线量之间必定存在着一定的关系.

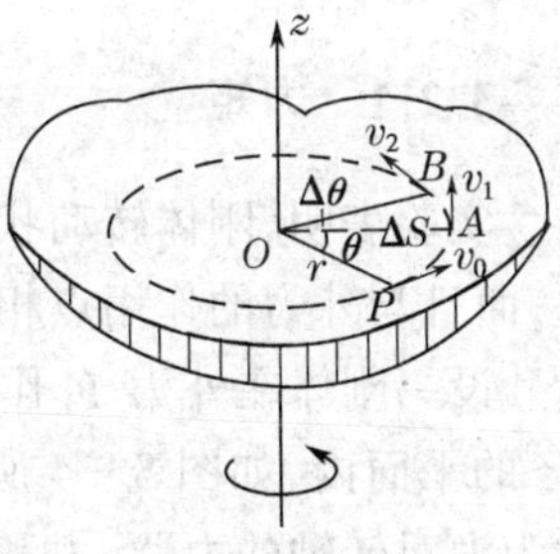

图 3-3

如图 3-3 所示,设一作定轴转动的刚体内任一点 P 离转轴的垂直

距离为 r,刚体在 Δt 时间内的角位移为 $\Delta\theta$,P 点在这段时间内所通过的弧长为 Δs. 当 $\Delta t\to 0$ 时,弦与弧近似相等,则 P 点的线位移大小为 $\mathrm{d}s = r\mathrm{d}\theta$,因此 P 点的线速度是

$$v = \lim_{\Delta t\to 0}\frac{\Delta s}{\Delta t} = \frac{\mathrm{d}s}{\mathrm{d}t} = r\,\frac{\mathrm{d}\theta}{\mathrm{d}t} = r\omega. \tag{3-9}$$

上式是刚体内任一点的线速度与角速度之间的关系式.

如果刚体作定轴变速转动,则将(3-9)式两边对 t 求导,得

$$\frac{\mathrm{d}v}{\mathrm{d}t} = r\,\frac{\mathrm{d}\omega}{\mathrm{d}t},$$

从而有

$$a_{\mathrm{t}} = r\beta. \tag{3-10}$$

上式为切向加速度 a_{t} 与角加速度 β 间的关系式.

如果将(3-9)式代入法向加速度公式(1-20)式,可得刚体内各点的法向加速度与角速度间的关系式

$$a_{\mathrm{n}} = \frac{v^2}{r} = r\omega^2. \tag{3-11}$$

总之,刚体作定轴转动时,刚体内各点的角量是相同的,但由于各点到轴的距离不全相同,因而各点的线量亦是不全相同的.

3.2 转动定律

3.2.1 力矩

实验表明,刚体转动状态的改变,不仅与外力的大小和方向有关,而且与外力的作用点相对于转轴的位置有关.

设一刚体在外力 $\boldsymbol{F}$ 作用下作定轴转动,力 $\boldsymbol{F}$ 在垂直于转轴 OZ 的平面内,如图 3-4 所示. 转轴到力的作用线的垂直距离 d,称为力对转轴的力臂. 力和力臂的乘积定义为力对转轴的力矩的大小,用M表示. 由图 3-4 可知,力臂 d 与矢径 r 的关系为 $d=$

$r\sin\varphi$，φ 是矢径 $\boldsymbol{r}$ 与力 $\boldsymbol{F}$ 之间的夹角. 因而，力矩的大小为

$$M = Fd = Fr\sin\varphi \tag{3-12}$$

力矩是矢量，它的方向按右手螺旋法则规定如下：将右手四指由矢径 $\boldsymbol{r}$ 的方向经过小于 180° 的角转到力 $\boldsymbol{F}$ 的方向，这时姆指的方向即为力矩的方向. 由矢积的定义，力矩的矢量式为

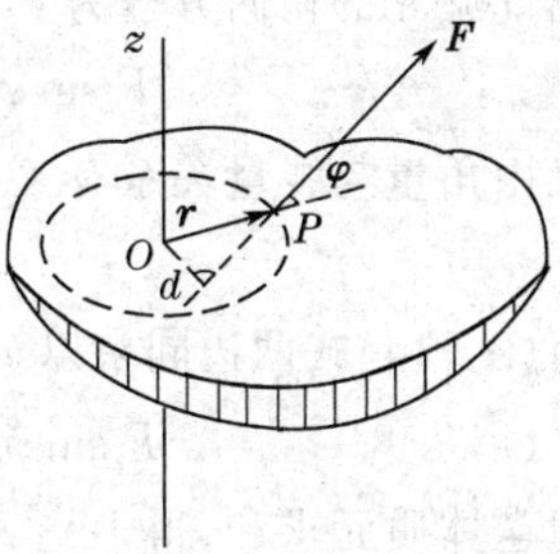

图 3-4

$$\boldsymbol{M} = \boldsymbol{r} \times \boldsymbol{F}. \tag{3-13}$$

如果外力不在垂直于转轴的平面内，则可将此外力分解为平行于转轴和垂直于转轴的两个分力. 平行于转轴的分力对刚体的转动不起作用，只有垂直于转轴即在转动平面内的那个分力对转轴有力矩作用. 因此该外力的力矩仍可用(3-13)式表示，只是式中的 $\boldsymbol{F}$ 应理解为外力在它作用点所在的转动平面内的分力.

在定轴转动中，如果有几个外力同时作用在刚体上，则其合力矩等于这几个力的力矩的矢量和.

在国际单位制中，力矩的单位是 m·N(米·牛).

3.2.2 转动定律

设刚体绕一固定轴 Oz 转动，如图 3-5所示. 由于刚体在每个质点都绕 Oz 轴作圆周运动，故可将刚体分成许多小质元. 任取一小质元 Δm_i，并设其所受到的外力和内力分别为 $\boldsymbol{F}_i$ 和 $\boldsymbol{f}_i$，外、内力与矢径 $\boldsymbol{r}_i$ 的夹角分别为 φ_i 与 θ_i. 为简化起见，假设 $\boldsymbol{F}_i$ 和 $\boldsymbol{f}_i$ 都位于小质元 Δm_i 所在的转动平面内. 根据牛顿第二定律，可写

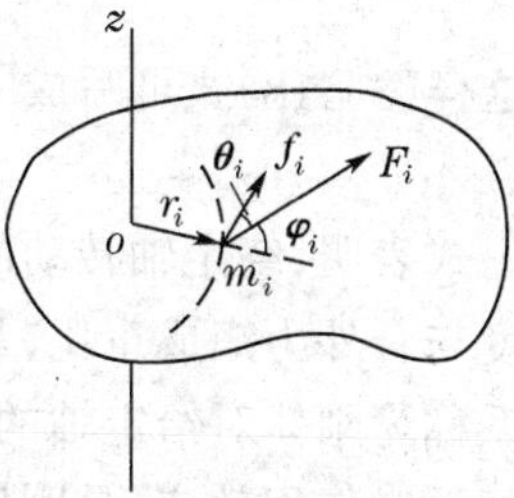

图 3-5

出此质元的切向方程为

$$F_i\sin\varphi_i + f_i\sin\theta_i = \Delta m_i a_{it}\,; \qquad (3-14)$$

又由角量与线量关系有

$$a_{it} = r_i\beta. \qquad (3-15)$$

将(3-14)式两边同乘以 r_i,并将(3-15)式代入可得

$$r_iF_i\sin\varphi_i + r_if_i\sin\theta_i = \Delta m_i r_i^2\beta, \qquad (3-16)$$

对全体质元求和,得

$$\sum_i r_iF_i\sin\varphi_i + \sum_i r_if_i\sin\theta_i = \sum_i \Delta m_i r_i^2\beta. \qquad (3-17)$$

(3-17)式中左边第一项是刚体所受各外力对转轴的力矩的代数和,称为合外力矩,用 M 表示;左边第二项是刚体各质元所受内力对转轴的力矩的代数和.按牛顿第三定律,内力应是成对出现,每一对内力都等值反向,且力臂相同,因此应有 $\sum\limits_i r_if_i\sin\theta_i = 0$,同时考虑到各质元的角加速度 β 皆相同,所以(3-17)式可写成

$$M = \left(\sum_i \Delta m_i r_i^2\right)\beta. \qquad (3-18)$$

式中 $\sum\limits_i \Delta m_i r_i^2$ 是由刚体本身质量分布和转轴位置所决定的物理量,对于绕一给定转轴转动的刚体来说,它是一个恒量,称为刚体对给定转轴的**转动惯量**,用 J 表示,即

$$J = \sum_i \Delta m_i r_i^2, \qquad (3-19)$$

这样(3-18)式可写成

$$M = J\beta. \qquad (3-20)$$

上式表明,绕定轴转动的刚体在合外力矩作用下,所获得的角加速度与合外力矩成正比,与刚体对该转轴的转动惯量成反比,这一关系称为刚体对给定轴的**转动定律**.该定律反映了合外力矩对刚体的瞬时作用效应,是刚体定轴转动的基本方程.

3.2.3 转动惯量

由转动定律可知,在相同的外力矩作用下,转动惯量越大的刚体获得的角加速度越小,即刚体的转动状态越不容易改变.所以,刚体的转动惯量是刚体转动惯性的量度.从这个意义上说,转动惯量类似于牛顿第二定律中的质量.

刚体的质量通常是连续分布的,其转动惯量定义式(3-19)可写成积分形式

$$J=\int r^2\mathrm{d}m=\int r^2\rho\mathrm{d}V. \tag{3-21}$$

式中,$\mathrm{d}V$ 表示相应于 $\mathrm{d}m$ 的体积元,ρ 表示体积元处的质量密度,r 是体积元到转轴的距离.

在国际单位制中,转动惯量的单位是 $\mathrm{kg\cdot m^2}$(千克·米^2).

刚体的转动惯量一般用实验方法来测定.如果刚体的几何形状规则对称、密度均匀,则其转动惯量可以用积分方法计算.表3-1列出了几种常见的质量均匀分布的刚体的转动惯量.由表3-1可知刚体的转动惯量与以下三个因素有关:①刚体的质量;②刚体的质量分布;③转轴相对于刚体的位置.

表3-1 转动惯量

物体	转轴的位置	转动惯量
薄圆环 (质量 m,半径 R)	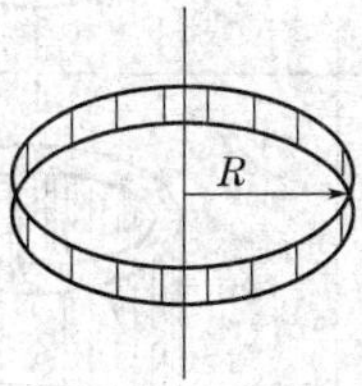	mR^2

续表

物体	转轴的位置	转动惯量
圆柱体或圆盘 （质量 m，半径 R）	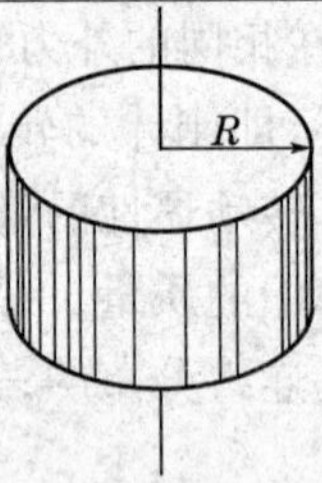	$\frac{1}{2}mR^2$
细棒（转轴过中心） （质量 m，长 L）	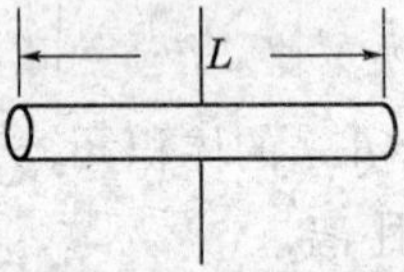	$\frac{1}{12}mL^2$
细棒（转轴过一端与棒轴垂直） （质量 m，长 L）	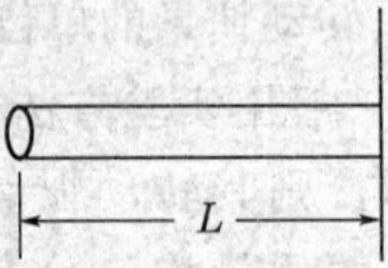	$\frac{1}{3}mL^2$
球壳 （质量 m，半径 R）	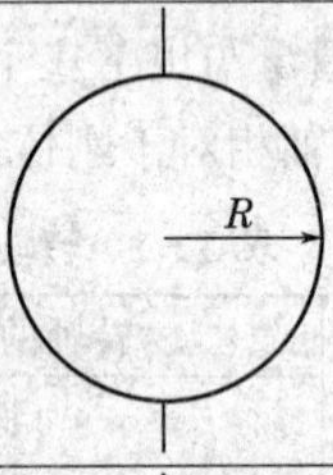	$\frac{2}{3}mR^2$
空心圆柱体 （质量 m， 内外半径 R_1，R_2）	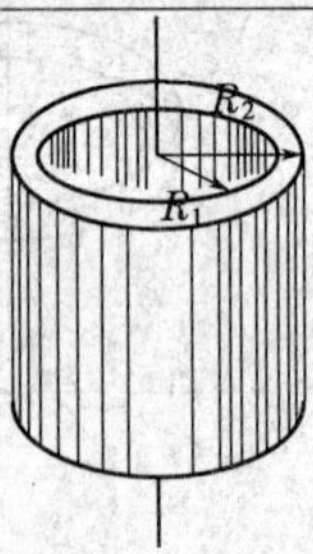	$\frac{1}{2}m(R_1^2+R_2^2)$

【例题 3-1】 将一长度为 1 m 的均匀细棒的一端放在粗糙地面上，另一端握在手中，棒与地面成 60°的夹角，如图 3-6 所示. 然后，把握在手中的棒端无初速地释放，求放手时棒的角加速度

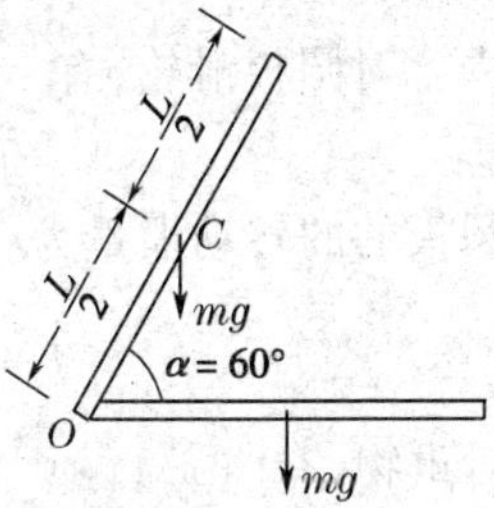

图 3-6

【解】 由图 3-6 可见，放手时棒所受的外力对 O 点的力矩为

$$M = mg\cdot\frac{L}{2}\cdot\cos 60^\circ = \frac{1}{4}mgL;$$

棒对 O 点的转动惯量为

$$J=\frac{1}{3}mL^2.$$

根据转动定律

$$M = J\beta,$$

可得到放手时棒的角加速度为

$$\beta=\frac{M}{J}=\frac{\frac{1}{4}mgL}{\frac{1}{3}mL^2}=\frac{3g}{4L}=\frac{3\times 9.8}{4\times 1}=7.35\ (\mathrm{rad\cdot s^{-2}}).$$

【例题 3-2】 一可绕水平固定轴 O 转动的匀质圆板滑轮上绕有轻绳，绳的下端挂有重物(图 3-7). 已知重物质量为 m_1，滑轮质量为 m_2，半径为 r. 求重物下降的加速度.

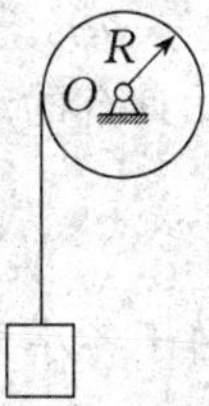

图 3-7

【解】 作圆板滑轮及重物的受力隔离图(图

3-8).

对圆板滑轮，有

$$Tr=J\beta,$$

圆板的的转动惯量为

$$J=\frac{1}{2}m_2r^2;$$

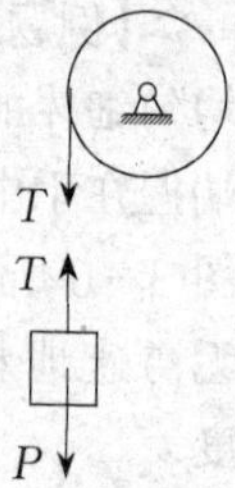

图 3-8

对重物，有

$$m_1g-T=m_1a;$$

a 与 β 之间的关系为

$$a=r\beta.$$

由以上四式消去 T 和 β 后可得到

$$a=\frac{2m_1g}{2m_1+m_2}.$$

3.3 刚体转动的动能定理

3.3.1 转动动能

上节中已经指出，刚体可看成是由很多小质元所组成，刚体绕定轴转动时，其转动动能应等于组成刚体的全部小质元的动能之和. 若一刚体以角速度 ω 定轴转动，设其中第 i 个小质元的质量为 Δm_i，到转轴的垂直距离为 r_i，它的线速度 $v_i=r_i\omega$，则该小质元具有的动能应为

$$E_{ki}=\frac{1}{2}\Delta m_iv_i^2=\frac{1}{2}\Delta m_ir_i^2\omega^2.$$

由于各小质元的角速度 ω 皆相同，所以整个刚体的动能为

$$E_k=\sum_i\frac{1}{2}\Delta m_ir_i^2\omega^2=\frac{1}{2}(\sum_i\Delta m_ir_i^2)\omega^2.$$

式中 $\sum_i \Delta m_i r_i^2$ 为刚体的转动惯量J,故上式可改写为

$$E_k = \frac{1}{2}J\omega^2, \tag{3-22}$$

即刚体绕定轴转动的转动动能等于刚体的转动惯量与角速度平方的乘积的一半.

3.3.2 力矩的功

在刚体定轴转动中,如果外力矩的作用使刚体发生了角位移,我们就说外力矩对刚体做了功.现在来计算外力矩对转动刚体所做的功.

如图 3-9 所示,设一刚体在外力 $\boldsymbol{F}$ 作用下绕 Oz 轴转动,$\boldsymbol{F}$ 在刚体的转动平面内.在时间 $\mathrm{d}t$ 内,刚体转过一角位移 $\mathrm{d}\theta$,力 $\boldsymbol{F}$ 的作用点 P 的位移为 $\mathrm{d}\boldsymbol{r}$($\mathrm{d}r=\mathrm{d}s$).由几何关系知 $\mathrm{d}s = r\mathrm{d}\theta$,根据质点力学中功的定义,外力 $\boldsymbol{F}$ 在位移 $\mathrm{d}\boldsymbol{r}$ 上做的元功为

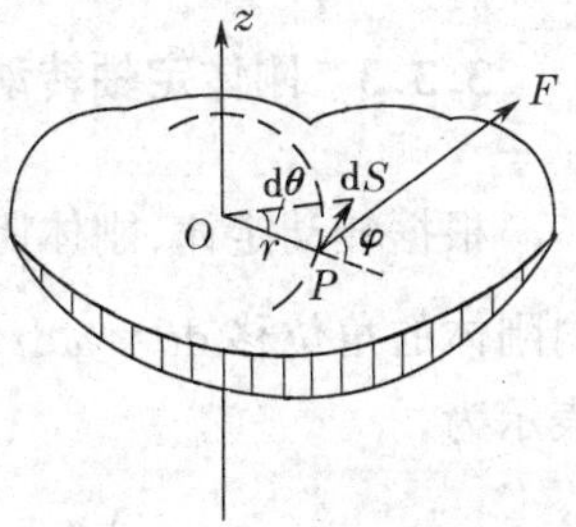

图 3-9

$$\begin{aligned}\mathrm{d}A &= F\cos\alpha\,\mathrm{d}s = Fr\cos\alpha\,\mathrm{d}\theta\\ &= Fr\cos(90^\circ-\varphi)\mathrm{d}\theta\\ &= Fr\sin\varphi\,\mathrm{d}\theta.\end{aligned}$$

式中,φ 为外力$\boldsymbol{F}$ 与P 点矢径 $\boldsymbol{r}$ 之间的夹角,而 $Fr\sin\varphi$ 正好是力 $\boldsymbol{F}$ 对转轴的力矩M,故上式可写成

$$\mathrm{d}A = M\mathrm{d}\theta. \tag{3-23}$$

此式即为力矩做功的基本表达式.

如果刚体在力矩 M 的作用下绕固定轴从角坐标 θ_1 转到角坐标 θ_2 时,力矩对刚体所做的总功为

$$A = \int_{\theta_1}^{\theta_2} M\mathrm{d}\theta. \tag{3-24}$$

如果刚体受到几个外力的作用,(3-24)式中的 M 应指合外力矩.

如果外力矩的大小和方向都不随时间改变,即为恒外力矩时,则力矩所做的功为

$$A=\int_{\theta_1}^{\theta_2}M\mathrm{d}\theta=M(\theta_2-\theta_1),\qquad(3-25)$$

即恒力矩的功等于力矩与角位移的乘积.

按功率的定义,力矩的瞬时功率可表示为

$$P=\frac{\mathrm{d}A}{\mathrm{d}t}=M\frac{\mathrm{d}\theta}{\mathrm{d}t}=M\omega,\qquad(3-26)$$

即力矩的功率等于力矩与角速度的乘积.

3.3.3 刚体定轴转动的动能定理

根据转动定律,刚体所受合外力矩 $M=J\beta=J\frac{\mathrm{d}\omega}{\mathrm{d}t}$,在 $\mathrm{d}t$ 时间内刚体的角位移 $\mathrm{d}\theta=\omega\mathrm{d}t$,所以合外力矩对刚体所做的元功又可表示为

$$\begin{aligned}\mathrm{d}A&=M\mathrm{d}\theta=\left(J\frac{\mathrm{d}\omega}{\mathrm{d}t}\right)\omega\mathrm{d}t\\&=J\omega\mathrm{d}\omega.\end{aligned}\qquad(3-27)$$

设绕定轴转动的刚体在外力矩的作用下,其角速度从角坐标 θ_1 处的 ω_1 增至角坐标 θ_2 处的 ω_2,则合外力矩对刚体所做的功是

$$\begin{aligned}A&=\int_{\theta_1}^{\theta_2}M\mathrm{d}\theta=\int_{\omega_1}^{\omega_2}J\omega\mathrm{d}\omega\\&=\frac{1}{2}J\omega_2^2-\frac{1}{2}J\omega_1^2.\end{aligned}\qquad(3-28)$$

此式表明,合外力矩对绕定轴转动的刚体所做的功等于刚体转动动能的增量.这就是**刚体绕定轴转动的动能定理**.它反映了力矩的空间累积效应.

【例题 3－3】 设均匀细棒的质量为 m_1、长度为 L，其一端用光滑绞链固定，另一端则固定有一质量为 m_2 的小球(图 3－10). 现将棒在水平位置无初速地释放，试求棒经过铅垂位置时的角速度.

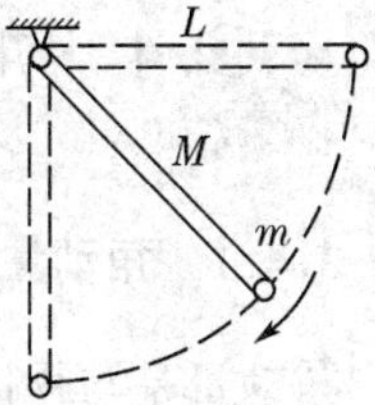

图 3－10

【解】 棒在水平位置时的机械能为

$$E_1 = m_1 gL + m_2 gL,$$

棒在铅垂位置时的机械能为

$$E_2 = \frac{1}{2} m_2 v^2 + \frac{1}{2} J\omega^2 + m_1 g \cdot \frac{L}{2}.$$

式中 v 是棒在铅垂位置时小球的速度，J 是棒的转动惯量，有

$$v = L\omega,$$

$$J = \frac{1}{3} m_1 L^2.$$

所以

$$\begin{aligned} E_2 &= \frac{1}{2} m_2 L^2 \omega^2 + \frac{1}{6} m_1 L^2 \omega^2 + m_1 g \cdot \frac{L}{2} \\ &= \frac{1}{2}\left(\frac{m_1}{3} + m_2\right) L^2 \omega^2 + m_1 g \cdot \frac{L}{2}. \end{aligned}$$

根据机械能守恒定律

$$E_2 = E_1,$$

即

$$\frac{1}{2}\left(\frac{m_1}{3} + m_2\right) L^2 \omega^2 + m_1 g \cdot \frac{L}{2} = m_1 gL + m_2 gL,$$

从而可得到棒经过铅垂位置时的角速度为

$$\omega = \sqrt{\frac{3g}{L}\left(\frac{m_1 + 2m_2}{m_1 + 3m_2}\right)}.$$

3.4 角动量 角动量守恒定律

3.4.1 角动量

角动量是与物体转动相联系的物理量,是物理学中极为重要的概念.我们首先以质量为 m 的质点在一平面内绕某一定点 O 的运动为例,引入角动量的概念.

设某一时刻质点相对于中心点 O 的位置矢量为 $\boldsymbol{r}$,质点的速度为 $\boldsymbol{v}$,则质点的动量为 $\boldsymbol{p}=m\boldsymbol{v}$,定义质点相对于 O 点的**角动量** $\boldsymbol{L}$ 为

$$\boldsymbol{L}=\boldsymbol{r}\times\boldsymbol{p}, \tag{3-29}$$

即角动量 $\boldsymbol{L}$ 的大小为 $L=rp\sin\varphi$,φ 为 $\boldsymbol{r}$ 与 $\boldsymbol{p}$ 的夹角.角动量是矢量.$\boldsymbol{L}$ 的方向垂直于矢径 $\boldsymbol{r}$ 和动量 $\boldsymbol{p}$ 所确定的平面,其指向按矢积的法则确定(如图 3-11 所示).

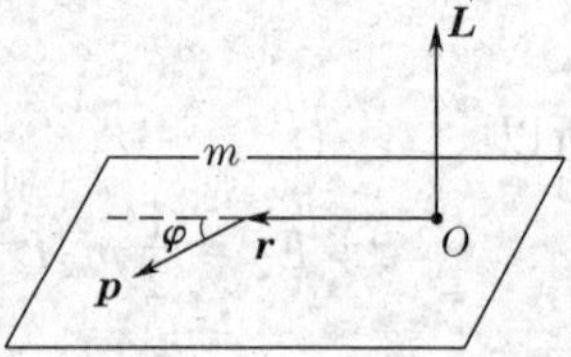

图 3-11

当质量为 m 的质点作平面圆周运动时,其动量 $\boldsymbol{p}$ 与其相对于圆心的矢径 $\boldsymbol{r}$ 保持垂直,因此做平面圆周运动的质点的角动量的大小为

$$L=pr=mvr=mr^2\omega=J\omega. \tag{3-30}$$

其中,v 和 ω 分别表示质点的速度和角速度,J 为质点的转动惯量.由上式可知,对于作平面圆周运动的质点而言,其角动量的方向与角速度矢量的方向相同.

如前所述,对于一任意刚体,我们都可将它看作是由许多小质元组合而成.当刚体作定轴转动时,刚体中每个小质元都围绕同一转轴作角速度相同的平面圆周运动.由(3-30)式可知,这时整个刚体的角动量应等于所有小质元的角动量的矢量和,即

$$L = \sum_i \Delta m_i r_i^2 \omega = (\sum_i \Delta m_i r_i^2)\omega$$
$$= J\omega, \tag{3-31}$$

式中,J 为刚体的转动惯量.上式表明,刚体对转轴的角动量等于它对该轴的转动惯量与角速度的乘积.

在国际单位制中,角动量的单位是千克·米^2/秒($kg\cdot m^2\cdot s^{-1}$).

3.4.2 角动量定理

由(3-20)式知,定轴转动刚体的转动定律为

$$M = J\beta = J\frac{d\omega}{dt}.$$

若刚体对固定轴的转动惯量 J 为一常量,则上式可写成矢量形式

$$\boldsymbol{M} = \frac{d(J\boldsymbol{\omega})}{dt} = \frac{d\boldsymbol{L}}{dt}. \tag{3-32}$$

上式表明,定轴转动刚体的角动量对时间的变化率等于作用在刚体上的合外力矩.该式反映了角动量与合外力矩的瞬时关系.

由(3-32)式得

$$\boldsymbol{M}dt = d\boldsymbol{L},$$

对上式积分得

$$\int_{t_0}^{t} \boldsymbol{M}dt = \boldsymbol{L} - \boldsymbol{L}_0 = J\boldsymbol{\omega} - J\boldsymbol{\omega}_0. \tag{3-33}$$

(3-33)式的左边描述了合外力矩在 t_0 到 t 这段时间内的累积效应,称为冲量矩.该式说明,作用于定轴转动刚体的冲量矩等于在作用时间内刚体角动量的增量,这个规律称为**角动量定理**.

在国际单位制中,冲量矩的单位是 m·N·s(米·牛顿·秒).

3.4.3 角动量守恒定律

由(3-32)式可见,如果刚体所受到的合外力矩 $M=0$,则其角动量

$$\boldsymbol{L} = J\boldsymbol{\omega} = \text{恒矢量}, \tag{3-34}$$

即当刚体所受的合外力矩为零时,刚体的角动量保持不变,这个结论称为**角动量守恒定律**.

刚体作定轴转动时,角动量守恒的情形有两种:

(1) 物体在转动过程中,若物体对轴的转动惯量保持不变,则角速度也保持不变.

(2) 物体在转动过程中,若物体对轴的转动惯量发生变化,则角速度也发生变化,但它们的乘积始终保持不变.例如,花样滑冰运动员为了使自己的立足旋转速度加快,往往先把两臂张开旋转,然后迅速收拢两臂,使自己的转动惯量迅速减小,从而增大身体旋转的角速度.

实验证明,角动量守恒定律是比牛顿运动定律更为基本的运动规律,它与前面介绍的动量守恒定律和能量守恒定律一样,是自然界物质运动普遍遵循的基本规律.

【例题 3-4】 一根质量为 m_1、长为 L 的均匀细杆,可以在竖直平面内绕通过其中心的水平轴转动,开始时静止于水平位置,如图 3-12 所示.一质量为 m_2 的小球,以速度 v 垂直落至棒端,与之发生弹性碰撞.求碰撞后小球的回跳速度和杆的转动角速度.

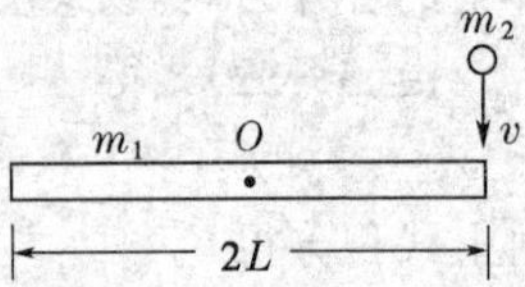

图 3-12

【解】 设碰撞后小球的回跳速度为 v',杆的转动角速度为 ω,取球-杆系统为研究对象,由于碰撞的作用时间短暂,重力的影响可以忽略不计,转轴支承力对轴心 O 的力矩又为零,因此,系统所受的合外力矩为零,对轴心的角动量守恒.于是,对于碰撞前后的两个状态,有

$$m_2 v\frac{L}{2} = J\omega - m_2 v'\frac{L}{2},$$

其中，$J=\frac{1}{12}m_1L^2$ 为细杆绕轴心 O 的转动惯量.

由于碰撞是弹性的，碰撞前后机械能守恒，有

$$\frac{1}{2}m_2v^2=\frac{1}{2}m_2v'^2+\frac{1}{2}J\omega^2,$$

解以上联立方程即可得

$$v'=\frac{v(m_1-3m_2)}{m_1+3m_2},$$

$$\omega=\frac{12m_2v}{(m_1+2m_2)L}.$$

习　题　3

1. 一刚体绕固定轴转动，其角坐标为 $\theta=t^3+3$，角度单位是弧度(rad)，时间单位是秒(s). 求 1 秒时：(1) 刚体的角速度和角加速度；(2) 离转轴 0.1 米处一点的速度、切向加速度、法向加速度和总加速度.

2. 对绕过圆心轴旋转的圆盘，要使其边上一点的速度与加速度的夹角 φ 不变，角速度 ω 应随时间如何变化(设初角速度为 ω_0)?

3. 某飞轮在电动机拖动下做定轴转动. 设作用在飞轮上的力矩为 26 N·m，飞轮由静止开始在 0.5 s 内均匀地增加到 120 rad·min^{-1}，求轮的转动惯量.

4. 将两个用同种材料制成的同轴圆柱形刚体固接在一起，并可绕 OO' 轴自由转动，大小柱体的半径分别为 R，r；长度分别为 L、l；整个刚体的质量为 m，两柱体上的绳子分别与物体 m_1，m_2 相连，求转动时刚体的角加速度.

5. 有一可绕水平轴转动的飞轮，轮轴半径 $r=2.0$ cm，其上绕一轻绳. 在绳的自由端先系一质量 $m=20.0$ g 的物体，使此物能匀速下降. 然后改系一质量 $M=5.00$ kg 的重物，则此物在时间 $t=10.0$ s 内从静止开始下降了 $h=40.0$ cm，求：(1) 飞轮轮轴与轴承间摩擦力矩的大小；(2) 绳中的张力；(3) 飞轮的转动惯量.

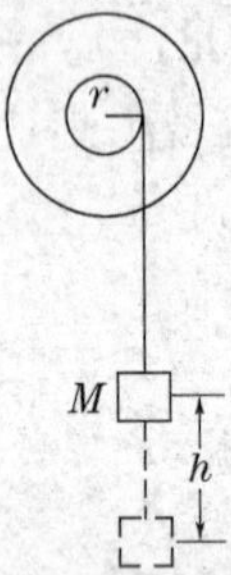

5 题图

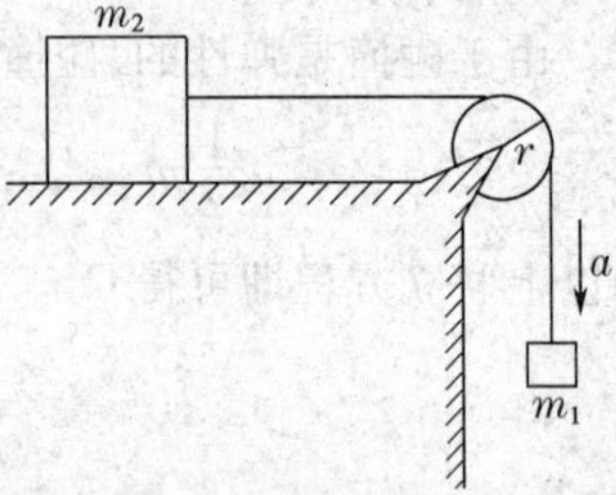

6 题图

6. 一轻绳两端分别栓有质量为 m_1 和 $m_2(m_1 \neq m_2)$ 的物体，并跨过质量为 m、半径为 r 的均匀圆盘状的滑轮. 设绳在轮上无滑动，并忽略轮与轴间、m_2 与支撑面间的摩擦，求 m_1, m_2 的加速度 a 以及两段绳中的张力.

7. 有一质量为 M，长为 l 的匀质细杆，A 端固接一质量为 m 的小球，杆可绕其另一端 O 在竖直平面内无摩擦地转动. 若使球以初速度 v_0 从水平位置下摆，问 v_0 应大于何值才能使球通过最高点 C?

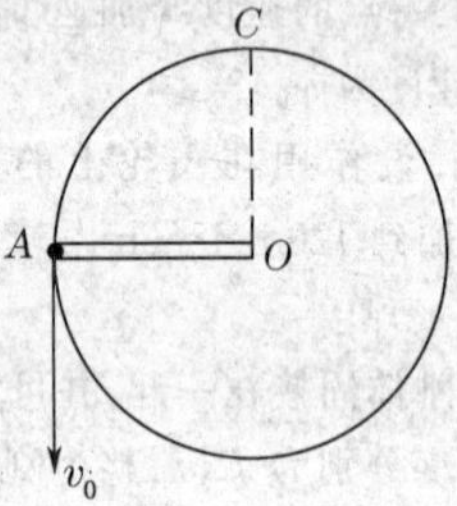

7 题图

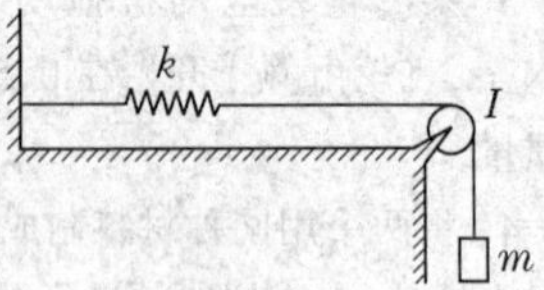

8 题图

8. 质量 $m=80\text{ g}$ 的物体通过轻绳与劲度系数 $k=2\text{ N}\cdot\text{m}^{-1}$ 的弹簧相连，轮的转动惯量 $I=1\text{ kg}\cdot\text{m}^2$，半径 $r=30\text{ cm}$. 求当物体落下 $h=50\text{ cm}$ 时的速率. 假定开始时物体静止，弹簧无伸长，且轮轴处无摩擦.

9. 如图所示，长 $l=0.4\text{ m}$ 的均匀木棒，质量为 $m=3\text{ kg}$. 棒可绕水平轴 O 在竖直平面内转动. 开始时棒自然地竖直悬垂. 现有质量 $m_1=8\times10^{-3}\text{ kg}$

的子弹以水平速度 $v = 200\ \mathrm{m \cdot s^{-1}}$ 从 A 点射入棒中，A 点与 O 点间的距离为 $3l/4$.

求：(1) 棒开始运动时的角速度；(2) 棒的最大偏转角.

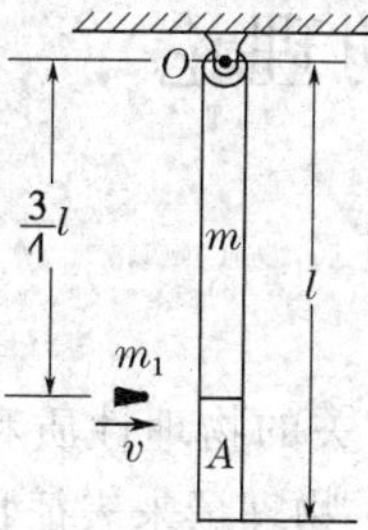

9 题图

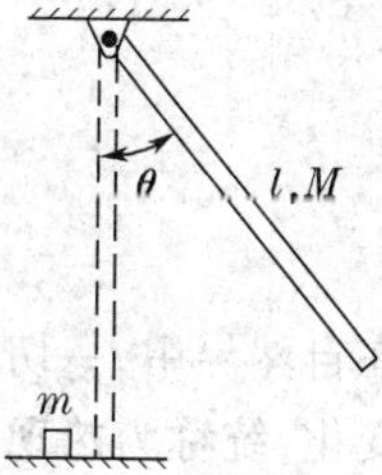

10 题图

10. 一质量为 M，长为 l 的均匀细杆初始静止于与竖直方向成 θ 角处. 当杆下摆到竖直时，与光滑桌面上一质量为 m 的静止物体（视为质点）发生弹性碰撞. 求碰后杆的角速度和物的线速度.

第 4 章　气体动理论

在自然界中，一切与物体冷热程度有关的物理性质和运动状态的变化，统称为**热现象**. 通常用温度这一物理量来表征物体的冷热程度. 因此，也可以说凡是与温度有关的物理现象都是热现象. 人们通过对热现象和其他现象的深入研究，逐步认识到宏观物体是由大量微观粒子（分子、原子或离子）组成的，这些微观粒子以各自的方式相互作用，并处于永恒的杂乱运动之中. 人们把这种大量微观粒子永不停息的无规则运动称为**热运动**. 正是由于这种微观的热运动才导致了宏观的热现象. 因此可以说，热运动是热现象的微观本质，热现象是微观粒子热运动的宏观表现.

热学是研究热现象和物质热运动规律及其应用的一门学科. 在热学中，通常把所研究的宏观物体或物体系称为**热力学系统**. 一个热力学系统的状态，可以从宏观和微观两种观点加以描述. 从宏观看，热力学系统是连续分布的物质，系统的宏观状态可以用一些由实验直接观测的宏观量来描述，如一定质量的某种气体的状态，可以用体积、压强、温度、密度等宏观可观测量来描述. 从微观看，热力学系统是由大量的处于不停地运动之中的微观粒子组成的体系，每个微观粒子的状态都可用它的空间坐标、速度、动能、动量等微观量来描述.

对热现象规律的研究可分为宏观和微观两种方法. 本章介绍热学研究的微观方法，即从物质的微观结构出发，应用微观粒子运动的力学定律和统计方法来研究物质的热性质.用这种方法研究的热学部分,称为**统计物理学**.我们将要学习的气体动理论是统计物理学的初级理论.在本章中,将以气体为研究对象,在引入统计概念的基础上,介绍热学的微观理论的一些基本概念和规律,从而使我们对于用微观观点研究热现象的基本方法(即统计方法)有一初步了解.

4.1 分子热运动理论的基本观点

4.1.1 物质的微观模型

在研究气体之前,我们先讨论一般物质的微观模型.在大量实验的基础上,对物质的微观模型的描述可归纳为下述三个基本观点.

4.1.1.1 宏观物质是由大量分子(或原子)组成的

许多实验事实都已证明物质是由大量不连续的微观粒子——分子所组成的.从大量化学实验总结出来的倍比定律、定比定律充分地说明了物质是由分子所组成,而分子又是由原子组成的.我们在中学化学中已经学过,物质的分子是可以独立存在、并保持该物质原有性质的最小粒子.原子是构成元素的最小微粒.近代利用电子显微镜已能观察到某些晶体横截面内原子结构的图像,这就为物质是由分子、原子组成的观点提供了最有力的证据.而且,大量的实验事实都说明:宏观物体是由许多不连续分布的、彼此之间有一定空隙的大量分子(或原子)所组成的.

4.1.1.2 分子都在不停地作无规则运动

大量实验证明,物质内的分子在不断地运动着,这种运动是杂乱无章、永不停止的.下面我们从扩散现象和布朗运动这两种现象入手,来阐明分子的无规则运动.

(1) 扩散现象.在室内打开一瓶氨水的盖子,过了一段时间,整个房间内都会弥漫着氨的气味,这是气体分子作无规则运动的结果,这种现象称为扩散.不但气体可以扩散,液体和固体的分子也可以扩散.扩散的快慢与分子无规则运动速度的大小有关.实验表明,当其他条件不变时,温度越高,扩散进行得越迅速.这说明温度越高,分子的无规则运动越剧烈.

(2) 布朗运动.布朗运动现象是分子无规则运动的有力证据.1826年,英国植物学家布朗(1773~1858)在用显微镜观察悬浮于液体中的花粉时,发现这些花粉小颗粒(直径约为 10^{-4} cm)处于不停地无规则运动之中,颗粒越小,这种运动越显著.因为这种运动是布朗发现的,所以叫做**布朗运动**.

产生布朗运动的公认的解释是:布朗粒子的无规则运动是作无规则运动的液体分子对小颗粒不断碰撞的结果.必须指出,在布朗运动中,颗粒本身的运动不是分子运动,它只是间接地反映了液体分子的无规则运动.

在不同的温度下,观察悬浮在同一液体中的同一种布朗颗粒时,可以发现,温度越高,颗粒的布朗运动就越激烈,这也充分说明了大量分子的无规则运动的剧烈程度与温度有关.

通过扩散现象和布朗运动的讨论,归纳起来,可以得出这样的结论:物质内的分子总是在不停地、无规则地运动着,这种无规则运动的激烈程度与物质的温度有关,温度越高,分子的无规则运动就越激烈.所以,可以说温度是物质内部分子无规则运动激烈程度的标志,正因为这样,分子的无规则运动又称为**分子热运动**.

4.1.1.3 分子间存在相互作用力

许多事实说明,分子间存在着相互作用力.例如,要把固体棒(如木棒、铁棒等)拉断,需要施加很大的拉力;将两块金属(如铅)的表面磨光,再紧压在一起,则两块金属会粘结在一起,用很大的力也拉不开.这些都说明了固体分子之间存在着很大的相互吸引力.事实还告诉我们,物质分子之间的这种相互吸引力,将随着分子之间距离的增加而显著减少.譬如,使液体分离所需的力就小得多;对于气体,几乎不需外力就能分开.这是因为,固体分子之间距离很小,液体分子之间的距离较大,而气体分子之间的距离则更大,以致吸引力小到可使气体因分子的运动而自动分离.

而另一方面,固体和液体很难压缩,即使是气体,压缩到一定程度后再继续压缩也是很困难的.物体不易压缩的事实,说明当物质分子之间的距离小到一定距离后,相互之间会出现排斥力.

综上所述,可以得出这样的结论:通常的物质是由大量分子(原子)所组成;这些分子一刻不停地作无规则运动;运动的分子之间存在着相互作用力.这就是分子热运动理论的三个基本观点.

气体动理论就是以这些基本观点为基础发展起来的.

4.1.2 统计规律性

我们先介绍一个演示实验来说明什么是统计规律性.在一块竖直木板的上部规则地钉上许多铁钉,木板的下部用竖直的隔板隔成许多等宽的狭槽,从板顶漏斗形的入口处可以投入小球(如小钢珠、绿豆等),板前盖以玻璃,以使小球留在狭槽内,这种装置通常称为**伽尔顿板**,如图 4－1 所示.

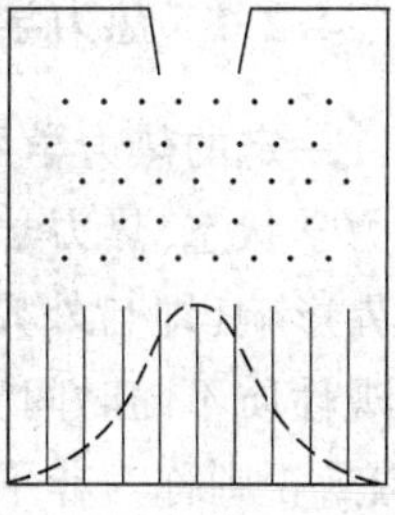

图 4－1 伽尔顿板实验

如果从入口处投入一个小球,则小球在下落过程中将与许多铁钉发生碰撞,最后落入某一狭槽.重复实验几次,可以发现,小球每次落入哪个狭槽一般是不肯定的.这表明,在一次实验中小球落入哪个狭槽是偶然的.但连续重复大量次数的实验后却可发现:小球落入中间狭槽的次数很多;落到两端狭槽的次数很少.若把大量小球由入口处徐徐倒入,可以看到,小球在各狭槽内的分布是不均匀的.以中间狭槽为最多,渐次向两端逐步减少.图 4-1 表示了这种分布的曲线.

这一结果表明,尽管单个小球落入哪个狭槽是偶然的,少量小球在各个狭槽内的分布也带有比较明显的偶然性.但是对于大量小球或一个小球重复大量次数后,在各个狭槽内的分布却是确定的.这说明这种分布有着必然性,存在着一定的规律.这种规律,就是广泛地存在于自然界中的**统计规律**.

必须指出,对于个别的偶然事件,如伽尔顿板实验中的每个小球,它们朝哪个方向运动,速率多大,何时发生碰撞,这一切都是由动力学规律所决定的.事实上,上述统计规律正是以动力学规律为基础的.统计规律不可能脱离由动力学规律所决定的个别事件而存在.在伽尔顿板实验中,小球按狭槽的分布正是通过碰撞(小球与铁钉的碰撞)的大量偶然事件体现出来的.但是,当小球足够大量时,个别小球遵循的动力学规律退居次要地位,在小球的整体分布中,统计规律起了主要作用,它反映了这些事件整体的某种必然联系.

4.2 理想气体状态方程

4.2.1 热力学平衡态

一定的热力学系统在一定的条件下总处于某种状态,称之为热力学状态.热力学状态可分为热力学平衡态和非平衡态.在不受外界影响(即与外界没有物质和能量交换)的条件下,系统所有的宏观性质不随时间变化的热力学状态,称为**热力学平衡态**,简称**平衡态**,否则称为**非平衡态**.例如,将水装在开口的容器中,则水将不断蒸发,但如果把容器密封,则经过一段时间,蒸发现象将停止,即水蒸气达到饱和状态,这时如果没有外界影响,系统的宏观状态将不再发生变化，系统所处的状态就是热力学平衡态．值得注意的是，如果有外界影响，即使系统处于宏观性质不随时间变化的稳定状态，也不是平衡态．例如，将一金属杆的一端浸在沸水中，另一端浸在冰水中．在沸水和冰水的维持下，杆上各处的冷热程度有一不随时间改变的稳定分布，但这时金属杆并不处于平衡态，因为杆与沸水及冰水之间有热交换，热量持续不断地从杆的一端传到另一端．

4.2.2 状态参量

当系统处于平衡态时，其宏观性质不再随时间变化，因而就可以用一组具有确定数值的宏观物理量来表征它的特征．系统处于不同的平衡态时，这些宏观物理量的数值一般也不相同，我们把这些宏观物理量称为**状态参量**．

根据状态参量的隶属性质，可以把状态参量分为热学参量、几何参量、力学参量、化学参量和电磁参量等，它们分别从热学、几何、力学、化学和电磁学等几个不同的侧面去描述系统的平衡态的性质．例如，对于处在外电场中且密闭在有一定体积的容器中的化学纯的气体系统，我们可以用气体的温度 T(热学参量)、体积 V(几何参量)、压强 p(力学参量)、摩尔数 ν(化学参量)和电场强度 E(电磁参量)等去描述气体系统的平衡态．至于究竟用哪几个参量才能对系统的平衡态进行完整的描述，则要由系统本身的性质和所要研究问题的要求来确定．

4.2.3 准静态过程

当处于平衡态的系统与外界发生相互作用时，系统的平衡态就会遭到破坏，系统状态发生变化．当热力学系统的状态随时间变化时，我们就说系统经历着一个**热力学过程**．热力学过程是由一系列性质相近的状态相继发生而构成的．过程就意味着变化，构成过程的中间状态必定是非平衡态.

由于实际发生的热力学过程只能由一系统非平衡的中间状态构成,所以通常称它为非静态过程.由于非静态过程中的任何时刻,系统都是处于非平衡态,所以不能简单地用几个状态参量(p, V, T)来描述整个系统的性质,每个状态参量都可能是空间和时间的函数.因此,在以状态参量为坐标轴的状态图上,就不能用代表点描述系统的非平衡态,更不能用曲线描述系统的非静态过程.

严格地说,实际发生的热力学过程,都是非静态过程,这给研究工作带来很大困难.我们需要从中抽象出一种过程,它既能基本上描述实际过程,又便于研究,这就是理想化的准静态过程.

所谓**准静态过程**,是这样的过程:在过程中任何时刻系统的状态都无限接近于平衡态,因而任何时刻系统的状态都可以当成平衡态处理.这也就是说,准静态过程是由一连串依次接替的平衡态组成的过程.显然,这是一种理想化过程,是过程无限缓慢进行的极限情况.

4.2.4 理想气体状态方程

我们知道,热力学系统的平衡态可以用几何参量、力学参量、化学参量和电磁参量来描述,并且在一定的平衡态,热力学系统具有确定的温度.因此,上述四类参量与温度之间必然存在着一定的函数关系.给出温度和状态参量之间的函数关系的方程叫做**状态方程**.对于一定质量的气体,我们可以用压强 p 和体积 V 来描述它的平衡态.这样,温度 T 就可以表示为 p 和 V 的函数,这个函数关系可写作

$$T=T(p,V),$$

或写成

$$F(p,V,T)=0.$$

这就是气体的状态方程.由于 p, V, T 之间存在这一函数关系,在实际问题中可以将其中任何两个量看作独立参量而将第三个量看

作是这两个参量的函数. 例如,若将 V 和 T 看作独立参量, p 便是它们的函数;若将 p 和 T 看作独立参量, V 便是它们的函数. 对于不同的问题,我们常选择不同的独立参量,使问题易于解决. 气体状态方程的具体形式需由实验来确定.

实验表明,一般气体在压强不太大(与大气压比较)和温度不太低(与室温比较)的范围内,遵守玻意耳定律、盖-吕萨克定律和查理定律. 由此,我们可以抽象出一个能反映气体共性的理想模型——严格遵从气体三定律的气体,称为**理想气体**,它是实际气体在压强趋于零时的极限情况. 在常温常压下,一切实际气体都可近似地看成是理想气体;压强越低,就越接近理想气体.

由气体的三个实验定律和阿伏伽德罗定律可推导出平衡态下理想气体的状态方程:

$$pV=\frac{M}{\mu}RT. \tag{4-1}$$

式中, M 为气体的质量, μ 为 1 mol 气体的质量, R 为**普适气体常量**,它是 1 mol 任何理想气体都普遍适用的恒量,而与气体的性质无关.

我们利用一个实验结果,即 1 mol 理想气体在标准状态下所占的体积为 $22.41\times10^{-3}\ \mathrm{m^3}$,来计算 R 的数值. 在国际单位制中, R 的数值为

$$R=\frac{1.013\times10^5\ \mathrm{N/m^2}\times22.41\times10^{-3}\mathrm{m^3/mol}}{273.15\mathrm{K}}$$
$$=8.31\ \mathrm{J\cdot mol^{-1}\cdot K^{-1}}.$$

4.3 理想气体的压强和温度

4.3.1 理想气体的微观模型

为了使今后讨论问题时更加简化,我们建立一个理想气体的

微观模型,也就是对理想气体分子作一些简化假设:

(1) 同类气体分子的质量是相等的.由于气体易被压缩,凝结成液体时,体积将缩小到原有体积的千分之一左右.因此,可以认为分子本身的线度比起分子间的平均距离来可以忽略不计.

(2) 每个气体分子可以当作一个弹性小球.分子之间或分子与器壁之间的碰撞是完全弹性的,这些碰撞不会有能量的损失.

(3) 因为分子间平均距离较大,而分子力又是短程力,除碰撞的瞬间以外,分子间的相互作用力可以忽略.分子的动能平均来讲要比重力势能大得多,所以,分子所受的重力也可以略去.

(4) 由于分子不断地作无规则运动,因此对于大量分子,从统计观点来讲,分子在各个方向运动的情况相同.也就是说:向各个方向运动的分子数目相同,分子的速度在各个方向分量的平均值也相等,分子速度在各个方向分量平方的平均值也相等.

以上的假设只是一个粗浅的气体模型,但是由它推得的结果与理想气体的性质是符合的.下面我们将应用这个模型来推导理想气体的压强公式,从而对气体压强的微观本质有所了解.

4.3.2 理想气体的压强公式

容器内的气体分子既然在不停地作无规则热运动,就必然要和器壁发生碰撞,气体在宏观上对器壁所产生的压强,正是无规则运动的大量气体分子对器壁不断碰撞的平均效果.若就一个个分子来看,它对器壁的碰撞是断续的,每次碰在什么地方,给器壁多大冲量,都是偶然的.但就大量分子的整体来看,每一极短时间内都有许多分子碰到器壁的各处,因而在宏观上就表现出器壁受到一个持续的、恒定的压力.这和雨点打在雨伞上的情形很相似,一个个雨点打在雨伞上是断续的,大量密集的雨点打在伞上就使伞受到一个持续的压力.

设一定质量的某种理想气体被封闭在形状任意的容器内,处于平衡态，容器体积为 V，分子总数为 N，分子数密度（单位体积内的分子数）为 $n=N/V$，每个分子的质量为 m. 由于气体分子具有各种可能的速度，为便于讨论，我们把所有分子按速度区间分为若干组，在同一组内各分子速度的大小和方向都差不多相同. 例如，第 i 组分子的速度都在$\boldsymbol{v}_i$到$\boldsymbol{v}_i+\mathrm{d}\boldsymbol{v}_i$ 这一区间内，所以，我们可近似认为该组分子的速度都是$\boldsymbol{v}_i$. 以 n_i 表示这一组的分子数密度，则有

$$n = n_1 + n_2 + \cdots + n_i + \cdots = \sum_i n_i ,$$

n 即为总的分子数密度.

任取容器内壁上的一小单元面积 $\mathrm{d}A$，并取垂直于此面积的方向为直角坐标系 xyz 的 x 轴的方向（图 4-2）. 从微观上看，小单元面积 $\mathrm{d}A$ 应足够大，以保证有足够多的分子与其相碰撞.

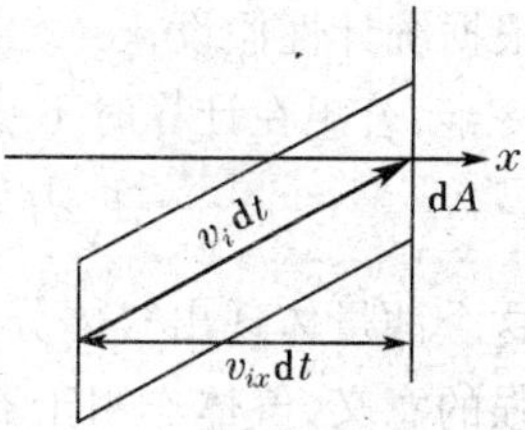

图 4-2　速度基本上是 v_i

下面，我们来计算小单元面积 $\mathrm{d}A$ 所受的压强. 首先，考虑单个分子在一次碰撞中对 $\mathrm{d}A$ 的作用. 设有一个速度为$\boldsymbol{v}_i$的分子与 $\mathrm{d}A$ 相碰，$\boldsymbol{v}_i$的三个分量为 v_{ix}, v_{iy}, v_{iz}. 由于碰撞是完全弹性的（假设 2），所以碰撞前后分子在 y, z 两个方向上的速度分量不变，仅有 x 方向上的速度分量由 v_{ix} 变为 $-v_{ix}$. 因此，该分子在碰撞过程中动量改变为

$$-mv_{ix} - mv_{ix} = -2mv_{ix}.$$

按动量定理，这也就是碰撞时器壁对分子的冲量. 根据牛顿第三定律，在碰撞时分子施于器壁的冲量为 $2mv_{ix}$，方向垂直于器壁 $\mathrm{d}A$.

其次，确定在 $\mathrm{d}t$ 时间内速度近似为$\boldsymbol{v}_i$的这组分子施于小单元面积 $\mathrm{d}A$ 的冲量. 我们注意到，在 $\mathrm{d}t$ 时间内，并不是速度基本上为$\boldsymbol{v}_i$的分子都能与小单元面积 $\mathrm{d}A$ 相碰的，只有那些速度为$\boldsymbol{v}_i$，且位

于以 dA 为底，v_i 为轴线，$v_{ix}dt$ 为高的斜柱体内的分子才能在 dt 时间内与 dA 相碰. 由于在该斜柱体内的这类分子的数目为 $n_i v_{ix} dA \cdot dt$，因此，在 dt 时间内这些分子对 dA 的总冲量为 $2mn_i v_{ix}^2 dA \cdot dt$.

最后，将以上结果对所有可能的速度求和，就得到 dt 时间内碰撞到 dA 上的所有分子对 dA 的总冲量 dI. 应注意求和时只能对 $v_{ix}>0$ 的那些速度区间求和，因为 $v_{ix}<0$ 的分子并不能与 dA 发生碰撞，因此

$$dI = \sum_{(v_{ix}>0)} 2mn_i v_{ix}^2 dA dt.$$

根据统计性假设，$v_{ix}>0$ 与 $v_{ix}<0$ 的分子数应该各占分子总数的一半，若想在计算时不受 $v_{ix}>0$ 的限制，则上式应除以 2，于是有

$$dI = \sum_i mn_i v_{ix}^2 dA \cdot dt .$$

这个冲量体现出气体分子在 dt 时间内对 dA 的持续作用. 根据压强的意义，气体作用于器壁的宏观压强就应为

$$p = \frac{dI}{dA dt} = \sum_i mn_i v_{ix}^2 = m \sum_i n_i v_{ix}^2 .$$

因为总的分子数密度 n 为常数，所以我们可以把上式改写为

$$p = nm \sum_i \frac{n_i v_{ix}^2}{n}. \qquad (4-2)$$

由平均值的定义可知，式中

$$\frac{\sum_i n_i v_{ix}^2}{n} = \frac{\sum_i n_i v_{ix}^2}{\sum_i n_i} = \frac{\sum_i N_i v_{ix}^2}{\sum_i N_i} = \overline{v_x^2},$$

$\overline{v_x^2}$是容器中的分子沿 x 方向速度分量的平方的平均值. 则(4-2)式可写作

$$p = nm\,\overline{v_x^2}. \qquad (4-3)$$

根据统计性假设，气体分子的速度在直角坐标三个方向上的

分量的各种平均值应该相等，所以，若以$\overline{v_x^2}$，$\overline{v_y^2}$，$\overline{v_z^2}$表示速度的三个分量的平方的平均值，就应该有

$$\overline{v_x^2}=\overline{v_y^2}=\overline{v_z^2}. \tag{4-4}$$

由于对任一分子的速度$\boldsymbol{v}_i$有

$$v_i^2=v_{ix}^2+v_{iy}^2+v_{iz}^2,$$

对所有分子求平均值，则应有

$$\overline{v^2}=\overline{v_x^2}+\overline{v_y^2}+\overline{v_z^2}. \tag{4-5}$$

由式(4－4)和式(4－5)，有

$$\overline{v_x^2}=\frac{1}{3}\overline{v^2}. \tag{4-6}$$

把(4－6)式代入(4－3)式，可得到

$$p=\frac{1}{3}nm\overline{v^2}, \tag{4-7}$$

或

$$p=\frac{2}{3}n\left(\frac{1}{2}m\overline{v^2}\right)=\frac{2}{3}n\overline{\varepsilon_k}. \tag{4-8}$$

式中，$\overline{\varepsilon_k}=\frac{1}{2}m\overline{v^2}$为分子的平均平动动能.(4－8)式就是理想气体的压强公式，它是气体动理论的基本公式之一.

从压强的基本公式可以看出，气体的压强正比于单位容积内的分子数 n 和分子的平均平动动能$\frac{1}{2}m\overline{v^2}$.它将宏观量压强 p 与分子的平均平动动能联系起来.气体作用于器壁的压强，是大量分子和器壁碰撞所产生的平均效果，离开了“大量分子”和“平均”，压强这一概念就失去了意义，因此这是一个统计规律.在导出式(4－8)过程中，我们已在式(4－3)和式(4－6)中引用了统计的概念和统计方法(即平均的概念和求统计平均值的方法).虽然单个分子的运动服从力学规律，但大量分子所表现的分子运动却是服从统计力学的理论.压强可以用实验测定，而分子的平均平动动能不能

直接测定，所以式(4-8)无法用实验验证. 但是，从这个公式出发，可以满意地解释或推导几个实验定律. 这表明理想气体的微观模型在一定程度上是反映了客观实际的.

4.3.3 分子的平均平动动能与温度的关系

由理想气体的状态方程和压强公式，可以得到气体的温度与分子的平均平动动能之间的关系，从而说明温度这一宏观量的微观实质.

设理想气体分子的质量为 m，质量为 M 的气体的分子数为 N，一摩尔气体的分子数为 N_A，则有 $M = mN$ 和 $\mu = mN_A$，把它们代入理想气体状态方程

$$pV = \frac{M}{\mu}RT,$$

可得

$$p = \frac{N}{V} \cdot \frac{R}{N_A} T, \tag{4-9}$$

式中，R 为气体普适常数，N_A 为**阿伏伽德罗常数**，它们之比 R/N_A 也为一常数，用 k 表示，称为**玻耳兹曼常数**，且

$$k = \frac{R}{N_A} = 1.380\,662 \times 10^{-23}\ \mathrm{J \cdot K^{-1}}.$$

式(4-9)中的 N/V 为单位体积中的分子数(即分子数密度)，用 n 表示. 于是，(4-9)式可写为

$$p = nkT. \tag{4-10}$$

(4-10)式是理想气体状态方程的另一种表示形式，它表明理想气体的压强 p 与温度 T、分子数密度 n 成正比，比例系数就是玻耳兹曼常数 k.

将(4-3)式与理想气体压强公式(4-8)比较，可得

$$\overline{\varepsilon}_k = \frac{1}{2} m\overline{v^2} = \frac{3}{2} kT. \tag{4-11}$$

这就是理想气体分子的平均平动动能与温度的关系式，如同压强公式一样，它也是气体动理论的基本公式之一.

(4-11)式表明，处于平衡态的理想气体，其分子的平均平动动能与气体的温度成正比.理论证明，这个结论对实际气体也是成立的.这就是说，温度反映了大量分子热运动的平均平动动能的大小，它标志着分子热运动的激烈程度.分子热运动越激烈，分子的平均平动动能就越大，气体的温度也就越高.所以说温度是大量分子热运动的集体表现，只具有统计意义，这就是温度这一概念的微观实质.和气体的压强一样，离开了“大量分子”和“求统计平均”，温度就失去了意义.所以，对于个别分子，说它的温度有多少度，是没有意义的.

【例题4-1】 试求氮气分子在下列假设情况下的平均平动动能.设(1) 在温度 $t-1\,000℃$ 时；(2) 在温度 $t=0℃$ 时.

【解】 (1) 在 $t=1\,000℃$ 时，

$$\bar{\varepsilon}_k=\frac{3}{2}kT=\frac{3}{2}\times1.38\times10^{-23}\times1\,273=2.63\times10^{-20}(\mathrm{J});$$

(2) 在 $t=0℃$ 时，

$$\bar{\varepsilon}_k=\frac{3}{2}kT=\frac{3}{2}\times1.38\times10^{-23}\times273=5.65\times10^{-21}(\mathrm{J}).$$

4.4 能量按自由度均分定理 理想气体的内能

前面各节在研究大量气体分子的热运动时，一直是把分子视为质点，所以只考虑了分子的平动.实际上，气体分子具有一定的大小和比较复杂的结构，除了可视为质点的单原子分子以外，还有双原子分子和多原子分子.这些分子除了平动以外，还有转动和分子内原子间的振动.因此，在计算气体分子的热运动能量时，应该考虑到气体分子各种运动形式的能量.为此，必须先介绍自由度的

概念.

4.4.1 自由度

要完全确定一物体在空间中的位置所需要的独立坐标数目,叫做这个物体的**自由度**.

如果一个质点可以在空间自由运动,则它的位置需要三个独立坐标来决定,如直角坐标的 x, y, z. 所以空间的自由质点有三个自由度. 若对质点的运动加以限制,比如把它限制在一个平面或曲面上运动,它的位置只需两个独立坐标来决定,这样的质点就只有两个自由度了;如果质点被限制在一直线或曲线上运动,只用一个独立坐标就可以决定它的位置,所以这个质点只有一个自由度.

对于一个质点来说,其运动只有平动,但对于一个刚体,除了平动以外,还可能有转动. 由于刚体的一般运动都可以认为是它的质心的平动和绕通过质心的轴的转动的合成,所以一个自由刚体的位置可确定如下:(1) 用三个独立坐标,如 x, y, z,确定其质心的位置,这对应于三个平动自由度(图 4-3);(2) 用方位角 α, β, γ 确定通过质心的转轴的方位,但由于存在着 $\cos^2\alpha + \cos^2\beta + \cos^2\gamma = 1$ 的关系,所以三个方位角只有两个是独立的,即确定转轴方位的自由度仅有两个:(3) 用一个独立角坐标 θ 确定刚体相对于某一起始位置绕轴转过的角度,即又是一个自由度. 这就是说,刚体绕通过质心的轴的转动,共有三个转动自由度.

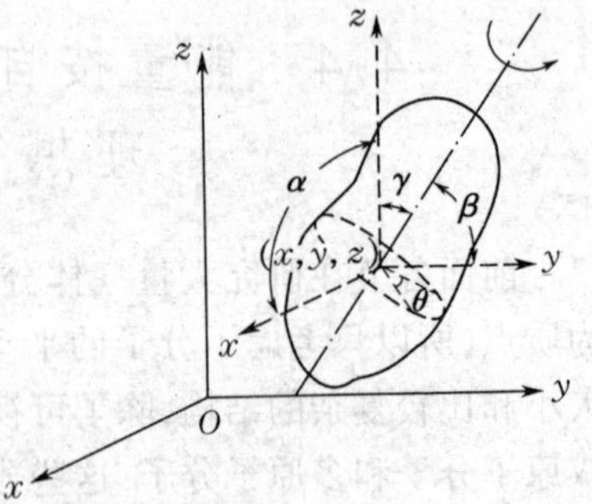

图 4-3 刚体的自由度

因此,自由刚体共有六个自由度,其中三个是平动的,三个是转动的. 当刚体的运动受到某种限制时,其自由度数也会减少.例如,绕定轴转动的刚体(如门的转动)只有一个自由度.

现在按照上述概念来确定分子的自由度.气体分子的情况比较复杂,按分子的结构来说,分子可以是单原子的(如氦、氖、氩),双原子的(如氢、氧、氯化氢),三原子的(如水蒸气)和多原子的(如氨气).如果分子内原子间的距离保持不变,则称此分子为**刚性分子**,否则称为**非刚性分子**.单原子分子可看作自由运动的质点,所以有三个(平动)自由度.在双原子分子中,如果原子间的相对位置保持不变,就可看成是刚性分子.对于刚性双原子分子来说,需用三个独立坐标(x,y,z)来决定其质心的所在位置,需用两个独立坐标(α,β)决定两个原子联线的方位;由于两个原子被看作是两个质点,以联线为轴的转动是不存在的.因此,刚性双原子分子共有五个自由度,其中三个平动自由度,两个转动自由度.对于三个或三个以上的原子组成的刚性分子,由于其各原子间的相互位置保持不变,所以可把整个分子看作可自由运动的刚体.因此,共有六个自由度,其中三个是平动的,三个是转动的.

但实际上,双原子或多原子的气体分子一般不是完全刚性的,而是非刚性的.由于原子间的相互作用,原子间的距离要发生变化,双原子分子内将出现两个原子沿着联线方向的微小振动.我们可用两个质点被一轻弹簧相连的模型来表示双原子分子.可见,由于分子内部的原子的振动,还应有振动的自由度.对于一个非刚性的双原子分子,除了以上所说的刚性双原子分子所具有的三个平动自由度和两个转动自由度以外,还要有一个独立坐标决定两原子的相对位置,即增加一个振动自由度.所以,非刚性双原子分子共有六个自由度.对于由 n 个原子组成的非刚性多原子分子,一般最多可以有 $3n$ 个自由度,其中三个是平动的,三个是转动的,其余 $3n-6$ 个则是振动的.当分子的运动受到某种限制时,其自由度就会减少.这里我们只作一般介绍,不再详细讨论.

4.4.2 能量按自由度均分定理

在 4.3 节中我们曾得到理想气体分子的平均平动动能为

$$\frac{1}{2}m\overline{v^2}=\frac{3}{2}kT.$$

此外,在 4.3 节中指出过,由于气体分子运动的无规则性,大量分子在任何一个方向的运动都不能比其他方向占有优势,即分子沿各个方向运动的机会均等,由此得到

$$\overline{v_x^2}=\overline{v_y^2}=\overline{v_z^2}=\frac{1}{3}\overline{v^2}.$$

根据以上两式,可以得到一个重要的结果:

$$\frac{1}{2}m\overline{v_x^2}=\frac{1}{2}m\overline{v_y^2}=\frac{1}{2}m\overline{v_z^2}=\frac{1}{2}kT.$$

由于气体分子有三个平动自由度,所以上式表明,理想气体分子在每一平动自由度上具有相同的平均平动能,其大小都等于$\frac{1}{2}kT$.这也就是说,分子的平均平动能$\frac{3}{2}kT$均匀地分配于每一个平动自由度.

这一结论可以推广到分子的转动及振动自由度的能量分配上.由于气体分子的无规则运动,不可能有某一种运动形式在运动中特别占优势,经典统计物理学指出,在温度为 T 的平衡态下,物质分子任何一种运动形式的每一个自由度都具有相同的平均动能,其大小都等于$\frac{1}{2}kT$.这一普遍结论叫做**能量按自由度均分定理**.

根据能量按自由度均分定理,如果某种气体的分子有 t 个平动自由度、r 个转动自由度、s 个振动自由度,则分子的平均平动动能、平均转动动能和平均振动动能就分别为$\frac{t}{2}kT$,$\frac{r}{2}kT$ 和

$\frac{s}{2}kT$.因而分子的平均总动能为

$$\bar{\varepsilon}_k=\frac{1}{2}(t+r+s)kT.$$

由于分子内原子的振动可近似地看作是弹性振子的谐振动，而根据振动学可知，谐振动在一个周期内的平均动能和平均势能是相等的.所以对于每一个振动自由度而言，分子除了具有$\frac{1}{2}kT$的平均振动动能外，还具有相同的平均振动势能，其大小亦等于$\frac{1}{2}kT$.若分子的振动自由度为 s，则平均振动能量应为$2s\cdot\frac{1}{2}kT$.因此，分子的平均总能量(包括平动、转动和振动)就应为

$$\bar{\varepsilon}=\frac{1}{2}(t+r+2s)kT. \tag{4-12}$$

例如，对于单原子分子，$t=3,r=s=0$，所以

$$\bar{\varepsilon}=\frac{3}{2}kT;$$

对于刚性双原子分子，$t=3,r=2,s=0$，所以

$$\bar{\varepsilon}=\frac{5}{2}kT;$$

对于非刚性双原子分子，$t=3,r=2,s=1$，所以

$$\bar{\varepsilon}=\frac{7}{2}kT.$$

4.4.3 理想气体的内能

一般说来，气体分子除了具有前面所述各种形式的动能和分子内部原子间的振动势能以外，由于分子之间存在着相互作用的分子力，所以分子还具有与这种保守力相关的势能.我们把气体中所有分子的各种形式能量的总和称之为**内能**.气体的内能即是贮存于气体内部的能量.它包括：分子无规则热运动动能，分子间的

相互作用势能，分子、原子内的能量以及原子核内的能量等等．至于气体作整体运动的动能和气体在重力场中的势能，属于机械能，不包括在内能之内．在热力学讨论的问题中，分子（或原子）的结构并不发生变化，因而与此相应的能量（如原子内及原子核的能量）不会改变．而且，热力学过程所涉及的只是内能的改变量而不是内能本身的绝对值．因此，这种能量不计入内能之内并不影响我们对问题的讨论．所以通常我们所说的气体的内能指的是：组成气体的所有分子的热运动动能（包括分子内原子间的振动势能）和分子间的相互作用势能．

对于理想气体，分子间的相互作用可忽略不计，所以理想气体的内能只是所有分子的各种形式的动能和分子内原子间振动势能的总和．下面我们来计算理想气体的内能．设理想气体分子的自由度为 $t+r+s$，则每个分子的平均总能量为 $\frac{1}{2}(t+r+2s)kT$．我们知道，1mol 理想气体共有 N_A 个分子，所以 1mol 理想气体的内能是

$$u = N_A \cdot \frac{t+r+2s}{2}kT = \frac{t+r+2s}{2}RT. \qquad (4-13)$$

因此，质量为 M 的理想气体的内能是

$$U = \frac{M}{\mu} \cdot \frac{t+r+2s}{2}RT = \frac{t+r+2s}{2}\nu RT, \qquad (4-14)$$

其中，μ 是摩尔质量，ν 是摩尔数．

由此可见，理想气体的内能由它的温度、摩尔数以及分子自由度决定，而与气体的压强及体积无关．这说明了，一定量的理想气体，其内能只是温度的单值函数．

4.5 麦克斯韦速率分布律

在 4.1 节中我们曾指出，气体分子在永不停息地做无规则热

运动,所谓"无规则",是指各分子运动的速度各不相同,而且通过碰撞不断发生改变.所以,若在某一时刻去考察某一特定的分子,则其速度具有怎样的数值和方向,完全具有偶然的性质,是不能预知的.然而,当我们对气体的压强 p 和温度 T 的统计意义有了认识以后,就会注意到事情的另一个方面.我们知道,在平衡态下,气体的压强和温度有着确定的值.而且,它们是与气体分子的速率平方的统计平均值有关的,(4-7)式和(4-11)式就说明了这一点.由此可见,当气体达到平衡态时,就大量分子整体来看,表征其运动状态的微观量的统计平均值是完全确定的.这说明,气体分子的速率在整体上应遵从一定的统计分布规律,即在确定的速率范围内的分子数比例应是基本确定的,只有这样才能在长时间内呈现出稳定的统计平均值.事实上亦确是如此.理论和实验都证明,对于由大量分子组成的气体系统,在一定条件下,气体分子的速率分布遵从着一定的统计规律.

早在 1859 年,英国物理学家麦克斯韦(1831~1879)就在概率理论的基础上导出了气体分子速率分布定律.但由于当时技术条件(如高真空技术)的限制,无法进行实验验证,直到 1920 年才由美国物理学家斯特恩(1888~1969)通过实验的直接测量验证了这个定律.在这以后,陆续有人进行实验验证,实验技术亦不断改进,我国物理学家葛正权也曾在 1934 年测定过铋(Bi)蒸气分子的速率分布.1955 年,密勒和库士对气体分子速率分布提供了精确度较高的实验证明.

4.5.1 速率分布函数

设在平衡态下,一定量气体的分子总数为 N,速率在某一区间 $v \sim v+\Delta v$ 的分子数为 ΔN,则 $\Delta N/N$ 表示速率分布在这一速率区间的分子数占总分子数的比率(或百分比).显然,如果所取的速率区间越小,对分布情况的描述就越精确.只要我们掌握了各个速率区间分子数的这一比率，也就掌握了所有分子速率的分布情况.

一般来说，在不同的速率 v 附近取相等的区间，比率 $\Delta N/N$ 数值是不同的，即 $\Delta N/N$ 与 v 有关，它与 v 的一定函数成正比. 另一方面，在指定的速率 v 附近，如果所取的区间 Δv 越大，则分布在这个区间内的分子数 ΔN 也就越多，$\Delta N/N$ 也就越大. 所以 $\Delta N/N$ 又与 Δv 有关. 当我们把速率区间取得足够小，即取 $\Delta v \to 0$ 时，速率区间和区间内的分子数可分别用 $\mathrm{d}v$ 和 $\mathrm{d}N$ 表示. 这时可认为处于一定速率 v 附近 $\mathrm{d}v$ 速率区间的分子比率 $\mathrm{d}N/N$ 与 $\mathrm{d}v$ 成正比. $\mathrm{d}N/N$ 与 v 及 $\mathrm{d}v$ 的关系可表为

$$\mathrm{d}N/N = f(v)\mathrm{d}v, \qquad (4-15)$$

式中 $f(v)$ 叫做气体分子的**速率分布函数**，表示分布在速率 v 附近单位速率区间内的分子数占总分子数的比率，即

$$f(v) = \frac{\mathrm{d}N}{N\mathrm{d}v}. \qquad (4-16)$$

实验表明，对于处于一定温度下的某种气体，$f(v)$ 只是速率 v 的函数.

如果知道了速率分布函数 $f(v)$，就可以用积分方法求出速率 v 在某一有限速率范围 v_1 到 v_2 内的分子数 ΔN 占总分子数 N 的比率：

$$\frac{\Delta N}{N} = \int_{v_1}^{v_2} \frac{\mathrm{d}N}{N} = \int_{v_1}^{v_2} f(v)\mathrm{d}v. \qquad (4-17)$$

由于全部分子百分之百地分布在 $0 \sim \infty$ 整个速率范围内，所以有

$$\int_0^{\infty} f(v)\mathrm{d}v = \frac{N}{N} = 1. \qquad (4-18)$$

这一关系式是由速率分布函数 $f(v)$ 本身的物理意义所决定的，它是速率分布函数 $f(v)$ 必须满足的条件，称为速率分布函数的归一化条件.

4.5.2 麦克斯韦速率分布律

1859 年,麦克斯韦从理论上得到了速率分布函数的具体形式:在平衡状态下,气体分子的速率分布函数具有如下的形式

$$f(v)=4\pi\left(\frac{m}{2\pi kT}\right)^{\frac{3}{2}}\mathrm{e}^{-\frac{mv^2}{2kT}}v^2, \tag{4-19}$$

式中,T 是热力学温度,m 是气体分子的质量,k 是玻耳兹曼常数,上式称为麦克斯韦速率分布函数.

由麦克斯韦速率分布函数所确定的速率分布的统计规律,称为**麦克斯韦速率分布律**,即在平衡状态下,气体分子速率在 v 到 $v+\mathrm{d}v$ 区间内的分子数占总分子数的比率为

$$\frac{\mathrm{d}N}{N}=f(v)\mathrm{d}v=4\pi\left(\frac{m}{2\pi kT}\right)^{\frac{3}{2}}\mathrm{e}^{-\frac{mv^2}{2kT}}v^2\mathrm{d}v. \tag{4-20}$$

以 v 为横坐标,$f(v)$为纵坐标,根据(4-19)式画出的曲线称为麦克斯韦速率分布曲线,如图 4-4 所示.速率分布曲线形象地描绘出气体分子按速率分布的情况.图中任一无限小区间 $v\sim v+\mathrm{d}v$ 内曲线下小矩形的面积,表示速率分布在该区间内的分子数占总分子数的比率 $\mathrm{d}N/N$;而任一有限范围 $v_1\sim v_2$ 内曲线下的面积,则表示分布在这个范围内的分子数占总分子数的比率 $\Delta N/N$,可以用积分的方法求出,见(4-17)式.

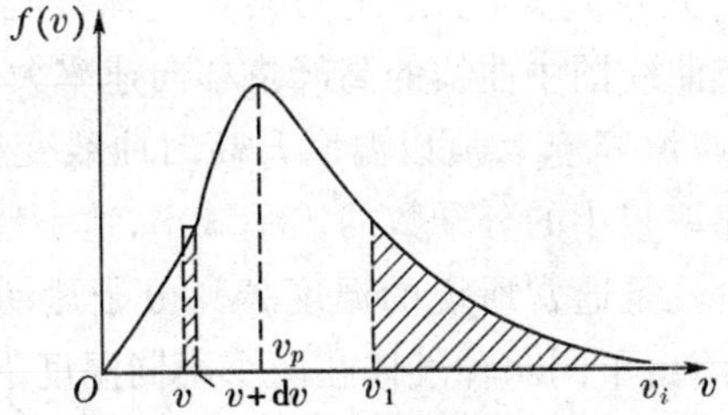

图 4-4 速率分布曲线

由图可见，速率分布曲线从原点出发，先随 v 的增加上升，经过一个极大值后，随速率的增加而逐渐趋近横坐标. 这表明，气体分子具有由零至无限大的各种可能速率，整个曲线下的总面积表示速率分布在 $0 \sim \infty$ 整个速率范围内的分子数的比率，应为百分之百，见(4-18)式.

4.5.3 用速率分布函数求统计平均值

4.5.3.1 最概然速率

分布曲线表明，$f(v)$存在着一个极大值，与 $f(v)$极大值对应的速率叫做**最概然速率**，通常用 v_p 表示. 它的物理意义是：如果把整个速率范围分成许多相等的小区间，则速率处于 v_p 所在的小区间内的分子数所占的比率最大. 分布曲线直观地显示出这一点：速率在 v_p 附近的分子所占的比率很大，而速率非常大($v \gg v_p$)和速率非常小($v \ll v_p$)的分子所占的比率都很小.

最概然速率 v_p 的大小可根据(4-19)式求出. 令

$$\frac{\mathrm{d}f(v)}{\mathrm{d}v}\Big|_{v_p}=0,$$

由此得出

$$v_p=\sqrt{\frac{2kT}{m}}=\sqrt{\frac{2RT}{\mu}}\approx 1.41\sqrt{\frac{RT}{\mu}}. \qquad (4-21)$$

由(4-21)式可知，对于给定的某种气体，当温度升高时，v_p 变大，从而分布曲线图中曲线的高峰将移向速率大的一方. 由于曲线下的总面积应恒等于1，所以温度升高时曲线变得较为平坦. 这说明，气体中速率较小的分子数的比率减小，速率较大的分子数的比率增大. 这也就是通常所说的温度越高分子运动越激烈的真正含义. 图4-5给出了同一种气体在两个不同温度下的分子速率分布曲线，其中 $T_2 > T_1$.

4.5.3.2 平均速率

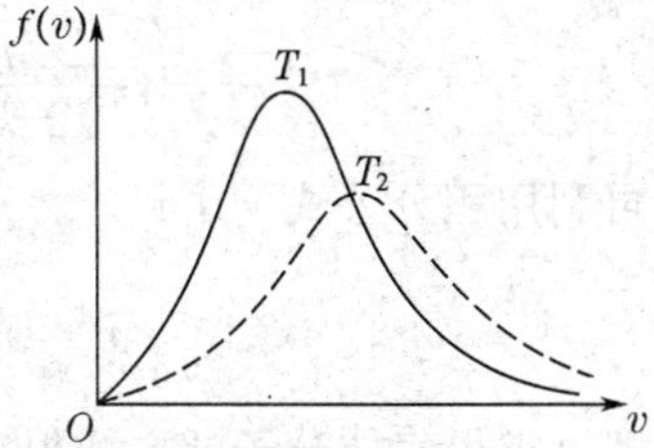

图 4－5　不同温度下的速率分布曲线

气体分子速率的统计平均值叫做**分子的平均速率**，常用 $\overline{v}$ 表示．由(4－15)式知，速率在 v 到 $v+\mathrm{d}v$ 区间内的分子数为

$$\mathrm{d}N = Nf(v)\mathrm{d}v,$$

由于 $\mathrm{d}v$ 极小，故可以认为该 $\mathrm{d}N$ 个分子的速率是相同的，且都等于 v．这样，$\mathrm{d}N$ 个分子的速率的总和就是 $vNf(v)\mathrm{d}v$．根据平均值的定义可得

$$\overline{v} = \frac{\int_0^\infty vNf(v)\mathrm{d}v}{N} = \int_0^\infty vf(v)\mathrm{d}v.$$

将麦克斯韦速率分布函数(4－19)式代入，可得

$$\overline{v} = 4\pi\left(\frac{m}{2\pi kT}\right)^{\frac{3}{2}}\int_0^\infty \mathrm{e}^{-\frac{mv^2}{2kT}}v^3\mathrm{d}v,$$

利用积分公式

$$\int_0^\infty x^3\mathrm{e}^{-\lambda x^2}\cdot\mathrm{d}x = \frac{1}{2\lambda^2},$$

可算出

$$\overline{v} = \sqrt{\frac{8kT}{\pi m}} = \sqrt{\frac{8RT}{\pi\mu}} \approx 1.60\sqrt{\frac{RT}{\mu}}. \qquad (4-22)$$

4.5.3.3　方均根速率

气体分子速率平方的统计平均值的平方根叫做**方均根速率**，常用 $\sqrt{\overline{v^2}}$ 表示．与求平均速率的方法类似，气体分子速率平方的平均值为

$$\overline{v^2} = \frac{\int_0^\infty v^2Nf(v)\mathrm{d}v}{N} = \int_0^\infty v^2f(v)\mathrm{d}v,$$

将麦克斯韦速率分布函数代入上式，有

$$\overline{v^2}=4\pi\left(\frac{m}{2\pi kT}\right)^{\frac{3}{2}}\int_0^{\infty}e^{-\frac{mv^2}{2kT}}v^4\mathrm{d}v,$$

再利用积分公式

$$\int_0^{\infty}x^4e^{-\lambda x^2}\mathrm{d}x=\frac{3}{8}\sqrt{\frac{\pi}{\lambda^5}},$$

即可求得气体分子的方均根速率为

$$\sqrt{\overline{v^2}}=\sqrt{\frac{3kT}{m}}=\sqrt{\frac{3RT}{\mu}}\approx 1.73\sqrt{\frac{RT}{\mu}}. \qquad (4-23)$$

方均根速率亦可根据(4-11)式求出，结果与上式相同.

至此，我们已得到三种速率 v_p，$\overline{v}$ 和 $\sqrt{\overline{v^2}}$，对于同一种气体，在给定的温度下，三种速率之间的关系是 $v_p<\overline{v}<\sqrt{\overline{v^2}}$(见图4-6). 三种速率均与 $\sqrt{T}$ 成正比，与 $\sqrt{m}$ 或 $\sqrt{\mu}$ 成反比，在室温下它们一般为每秒几百米. 这三种速率就不同的问题有着各自的应用. 在讨论分子的速率分布时常用到最概然速率 v_p；在计算分子的平均平动动能时要用到方均根速率 $\sqrt{\overline{v^2}}$；在计算分子的平均自由程(见4.6.2)时要用到平均速率 $\overline{v}$.

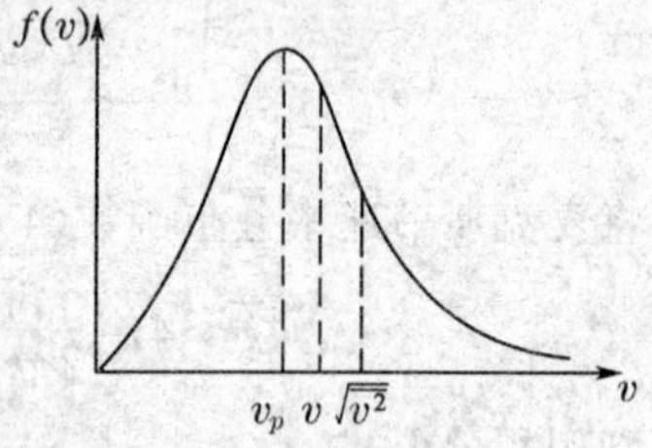

图4-6　三种速率的比较

【例题4-2】 计算27℃时，氮分子的最概然速率、平均速率和方均根速率.

【解】 氮的摩尔质量

$$\mu=2.8\times10^{-2}\ \mathrm{kg\cdot mol^{-1}},$$

又

$$T=300\ \mathrm{K},$$

$$R=8.31\ \mathrm{J\cdot mol^{-1}\cdot K^{-1}},$$

所以可求得

$$v_p=\sqrt{\frac{2RT}{\mu}}=\sqrt{\frac{2\times 8.31\times 300}{2.8\times 10^{-2}}}=422(\mathrm{m\cdot s^{-1}}),$$

$$\bar{v}=\sqrt{\frac{8RT}{\mu\pi}}=\sqrt{\frac{8\times 8.31\times 300}{2.8\times 10^{-2}\times 3.14}}=476(\mathrm{m\cdot s^{-1}}),$$

$$\sqrt{\overline{v^2}}=\sqrt{\frac{3RT}{\mu}}=\sqrt{\frac{3\times 8.31\times 300}{2.8\times 10^{-2}}}=516(\mathrm{m\cdot s^{-1}}).$$

可见在27℃时,氮气分子平均以476 m/s的速率作无规则运动,这一速率与子弹飞行的速率相当.

4.6 气体分子的平均碰撞频率和平均自由程

我们已经知道,在室温情况下,气体分子的平均速率可达每秒几百米.这似乎意味着气体中的一切过程都应该在瞬间就能完成.但是经验告诉我们,如果在相距几米远的地方打开一瓶氨水,要经过几秒钟甚至更长的时间,我们才能嗅到氨水的气味,远比以分子热运动速率计算的时间要长得多.这一现象似乎与气体分子具有很大的平均速率有矛盾.但若经过进一步的分析即可发现,分子速率虽然很大,但由于气体内的分子非常之多,一个氨分子在前进过程中要与其他空气分子发生非常频繁的碰撞,每发生一次碰撞,氨分子速度的大小及方向都会改变,它所走的路径实际上是一系列曲折的轨迹,所以氨分子从一个地方运动到另一个地方要经过较长的时间才能达到.

在许多实际问题中,气体更多的是处于非平衡的变化过程.当气体处于非平衡态时,描述气体性质的众多物理量在气体内部存在着不均匀性.但由于气体分子的无规则热运动以及分子间频繁的相互碰撞,使得气体各部分互相掺和,同时分子间相互交换动量和能量,从而使得气体内各部分的物理性质趋向均匀,气体状态趋向平衡.所以,研究分子碰撞是气体动理论的一个重要课题.

4.6.1 气体分子的平均碰撞频率

为了描述分子热运动中分子间相互碰撞的频繁程度,我们引入平均碰撞频率的概念.由于气体分子的数目很大,以及分子运动的无规则性,在一秒钟内每个分子和其他分子发生碰撞的次数是不相等的,具有偶然性,我们不可能也没有必要求出每个分子的每秒碰撞次数,但可以求出每个分子平均在单位时间内与其他分子相碰的次数,即分子**平均碰撞频率**($\overline{Z}$).

设想"跟踪"任一分子,例如分子 A.如果能够数出分子 A 在较长的 t 时间内与多少个其他分子发生碰撞,那么 $\overline{z}$ 就能够确定了.对于碰撞来说,重要的是分子间的相对运动,所以,为了使问题简化,假设气体中只有分子 A 在以平均相对速率 $\overline{u}$ 作无规则运动,而把其余分子都看成静止不动.分子 A 中心的运动轨迹是一系列折线.显然,只有中心离开该折线的距离小于或等于分子有效直径 d 的那些分子才有可能与分子 A 发生碰撞.如果我们以分子 A 的中心的运动轨迹为轴线,以分子的有效直径 d 为半径作一个曲折的圆柱体(图 4-7),这样,凡是中心位于该圆柱体内的其他分子都将与分子 A 相碰.为了求得曲折圆柱体的体积,可把它拉直来进行计算.圆柱体的截面积为 $\sigma=\pi d^2$,称做分子的碰撞截面.由于圆柱体的长度(即折线的长度)为 $\overline{u}t$,所以可近似地认为该曲折圆柱体的体积是 $\pi d^2\overline{u}t$.设分子数密度为 n,则此圆柱体内的分子数为 $\pi d^2\overline{u}tn$.也就是说,分子 A 在 t 时间内与其他分子的碰撞次数为 $\pi d^2\overline{u}tn$.因此分子的平均碰撞频率为

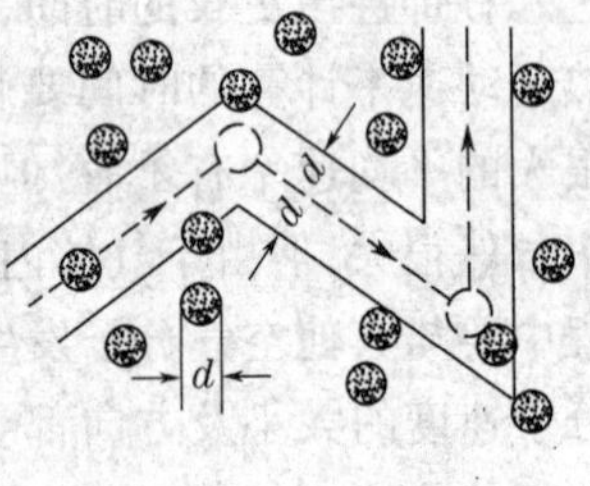

图 4-7 分子的碰撞

$$\bar{z}=\frac{\pi d^2\bar{u}tn}{t}=\pi d^2\bar{u}n. \tag{4-24}$$

利用麦克斯韦速率分布律可以证明,气体分子的平均相对速率 $\bar{u}$ 和平均速率 $\bar{v}$ 之间的关系是

$$\bar{u}=\sqrt{2}\bar{v}, \tag{4-25}$$

将此式代入(4-24)式,即得

$$\bar{z}=\sqrt{2}\pi d^2\bar{v}n. \tag{4-26}$$

(4-26)式表明,平均碰撞频率 $\bar{z}$ 与分子数密度 n、分子平均速率 $\bar{v}$ 以及分子有效直径 d 的平方成正比.

4.6.2 平均自由程

气体分子在连续两次碰撞之间所通过的路程的平均值,称为**平均自由程**,用 $\bar{\lambda}$ 表示. 平均碰撞频率 $\bar{z}$、气体分子运动的平均速率 $\bar{v}$ 与平均自由程 $\bar{\lambda}$ 之间有以下关系:

$$\bar{\lambda}=\frac{\bar{v}}{\bar{z}}=\frac{1}{\sqrt{2}\pi d^2 n}. \tag{4-27}$$

该式说明,平均自由程只与分子的有效直径 d 及分子数密度 n 有关,而与分子的平均速率 $\bar{v}$ 无关.

根据计算,在标准状态下,各种气体分子的平均碰撞频率 $\bar{z}$ 的数量级在 $10^9\ \mathrm{s}^{-1}$左右,平均自由程 $\bar{\lambda}$ 的数量级在 $10^{-8}\ \mathrm{m}\sim10^{-7}\ \mathrm{m}$ 左右. 也就是说,任一分子在一秒钟内平均要与其他分子发生几十亿次碰撞,由此可以想象气体分子热运动的复杂情况. 由于频繁的碰撞,因此气体分子的平均自由程是非常短的.

【例题 4-3】 求氢气在标准状态下,一秒钟内分子的平均碰撞次数. 氢分子有效直径 d 近似取为 2×10^{-10} m.

【解】 首先求出在标准状态下,氢分子的平均速率 $\bar{v}$、单位体积内的分子数 n 和平均自由程 $\bar{\lambda}$:

$$\overline{v}=\sqrt{\frac{8RT}{\pi\mu}}=\sqrt{\frac{8\times8.31\times273}{3.14\times2\times10^{-3}}}$$
$$=1.7\times10^{3}(\mathrm{m\cdot s^{-1}}),$$
$$n=\frac{p}{kT}=\frac{1.013\times10^{5}}{1.38\times10^{-23}\times273}=2.69\times10^{25}(\mathrm{m^{-3}}),$$
$$\overline{\lambda}=\frac{1}{\sqrt{2}\pi d^{2}n}$$
$$=\frac{1}{1.41\times3.14\times(2\times10^{-10})^{2}\times2.69\times10^{25}}$$
$$=2.14\times10^{-7}(\mathrm{m}).$$

由此得

$$\overline{z}=\frac{\overline{v}}{\overline{\lambda}}=\frac{1.7\times10^{3}}{2.14\times10^{-7}}=7.95\times10^{9}(\mathrm{s^{-1}}).$$

这说明在标准状态下,1 秒钟内一个氢分子的平均碰撞次数约为 80 亿次.

习 题 4

1. 容器内贮有氧气,其压强 $p=1.013\times10^{5}$ Pa,温度为 27℃,求:(1) 单位体积内的分子数;(2) 氧气的密度;(3) 氧分子的质量;(4) 分子的平均平动能.

2. 某种气体分子在温度 T_1 时的方均根速率等于温度 T_2 时的平均速率,求 T_2/T_1.

3. 简要说明下列各式所表示的物理意义:(1) $\frac{1}{2}kT$; (2) $\frac{3}{2}kT$; (3) $\frac{i}{2}RT$; (4) $\frac{M}{\mu}\frac{3}{2}RT$.

4. 理想气体处于平衡态.说明下列各式的物理意义:(1) $\int_{v_p}^{\infty}f(v)\mathrm{d}v$; (2) $\int_{v_1}^{v_2}Nf(v)\mathrm{d}v$; (3) $\int_{0}^{\infty}v^{2}f(v)\mathrm{d}v$; (4) $\int_{0}^{\infty}\frac{1}{2}mv^{2}f(v)\mathrm{d}v$.

5. 根据麦克斯韦速率分布律,求速率倒数的平均值$\left(\overline{\frac{1}{v}}\right)$.

6. 令 $\varepsilon=\frac{1}{2}mv^2$ 表示气体分子的平动能,根据麦克斯韦速率分布律证明:平动能在区间 $\varepsilon\sim\varepsilon+\mathrm{d}\varepsilon$ 内的分子数占总分子的比率为

$$\varphi(\varepsilon)\mathrm{d}\varepsilon=\frac{2}{\sqrt{\pi}}(kT)^{-3/2}\varepsilon^{1/2}\mathrm{e}^{-\varepsilon/kT}\mathrm{d}\varepsilon,$$

并根据上式求分子平动能 ε 的最概然值,然后再与$\frac{1}{2}mv_p^2$ 作比较.

7. 在 300 K 下,1 mol 氢和 1 mol 氮的内能各是多少? 1 g 氢和 1 g 氮的内能各是多少?

8. 求温度为 10℃ 的 20 g 氧的热运动能量,其中平动动能和转动动能各为多少?

9. 氢气在 1.013×10^5 Pa,15℃ 时的平均自由程为 1.18×10^{-7} m,求氢分子有效直径.

10. 容器中有质量一定的气体,问分子平均自由程 $\overline{\lambda}$ 和平均碰撞频率 $\overline{z}$ (1) 在等温过程中如何随 p 变? (2) 在等压过程中如何随 T 变? (3) 在等容过程中如何随 T 变?

11. 氧分子的有效直径为 3.6×10^{-10} m,求其平均碰撞频率,已知:(1) 氧气的温度为 27℃,压强为 1.013×10^5 Pa;(2) 氧气的温度为 27℃,压强为 0.1 Pa.

第 5 章　热力学基础

在前面介绍的气体动理论中，我们用微观的观点研究了气体中所发生的热现象的物理本质. 在本章中，我们将不涉及物质的微观结构和微观变化过程，而是直接由观察、实验总结得到的热力学定律，从能量观点直接研究热力学系统的宏观运动. 用这种方法研究的热学部分，称为**热力学**. 在这一章中我们将要学习的是热力学的初级理论.

5.1　热力学第一定律

5.1.1　内能　功和热

5.1.1.1　系统的内能

热力学系统的能量依赖于系统的状态，这种由系统状态所决定的能量叫做**系统的内能**，简称**内能**. 大量的实验事实表明，当一个热力学系统从一个平衡态变化到另一个平衡态时，不管系统经历的过程如何，内能的变化都是相同的. 这表明系统内能的改变，只取决于初、末两个状态，而与所经历的过程无关，即内能是系统状态的单值函数. 对于理想气体而言，一定量理想气体的内能只决定于温度这个状态参量.

5.1.1.2 功和热

在热力学中,通常把与热力学系统相互作用的环境称为**外界**.经验表明,改变系统的内能,可以通过外界对系统做功或者传热两种途径来实现.做功和传热虽然方式不同,但能导致相同的结果,即均使系统的内能发生改变.因此,从改变系统内能的作用来看,做功和传热是等效的.

实验表明,系统在变化过程中所做的功和传递的热不仅与过程的初、末状态有关,而且与变化的具体过程有关,不同的过程所做的功和传递的热一般是不相同的,因而功和热都不是状态函数.也就是说,功和热都与过程密切相关,没有过程就根本谈不上做功和传热.

5.1.2 热力学第一定律

一般情况下,在系统变化过程中,往往同时存在着做功和传热.实验证明,对于任何一个热力学系统,若外界对它做功为 A',系统从外界吸收热量 Q,使系统的内能由初始的 U_1 变为 U_2,则应有

$$U_2 - U_1 = Q + A',$$

若令 A 表示同一过程中系统对外界所做的功,则 $A = -A'$,于是上式可写成下面的形式

$$Q = (U_2 - U_1) + A. \tag{5-1}$$

这就是**热力学第一定律**的数学表达式,它表示外界传递给系统的热量,一部分使系统内能增加,另一部分消耗于系统对外做功.

在应用公式(5-1)进行计算时,应注意符号规则.这里规定:系统从外界吸收热量时 Q 为正,系统向外界放出热量时 Q 为负;系统对外界做功时 A 为正,外界对系统做功时 A 为负(即系统对外界做负功);系统内能增加时,$\Delta U = U_2 - U_1$ 为正,系统内能减少时,$\Delta U = U_2 - U_1$ 为负.这三个量都应该用同一单位,在国际单

位制中,它们都以J(焦)为单位.

在理解热力学第一定律时,应注意内能 U 是状态函数,内能的增量 U_2-U_1 只由初态1和终态2惟一确定.因此,系统的状态1和状态2必须是平衡态.但是从状态1到状态2的过程是任意的,可以是准静态的,也可以是非准静态的.

如果系统的初、终两态差别极小,无限接近,那么这种过程称为无限小过程.此时,热力学第一定律可写作

$$đQ=\mathrm{d}U+đA. \tag{5-2}$$

需要指出的是,由于内能 U 是状态函数,所以 $\mathrm{d}U$ 表示在无限接近的初、终两态内能值的无穷小增量.但是,热量 Q 和功 A 都与过程有关,它们不是状态函数,即没有什么状态的热量和功可言.所以 $đQ$ 和 $đA$ 只表示在无限小过程中系统所吸收的微小热量和对外做的微小的功.

热力学第一定律的数学表达式(5-1)和(5-2),是能量守恒和转换定律在热力学过程的特殊形式.若把公式中的内能增量扩大理解为系统所具有的各种形式能量的增量,那么公式所反映的就是普遍的能量守恒和转换定律.

5.1.3 准静态过程的功

如图5-1(a)所示,密封在气缸内的气体,时刻受到通过活塞施加的外力 F_e 的作用,当活塞发生无限小位移 $\mathrm{d}x$ 时,气体的体积相应变化了 $\mathrm{d}V$.在这过程中外界对气体所做的元功可根据功的定义算出:

$$đA_e=F_e\mathrm{d}x=-p_eS\mathrm{d}x=-p_e\mathrm{d}V,$$

p_e 是通过活塞作用在气体上的压强(外压强),S 为活塞面积.

假如活塞运动得无限缓慢,气体所经历的是准静态过程,那么气体在任何时刻都有均匀的压强 p,它与活塞对气体的压强也必定时刻相等,于是,在这一准静态过程中,外界对气体做的元功为

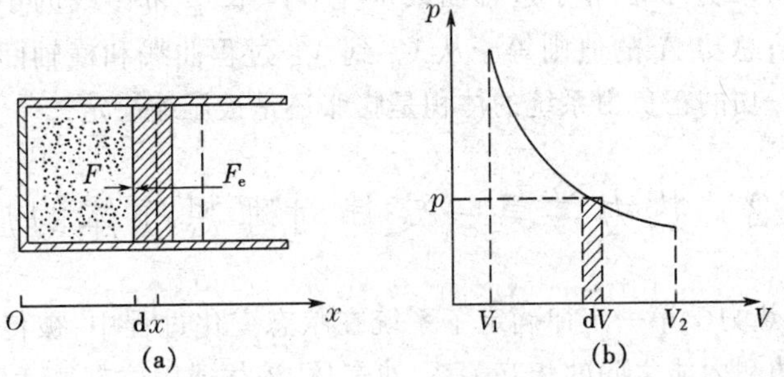

图 5-1　准静态过程的功

$$đA_e = -p_e dV = -p dV; \tag{5-3}$$

而气体对外界做的元功为

$$đA = -đA_e = p dV. \tag{5-4}$$

式中 p 是气体在该时刻的压强，dV 为气体在该瞬间的体积变化．显然，(5-3)和(5-4)式适用于任意系统的任一准静态过程的体积功计算．但是，必须注意，只有在准静态过程中，才能用描述系统平衡态的状态参量，通过(5-4)式，把系统所做的功定量地表示出来．

由(5-4)式可知，当系统膨胀时，$dV>0$，系统对外界做正功，即 $đA>0$(这意味着外界对系统做负功)；当系统被压缩时，$dV<0$，系统对外界做负功，即 $đA<0$(这意味着外界对系统做正功)．

若系统经一有限的准静态过程，体积从 V_1 变化到 V_2，那么这过程系统对外界做的功可通过对(5-4)式积分得出

$$A = \int_{V_1}^{V_2} p dV = -A_e. \tag{5-5}$$

如果我们知道了准静态过程中，压强随体积变化的具体函数关系形式，将它代入上式就可求出功来．

准静态过程的功还可用几何方法直观地表示．如图 5-1(b)

所示,元功 $\text{đ}A$ 等于过程曲线下宽 $\mathrm{d}V$、长 p 带影线的小矩形的面积;总功 A 的值则等于从 V_1 到 V_2 过程曲线和横轴间图形的面积;功的正负由系统的体积是膨胀还是被压缩决定.

5.2 热力学第一定律对理想气体的应用

热力学第一定律确定了系统在状态变化过程中,被传递的热量、功和内能之间的相互关系.对气体、液体或固体都能适用.下面讨论在理想气体的几种准静态过程中热力学第一定律的应用.

5.2.1 等体过程(又称"等容过程")

等体过程就是系统体积保持恒定的过程.理想气体等体过程的过程方程为

$$V=\text{常数},\text{或}\frac{p}{T}=\text{常数};\tag{5-6}$$

它在 $p-V$ 状态图上,用一条平行于 p 轴的线段表示(图 5-2).等体过程中,系统与外界没有功的相互作用,即

$$A=0.$$

当等体摩尔热容 c_V 可视为常数时,由热力学第一定律得到

$$Q_V=\Delta U=\nu c_V(T_2-T_1).\tag{5-7}$$

等体过程中系统吸收(或放出)的热全部用于内能的增加(或减少).

5.2.2 等压过程

等压过程就是系统压强保持恒定的过程.理想气体等压过程的过程方程为

$$p=\text{常量},\text{或}\frac{V}{T}=\text{常量};\tag{5-8}$$

它在 $p-V$ 状态图上用一条平行于 V 轴的线段表示(见图 5-3).由功的几何表示和准静态过程功的计算式,都容易求出系统所做的功

$$A=\int_{V_1}^{V_2} p\mathrm{d}V=p(V_2-V_1). \tag{5-9}$$

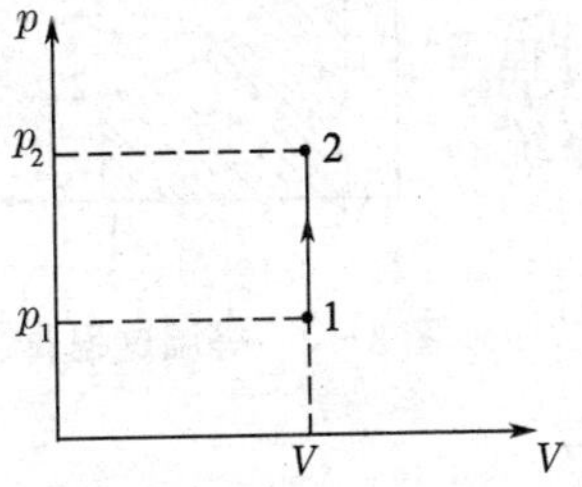

图 5-2 等体过程曲线

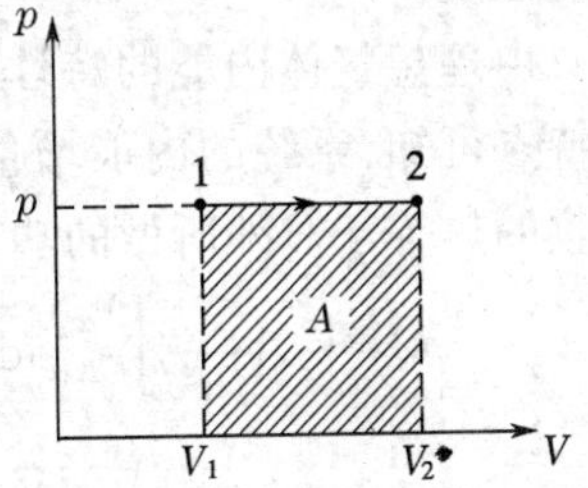

图 5-3 等压过程曲线

当 c_V 可视为常数时,根据热力学第一定律可以求出等压过程中传递的热

$$Q_p=\nu c_V(T_2-T_1)+p(V_2-V_1). \tag{5-10}$$

在等压过程中,系统的体积和温度都发生改变,与外界同时发生做功和传热两种相互作用.系统所吸收的热,其中一部分用于增加系统的内能,另一部分用于对外做功.根据理想气体的状态方程和定压摩尔热容的定义,由(5-10)式可得

$$c_p=c_V+R, \tag{5-11}$$

这就是所谓的**迈尔公式**.

5.2.3 等温过程

等温过程就是系统温度始终保持恒定的过程.系统在经历等温过程时,必须要求系统有极为良好的透热壁与恒温热源(外界)相接触,以保证系统与外界时时有充分的热交换,使系统状态改变

时，其温度恒定不变．理想气体等温过程的过程方程为

$$T=\text{常量}，\text{或}\ pV=\text{常量}; \tag{5-12}$$

每个等温过程在 $p-V$ 状态图上对应着一条双曲线，称为**等温线**（见图 5－4）．越是靠近坐标轴的等温线对应于越低的系统温度．

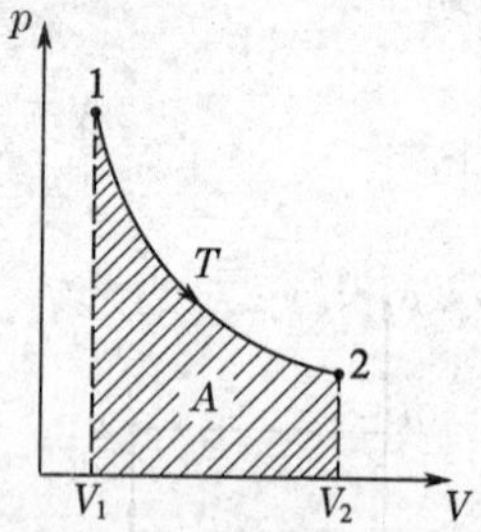

图 5－4　等温过程曲线

由理想气体内能的特性和等温过程的特点可知，系统的内能增量为零，系统吸收的热等于对外所做的功，其值为

$$Q_T=A_T=\int_{V_1}^{V_2}p\mathrm{d}V$$

$$=\nu RT\int_{V_1}^{V_2}\frac{\mathrm{d}V}{V}$$

$$=\nu RT\ln\frac{V_2}{V_1}, \tag{5-13}$$

这是热力学第一定律的必然结果．图中等温线 1→2 下的阴影部分面积为功的数值．若等温膨胀（$V_2>V_1$），系统对外做正功（$A_T>0$），并从外界吸收等数值的热量 Q_T，保证系统的内能与温度恒定．

理想气体在等温过程中的热和功又可以表示为

$$Q_T=A_T=p_1V_1\ln\frac{V_2}{V_1}=p_1V_1\ln\frac{p_1}{p_2}. \tag{5-14}$$

具体采用哪种表达式较为方便，视已知条件而定．

等温过程虽发生热交换，但系统温度不变，所以它的摩尔热容 C_T 为无穷大．这反映了系统无论吸收（放出）多少热，都保持温度不变的过程特性．

5.2.4　绝热过程

绝热过程就是系统与外界始终没有热交换的过程．假如系统

用绝热材料与外界隔离(即系统有良好的绝热壁);或者过程进行得足够快,使系统来不及与外界进行热交换,过程已经结束,达到最终平衡态,就可以近似看成是绝热过程.例如蒸汽机、内燃机气缸中气体的压缩和膨胀过程,就可以看作是绝热过程.绝热过程也是实际过程的一种理想化的近似描述.

我们先讨论理想气体的绝热过程特征方程.

绝热过程的特点是没有热交换,但是系统由于对外界做功而引起内能变化,所以系统的三个状态参量(p、V、T)都要发生变化.我们来研究理想气体在准静态绝热过程中,状态参量的变化关系.对于理想气体,在准静态绝热过程中的热力学第一定律为

$$\nu c_V \mathrm{d}T = -p\mathrm{d}V; \tag{5-15}$$

由理想气体状态方程的微分得到

$$p\mathrm{d}V + V\mathrm{d}p = \nu R\mathrm{d}T. \tag{5-16}$$

从(5-15)式和(5-16)式中消去参量 T,整理后得到

$$c_V V\mathrm{d}p + (c_V + R)p\mathrm{d}V = 0; \tag{5-17}$$

考虑到迈尔公式 $c_p = c_V + R$

和比热容比 $\gamma = c_p / c_V$,(5-17)式可以写成

$$\frac{\mathrm{d}p}{p} + \gamma\frac{\mathrm{d}V}{V} = 0.$$

在温度变化范围不大时,气体的 c_V 和 c_p 变化都很小,所以 γ 可看成常数,将上式积分得到

$$\ln p + \gamma \ln V = 常量,$$

或者

$$pV^{\gamma} = 常量. \tag{5-18a}$$

(5-18a)式为理想气体准静态绝热过程方程,又称为**泊松方程**。它反映出该过程中压强和体积的关系。用理想气体状态方程消去(5-18a)中 p 或 V,则得到绝热过程中,温度和体积以及温度和压强的关系式

$$TV^{\gamma-1} = 常量 \tag{5-18b}$$

和 $$p^{\gamma-1}T^{-\gamma}=\text{常量}. \tag{5-18c}$$
它们都是理想气体准静态绝热过程方程,只不过是选取不同的独立变量而已,但是三个方程的常量是不相同的.读者可按问题需要和解题方便而选用其一.

由(5-18a)式决定的绝热过程曲线,如图5-5中的实线所示,虚线代表同一系统的等温过程曲线.

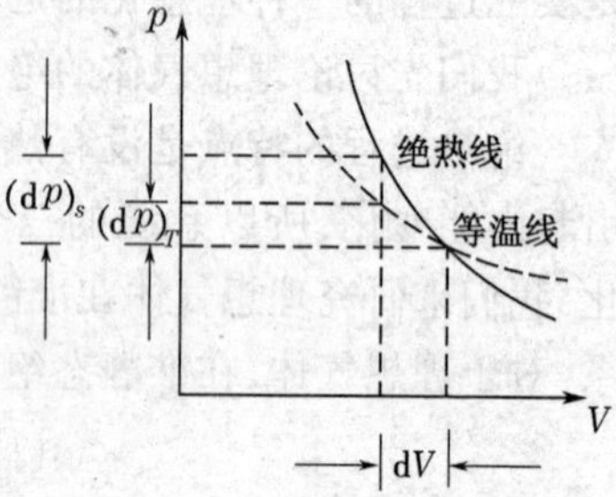

图5-5 绝热线和等温线的比较

由 $pV=$ 常量,可以求出等温曲线在某点的斜率

$$\left(\frac{dp}{dV}\right)_T=-\frac{p}{V}. \tag{5-19}$$

由 $pV^{\gamma}=$ 常量,可以求出绝热曲线在某点的斜率

$$\left(\frac{dp}{dV}\right)_S=-\gamma\frac{p}{V}. \tag{5-20}$$

由(5-19)和(5-20)两式可见,两曲线相交处,绝热线斜率的绝对值是等温线斜率的绝对值的 γ 倍.由于理想气体的 γ 总是大于1,因此,绝热曲线比等温曲线显得陡峭一些.当气体由初态 I 被压缩,体积变化 dV 相同时,等温过程的压强变化 $(dp)_T$,总是比绝热过程压强变化 $(dp)_S$ 小些.因为等温压缩,其压强的增大 $(dp)_T$ 仅仅是由于体积减小的缘故.而绝热压缩时,系统的温度因内能增加而升高,其压强的增大 $(dp)_S$ 是体积减小和温度升高两种因素影响的结果,因此有上述结果.

理想气体在准静态绝热过程所作的功,可由绝热过程特征方程(5-18a)和(5-5)式求得

$$A=\int_{V_1}^{V_2}p\,dV=p_1V_1^{\gamma}\int_{V_1}^{V_2}\frac{dV}{V^{\gamma}}$$

$$=\frac{p_1V_1^{\gamma}}{1-\gamma}(V_2^{1-\gamma}-V_1^{1-\gamma})$$

$$=\frac{p_1V_1}{\gamma-1}[1-(\frac{V_1}{V_2})^{\gamma-1}]; \qquad (5-21a)$$

将 $p_1V_1^{\gamma}=p_2V_2^{\gamma}$ 代入即得

$$A=\frac{p_1V_1-p_2V_2}{\gamma-1}; \qquad (5-21b)$$

把状态方程代入上式又得到

$$A=\nu\frac{R}{\gamma-1}(T_1-T_2). \qquad (5-21c)$$

其实,注意到绝热过程特点 $Q=0$,也可由热力学第一定律直接得到理想气体做的功

$$A=-\Delta U=\nu c_V(T_1-T_2). \qquad (5-21d)$$

因为 $C_V=R/(\gamma-1)$,所以四个公式是一致的.

根据绝热过程的特点和摩尔热容的定义可知,绝热过程的摩尔热容 C_S 为零.过程中没有热交换,引起系统温度变化的直接原因是有功的相互作用.

【例题 5-1】 理想气体的 $c_p=2\ 100\ \mathrm{J\cdot kg^{-1}\cdot K^{-1}}$, $c_V=1\ 500\ \mathrm{J\cdot kg^{-1}\cdot K^{-1}}$,初态温度为27℃,压强为 1.013×10^5 Pa,经准静态的绝热过程被压缩到初态体积的一半,试计算终态的压强和温度,并将结果和等温压缩相比较.

【解】 (1) 由绝热过程的泊松方程(5-18a)得到

$$p_2=p_1(\frac{V_1}{V_2})^{\gamma};$$

由题给条件 $p_1=1.013\times10^5$ Pa、$\gamma=c_p/c_V=2\ 100/1\ 500=1.4$,代入可得

$$p_2=1.013\times10^5\times2^{1.4}=2.674\times10^5(\mathrm{Pa}),$$

由(5-18b)式得到

$$T_2 = T_1\left(\frac{V_1}{V_2}\right)^{\gamma-1} = 300\times 2^{0.4} = 396(\mathrm{K}).$$

(2) 等温过程

$$p_2{}' = p_1\left(\frac{V_1}{V_2}\right) = 1.013\times10^5\times2 = 2.026\times10^5(\mathrm{Pa}),$$

$$T_2{}' = T_1 = 300\mathrm{K}.$$

可见,体积变化相同时,绝热压缩后的压强比等温压缩后的压强大:$(\Delta p)_S = 1.661\times10^5\mathrm{Pa} > (\Delta p)_T = 1.013\times10^5\ \mathrm{Pa}$,这是由于绝热压缩有显著的升温效果,$(\Delta T)_S = 96\ \mathrm{K}$.

5.3 循环过程 卡诺循环

热力学第一定律建立前后,正是人类文明发展到广泛使用蒸汽机的时代,寻求热转化成机械功的合理途径,就成为热力学创建时的重要研究课题,所取得的成果,极大地丰富了热力学理论.卡诺循环理论就是极好的例证.

为使热转化为机械功,必须通过物质系统的状态变化来完成.这种物质系统通常称为**工作物质**,简称**工质**.

热机就是利用工质连续不断地将热转化成机械功的装置.在等温膨胀过程中,理想气体将从外界吸收的热,全部转化成机械功,其内能保持不变.从热功转化观点考虑,其效益是最大的.但是单一的膨胀过程不可能无止境地进行下去,故不可能设计成热机(如图 5-6).一方面,气缸长度总是有限的,限制了活塞的活动范围;另一方面,气体膨胀引起压强降低,直到与外界压强相等时,就不能再对外做功了.因此,必须使膨胀做功后的工质,迅速地返回到做功前的状态,而且在工质返回原态的过程中,外界做功的数值要小于膨胀时对外做功的值,否则徒劳无益.可见沿原来膨胀过程返回原态是不行的.

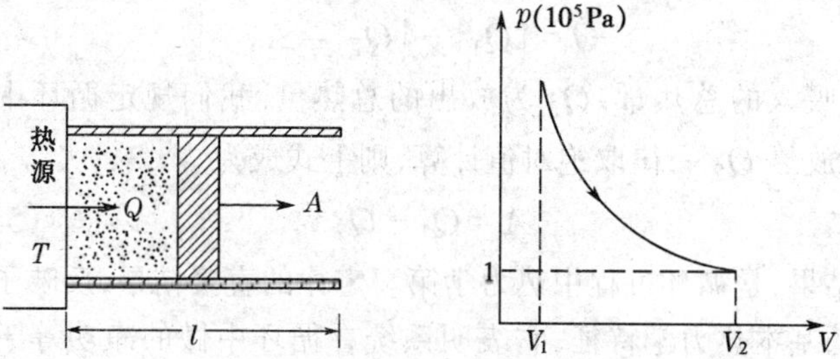

图 5-6 单一做功过程不能成为热机

由此可见,要求热机每次完成周而复始的循环过程都必须有净功输出.任何热机都可以抽象成工质的某种循环过程.研究循环过程中工质的能量转化情况,成为热机理论的基础.

5.3.1 循环过程

所谓**热力学循环过程**,就是系统(工质)从某初态开始,相继经历一系列变化,最终又返回原来状态的全过程,简称为**循环**.组成循环的其中一部分过程称为分过程.在 $p-V$ 图上,准静态循环过程中所有状态的代表点,构成一个闭合图线,图 5-7 是任意准静态循环过程图线,沿顺时针方向绕行的循环,称**正循环**;沿逆时针方向绕行的循环,称为**逆循环**.热机都是正循环,工质完成一次正循环对外界做净功 A;其数值为循环图线所包围的面积:

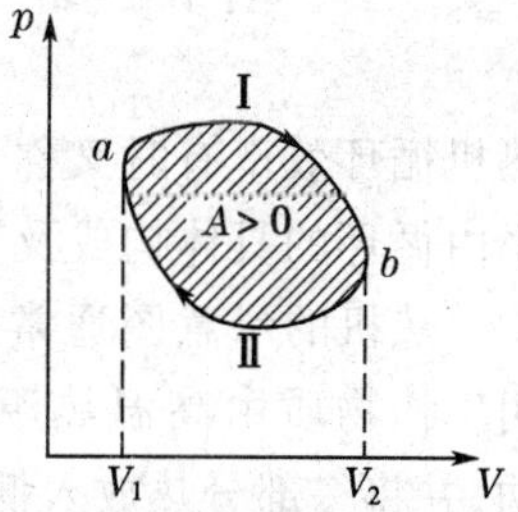

图 5-7 任意的正循环过程

$A = A_{a\,\mathrm{I}\,b} + A_{b\,\mathrm{II}\,a} =$ 面积 $a\,\mathrm{I}\,bV_2V_1a -$ 面积 $b\,\mathrm{II}\,aV_1V_2b =$ 面积 $a\,\mathrm{I}\,b\,\mathrm{II}\,a$.

完成一次循环,工质的终态必然与初态相同,其内能不变:U_2

$=U_1$. 系统在循环过程中净得的热量 Q 等于系统做的净功,即

$$Q=|Q_1|-|Q_2|=A,$$

Q_1 为吸入的总热量,Q_2 为放出的总热量. 我们规定循环中吸热 Q_1 和放热 Q_2 一律取绝对值计算,则上式成为

$$A=Q_1-Q_2. \tag{5-22}$$

这个结果,是循环过程中热力学第一定律的直接结果,反映了循环过程的基本热力学特征,它表明系统在循环中做的净功等于吸收的净热,这便是一切热机的工作原理.

从热机所进行的热功转化的实际效能考虑,必须衡量热机从高温热源吸收热量 Q_1,究竟有多少可以转变为可用的机械功 A. 我们用**热机循环效率** η 作为热功转化效能的重要标志,它是一次循环中,热工质对外做功 A 与所吸取的热量 Q_1 的比值.

$$\eta=\frac{A}{Q_1}=\frac{Q_1-Q_2}{Q_1}=1-\frac{Q_2}{Q_1}. \tag{5-23}$$

热机循环效率有时又称为热机热效率,其大小由循环的具体构成及其性质而定.

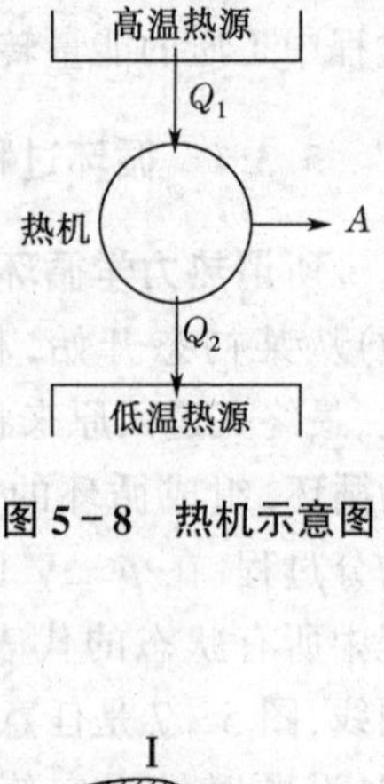

图 5-8　热机示意图

热机的示意图通常用图 5-8 表示,表明工作物质由高温热源吸取热,对外做功,并将一部分热放入低温热源.

致冷机的作用是制冷,其循环都是逆循环. 图 5-9 表示了逆循环过程图线,反映了致冷机的工作原理:致冷机循环必须消耗外界对系统做的功($A<0$),其值也是循环图线包围的面积. 在压强较低的 a Ⅱ b 分过程中,工作物质(制冷

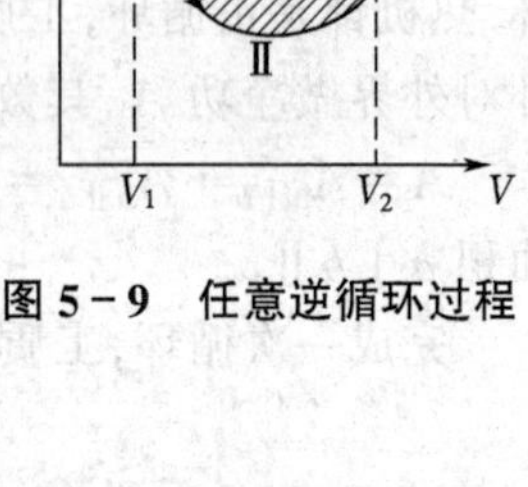

图 5-9　任意逆循环过程

剂)膨胀对外做正功 A_1,在压强较大的 b Ⅰ a 分过程中,外界压缩工作物质做功 A_2,整个循环过程工作物质做功 $A=A_1-A_2<0$,说明外界做净功 $A_e=|A|$.工作物质从低温热源吸热 Q_2,向高温热源放热 Q_1.热量 Q_2 从低温热源传到高温热源,是以消耗外功 A_e 为代价的.逆循环中热力学第一定律的表示式仍然可用(5-22)式.

致冷机的效能是以从所要致冷的低温热源中吸收的热 Q_2,与外界做功 A(注:今后,外界做功和系统做功都以符号 A 表示)的比值来衡量的.这个比值称为**致冷系数**,以 ε 表示,

$$\varepsilon=\frac{Q_2}{A}=\frac{Q_2}{Q_1-Q_2}. \tag{5-24}$$

在讨论循环效率和致冷系数时,式中 Q_1,Q_2 和 A 一律取绝对值.

致冷系数越大,表明传递单位热量所耗之功越小,致冷效益越好,经济效能较高.致冷系数是可以大于 1 的,热效率则不然.

5.3.2 卡诺循环

19 世纪初叶,热机作为原动力已经相当普遍.虽然有较大功率的热机问世,但是其效率都不足 5%,从经济效益考虑,迫使人们寻求热机效率不高的原因.法国工程师卡诺(1796~1832)专心研究热机,他在剖析各种热机结构的基础上,设计了一种不考虑耗散因素的理想化热机,使它工作于两个温度恒定的热源之间,后来称之为**卡诺热机**.

卡诺热机的工作循环,称为**卡诺循环**.它必须由两个等温过程和两个绝热过程组成.因为,工质只与两个温度恒定的高低温热源发生热交换,其循环图线如图 5-10(a)所示.

卡诺循环属于无耗散的准静态循环过程.研究卡诺循环的目的,是要明确决定热机效率的主要因素,以及热机效率可能达到的限度.

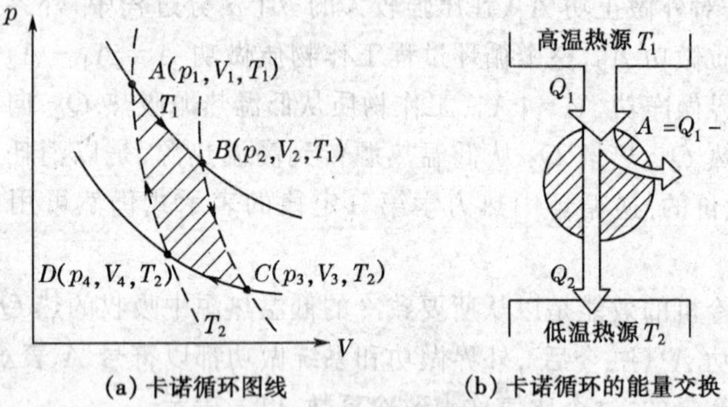

图 5-10　正卡诺循环原理图

我们首先分析以理想气体做为工质的卡诺循环的效率. 在等温膨胀过程 AB 中, 理想气体从高温热源 T_1 吸收的热 Q_1 全部转化为系统做的功 A_1, 由(5-13)式得到

$$Q_1 = A_1 = \nu RT_1 \ln \frac{V_2}{V_1}; \qquad (5-25)$$

在等温压缩过程 CD 中, 理想气体向低温热源 T_2 放热 Q_2, 等于外界所做的功, 即

$$Q_2 = \nu RT_2 \ln \frac{V_3}{V_4}. \qquad (5-26)$$

对于绝热过程 BC 和 DA, 由(5-18b)式可以求出体积 V_1, V_2, V_3, V_4 之间的关系为

$$\frac{V_2}{V_1} = \frac{V_3}{V_4}, \qquad (5-27)$$

这是构成卡诺循环的必要条件.

在卡诺循环中, 仅仅只有 AB 和 CD 两个等温过程与外界交换热量, 整个循环的能量转化情况如图 5-10(b)所示. 将(5-25)式至(5-27)式代入一般热机循环效率公式(5-23)中, 就可得到卡诺循环的效率为

$$\eta = 1 - \frac{Q_2}{Q_1} = 1 - \frac{\nu RT_2 \ln \frac{V_2}{V_1}}{\nu RT_1 \ln \frac{V_3}{V_4}},$$

即

$$\eta = 1 - \frac{T_2}{T_1}. \tag{5-28}$$

式(5－28)表明理想气体卡诺循环的效率只由高温热源与低温热源的温度决定.两热源的温度差是热动力的主要来源.

如果使卡诺循环逆向进行,就成了理想的致冷机循环,它的过程图线进行方向和能量转化情况如图 5－11 所示.

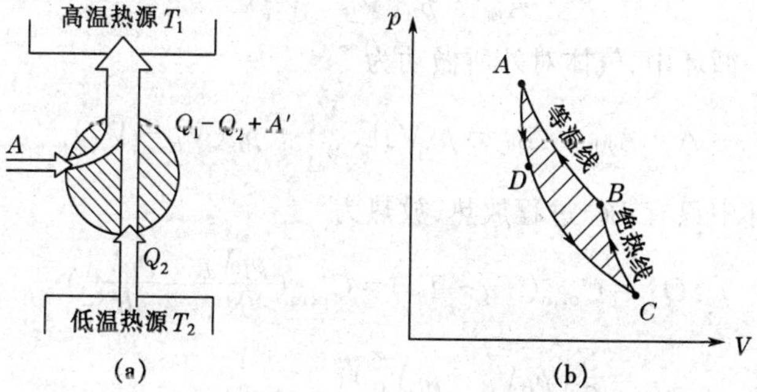

图 5－11　逆卡诺循环原理图

由于在讨论热机效率时,各物理量都采用绝对值,所以,将(5－25)式至(5－27)式代入(5－24)式,得到逆向卡诺循环的致冷系数

$$\varepsilon = \frac{T_2}{T_1 - T_2}. \tag{5-29}$$

在一般的致冷机中,高温热源温度 T_1 通常就是大气的温度,T_2 是被致冷的系统温度.可见,被致冷的系统温度越低,致冷系数就越小.

【例题 5-2】 图 5-12 所示为 1 摩尔单原子理想气体所经历的循环过程，其中 AB 为等温线. 已知 $V_A = 3.0\times 10^{-3}\ \mathrm{m}^3$，$V_B = 6.0\times 10^{-3}\ \mathrm{m}^3$，求效率. 设气体的 $C_{V,m} = \dfrac{3}{2}R$.

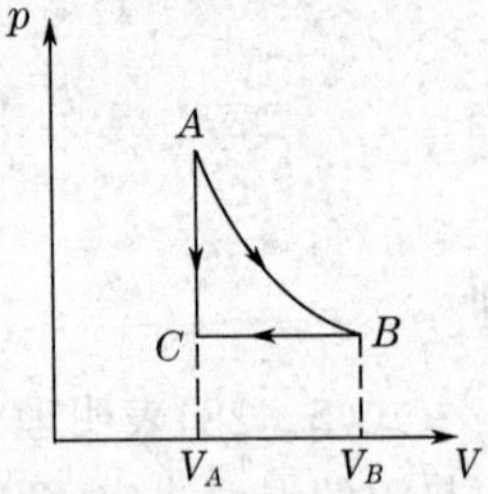

图 5-12

【解】 AB 过程气体对外做功为

$$A_{AB} = p_A V_A \ln\frac{V_B}{V_A},$$

BC 过程外界对气体做功为

$$A_{BC} = p_B(V_B - V_A).$$

一循环中，气体对外所做功为

$$A = A_{AB} - A_{BC} = p_A V_A \ln\frac{V_B}{V_A} - p_B(V_B - V_A).$$

一循环中只有 BC 过程放热，放热为

$$Q_2 = C_{p,m}(T_B - T_C) = C_{p,m}\left(\frac{p_B V_B}{R} - \frac{p_B V_A}{R}\right)$$

$$= \frac{5}{2}(p_B V_B - p_B V_A),$$

效率为 $$\eta = \frac{A}{Q_1} = \frac{A}{A+Q_2} = \frac{1}{1+\dfrac{Q_2}{A}},$$

所以 $$\eta = \frac{1}{1+\dfrac{\frac{5}{2}(p_B V_B - p_B V_A)}{p_A V_A \ln\dfrac{V_B}{V_A} - p_B(V_B - V_A)}}.$$

注意到 $p_A V_A = p_B V_B$，把上式化简并计算可得

$$\eta = \frac{1}{1+\frac{5}{2}\frac{(V_B - V_A)}{V_B \ln \frac{V_B}{V_A} - V_B + V_A}}$$

$$= \frac{1}{1+\frac{5}{2}\frac{(6-3)\times 10^{-3}}{6\times 10^{-3}\ln \frac{6\times 10^{-3}}{3\times 10^{-3}} - (6-3)\times 10^{-3}}}$$

$$= 13.4\% .$$

5.4 热力学第二定律

一切热力学过程都必须遵循能量转换和守恒定律.然而,某些不违反能量转换和守恒定律的过程,例如,热自发地从低温物体传递给高温物体,把吸收来的热百分之百地转化为功的热机循环过程等,实际上却从来没有发生过.可见,在各种热力学过程中,能量的传递和转换除了要遵循热力学第一定律之外,必定还受到另一种规律的制约,这规律规定了过程进行的方向、条件和限度,这就是本节要介绍的热力学第二定律.

5.4.1 热力学第二定律的两种表述

5.4.1.1 开尔文表述

开尔文(英国,1824~1907)在1851年根据热功转换的规律提出了下面的表述:不可能从单一热源吸取热量,使它完全变为有用的功而不产生其他影响.这就是**热力学第二定律的开尔文表述**,注意,表述中的"单一热源"是指温度为均匀并且恒定不变的热源.若热源不是单一热源,则工作物质就可以由热源中温度较高的部分吸热而往热源中温度较低的另一部分放热.这样,实际上就相当于两个热源了.其次,"其他影响"是指除了由单一热源吸热并将其用来做功以外的任何其他变化.当有其他影响产生时,把由单一热源吸来的热量全部用来对外做功是有可能的.例如,我们可以使一理想气体,与一温度维持不变的热源相接触进行等温膨胀.理想气体的温度既然不变,即内能不变,$\Delta U=0$,此时必有 $Q=A$,即气体对外所做的功全由热源吸收的热转变而来.但这时却产生了其他的影响,即理想气体的体积增大了.

5.4.1.2 克劳修斯表述

1850年,克劳修斯(德国,1822~1888)根据热传导的规律提出了下面的表述:不可能把热量从低温物体传到高温物体而不产生其他影响.这就是**热力学第二定律的克劳修斯表述**.表述中的"其他影响"是指除了把热量从低温物体传到高温物体以外的任何其他变化.必须注意,当有其他影响产生时,把热量从低温物体传到高温物体是有可能的.例如,依靠致冷机就能够把热量从低温物体传到高温物体,但与此同时外界必须对工作物质做一定的功,从而产生了功转化为热的变化.按前面已提过"自动"二字的含义,克劳修斯的表述还可以说成是:热量不能自动地从低温物体传向高温物体.

5.4.1.3 两种表述的等效性

如图5-13,设有一个违反开尔文表述的热机Ⅰ,它可以只从高温热源吸取热量 Q_1,全部转化为功 A 输出,而不向低温热源放出任何热量.同时,再设计一部卡诺致冷机Ⅱ,使它接受Ⅰ所给的功 $A(A=Q_1)$,它从低温热源处取得热量 Q_2,输出热量 Q_1+Q_2 给高温热源.这样,Ⅰ和Ⅱ可看成是一部联合机器,工作的总效果是:完成一个循环之后,高温热源接受 Q_1+Q_2,输出 Q_1,等于净接

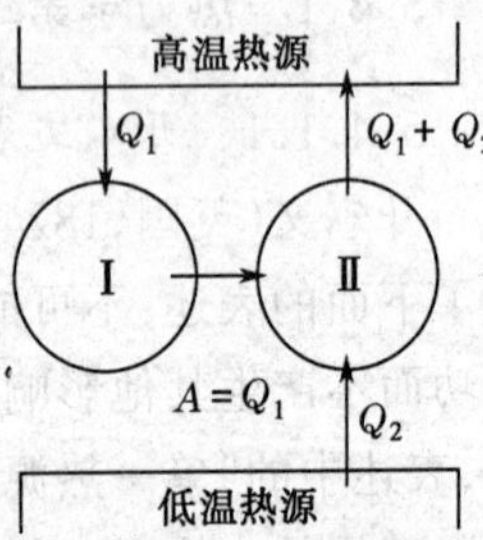

图5-13 热力学第二定律两种表述等效性的证明

受 Q_2,两个机器组成的联合机器没有任何变化.于是净效果就是外界除了把 Q_2 热量从低温热源转移到高温热源之外,没有什么变化.这显然是违反克劳修斯表述的.上述设计表明,如果开尔文表述不成立,那么克劳修斯表述也不成立.

反之,也可以证明违反克劳修斯表述也必然违反开尔文表述.这就是热力学第二定律两种表述的等效性.

热力学第一定律指明能量守恒与转换的数量关系,热力学第二定律则说明并非所有能量守恒的过程都能进行.热力学第二定律是一个能够反映过程进行方向的定律.但须注意,热力学第二定律也有它的成立条件和适用范围,不可任意推广和应用.热力学第二定律只有对有限范围内的宏观过程成立,而不适用于少量的分子组成的微观系统,也不能将其推广到无限的宇宙.

5.4.2 可逆过程和不可逆过程

一个置于绝对真空中的摆(如图5-14),若把摆球拉到 A 点放手,它必将沿弧线运动到 B 点后,又沿原来的路径返回到 A 点,这时的摆和周围环境与摆动前最初的状态完全相同.

这个例子的一个特点是,过程可以逆向进行,且系统和外界都能恢复到原来状态.我们把这样的过程称为**可逆过程**.

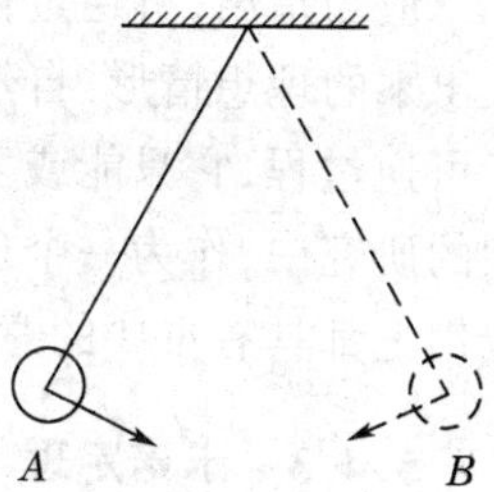

图 5-14 在真空中摆的运动是可逆的

总之,一个系统从 A 态经某一过程变化到 B 态,如果系统能沿原过程的相反方向,经相反次序的中间状态,从 B 态回到 A 态,同时消除原过程对外界的一切影响,而使系统和外界都恢复原状,那么原过程($A \rightarrow B$)就是可逆过程.否则就是**不可逆过程**.经验指出,不但不可逆过程不能逆向进行而使系统和外界都恢复原状,而且不可逆过程所产生的效果,不论用任何曲折和复杂的方法,都不可能使系统和外界完全恢复原状,而不引起其他变化.

热力学第二定律的开尔文表述实质上是指明了“功变热”过程的不可逆性.因此,凡是包含有“摩擦生热”或“电流生热”等“功变热”(即机械能或电磁能转换为内能)过程,都是不可逆过程.

热力学第二定律的克劳修斯表述实质上是指明了“热(自发地)从高温物体传到低温物体”这种非静态传热过程是不可逆过程,因为热可以自发地从高温处传到低温处,但要使热从低温处传到高温处而不引起其他影响却是不可能的.

自然界中的不可逆过程是多种多样的,但它们之间存在着深刻的内在联系,我们总可以通过各种方法把两个不可逆过程联系起来,从一个过程的不可逆性推断另一过程的不可逆性.热力学第二定律的开尔文表述与克劳修斯表述的等效性,说明“功变热”与热传导这两个不可逆过程的相互联系,它们之间可以互相推断.

应当指出,可逆过程实际上是不存在的,它只是实际过程中抽象出来的理想情形.自然现象中的一切自然发生的实际过程都是不可逆过程,它只能或多或少地接近可逆过程.但在对热学实际问题的研究中,作为一个理想的极限情况,可逆过程在理论上和实际应用上都具有重要的意义.

5.4.3 卡诺定理

已经知道,以理想气体为工作物质的可逆卡诺循环的效率,只与高低温热源的温度有关.现在的问题是:这个结论是否具有普遍性?随着热机在生产中应用的不断扩大,人们愈来愈迫切地希望提高热机的效率.于是出现了这样的问题:如何更有效地提高热机的效率?热机效率的提高有没有限度?历史上最早从理论上对热机效率进行研究的法国工程师卡诺于 1824 年提出了一个重要的定理,直接和间接地回答了上述的问题.我们把它称为**卡诺定理**.

卡诺定理包含下面两条内容：

(1) 在相同的高温热源和相同的低温热源之间工作的一切可逆热机,其循环效率都相等,与工作物质无关.

(2) 在相同的高温热源和相同的低温热源之间工作的一切不可逆热机,其循环效率都不可能大于可逆热机的循环效率.

卡诺定理为我们指出了提高热机效率的努力方向：

(1) 尽量提高高温热源的温度和降低低温热源的温度,增大两个热源的温度差以提高热的可利用的价值.在实际情况下,主要是提高高温热源的温度.

(2) 使实际热机的循环过程尽可能地接近于可逆循环过程,这就要尽可能消除伴随循环过程出现的各种耗散效应,避免诸如工作物质系统与外界间的热传导、向外界漏气等不可逆过程在循环过程中的出现.也就是说,要尽可能消除实际热机循环过程中伴随出现的一切使循环过程成为不可逆的因素.

*5.5 熵 熵增加原理

从以上的讨论中,很自然会提出这样的问题：既然一切不可逆过程都是相互联系的,那么,是否可能找到一个共同的准则来判断所有的不可逆过程进行的方向？热力学第二定律的推论是,不可逆过程不但不能直接反向进行,而且不论用何种曲折复杂的方法都不能够由终态回到初态而不引起其他变化.可见,自发过程的不可逆性不仅是过程本身的性质,而且反映出过程的初态和终态必然具有某种性质的差别,正是这种差别决定了过程进行的方向.这就启示我们,必然存在一个反映热力学第二定律的态函数,由这个态函数在初态和终态的数值差异或变化,可以判断出过程进行的方向.历史上,克劳修斯首先找到了这个态函数,并命名为熵.下面我们从卡诺定理出发来导出态函数熵.

5.5.1 克劳修斯等式与不等式

由卡诺定理知,工作于温度为 T_1 的高温热源与温度为 T_2 的低温热源之间的一切可逆热机,其循环效率都为

$$\eta = 1 - \frac{Q_2}{Q_1} = 1 - \frac{T_2}{T_1}, \tag{5-30}$$

它与工作物质无关,也与循环中从高温热源吸收的热 Q_1 及向低温热源放出的热 Q_2 的大小无关(只决定于它们的比值).由(5-30)式可得

$$\frac{Q_2}{Q_1} = \frac{T_2}{T_1},$$

由此得

$$\frac{Q_1}{T_1} = \frac{Q_2}{T_2},$$

或

$$\frac{Q_1}{T_1} - \frac{Q_2}{T_2} = 0.$$

若采用介绍热力学第一定律时所规定的热的代数符号,则上式的 Q_2 应用 $-Q_2$ 代替,于是得

$$\frac{Q_1}{T_1} + \frac{Q_2}{T_2} = 0. \tag{5-31}$$

$\frac{Q_1}{T_1}$(或$\frac{Q_2}{T_2}$)是等温过程中系统(工作物质)从热源吸收的热与热源温度(也等于系统温度)之比值,称为热温比.(5-31)式表明,任何工作物质经历一个可逆卡诺循环,循环中所有过程的热温比的代数和等于零.

这个结论可以推广到任意的可逆循环过程,把求和号变为积分号有

$$\oint \frac{đQ}{T} = 0. \tag{5-32}$$

对于不可逆循环过程,可以证明,循环中所有过程的热温比之

和(即积分)小于零,即

$$\oint \frac{đQ}{T}<0. \tag{5-33}$$

(5-33)式称为**克劳修斯不等式**,式中 $đQ$ 为系统从温度为 T 的热源吸收的微量热.但须注意,由于是不可逆循环,所以系统的温度一般不再与热源温度 T 相等.

5.5.2 态函数熵

由克劳修斯等式可以推得一个重要结论:在可逆过程中,系统的热温比之和(或积分)只决定于过程的首末态而与这过程进行时所沿的路径无关.

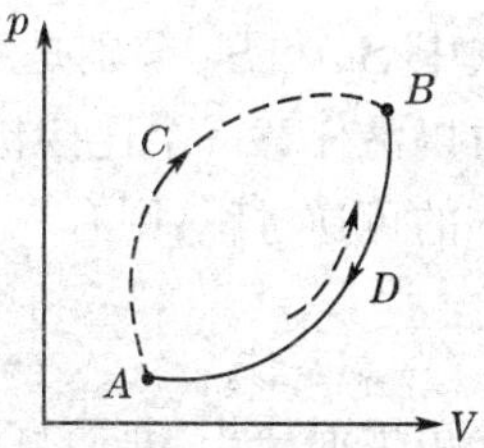

图 5-15 可逆过程热温比之和与路径无关

假设一系统从初态 A 出发沿任一可逆过程 ACB 而到达末态 B(如图 5-15),然后又从末态 B 出发经另一可逆过程 BDA 而回到初态 A.由于过程 ACB 与过程 BDA 联合组成了一个可逆的循环过程,因此根据克劳修斯等式可得

$$\oint \frac{đQ}{T}=\int_{ACB}\frac{đQ}{T}+\int_{BDA}\frac{đQ}{T}=0.$$

现令过程 BDA 逆向进行,即让系统从 A 态出发经可逆过程 ADB 而到达末态 B.由于过程是可逆的,所以过程 BDA 与过程 ADB 互为反过程,它们的热温比积分只是符号相反,绝对值却相同,即

$$\int_{BDA}\frac{đQ}{T}=-\int_{ADB}\frac{đQ}{T},$$

于是

$$\int_{ACB}\frac{đQ}{T}-\int_{ADB}\frac{đQ}{T}=0,$$

或

$$\int_{ACB}\frac{đQ}{T}=\int_{ADB}\frac{đQ}{T}. \tag{5-34}$$

由于过程 ACB 与过程 ADB 都是任意的可逆过程，它们所联系的首态 A 和末态 B 又都是相同的，所以(5-34)式说明了，从初态 A 到末态 B 的可逆变化过程中，表示热温比之和的积分 $\int_A^B \frac{đQ}{T}$ 与这过程所沿的路径无关，而只由联系过程的首末两态决定. 类似于本书 5.1 中引进状态函数内能同样的考虑，我们可以引入一个新的状态函数称为**熵**，以 S 表示，其定义为

$$S_B - S_A = \int_A^B \frac{đQ}{T} \text{（可逆过程）}. \tag{5-35}$$

式中 S_B 和 S_A 分别是系统在终态和初态的熵值. 上式的积分路径可以沿任意一个连接初态 A 和终态 B 的可逆路径进行. 对于无限小的可逆过程，则有

$$dS = \frac{đQ}{T}. \tag{5-36}$$

在以上两式中，我们只定义了系统在任意两个平衡态间的熵差. 要确定系统在各个平衡态的熵的具体数值，还必须选定一个参考态，并规定系统在这个参考态时熵的数值.

5.5.3 熵增加原理

下面，我们从克劳修斯不等式(5-33)出发，说明如何用状态函数熵来判断过程的方向.

假设系统从初态 A 出发，经某一不可逆过程 ACB 而到达终态 B；再让系统从 B 态出发，经某一可逆过程 BDA 而回到初态 A（见图 5-16）. 不可逆过程 ACB 和可逆过程 BDA 组成一不可逆循环过程 $ACBDA$，根据克劳修斯不等式有

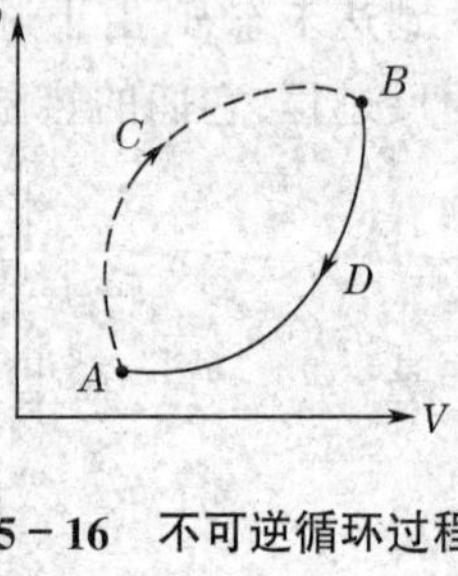

图 5-16 不可逆循环过程

$$\oint \frac{đQ}{T} = \int_{ACB} \frac{đQ}{T} + \int_{BDA} \frac{đQ}{T} < 0.$$

由于 $\int_{BDA}\frac{đQ}{T}=-\int_{ADB}\frac{đQ}{T}$,(因 BDA 可逆)

所以 $\int_{ACB}\frac{đQ}{T}<\int_{ADB}\frac{đQ}{T}$.($ACB$ 不可逆,ADB 可逆)

但 $\int_{ADB}\frac{đQ}{T}=\int_{A}^{B}\frac{đQ}{T}=S_B-S_A$,($A\to B$ 可逆)

所以,不可逆过程的热温比之和 $\int_{A}^{B}\frac{đQ}{T}$ 与联系不可逆过程的末初态之间的熵差 S_B-S_A 有如下的关系:

$$S_B-S_A>\int_{A}^{B}\frac{đQ}{T}.(A\to B\text{ 不可逆})\tag{5-37}$$

把上式与(5-35)式写在一起成为

$$S_B-S_A\geqslant\int_{A}^{B}\frac{đQ}{T};\tag{5-38}$$

其微分形式为

$$dS\geqslant\frac{đQ}{T}.\tag{5-39}$$

(5-38)和(5-39)两式是热力学第二定律的数学表达式,式中等号对应于可逆过程,不等号对应于不可逆过程.

若系统从初态 A 经绝热过程变化到终态 B,因 $đQ=0$,所以

$$S_B-S_A\geqslant 0,\tag{5-40}$$

式中等号对应可逆绝热过程,不等号对应不可逆绝热过程.(5-40)式说明:系统从一个平衡态绝热变化到另一个平衡态时,它的熵永不减少;若过程是可逆的,则熵不变,若过程是不可逆的,则熵增加.这个结论称为**熵增加原理**.可以证明,熵增加原理与热力学第二定律的开尔文表述及克劳修斯表述是等效的,因此它可以作为热力学第二定律的另一种表述方式.

因为孤立系统必然是同外界绝热的,所以一个孤立系统内的熵永远不会减少。又由于孤立系统内自发发生的过程总是从非平

衡态趋向平衡态，所以孤立系统处于平衡态时，熵达到极大值.

习题 5

1. 求氧气在压强为 1.013×10^{6} Pa、温度为 27℃时的密度.

2. 一端封闭的玻璃管长 $l=0.7$ m，贮有空气，气柱上面有一段长为 $h=0.2$ m 的水银柱，将气柱封住，水银面与管口对齐. 今将玻璃管的开口端用玻璃片盖住，轻轻倒转后再除去玻璃片，因而使一部分水银漏出. 当大气压为 9.98×10^{4} Pa 时，留在管内的水银柱有多少长？忽略温度的变化.

3. 一只打气筒，每打一次可将原来压强为 $p_0=1.013\times10^{5}$ Pa、温度为 $t_0=-3.0$℃、体积为 $V_0=4\times10^{-3}$ m^3 的空气压缩到容器中. 设容器的容积 $V=1.5$ m^3，问需要打多少次气，才能使容器内的空气温度为 $t=45$℃、压强为 $p=2.026\times10^{5}$ Pa？假设未打气前容器中原来就有 $t=45$℃、压强 $p_0=1.013\times10^{5}$ Pa 的空气.

4. 将压强为 1.013×10^{5} Pa、温度为 0℃、体积为 2×10^{-3} m^3 的空气，保持压强不变，使它的体积增加到原来两倍，再保持气体的体积不变，加热到压强为 2.026×10^{5} Pa，最后在温度恒定的条件下膨胀到压强为 1.013×10^{5} Pa. 试分别在 $p-V$ 图和 $p-T$ 图上表明这三个相继发生的全过程(假设过程是准静态的).

5. 分别通过下列过程把标准状态下的 0.014 kg 氮气压缩为原体积的一半：(1) 等温过程；(2) 等压过程；(3) 绝热过程.

试分别求出这些过程中气体内能的改变、传递的热量和外界对气体所做的功. 设氮气可视为理想气体，且 $C_{V,m}=\dfrac{5}{2}R$.

6. 1 mol 理想气体氦，原来的体积为 8×10^{-3} m^3，温度为 27℃，设经过准静态绝热过程体积被压缩为 1×10^{-3} m^3，求在压缩过程中，外界对系统所做的功. 设氦气的 $C_{V,m}=\dfrac{3}{2}R$.

7. 在标准状态下，1 mol 的单原子理想气体先经过一绝热过程，再经过一等温过程，最后压强和体积均增为原来的两倍。求整个过程中系统吸收的热量。若先经过等温过程再经过绝热过程而达到同样的状态，则结果是否相同？设该气体的 $C_{V,m}=\frac{3}{2}R$.

8. 在标准状态下的0.016 kg的氧气，分别经过下列过程从外界吸收了335 J的热量.

(1) 若为等温过程，求终态体积.

(2) 若为等容过程，求终态压强.

(3) 若为等压过程，求气体内能的变化.

设氧气可视作理想气体，且 $C_{V,m}=\frac{5}{2}R$.

9. 一卡诺循环的热机，高温热源温度为400 K，每一循环从此热源吸入418.6 J的热，并向低温热源放出335 J的热.

(1) 求低温热源的温度.

(2) 求此循环的效率.

10. 一卡诺热机，低温热源的温度为7℃，效率是40%. 今若将该热机效率增高到50%，问：

(1) 高温热源的温度需增加多少度？设低温热源的温度不变.

(2) 当高温热源温度不变时，低温热源需降低多少度？

11. 如图所示为1 mol单原子理想气体所经历的循环过程，其中 AB 为等温线. 已知 $V_A=3\times10^{-3}\ \text{m}^3$, $V_B=6\times10^{-3}\ \text{m}^3$，求效率. 设气体的 $C_{V,m}=\frac{3}{2}R$.

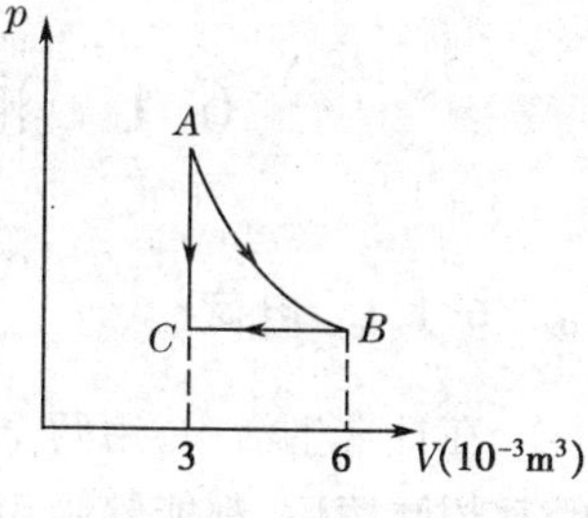

11 题图

12. 一致冷机工作于 $T_2=-10℃$ 和 $T_1=11℃$ 之间，这致冷机每消耗1.00 kJ的功，能由冷库中取走的最大热量是多少？

13. 在高低温热源相同的情况下，利用卡诺循环效率为 $\eta=10\%$ 的热机作致冷机，求它的致冷系数.

14. 试从热力学第二定律证明：(1) 一条等温线和一条绝热线不能相交两次；(2) 两条绝热线不可能相交.

第 6 章 静 电 场

在电荷周围空间中存在着一种特殊的物质即电磁场.相对观察者为静止的电荷(称静电荷)产生的电场,称为静电场.本章讨论真空中静电场的基本性质和规律.为了描述静电场,首先引入描述电场的一个物理量——电场强度,以库仑定律和叠加原理为基础,导出反映静电场基本性质的高斯定理和环流定理.接着,根据静电力是保守力,引入描述静电场的另一个物理量——电势.本章的最后还讨论了静电场中放入导体及电介质时所发生的现象.

6.1 电荷 库仑定律

6.1.1 电荷

在日常生活中,用两个不同质料的物体,例如丝绸和玻璃棒,经互相摩擦后,都能够吸引纸屑、羽毛等轻微物体.这时就说经过摩擦的物体有了**电荷**.带了电荷的物体叫做**带电体**.

实验证明,电荷有两种,而且只有两种,一种叫正电荷,另一种叫负电荷.人们把用丝绸摩擦过的玻璃棒上带的电荷命名为正电荷,用毛皮摩擦过的硬橡胶棒上带的电荷命名为负电荷.物体所带电荷的多少,称为电量.正电荷的电量以正值表示,负电荷的电量以负值表示.大量事实表明,同种电荷相互排斥,异种电荷相互吸引.

在历史上,美国物理学家密立根(1868~1953)进行油滴实验时发现,微小粒子带电量的变化不是连续的,它只能是某个基本电荷的整数倍,密立根测出的这个基本电荷是 1.64×10^{-19}C. 这就是电荷的量子性. 电荷的量子性以物质的电结构来看,是很清楚的. 因为电子是自然界存在的最小负电荷,质子是最小正电荷. 这个最小电荷就是基本电荷,其值为 $e=1.602\times10^{-19}$C,所以一切带电体的电荷量都只能是 e 的整数倍. 近代物理从理论上预言有夸克存在,它是组成质子、中子等的基本粒子,它的电荷量是 $\pm\frac{1}{3}e$ 或 $\pm\frac{2}{3}e$,不过至今还未在实验中发现它们,今后即使真的发现了夸克也不会改变电荷的量子性这一结论.

大量实验表明,电荷既不能创生,也不能消灭,只能从一个物体移到另一个物体,或从物体的这部分转移到另一部分. 在一个孤立系统中,系统所具有的正负电荷电量的代数和总保持不变. 这一性质称为**电荷守恒定律**,这一定律不仅在一切宏观过程中成立,也为一切微观过程所遵守. 化学反应、放射性衰变、核反应和基本粒子转变,都遵守电荷守恒定律,它是物理学中最基本的定律之一.

需要指出,今天人们对电荷的认识是不很完全的. 在理论上还不能说明自然界中的最小电量为什么是 e,质子的带电量为什么恰好与电子所带的电量相等,也不能解释为什么电量 e 能聚集在电子那样小的尺度内(小于 10^{-13}m),而不会因巨大的斥力而崩溃. 这些都是尚未解决的问题,有待我们去探索、研究和发现.

6.1.2 库仑定律

两个静止电荷之间的作用力称为**静电力**. 一般来说,两个带电体相互作用的静电力不仅与它们所带的电量和它们的相对位置有关,还依赖于带电体的大小、形状、电荷的分布及周围介质情况. 为了简化问题，先讨论最简单的也是最基本的情况，即两个点电荷在真空中的相互作用．所谓点电荷，是这样的带电体，它本身的几何线度比起它到其他带电体的距离小得多．这种带电体的具体形状和电荷在其中的分布已无关紧要，因此可以把它抽象成一个几何点．显然，点电荷是带电体的抽象模型，很类似于力学中的质点模型．引入了点电荷的模型后，给问题的讨论带来了极大的方便．

1785 年，法国的科学家库仑（1736～1806）通过实验总结了两个点电荷之间相互作用的规律：在真空中，两个点电荷之间的相互作用力 F 的大小与它们的电量 q_1 和 q_2 的乘积成正比，与它们之间的距离 r 的平方成反比；作用的方向沿着它们的连线，同号电荷互相排斥，异号电荷互相吸引．这就是著名的库仑定律．该定律可用矢量公式表示：

$$\boldsymbol{F}_{12}=k\,\frac{q_1q_2}{r^2}\boldsymbol{r}_0. \tag{6-1}$$

式中：$\boldsymbol{F}_{12}$表示 q_1 对 q_2 的作用力，r 表示q_1，q_2 之间的距离，$\boldsymbol{r}_0$ 表示从施力电荷 q_1 指向受力电荷 q_2 的单位矢量，k 仅是比例系数，如图6－1所示．

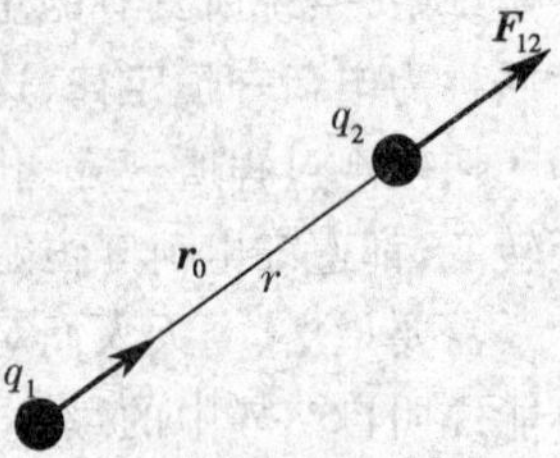

图 6－1　两个点电荷之间的作用力

q_1 和 q_2 是视其电荷的正负而带有正负号的代数量．当 q_1 和 q_2 同号时，$\boldsymbol{F}_{12}$与 $\boldsymbol{r}_0$ 同向，这时 q_1 与 q_2 相斥；当 q_1 和 q_2 异号时，$\boldsymbol{F}_{12}$与 $\boldsymbol{r}_0$ 反向，这时 q_1 与 q_2 相吸．

在国际单位制中，距离用 m、力用 N，电量用 C（库仑）作单位，并由实验测得比例系数：

$$k=8.9875\times10^9\ \mathrm{N\cdot m^2/C^2}.$$

为了以后的方便，通常采用另一常量 ε_0，使 $k=\frac{1}{4\pi\varepsilon_0}$，而

$$\varepsilon_0=\frac{1}{4\pi k}=8.8541\times10^{-13}\ \mathrm{C^2/(N\cdot m^2)},$$

ε_0 称为**真空电容率**.因此库仑定律又可表示为

$$\boldsymbol{F}_{12}=\frac{1}{4\pi\varepsilon_0}\cdot\frac{q_1\cdot q_2}{r^2}\boldsymbol{r}_0. \qquad (6-2)$$

库仑当时以实验得到 r 的幂为 2，误差约为 10^{-2}.现代可用更精密的测量方法证实 r 的幂取 2 的误差不超过 10^{-9}，而在 r 从 $10^{-15}\mathrm{m}\sim10^{7}\mathrm{m}$ 的广大范围内都证明库仑定律是正确有效的.

【例题 6-1】 氢原子中电子和质子的距离为 5.3×10^{-11} m，试问电子和质子间的静电力和万有引力各为多少?

【解】 由于电子与质子间的距离为它们本身直径的 10^5 倍，故可以把质子和电子都看成是点电荷.质子所带电量为 $+e$，电子所带电量为 $-e$，按库仑定律，它们之间静电力的大小为

$$\begin{aligned}F_{\mathrm{e}}&=\frac{1}{4\pi\varepsilon_0}\frac{e^2}{r^2}\\&=\frac{(9.0\times10^{9}\ \mathrm{N\cdot m^2\cdot C^{-2}})\cdot(1.6\times10^{-19}\ \mathrm{C^2})}{(5.3\times10^{-11}\ \mathrm{m})^2}\\&=8.2\times10^{-8}\ \mathrm{N}.\end{aligned}$$

电子与质子之间的万有引力大小为

$$\begin{aligned}F_g&=G\frac{m_1m_2}{r^2}\\&=\frac{(6.67\times10^{-11}\ \mathrm{N\cdot m^2\cdot kg^{-2}})(1.67\times10^{-27}\ \mathrm{kg})(9.1\times10^{-31}\ \mathrm{kg})}{(5.3\times10^{-11}\ \mathrm{m})^2}\\&=3.6\times10^{-47}\ \mathrm{N}.\end{aligned}$$

因而有

$$F_{\mathrm{e}}/F_g=8.2\times10^{-8}\ \mathrm{N}/3.6\times10^{-47}\ \mathrm{N}\doteq2.3\times10^{39}.$$

由此说明它们之间的库仑力比万有引力大得多.因而，在考虑

相互作用时,万有引力可忽略不计.

库仑定律解决了两个点电荷之间的作用力问题.实验证明当空间存在多个点电荷时,任意两个点电荷之间的作用力是独立的,仍由库仑定律决定.即作用在一个点电荷上的静电力等于其他各点电荷单独存在时作用于该点电荷的静电力的矢量和.这就是静电力的叠加原理.

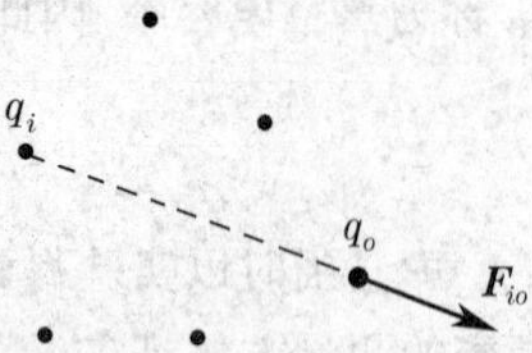

图 6-2 静电力的叠加原理

具体地说,设有 n 个点电荷 q_0, $q_1, q_2 \cdots q_{n-1}$ 组成的点电荷系,如图 6-2,根据叠加原理,点电荷 q_0 受到其他点电荷(以 q_i 表示)作用的总静电力.

$$\begin{aligned}\boldsymbol{F} &= \boldsymbol{F}_{10} + \boldsymbol{F}_{20} + \boldsymbol{F}_{30} + \cdots \boldsymbol{F}_{i\,0} + \cdots \boldsymbol{F}_{(n-10)} \\ &= \sum_{i}^{n-1} \frac{q_i \cdot q_0}{r_{i0}^2} \boldsymbol{r}_{0i} \qquad (6-3)\end{aligned}$$

式中 r_{i0}和 $\boldsymbol{r}_{0i}$表示从 q_i 到 q_0 的距离和单位矢量.

电荷连续分布的带电体和点电荷之间的作用力也是不难计算的.把整个带电体分割成无限多个电荷元 $\mathrm{d}q$(如图 6-3),每个电荷元看成点电荷,根据库仑定律,每个电荷元作用于 q_0 的静电力为

$$\mathrm{d}\boldsymbol{F} = \frac{q_0 \cdot \mathrm{d}q}{4\pi\varepsilon_0 r^2} \boldsymbol{r}_0 .$$

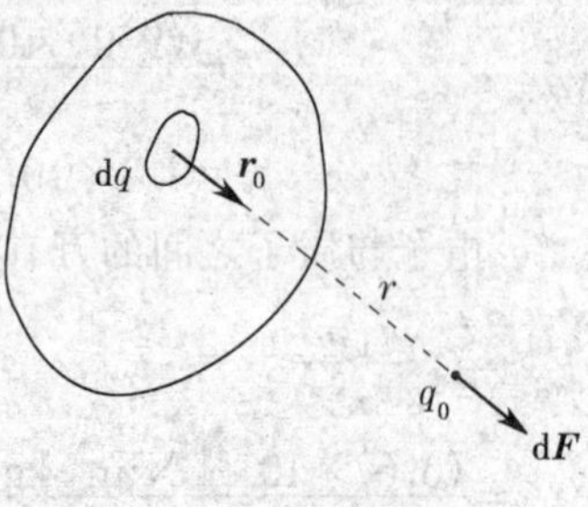

图 6-3 连续带电体对点电荷的作用力

式中 r 是从电荷元 $\mathrm{d}q$ 到点电荷 q_0 的距离.根据叠加原理,作用于点电荷 q_0 的总静电力等于组成带电体的所有电荷元作用于该点电荷的静电力的矢量和,这在数值上归结为对带电体的积分:

$$\boldsymbol{F}=\frac{q_0}{4\pi\varepsilon_0}\int\frac{\mathrm{d}q}{r^2}\boldsymbol{r}_0. \tag{6-4}$$

静电力的叠加原理是以实验得到的基本原理,由此导致描述电场的一些主要物理量也满足叠加性.

6.2 电场 电场强度

6.2.1 电场

把一个带电体放到另一个带电体附近时,会发现它们都受到力的作用.长期以来,人们认为是两带电体之间直接发生作用,不需要通过中间媒介来传递,也不需要传递时间,这实质是一种力的"超距作用"观点.

但是,近代物理学发展告诉我们,凡是有电荷的地方,其四周就存在着一种特殊的物质,叫做电场.和各种实物物质一样,电场也有质量、动量和能量,能够和实物物质发生相互作用.传递电力作用的中介物质就是电场,而电场传递信息的速度就是光速 c,即两个电荷间发生的电力是通过各自在空间产生(或激发)电场,然后由电场再作用于另一电荷的,因此电力也称电场力.通常称产生电场的电荷为源电荷,当源电荷静止而且电量不随时间改变时,它产生的电场称为静电场.

6.2.2 电场强度

为了研究电场中各点"力的性质",必须在电场中放入一个试探电荷 q_0.所谓的试探电荷是这样的电荷,它的几何线度要足够小,可以看成是点电荷;它所带的电量也要足够小,以致它的放入不会引起源电荷的重新分布,因而不致改变原来的电场.

当我们把试探电荷放到待测电场中时,实验发现,q_0 在电场中不同的位置，所受到的电场力 $\boldsymbol{F}$，其大小和方向一般也是不同的.这说明电场具有强弱和方向的属性.实验结果还表明，对于任何一个给定点，不管 q_0 大小和符号如何变化，只要它满足试探电荷的条件，比值 $\boldsymbol{F}/q_0$ 就是一个确定的恒矢量，只与该点的电场有关.我们用 $\boldsymbol{F}/q_0$ 来描写电场的这种物理性质，称为**电场强度**(简称**场强**)，通常用 $\boldsymbol{E}$ 表示场强，其定义是

$$\boldsymbol{E}=\boldsymbol{F}/q_0. \tag{6-5}$$

上式表明，电场中某点的电场强度等于置于该点的单位正电荷所受的电场力.

在国际单位制中，场强的单位为 V/m(伏/米)，1 V/m = 1 N/C.

如果电场中各点场强的大小和方向都相同，这样的电场就称为均匀电场或匀强电场.匀强电场是电场的一种特殊情况.一般来说，电场中不同点场强的大小和方向是不同的.$\boldsymbol{E}$ 是空间坐标的矢量函数，即 $\boldsymbol{E}(x,y,z)$ 或 $\boldsymbol{E}(\boldsymbol{r})$.

6.2.3 场强叠加原理

如果存在着一组分立的点电荷 q_1、$q_2\cdots q_n$，则空间的电场将由这些点电荷共同激发.试探电荷在电场某点受到的电场力 $\boldsymbol{F}$ 可以表示为

$$\boldsymbol{F}=\boldsymbol{F}_1+\boldsymbol{F}_2+\cdots+\boldsymbol{F}_n=\sum_{i=1}^{n}\boldsymbol{F}_i. \tag{6-6}$$

式中 $\boldsymbol{F}_i$ 是第 i 个点电荷 q_i 单独存在于原处时作用于 q_0 的电场力.根据场强的定义，试探电荷所在处的场强

$$\boldsymbol{E}=\frac{\boldsymbol{F}}{q_0}=\frac{\boldsymbol{F}_1}{q_0}+\frac{\boldsymbol{F}_2}{q_0}+\cdots+\frac{\boldsymbol{F}_n}{q_0}. \tag{6-7}$$

如果用 $\boldsymbol{E}_i=\boldsymbol{F}_i/q_0$ 表示 q_i 单独存在时所激发的电场在 q_0 所在处的场强，则上式可写成

$$\boldsymbol{E}=\boldsymbol{E}_1+\boldsymbol{E}_2+\cdots+\boldsymbol{E}_n=\sum_{i=1}^{b}\boldsymbol{E}_i. \tag{6-8}$$

由此可见,在一组点电荷(亦称点电荷系)所激发的电场中,任一点的场强等于各点电荷单独存在于原处时所激发的电场的矢量和.这个规律叫做**场强叠加原理**,是电场的基本性质之一.

如果带电体的电荷是连续分布的,可以把它划分成许多个无限小的电荷元 $\mathrm{d}q$,每一个电荷元在空间都激发电场.如果用 $\mathrm{d}\boldsymbol{E}$ 表示任一个电荷元在空间给定的点激发电场的场强,则只需将(6-8)式中的求和号 $\sum$ 换成积分号,就可得到电荷连续分布的带电体在空间激发电场的场强表达式,即

$$\boldsymbol{E}=\int\mathrm{d}\boldsymbol{E}. \tag{6-9}$$

一个带电系统,可以包含若干个带电体.每一个带电体的电荷,可以是连续分布的,也可以是由点电荷组成.如果用 $\boldsymbol{E}_1,\boldsymbol{E}_2\cdots$ 和 $\boldsymbol{E}$ 分别表示每一个带电体激发的电场和整个带电系统电场的场强,则对整个带电系统来说,有

$$\boldsymbol{E}=\boldsymbol{E}_1+\boldsymbol{E}_2+\cdots \tag{6-10}$$

在实际计算带电系统电场的场强时,这种方法是经常使用的.

6.2.4 电场强度的计算

6.2.4.1 点电荷的场强

若源电荷是一个静止的带电量为 q 的点电荷,在其电场中任一场点 P,试探电荷 q_0 受到的作用力为

$$\boldsymbol{F}=\frac{1}{4\pi\varepsilon_0}\frac{qq_0}{r^2}\boldsymbol{r}_0. \tag{6-11}$$

式中,r 是场点P 至源电荷q 的距离,$\boldsymbol{r}_0$ 是源电荷指向场点的单位矢量.再应用(6-5)式可得 P 点的场强为

$$\boldsymbol{E}=\frac{q}{4\pi\varepsilon_0 r^2}\boldsymbol{r}_0. \tag{6-12}$$

由上式可知，点电荷 q 的电场中，任一点的场强大小，与点电荷 q 到该点的距离平方成反比，当 $q>0$，$\boldsymbol{E}$ 与 $\boldsymbol{r}_0$ 同向；当 $q<0$，$\boldsymbol{E}$ 与 $\boldsymbol{r}_0$ 反向. 如图 6-4 所示.

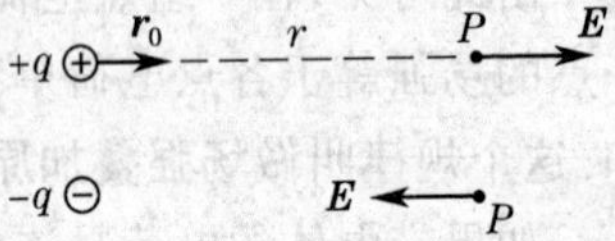

图 6-4 点电荷的场强

6.2.4.2 点电荷系的场强

设源电荷是由 n 个静止的点电荷 $q_1 q_2 \cdots q_n$ 组成，由(6-8)式知，场中任一点 P 的场强为

$$\boldsymbol{E}=\sum_{i=1}^{n}\boldsymbol{E}_i;$$

又由(6-12)式可得

$$\boldsymbol{E}=\sum_{i=1}^{n}\frac{1}{4\pi\varepsilon_0}\frac{q_i}{r_i^2}\boldsymbol{r}_{0i}, \tag{6-13}$$

式中 r_i 是点电荷 q_i 到场点 P 的距离，$\boldsymbol{r}_{0i}$ 是 q_i 到 P 点的单位矢量.

6.2.4.3 任意带电体的场强

如果源电荷是一个连续分布的带电体，其场强可以应用(6-9)式计算. 如图 6-5，对于带电体上的任何一个电荷元 $\mathrm{d}q$，它在任意给定的场点 P 处产生的场强为

$$\mathrm{d}\boldsymbol{E}=\frac{1}{4\pi\varepsilon_0}\frac{\mathrm{d}q}{r^2}\boldsymbol{r}_0 \tag{6-14}$$

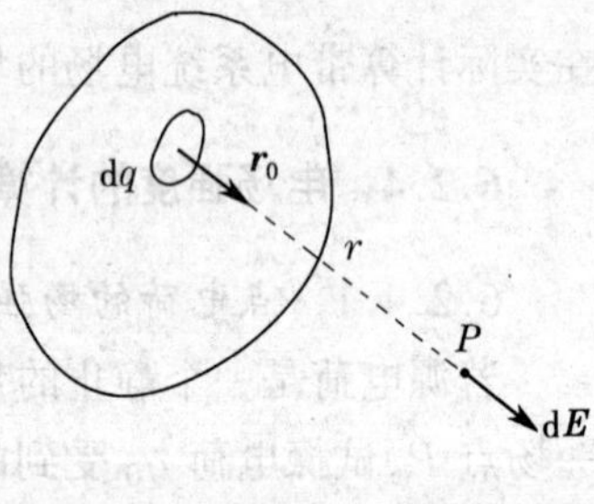

图 6-5 连续带电体的场强

式中，r 是电荷元 $\mathrm{d}q$ 到场点 P 的距离，$\boldsymbol{r}_0$ 是 $\mathrm{d}q$ 指向 P 点的单位矢量. 根据(6-9)式，则 P 点的场强可写作

$$E=\int \mathrm{d}E=\int \frac{1}{4\pi\varepsilon_0}\frac{\mathrm{d}q}{r^2}\boldsymbol{r}_0. \tag{6-15}$$

应用上式计算场强,必须要求带电体上的电荷分布为已知.为此,介绍三种电荷分布模型,并分别引入三个电荷密度函数来描述它们的电荷分布.

(1)电荷体密度

当电荷连续分布于一定体积内时,仿照力学中的密度概念而引入电荷体密度.在带电体中某点周围取一小体元 ΔV,在 ΔV 中有电量 Δq,则定义

$$\rho=\lim_{\Delta V\to 0}\frac{\Delta q}{\Delta V}=\mathrm{d}q/\mathrm{d}V, \tag{6-16}$$

ρ 称为该点的电荷体密度,其单位为 $\mathrm{C/m^3}$(库仑/米^3),由于 $\mathrm{d}q=\rho\cdot\mathrm{d}V$,所以全部体元分布电荷在场点 P 处产生的场强为

$$E=\frac{1}{4\pi\varepsilon_0}\iiint\frac{\rho\mathrm{d}V}{r^2}\boldsymbol{r}_0, \tag{6-17}$$

式中的 $\boldsymbol{r}_0$ 是体积元 $\mathrm{d}V$ 指向 P 点的单位矢量.

(2)电荷面密度

当电荷连续分布于带电体的某一薄层内,如果场点到此薄层上任一点的距离远大于薄层的厚度,则此带电薄层可以看成带电面.在此面上某点周围取一面元 ΔS,ΔS 内的电荷为 Δq,则定义

$$\sigma=\lim_{\Delta S\to 0}\frac{\Delta q}{\Delta S}=\mathrm{d}q/\mathrm{d}S, \tag{6-18}$$

σ 称为该点的电荷面密度,其单位为 $\mathrm{C/m^2}$(库仑/米^2),由于 $\mathrm{d}q=\sigma\cdot\mathrm{d}S$,所以全部面元分布电荷在场点 P 产生的场强为

$$E=\frac{1}{4\pi\varepsilon_0}\iint\frac{\sigma\cdot\mathrm{d}S}{r^2}\boldsymbol{r}_0, \tag{6-19}$$

式中的 $\boldsymbol{r}_0$ 是面元 $\mathrm{d}S$ 指向 P 点的单位矢量.

(3)电荷线密度

若电荷连续分布于细棒上，而棒的截面的线度远小于棒上任一点到场点 P 的距离，则可认为电荷是分布在一条几何线上. 在线上包含某点取一线元 Δl，它所带的电荷量为 Δq，则定义

$$\lambda = \lim_{\Delta l \to 0} \frac{\Delta q}{\Delta l} = \mathrm{d}q/\mathrm{d}l, \tag{6-20}$$

λ 称为该点的电荷线密度，其单位为 C/m（库仑/米）. 由于 $\mathrm{d}q = \lambda \cdot \mathrm{d}l$，所以全部线元分布电荷在场点 P 处产生的场强为

$$\boldsymbol{E} = \frac{1}{4\pi\varepsilon_0}\int \frac{\lambda \mathrm{d}l}{r^2}\boldsymbol{r}_0, \tag{6-21}$$

式中的 $\boldsymbol{r}_0$ 是线元 $\mathrm{d}l$ 指向 P 点的单位矢量.

以上计算场强的公式都是矢量积分式，使用起来不太方便. 在实际计算时，常常是先把被积式 $\mathrm{d}\boldsymbol{E}$ 沿直角坐标系的三个方向分解成 $\mathrm{d}E_x, \mathrm{d}E_y, \mathrm{d}E_z$ 三个分量，然后分别积分求出合场强 $\boldsymbol{E}$ 的三个对应分量：

$$E_x = \int \mathrm{d}E_x\ ;E_y = \int \mathrm{d}E_y;E_z = \int \mathrm{d}E_z\ . \tag{6-22}$$

最后再由

$$E = \sqrt{E_x^2 + E_y^2 + E_z^2} \tag{6-23}$$

求出 $\boldsymbol{E}$ 的大小. 由

$$\cos\alpha = \frac{E_x}{E}, \cos\beta = \frac{E_y}{E}, \cos\gamma = \frac{E_z}{E}, \tag{6-24}$$

求出 $\boldsymbol{E}$ 与各坐标方向所成的方向角 α, β 和 γ，从而给出合场强 $\boldsymbol{E}$ 的方向. 这种方法叫矢量合成的解析法.

【例题 6-2】 有一均匀带电直线，长为 l，电量为 q，设线外任一点 P 离开直线的垂直距离为 a，P 点和直线两端的连线与直线的夹角分别为 θ_1 和 θ_2. 求 P 点的场强.

【解】 一般要计算电荷连续分布的带电体在某处产生的场

强，可按下列步骤求解：

(1)选定便于计算的坐标系，确定电荷元. 取如图 6－6 所示的坐标系，在距原点 O 为 x 处取长 $\mathrm{d}x$ 的线元，则相应的电荷元

$$\mathrm{d}q=\frac{q}{l}\mathrm{d}x=\lambda\mathrm{d}x.$$

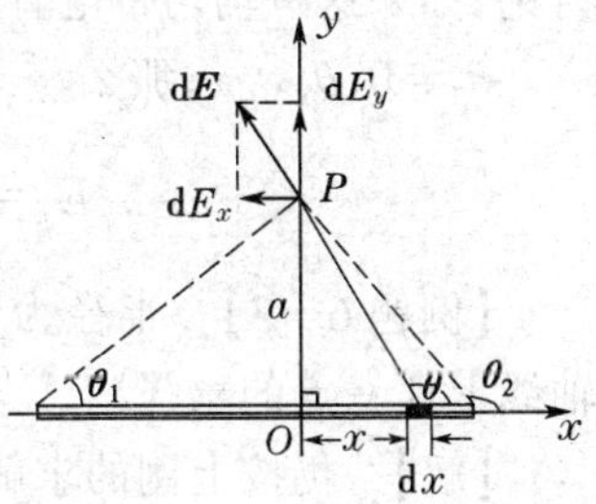

图 6－6

(2)将 $\mathrm{d}q$ 作为点电荷，列出它在 P 点的场强 $\mathrm{d}\boldsymbol{E}$，其大小为

$$\mathrm{d}E=\frac{\mathrm{d}q}{4\pi\varepsilon_0r^2}.$$

不同位置的电荷元在 P 点产生的场强 $\mathrm{d}\boldsymbol{E}$ 有不同的方向，它们沿坐标轴的分量为

$$\mathrm{d}E_x=\mathrm{d}E\cos\theta;\mathrm{d}E_y=\mathrm{d}E\cdot\sin\theta.$$

本题中显然 $\mathrm{d}E_z=0$, $E_z=\int\mathrm{d}E_z=0$，故图中 z 轴未画出.

(3)进行积分运算，得到所求场强的分量.

$$E_x=\int\mathrm{d}E_x=\int\mathrm{d}E\cdot\cos\theta=\int\frac{\lambda\mathrm{d}x}{4\pi\varepsilon_0r^2}\cos\theta;$$

$$E_y=\int\mathrm{d}E_y=\int\mathrm{d}E\cdot\sin\theta=\int\frac{\lambda\mathrm{d}x}{4\pi\varepsilon_0r^2}\sin\theta.$$

利用关系式

$$r=a/\sin\theta, x=-a\cot\theta, \mathrm{d}x=a\mathrm{d}\theta/\sin^2\theta$$

则上两式对变量 x 的积分可化成对变量 θ 的积分，得到

$$E_x=\int_{\theta_1}^{\theta_2}\frac{\lambda}{4\pi\varepsilon_0a}\cos\theta\mathrm{d}\theta=\frac{\lambda}{4\pi\varepsilon_0a}(\sin\theta_2-\sin\theta_1),$$

$$E_y=\int_{\theta_1}^{\theta_2}\frac{\lambda}{4\pi\varepsilon_0a}\sin\theta\mathrm{d}\theta=\frac{\lambda}{4\pi\varepsilon_0a}(\cos\theta_1-\sin\theta_2),$$

$$\boldsymbol{E} = E_x \boldsymbol{i} + E_y \boldsymbol{j}.$$

讨论:如果这一均匀带电直线是无限长的,亦即

$\theta_1 = 0, \theta_2 = \pi$,那么

$$E_x = 0, E_y = \frac{\lambda}{2\pi\varepsilon_0 a}.$$

【例题 6-3】 半径为 R 的均匀带电圆环,电量为 q,求圆环轴线上任一点的场强.

【解】 仍按上例的求解步骤.

取如图 6-7 所示的坐标系,设场点 P 距原点(环心)为 x,在圆环上取长度元 $\mathrm{d}l$,$\mathrm{d}l$ 所带的电量

$$\mathrm{d}q = \frac{q}{2\pi R} \cdot \mathrm{d}l = \lambda \mathrm{d}l;$$

$\mathrm{d}q$ 在 P 点场强 $\mathrm{d}\boldsymbol{E}$ 的大小

$$\mathrm{d}E = \frac{1}{4\pi\varepsilon_0} \frac{\mathrm{d}q}{r^2},$$

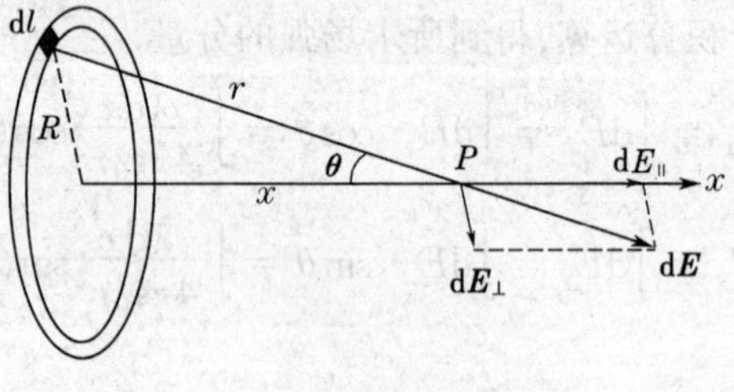

图 6-7

其方向如图.各电荷元在 P 点产生的场强,方向各不相同,将 $\mathrm{d}\boldsymbol{E}$ 分解成垂直于 x 轴的分量 $\mathrm{d}\boldsymbol{E}_\perp$ 和平行于 x 轴的分量 $\mathrm{d}\boldsymbol{E}_\parallel$.由于圆环对 P 点是对称的,各个电荷元在 P 点垂直于 x 轴的分量 $\mathrm{d}\boldsymbol{E}_\perp$ 是互相抵消的,即 $E_\perp = \oint \mathrm{d}E_\perp = 0$,故 P 点的场强大小为

$$E=\int \mathrm{d}E_{\parallel}=\int \frac{\lambda \mathrm{d}l}{4\pi\varepsilon_0 r^2}\cos\theta=\frac{\lambda\cos\theta}{4\pi\varepsilon_0 r^2}\int_0^{2\pi R}\mathrm{d}l$$

$$=\frac{q}{4\pi\varepsilon_0 r^2}\cos\theta=\frac{qx}{4\pi\varepsilon_0(x^2+R^2)^{\frac{3}{2}}}.$$

其方向是沿 x 轴线方向,当 $q>0$,$\boldsymbol{E}$ 由环心指向外;当 $q<0$,$\boldsymbol{E}$ 由外指向环心.

讨论:(1)若 $x=0$,则 $E=0$,即环心的场强为零.

(2)若 $x\gg R$,即 $(x^2+R^2)^{3/2}\approx x^3$,上式化为 $E=\frac{1}{4\pi\varepsilon_0}\cdot\frac{q}{x^2}$.可见在远离环心处的场强近似等于点电荷的场强.

【例题 6-4】 有一均匀带电的薄圆盘,半径为 R,电荷面密度为 σ.求园盘轴线上任一点的场强.

【解】 此题可以用解上两例的同样步骤进行求解.但因为圆盘是两维的,若从点电荷场强出发,就要对电荷元进行两重积分计算,较为复杂.这里介绍一种较为简单的求解方法.

将带电圆盘当作是以 O 为圆心,由不同半径的许多带电圆环组成.如图 6-8 所示,任一细圆环的面积(垂直于 x 轴的面)可取为 $2\pi r\mathrm{d}r$,其电荷元

$$\mathrm{d}q=\sigma\cdot 2\pi r\mathrm{d}r.$$

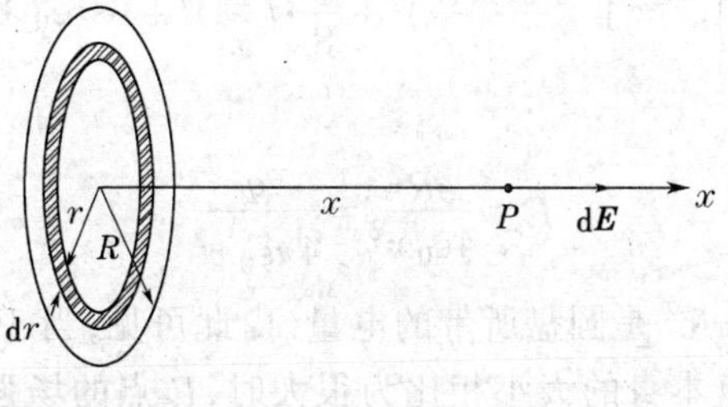

图 6-8

利用例题 6－3 的带电圆环在轴线上的场强公式，得到上述电荷元 dq 在 P 点所产生的场强大小

$$\mathrm{d}E=\frac{x\sigma 2\pi r\mathrm{d}r}{4\pi\varepsilon_0(x^2+r^2)^{3/2}}.$$

因此，带电圆盘在 P 点的场强大小

$$E=\int \mathrm{d}E=\frac{2\pi\sigma x}{4\pi\varepsilon_0}\int_0^R\frac{r}{(x^2+r^2)^{3/2}}\mathrm{d}r=\frac{\sigma}{2\varepsilon_0}\left[1-\frac{x}{\sqrt{x^2+R^2}}\right].$$

其方向沿 x 的轴线方向，当 $\sigma>0$，$\boldsymbol{E}$ 的方向由圆盘中心指向外；当 $\sigma<0$，$\boldsymbol{E}$ 的方向则相反.

讨论：(1)若 $R\gg x$，即对于 P 点看来可认为圆盘“无限大”时，有 $E=\dfrac{\sigma}{2\varepsilon_0}$. 这表明对无限大均匀带电平面，它在空间所产生的场强各点相等，方向都与平面垂直，即是匀强电场. 若平面带正电，则 $\boldsymbol{E}$ 从带电平面指向两侧；若平面带负电，则 $\boldsymbol{E}$ 从两侧指向带电平面.

(2)若 $R\ll x$，即 P 点到盘心的距离远大于圆盘半径，将 $\dfrac{x}{\sqrt{R^2+x^2}}$ 改写成 $[1+(\dfrac{R}{x})^2]^{1/2}$，并按牛顿二项式定理展开忽略 $\dfrac{R}{x}$ 的高次项，即

$$\left(1+\frac{R^2}{x^2}\right)^{\frac{-1}{2}}=1-\frac{1}{2}\cdot(\frac{R}{x})^2+\frac{3}{8}\cdot(\frac{R}{x})^4+\cdots\approx 1-\frac{1}{2}\cdot\frac{R^2}{x^2},$$

于是

$$E=\frac{\sigma R^2}{4\varepsilon_0 x^2}=\frac{q}{4\pi\varepsilon_0 x^2}.$$

式中的 $q=\sigma\pi R^2$ 是圆盘所带的电量. 由此可见，当 P 点离开圆盘的距离与圆盘本身的大小相比为很大时，P 点的场强与电量 q 集中在圆盘的中心的一个点电荷在该点所产生的场强相同.

6.3 高斯定理

6.3.1 电场线

要了解电场,就要知道电场中各点场强的大小和方向.为了形象地描述电场,对电场中各处场强的分布给出一个比较直观的图像,现引入电场线(又称电力线)的概念.在电场中画一些假想的曲线,使这些曲线上的每一点的切线方向和该点的场强方向一致,这样作出的曲线,就叫**电场线**.

由此看出,电场线能够表征场中各点的场强方向.为了使电力线不仅能表示出场强方向的分布,还能表示出场强大小的分布,再引入电场线数密度的概念.在电场中任意一点取一小面元 dS 与该点场强方向垂直,设穿过 dS 的电场线有 dN 根,则比值 dN/dS 叫该点的**电场线数密度**.它的意义是通过该点单位垂直截面的电力线根数.在作电场线时总是使电场中任一点的电场线数密度与该点场强大小成正比.

$$E \propto dN/dS. \qquad (6-25)$$

由此可见,电场线密集的地方,就表示该处的场强大;电场线稀疏的地方,就表示该处的场强小.

实践证明,按上法画出的静电场电场线具有以下几个主要特征:①静电场电场线起自正电荷,止于负电荷,在无电荷处不中断;②静电场电场线不形成闭合曲线;③任意两条电场线都不相交.图 6-9 给出了几种源电荷所产生电场的电场线的平面图.

必须指出,电场线并不是实际存在的,只是为形象描绘电场的场强分布而使用的几何方法而已.

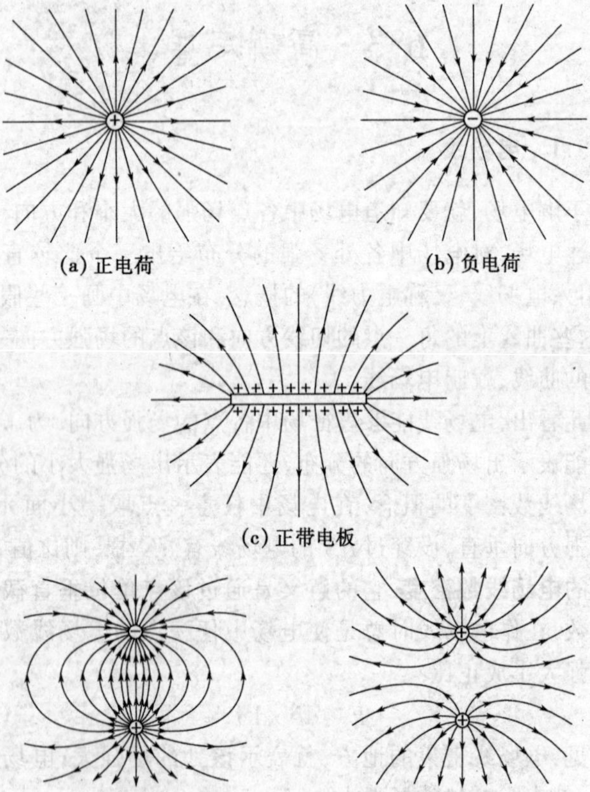

(a) 正电荷　(b) 负电荷　(c) 正带电板　(d) 两等值异号电荷　(e) 两等值同号电荷

图 6-9　几种常见电场的电场线图

6.3.2　电通量

通量是描述矢量场性质的一个量. 将矢量场的通量概念用于静电场,就可以定义一个新的物理量叫**电通量**. 设空间存在静电场,其场强分布为 $\boldsymbol{E}(\boldsymbol{r})$. 在电场中任取一曲面 S 和 S 上的某个面元 $\mathrm{d}S$,如图 6-10(a)所示,并用 $\boldsymbol{n}_0$ 代表垂直于 $\mathrm{d}S$ 面元的法向单

位矢量.这样电场 $\boldsymbol{E}$ 的通量(简称电通量)Φ_e 的微分可定义为

$$d\Phi_e = \boldsymbol{E}\cdot\boldsymbol{n}_0 dS = E dS\cos\theta. \quad (6-26)$$

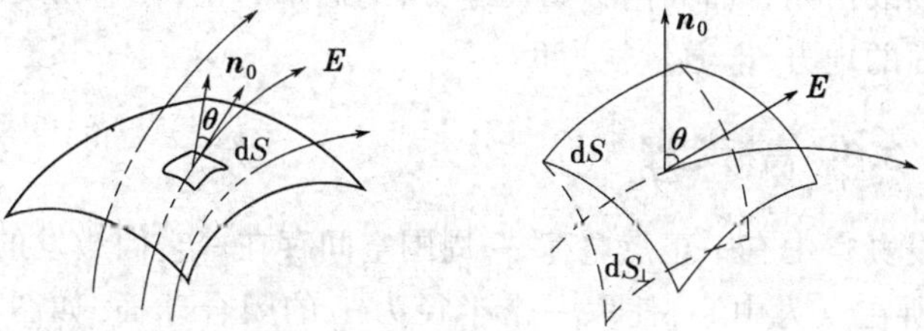

(a) 电通量计算用图　　(b) 电场线与电通量关系说明图

图 6-10

对整个曲面 S 求积分,即得

$$\Phi_e = \int_S \boldsymbol{E}\cdot\boldsymbol{n}_0 dS. \quad (6-27)$$

如果用电场线可将上式作形象的描绘,因为电场中任意一点的场强正比于电场线数密度

$$E \propto dN/dS_\perp,$$

这里 $dS_\perp$ 与 $\boldsymbol{E}$ 垂直,规定上式比例系数为 1,则可写出如下等式

$$E = dN/dS_\perp \text{ 或 } dN = E dS_\perp. \quad (6-28)$$

如果所取面元 dS 与该处场强不垂直,则将面元 dS 在垂直于 $\boldsymbol{E}$ 的方向上投影如图 6-10(b),那么式(6-28)可写成

$$dN = E\cdot dS\cdot\cos\theta. \quad (6-29)$$

由此看出,电通量的微分 $d\Phi_e$ 正是穿过面元 dS 的电场线根数,将 $d\Phi_e$ 对曲面的积分则表示穿过整个曲面 S 的电场线根数.

这里需指出,电通量是通过电场中任意给定曲面的电场线根数,但其值可正可负,视曲面元 dS 所选的法线正方向 $\boldsymbol{n}_0$ 而定,并常用 $d\boldsymbol{S}$ 代替 $\boldsymbol{n}_0 dS$. 为了计算通过一个曲面的电通量,规定在同一曲面上的各个相邻面元的 $\boldsymbol{n}_0$ 方向只能顺一个方向选取,随着曲面的弯曲，$\boldsymbol{n}_0$ 只能连续地转向. 特别是对于闭合曲面情况，整个空间划分为内、外两部分，通常都规定 $\boldsymbol{n}_0$ 为由内指向外的方向，从而电场线由闭合曲面内穿出的地方，电通量为正，在电场线穿入闭合曲面的地方，电通量就为负.

6.3.3 高斯定理

设真空中有一正点电荷 q，周围空间存在着它们激发的电场. 以 q 所在点为中心，任取一个半径为 r 的闭合球面，如图 6-11(a)，按点电荷场强公式，球面上任一点场强大小都是 $\frac{1}{4\pi\varepsilon_0}\cdot\frac{q}{r^2}$，方向沿矢径 $\boldsymbol{r}_0$ 的方向，则通过球面上任一面元 $\mathrm{d}\boldsymbol{S}$ 的 $\boldsymbol{E}$ 的元通量为

$$\mathrm{d}\Phi_e=\boldsymbol{E}\cdot\mathrm{d}\boldsymbol{S}=\frac{1}{4\pi\varepsilon_0}\cdot\frac{q}{r^2}\boldsymbol{r}_0\cdot\mathrm{d}\boldsymbol{S}=\frac{q}{4\pi\varepsilon_0}\cdot\frac{\mathrm{d}S}{r^2},\qquad(6-30)$$

因而，通过整个球面的 $\boldsymbol{E}$ 通量

$$\Phi_e=\oint\mathrm{d}\Phi_e=\frac{q}{4\pi\varepsilon_0 r^2}\oint\mathrm{d}S=\frac{q}{4\pi\varepsilon_0 r^2}\cdot 4\pi r^2=\frac{q}{\varepsilon_0}.\qquad(6-31)$$

上式表明，以点电荷 q 为中心的任一球面，不论其半径 r 的大小如何，穿过球面的电通量 Φ_e 都等于 q/ε_0，即与半径 r 无关. 当 $q>0$ 时，Φ_e 为正；当 $q<0$ 时，Φ_e 为负. 如果用电场线来形象化地

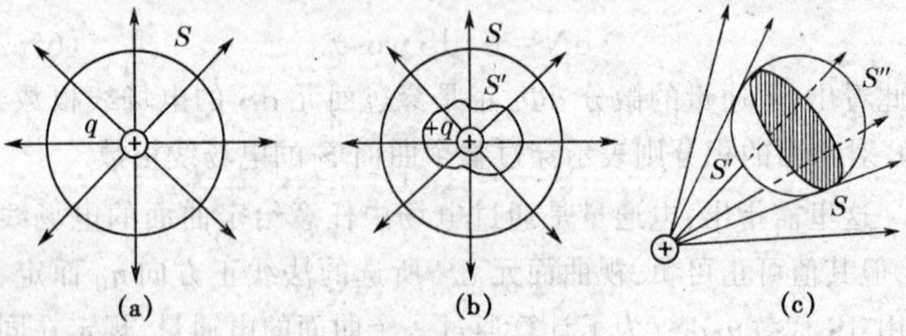

图 6-11

描述，这就意味着点电荷的电场中电场线是连续的，电量为 q 的正电荷有 q/ε_0 条电场线由它发出，而电量为 q 的负电荷有 q/ε_0 条电场线终止于它．因而正电荷被称为静电场的源头，负电荷被称为静电场的尾闾，这说明静电场是有源的场．

当包围点电荷 q 的是一个任意闭合曲面 S' 时，总可以作一个以 q 为球心的球面 S 把 S' 这个曲面包围起来，如图 6－11(b)．由电场线的连续性可知，穿过闭合曲面 S 与穿过球面 S' 的电场线根数是相同的．因此，通过任意闭合面的电通量也等于 q/ε_0．

如果点电荷 q 在闭合曲面 S 的外部，如图 6－11(c)，闭合曲面 S 可分为两部分，下半部分 S' 上有电场线进入，在上半部分 S'' 上有电场线穿出．很显然，穿入和穿出的电场线根数是相等的，所以肯定通过闭合曲面 S 的总电通量为零．

根据场强叠加原理，上述结果可推广到任意带电系统的静电场．即当闭合曲面内包围有 $q_1, q_2 \cdots q_n$ 点电荷时，式(6－31)中的 q 应该用所包围电荷的代数和 $\sum\limits_i q_i$ 来代替．于是(6－31)式改写成

$$\Phi_e = \oint_S \mathbf{E} \cdot \mathrm{d}\boldsymbol{S} = \sum_i q_i / \varepsilon_0. \qquad (6-32)$$

这就是**高斯定理**，上式即是高斯定理的数学表述．式中的积分沿闭合曲面 S 进行，该闭合曲面 S 常称为高斯面．

高斯定理包含有深刻的物理内容，它的实质只有通过反复应用，才能逐渐领会．初学高斯定理应注意以下几点：

(1)闭合面的电通量仅由闭合面内的电荷决定．这并不是说，闭合面上的场强仅由闭合面内的电荷产生和决定．闭合面外的电荷对闭合面的电通量固然无贡献，但对闭合面上的场强是有贡献的．所以计算闭合面的通量时，各点的场强，应是闭合面内外所有电荷产生的合场强．

(2) $\sum q_i$ 是闭合面内电荷的代数和，如果闭合面内的电荷是

连续带电体,则求和要换成积分: $\sum_i q_i \rightarrow \oint_{s内}$

(3)上述高斯定理是用积分表示的,叫高斯定理的积分形式,高斯定理积分形式反映了静电场中场和场源的总体关系,它并不确定各点场和场源的具体分布.一般说来,已知闭合面内的电荷代数和,只能确定闭合面的电通量,不能确定场强分布;反之,由已知闭合面的电通量只能确定闭合面内的电荷代数和,不能确定面内各点的电荷分布.

6.3.4 高斯定理的应用

一般情况下,根据高斯定理不能确定场和场源电荷的具体分布.但对于某些具有特殊对称性分布的源电荷,可根据这种对称性作一高斯面,使得高斯面上各点的场强数值相等,这样,应用高斯定理就可以十分方便地求出该面上场强的大小.

【例题 6-5】 求均匀带正电球体内、外的场强,设球半径为 R,带电量为 Q.

【解】 电荷对球心 O 的分布是对称的,相应的电场分布也具有对称性,即距球心等距离的各点,场强大小相等,方向沿半径方向.

先求带电球体处一点 P 的场强.以 $OP = r$ 为半径作一与带电球体同心的高斯面(图 6-12(a)),根据高斯定理,

$$\oint_S \boldsymbol{E} \cdot \mathrm{d}\boldsymbol{S} = \oint_S E \mathrm{d}S = E \cdot 4\pi r^2 = \frac{\theta}{\varepsilon_0},$$

所以 P 点的场强大小为

$$E = \frac{1}{4\pi\varepsilon_0} \cdot \frac{\theta}{r^2}.$$

再求带电球体内一点 P' 的场强.以 $OP' = r$ 为半径作一与带电球体同心的高斯面 S'(图 6-12(b)).由于 S' 内的电荷为

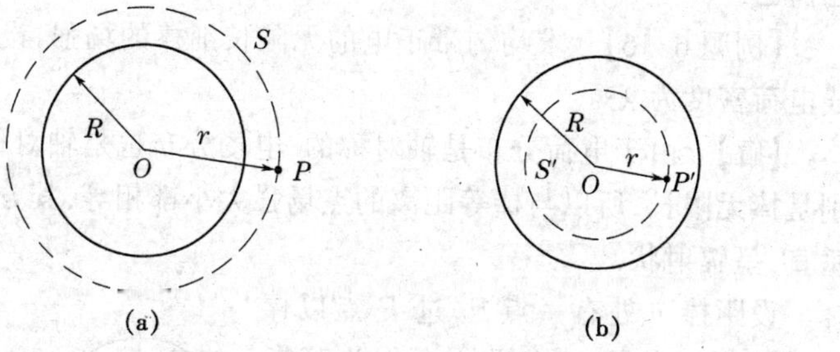

图 6－12

$$q=\frac{\theta}{\frac{4}{3}\pi R^3}\cdot\frac{4}{3}\pi r^3=\frac{\theta r^3}{R^3},$$

由高斯定理

$$\oint \boldsymbol{E}\cdot\mathrm{d}\boldsymbol{S}=E\cdot 4\pi r^2=\frac{\theta r^3}{\varepsilon_0 R^3},$$

所以球内 P' 点的场强大小为

$$E=\frac{1}{4\pi\varepsilon_0}\frac{\theta r}{R^3}.$$

综上所述，均匀带电球体的场强分布的规律为

$$E=\begin{cases}\dfrac{1}{4\pi\varepsilon_0}\cdot\dfrac{\theta}{r^2}, & (r>R)\\[2ex] \dfrac{1}{4\pi\varepsilon_0}\cdot\dfrac{\theta r}{R^3}. & (r<R)\end{cases}$$

在球体外部空间，场强分布和电荷全部集中在球心的点电荷的场强完全一样，场强与 r 的平方成反比；而在球体内部空间，场强与 r 成正比，场强的分布如图 6－13 所示. 如果球体带负电，以上结果仍成立，只是场强的方向沿半径指向球

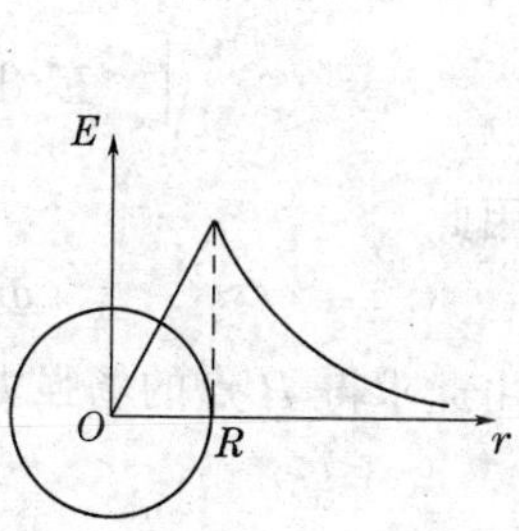

图 6－13

心而已.

【例题 6-6】 求均匀带正电的无限长细棒的场强,设棒上的线电荷密度为 λ_e.

【解】 由于电荷分布是轴对称的,电场分布也是轴对称的,特别是棒无限长,所以与棒等距离的点场强大小都相等,其方向与棒垂直,呈辐射状.

设距棒 r 处有一点 P,过 P 点以棒为轴线作一长为 l 的圆柱面作为高斯面,如图 6-14,此高斯面有上底 S_1,下底 S_2 和侧面 S_3 组成.根据高斯定理

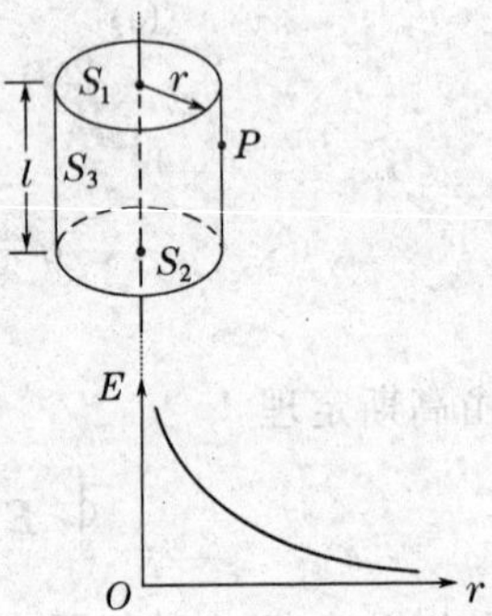

图 6-14

$$\begin{aligned}\Phi_e &= \oint_S \boldsymbol{E}\cdot \mathrm{d}\boldsymbol{S} \\ &= \int_{S_1} \boldsymbol{E}\cdot \mathrm{d}\boldsymbol{S} + \int_{S_2} \boldsymbol{E}\cdot \mathrm{d}\boldsymbol{S} + \\ &\quad \int_{S_3} \boldsymbol{E}\cdot \mathrm{d}\boldsymbol{S} \\ &= l\lambda_e/\varepsilon_0.\end{aligned}$$

因为各点场强的方向垂直于棒,所以有

$$\int_{S_1} \boldsymbol{E}\cdot \mathrm{d}\boldsymbol{S} = \int_{S_2} \boldsymbol{E}\cdot \mathrm{d}\boldsymbol{S} = 0;$$

而在侧面上各点场强大小都相等,方向与面元同向,故

$$\int_{S_3} \boldsymbol{E}\cdot \mathrm{d}\boldsymbol{S} = \int_{S_3} E\cdot \mathrm{d}S = E\cdot 2\pi r\cdot l.$$

因此

$$\Phi_e = E\cdot 2\pi rl = \lambda_e l/\varepsilon_0,$$

由此求得 P 点的场强大小.

$$E = \lambda_e / 2\pi\varepsilon_0 r.$$

此结果与例题 6-2 的结果是一致的.

由此可见当条件允许时,利用高斯定理计算场强的分布要简

捷得多.

综合以上两例,可将应用高斯定理计算场强的步骤总结如下:

(1)以源电荷的对称性分析场强的对称性,定出场强的大小和方向的分布情况.

(2)通过场点作适当的高斯面,便能方便计算通过该面的电通量.

(3)求出高斯面所包围的电荷总量的代数和.

(4)按高斯定理计算场强的大小.一般来说,下述一些具有某种对称性的源电荷可以应用高斯定理来计算场强的分布:①球对称电荷;②轴对称电荷;③无限长平面电荷.

6.4 环流定理 电势

本节从功和能的角度来讨论静电场,导出从另一个侧面反映静电场特征的环流定理,从而揭示静电场是保守场,然后引入电势作为描写静电场的另一个物理量.

6.4.1 静电场力做功的特点

在一个点电荷 q 激发的静电场中,让一试探电荷 q_0 在电场力的作用下,由 a 点沿路径 $\overset{\frown}{ab}$ 到 b 点(见图 6-15),在路径中任一点 c 的附近取位移元 $\mathrm{d}\boldsymbol{l}$,并设 c 点处的场强为 $\boldsymbol{E}$,则在 $\mathrm{d}l$ 这段路径中,电场力所做的功

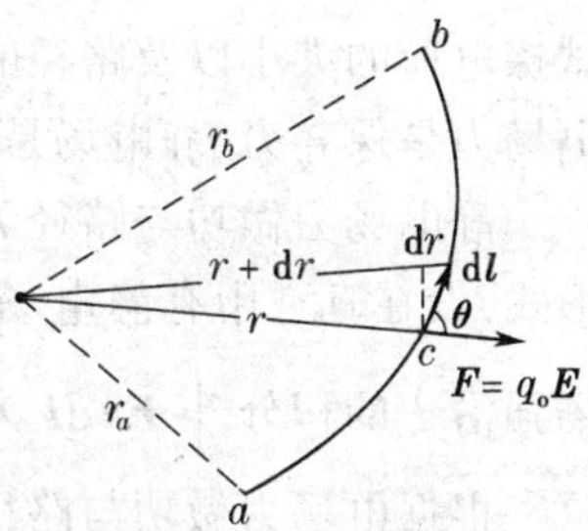

图 6-15 点电荷场中电场力的功

$$
\begin{aligned}
\mathrm{d}A &= \boldsymbol{F}\cdot\mathrm{d}\boldsymbol{l} \\
&= q_0\boldsymbol{E}\cdot\mathrm{d}\boldsymbol{l}
\end{aligned}
$$

$$= q_0 \boldsymbol{E} \cos\theta \cdot \mathrm{d}\boldsymbol{l}. \tag{6-33}$$

式中 θ 是 $\boldsymbol{E}$ 的方向和 $\mathrm{d}\boldsymbol{l}$ 的方向之间的夹角，而 $\mathrm{d}l\cos\theta = \mathrm{d}r$，所以试探电荷 q_0 从 a 点移到 b 点时，电场力做功为

$$A_{ab} = \int_a^b \mathrm{d}A = \int_a^b q_0 E\cos\theta \mathrm{d}l = \frac{q_0 q}{4\pi\varepsilon_0}\int_{r_a}^{r_b} \frac{1}{r^2}\mathrm{d}r$$

$$= \frac{q_0 q}{4\pi\varepsilon_0}\left(\frac{1}{r_a} - \frac{1}{r_b}\right). \tag{6-34}$$

上式说明，试探电荷 q_0 在点电荷 q 的电场中运动时，电场力所做的功只取决于运动电荷的始末位置，而与路径无关.

如果源电荷是任意带电体，可以将带电体分成许多电荷元，每一个电荷元看成一个点电荷，而整个带电体可看成点电荷系. 根据叠加原理，总场强等于各点电荷单独存在时产生的场强的矢量和

$$\boldsymbol{E} = \sum \boldsymbol{E}_i.$$

当试探电荷 q_0 在场中由 a 点沿任意路径移至 b 点时，静电场做的功为

$$A = \int_a^b \boldsymbol{F}\cdot \mathrm{d}\boldsymbol{l} = \int_a^b q_0 \boldsymbol{E}\cdot \mathrm{d}\boldsymbol{l} = \sum_i q_0 \int_a^b \boldsymbol{E}_i \cdot \mathrm{d}\boldsymbol{l}.$$

上式右方的每一项都与路径无关，故各项之和也与路径无关. 因此可以得到结论：试探电荷在任何静电场中移动时，电场力做功只与试探电荷的大小以及路径的始末位置有关，而与路径无关. 这说明电场力是保守力，静电场是保守场，是有位场.

静电场力做功与路径无关这一结论，还可表述为另一等价的形式. 设在真空中有静电场 $\boldsymbol{E}$，在场中任取一闭合路径 l，则定义场强沿 l 的积分 $\oint_l \boldsymbol{E}\cdot \mathrm{d}\boldsymbol{l}$ 为电场 $\boldsymbol{E}$ 沿 l 的环流.

根据电场力做功与路径无关的特征，设想将试探电荷 q_0 沿 l 移动一周，则电场力 $\boldsymbol{F} = q_0\boldsymbol{E}$ 做的功

$$A = \oint_l \boldsymbol{F}\cdot \mathrm{d}\boldsymbol{l} = q_0 \oint_l \boldsymbol{E}\cdot \mathrm{d}\boldsymbol{l} = 0.$$

因为 q_0 是不为零的,故必有

$$\oint_l \boldsymbol{E}\cdot d\boldsymbol{l}=0. \tag{6-35}$$

上式表明,在静电场中,场强 $\boldsymbol{E}$ 沿任意闭合回路的环流恒等于零.这个结论称为静电场环流定理.

根据静电场环流定理,可以证明静电场中的电力线是不可能闭合的,这是静电场电力线的又 特征.

6.4.2 电势能 电势 电势差

由于静电场力是保守力,所以在电场中可以类似于重力势能那样引入电势能的概念.电荷在静电场中一定的位置处就具有一定的电势能,电场力所做的功是电势能改变的量度.

设在静电场中,将试探电荷 q_0 从 a 点移动到 b 点,静电场力所做的功等于电势能增量的负值,即

$$A_{ab}=q_0\int_a^b \boldsymbol{E}\cdot d\boldsymbol{l} = W_a - W_b = W_{ab}. \tag{6-36}$$

式中的 W_a 和 W_b 分别是 q_0 在 a,b 两位置上的电势能,W_{ab} 表示 a、b 两位置电势能的差.

很显然,当电场力做正功时,$A_{ab}>0$,则 $W_a>W_b$,电势能减少;当电场力做负功时,$A_{ab}<0$,则 $W_a<W_b$,电势能增加.

电势能和重力势能一样,也是一个相对量.只有规定电荷在某一参考点的电势能为零,才能确定在其他位置的电势能.如果选取 b 为参考点,即规定 $W_b=0$,则有

$$W_a=\int_a^{参考点} q_0\boldsymbol{E}\cdot d\boldsymbol{l}. \tag{6-37}$$

由上式可知,电荷 q_0 在电场中某点的电势能,在数值上等于把 q_0 从该点移到参考点时,电场力所做的功.参考点的位置选取是任意的,理论上通常取无穷远点为参考点,即规定无穷远处的电势能为

零，则 q_0 在 a 点的电势能为

$$W_a = \int_a^\infty q_0 \boldsymbol{E} \cdot \mathrm{d}\boldsymbol{l}. \tag{6-38}$$

在国际单位制中，电势能的单位是 J.

一般地说，同一试探电荷 q_0 在给定电场中不同点有不同的电势能，这反映了场中各点电场特性的差异. 但是(6-38)式还表明，电势能的大小不仅和电场分布以及场点 a 的位置有关，还和试探电荷 q_0 的大小、正负有关. 因此，不能直接用电势能来描述电场本身具有的客观属性. 若以 q_0 除(6-38)式两端，则有

$$W_a/q_0 = \int_a^\infty \boldsymbol{E} \cdot \mathrm{d}\boldsymbol{l}. \tag{6-39}$$

这表明，电荷 q_0 在电场中任意一点的电势能与它的电荷量的比值与 q_0 无关，只决定于电场本身和电场中确定点的位置. 所以，它反映了电场的客观性质，可以作为表征静电场不同场点特征的物理量. 比值 W_a/q 就定义为电场中任意一点 a 的**电势**，通常用符号 V_a 来表示，即

$$V_a = Wa/q_0 = \int_a^\infty \boldsymbol{E} \cdot \mathrm{d}\boldsymbol{l}. \tag{6-40}$$

这就是说，电场中某点的电势，在量值上等于单位正电荷($q_0 = 1$)放在该处时的电势能；也等于单位正电荷从该点沿任意路径移到无穷远处的过程中电场力所做的功. 但应该注意的是电势和电势能是两个不同的概念，不能混淆. 电势由电场决定，是描述电场性质的物理量，与试探电荷无关；电势能则由试探电荷和电场共同决定.

由电势的定义可知，它也是一个相对量，只有先规定某一参考点的电势为零，才能确定其他位置的电势. 在理论上计算一个有限大小的带电体产生的电场中各点的电势时，往往选取无限远处一点电势为零. 在许多实际问题中，常常以地球的电势为零，其他带

电体的电势都同地球作比较.

在国际单位制中,电势的单位是 J/C(焦耳/库仑),称为伏特(V).在静电场中,任意两点 a 和 b 的电势差,通常叫做电压,用公式表示为

$$V_{ab}=V_a-V_b=(W_a-W_b)/q_0=\int_a^b \boldsymbol{E}\mathrm{d}\boldsymbol{l}. \tag{6-41}$$

这就是说,静电场中 a,b 两点的电势差,等于单位正电荷在电场中从 a 点经过任意路径移到 b 点时电场力做的功.如果移动的是一个电量为 q_0 的电荷,则电场力做功就为

$$A_{ab}=W_a-W_b=q_0V_{ab}. \tag{6-42}$$

显然,电场力将电荷 q_0 从 a 点移至 b 点所做的功并不决定于两点电位的绝对值,而决定于这两点的电势差,所以电势差的概念在计算电场力做功和计算电势能的增减变化时就显得尤为重要.

6.4.3 电势叠加原理

设带电系统由 n 个电荷 $q_1,q_2,\cdots q_n$ 组成,每一个点电荷单独产生的场强分别为 $\boldsymbol{E}_1,\boldsymbol{E}_2\cdots\boldsymbol{E}_n$.根据场强叠加原理,带电体系电场的场强

$$\boldsymbol{E}=\boldsymbol{E}_1+\boldsymbol{E}_2+\boldsymbol{E}_3+\cdots+\boldsymbol{E}_n=\sum \boldsymbol{E}_i,$$

因而,电场中任意一点 a 的电势为

$$\begin{aligned}V_a &= \int_a^\infty \boldsymbol{E}\cdot\mathrm{d}\boldsymbol{l}\\ &= \int_a^\infty \boldsymbol{E}_1\cdot\mathrm{d}\boldsymbol{l}+\int_a^\infty \boldsymbol{E}_2\cdot\mathrm{d}\boldsymbol{l}+\cdots+\int_a^\infty \boldsymbol{E}_n\cdot\mathrm{d}\boldsymbol{l}\\ &= \sum_i\int_a^\infty \boldsymbol{E}_i\cdot\mathrm{d}\boldsymbol{l}.\end{aligned}$$

式中 $\int_a^\infty \boldsymbol{E}_i\cdot\mathrm{d}\boldsymbol{l}$ 表示第 i 个点电荷 q_i 单独存在时在 a 点产生的电势,若设其值为 V_a^i,则有

$$V_a = V_a^1 + V_a^2 + \cdots + V_a^n = \sum_{i=1}^{n} V_a^i. \qquad (6-43)$$

上式表明,一组点电荷所产生的场中某一点电势等于各个点电荷单独存在时激发的电场在该点产生的电势的代数和,这就是**电势叠加原理**.

如果源电荷是电荷连续分布的带电体,只需将带电体分割成许多无限小的元电荷 dq,而把每一个元电荷都看成是点电荷,利用(6-43)式将求和改成积分,即可求出电荷连续分布的带电体电场中任意一点的电势.

6.4.4 电势的计算

计算电场中某点的电势通常有两种方法,一种是先求出场强分布,再按电势的定义式(6-40)计算场强的线积分;另一种方法是根据叠加原理由点电荷的电势公式或已知的规则带电体的电势公式求带电体系的电势分布.由于在一般情况下,电势较场强易于计算,所以后一方法应用较为普遍.

【例题6-7】 求半径为 R,均匀带电为 q 的细环轴线上任一点的电势.

【解】 本例用两种求电势的方法来计算.

方法一:从场强求电势.由例题6-3可知,细圆环轴线上任意一点 P 的场强大小

$$E = \frac{qx}{4\pi\varepsilon_0(R^2 + x^2)^{\frac{3}{2}}}.$$

考虑到计算电势的场强线积分可选取任意路径,这里选沿 x 轴进行积分.现规定无限远处为零电势,则 P 点电势为

$$V = \int_p^{\infty} \boldsymbol{E} \cdot d\boldsymbol{l} = \int_x^{\infty} \frac{qx}{4\pi\varepsilon_0(R^2 + x^2)^{\frac{3}{2}}} dx.$$

$$= -\frac{q}{4\pi\varepsilon_0}(R^2+x^2)^{-\frac{1}{2}}\Big|_x^{\infty} = \frac{q}{4\pi\varepsilon_0(R^2+x^2)^{\frac{3}{2}}}.$$

方法二:利用电势叠加法.在圆环上任取任意电荷元 $dq = \lambda dl(\lambda = \frac{q}{2\pi R})$,而圆环在 P 点的电势为

$$V = \int_0^{2\pi R} \frac{\lambda dl}{4\pi\varepsilon_0 r} = \int_0^{2\pi R} \frac{\lambda dl}{4\pi\varepsilon_0(R^2+x^2)^{\frac{3}{2}}}$$

$$= \frac{\lambda}{4\pi\varepsilon_0(R^2+x^2)^{\frac{3}{2}}}\int_0^{2\pi R} dl = \frac{q}{4\pi\varepsilon_0(R^2+x^2)^{\frac{3}{2}}}.$$

可见由两种解法得到的结果相同.所以今后用哪种方法计算电势可视其是否简便而定.

【例题 6-8】 求半径为 R,总电量为 q 的均匀带电球壳的电势分布.

【解】 由于电荷为球对称分布,很容易按高斯定理求出场强,故可由场强求电势.

按高斯定理求均匀带电球壳内外的场强分布为:

$$\boldsymbol{E} = \begin{cases} \dfrac{q_0}{4\pi\varepsilon_0 r^2}\cdot \boldsymbol{r}_0, & (r>R) \\ 0. & (r<R) \end{cases}$$

选取无限远处的电势为零,并沿径向积分,得到球壳外任一场点 P 的电势

$$V = \int_r^{\infty} \boldsymbol{E}\cdot d\boldsymbol{l} = \int_r^{\infty} \frac{q}{4\pi\varepsilon_0 r^2}dr = \frac{q}{4\pi\varepsilon_0 r};$$

球内任一点 P' 的电势为

$$V = \int_r^{\infty} \boldsymbol{E}\cdot d\boldsymbol{l} = \int_r^{R} \boldsymbol{E}\cdot d\boldsymbol{r} + \int_R^{\infty} \boldsymbol{E}\cdot d\boldsymbol{r}$$

$$= 0 + \int_R^{\infty} \frac{q}{4\pi\varepsilon_0 r^2}\cdot dr = \frac{q}{4\pi\varepsilon_0 R}.$$

即球壳外任一场点的电势与所有电荷集中在球心的点电荷产生的电势相同，而球壳内任一点的电势都等于球壳上的电势. 球面处的电势无突变，这和场强通过球面有突变不同. $V-r$ 图线如图 6-16 所示.

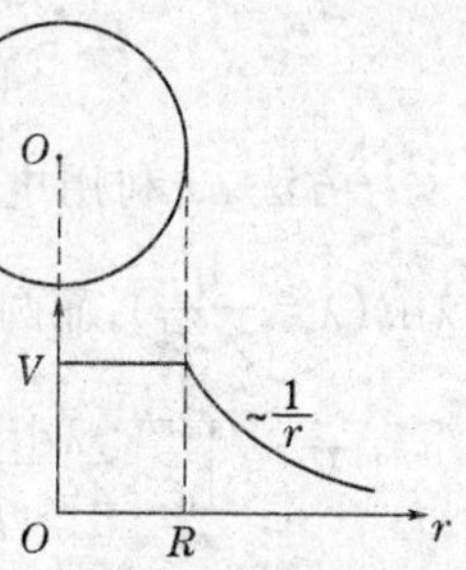

图 6-16

【例题 6-9】 两均匀带电同心球壳，半径为 R_1 和 R_2，所带电荷分别为 q_1 和 q_2，求图 6-17 中 Ⅰ、Ⅱ、Ⅲ 三个区的电势分布.

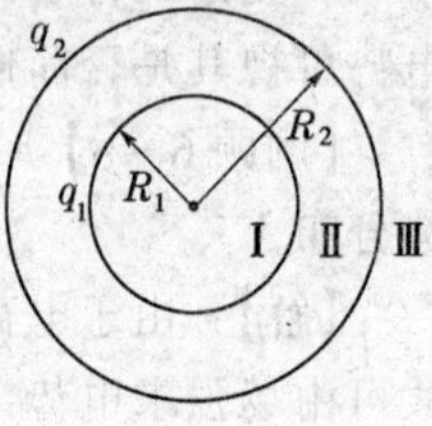

图 6-17

【解】 由上例可知，均匀带电球壳的电势分布为：

$$V=\begin{cases}\dfrac{q}{4\pi\varepsilon_0 r}, & (r\geqslant R)\\ \dfrac{q}{4\pi\varepsilon_0 R}. & (r\leqslant R)\end{cases}$$

根据叠加原理，三个区域的电势分别等于以上两带电球壳单独存在时在该区域产生的电势代数和. 设两球单独存在时的电势分别是 V_1 和 V_2，则

$$V_1=\begin{cases}\dfrac{q_1}{4\pi\varepsilon_0 r}, & (r\geqslant R_1)\\ \dfrac{q_1}{4\pi\varepsilon_0 R_1}; & (r\leqslant R_1)\end{cases}$$

$$V_2=\begin{cases}\dfrac{q_2}{4\pi\varepsilon_0 r}; & (r\geqslant R_2)\\ \dfrac{q_2}{4\pi\varepsilon_0 R_2}. & (r\leqslant R_2)\end{cases}$$

所以两同心带电球壳的电势

$$V=V_1+V_2=\begin{cases}\dfrac{q_1+q_2}{4\pi\varepsilon_0 r}, & (r\geqslant R_2)\\ \dfrac{q_1}{4\pi\varepsilon_0 r}+\dfrac{q_2}{4\pi\varepsilon_0 R_2}, & (R_1\leqslant r\leqslant R_2)\\ \dfrac{q_1}{4\pi\varepsilon_0 R_1}+\dfrac{q_2}{4\pi\varepsilon_0 R_2}. & (r\leqslant R_1)\end{cases}$$

本题也可以根据电势定义,由已知三个区域的场强分布求出电势分布,但计算要麻烦得多.在计算电势和电场的某些问题中,如果能巧妙地应用叠加原理,可使计算大大简化.

6.4.5 场强与电势的关系

6.4.5.1 等势面

电场线可以形象地描绘电场中场强的分布.同样,等势面可以形象地描绘电场中电势的分布.所谓**等势面**就是电场中电势相等的点连成的曲面.例如点电荷 q 的电场中,凡是与 q 等距离的点,电势都相等.故等势面是一系列以点电荷为中心的同心球面.等势面具有下列性质.

(1)电荷在等势面上移动,电场力不做功.

(2)电场线与等势面处处正交,电场线从高电势指向低电势方向.

(3)相邻等势面间距大处,场强小,间距小处场强大.

图 6-18 是几种常见的电场等势面图.必须指出,实际的等势面都是一些三维的曲面,这里描绘的仅是等势面与纸面的截面图.

6.4.5.2 电势梯度与场强的关系

现在讨论电场中某点电势的空间变化率,即电势梯度.为此,在任意静电场中取两个十分邻近的等势面 N_1 和 N_2,如图 6-19 所示,其电势分别为 V 和 $V+\mathrm{d}V$.设 P_1 是等势面 N_1 上的任意一点,过 P_1 做 N_1 的法线交 N_2 于 P_2 点,用 $\boldsymbol{n}_0$ 表示该法线的单位

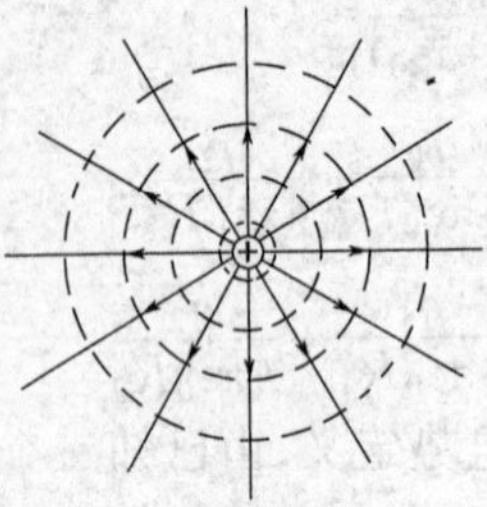

(a) 正点电荷

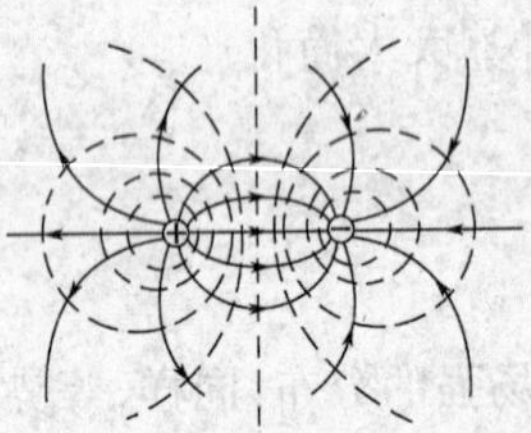

(b) 电偶极子

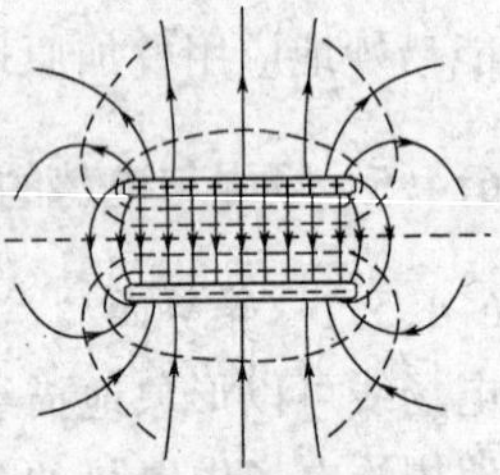

(c) 正负带电板

图 6-18　几种常见电场的等势面(虚线)和电场线(实线)图

矢量，dn 表示 P_1 点处的法向距离 P_1P_2，则 P_1 点处的电势梯度矢量(沿 $\boldsymbol{n}$ 方向的电势增加率)为

$$\mathrm{grad}\,V=\frac{\mathrm{d}V}{\mathrm{d}n}\boldsymbol{n}_0. \qquad (6-44)$$

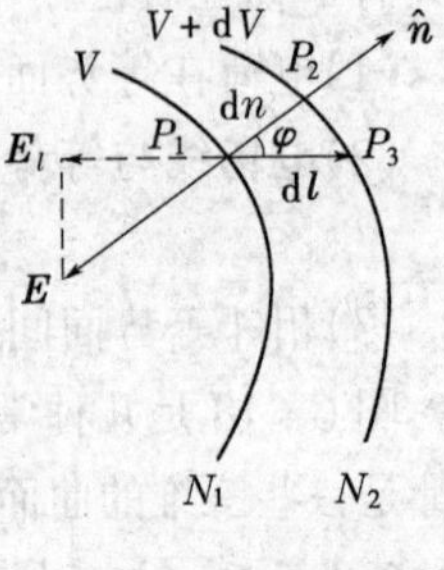

图 6-19　场强和电势关系

如前所述，电场线的方向，亦即电场强度方向，恒垂直于等势面，而且指向电势降落的方向.所以 P_1 的场强 $\boldsymbol{E}$ 应与 $\boldsymbol{n}$ 的方向相反(见图 6-19).当单位正电荷从电势为 V 的 P_1 点，沿法向移动到电势为 $V+\mathrm{d}V$ 的 P_2 点时，电场力对该电荷的所做的功为

$$V-(V+\mathrm{d}V)=E_\mathrm{n}\mathrm{d}n, \qquad (6-45)$$

式中的 E_n 表示场强 $\boldsymbol{E}$ 在 $\boldsymbol{n}_0$ 方向的分量.所以有

$$E_n=-\frac{\mathrm{d}V}{\mathrm{d}n},\tag{6-46}$$

显然,式中的负号正说明 $\boldsymbol{E}$ 的方向与 $\boldsymbol{n}_0$ 的方向相反,因而有

$$\boldsymbol{E}=-\frac{\mathrm{d}V}{\mathrm{d}n}\boldsymbol{n}_0=-\mathrm{grad}V.\tag{6-47}$$

上式表明了场强 $\boldsymbol{E}$ 和电势间的关系,即电场中任意一点的场强,等于该点电势梯度的负值.

如果在等势面 N_2 上再取一点 P_3,设 P_1P_3 的距离为 $\mathrm{d}l$,将单位正电荷从 P_1 点移至 P_3 点,电场力做的功为

$$V-(V+\mathrm{d}V)=\boldsymbol{E}\cdot\mathrm{d}\boldsymbol{l}=E\cos\varphi\mathrm{d}l=E_l\mathrm{d}_l.\tag{6-48}$$

式中 φ 为 $\mathrm{d}\boldsymbol{n}$ 同 $\mathrm{d}\boldsymbol{l}$ 的夹角,E_l 为场强在 $\mathrm{d}\boldsymbol{l}$ 方向的分量.由(6-48)式可得

$$E\cos\varphi=E_l=-\frac{\mathrm{d}V}{\mathrm{d}l}.\tag{6-49}$$

$\frac{\mathrm{d}V}{\mathrm{d}l}$为电势沿 $\mathrm{d}\boldsymbol{l}$ 方向的方向导数.上式表示:电场中某点场强沿任一方向的分量等于该点的电势沿该方向的方向导数的负值.

在直角坐标系中,场中任一点场强 $\boldsymbol{E}$ 的三个分量为

$$E_x=-\frac{\partial V}{\partial x};E_y=-\frac{\partial V}{\partial y};E_z=-\frac{\partial V}{\partial z}.\tag{6-50}$$

场强 $\boldsymbol{E}$ 可写成

$$\boldsymbol{E}=E_x\boldsymbol{i}+E_y\boldsymbol{j}+E_z\boldsymbol{k}=-(\frac{\partial V}{\partial x}\boldsymbol{i}+\frac{\partial V}{\partial y}\boldsymbol{j}+\frac{\partial V}{\partial z}\boldsymbol{k}).\tag{6-51}$$

可见电势梯度 $\mathrm{grad}V$ 在直角坐标中可写成

$$\mathrm{grad}V=\frac{\partial V}{\partial x}\boldsymbol{i}+\frac{\partial V}{\partial y}\boldsymbol{j}+\frac{\partial V}{\partial z}\boldsymbol{k}.$$

在国际单位制中,电势梯度的单位是 $\mathrm{V\cdot m^{-1}}$(伏特·米$^{-1}$),这也就是场强在国际单位制中使用($\mathrm{V\cdot m^{-1}}$)的由来.

场强与电势梯度的关系，提供了一个由已知电荷的电势分布来求场强分布的更具普遍性和更为实用的方法. 由于电势是标量，计算较为简单. 当已知电势分布后，只需运用(6-50)式，即可求得场强分布，避免了比较复杂的矢量运算.

【例题 6-10】 计算半径为 R，均匀带电圆盘轴线上任一点 P 的电势，并从电势出发计算出 P 点的场强. 已知圆盘上的电荷面密度为 σ.

【解】 设轴线上 P 点距圆盘中心 O 的距离为 x. 在圆盘上取半径 r，宽 $\mathrm{d}r$ 的面环，细环带电 $\mathrm{d}q=\sigma 2\pi r\cdot \mathrm{d}r$，则由例题 6-3 知带电细环在 P 点产生的电势为

$$\mathrm{d}V=\frac{\mathrm{d}q}{4\pi\varepsilon_0\sqrt{r^2+x^2}}=\frac{\sigma r\mathrm{d}r}{2\varepsilon_0\sqrt{r^2+x^2}},$$

所以，整个带电圆盘在 P 点产生的电势为

$$V=\int \mathrm{d}V=\int_0^R\frac{\sigma r\mathrm{d}r}{2\varepsilon_0\sqrt{r^2+x^2}}=\frac{\sigma}{2\varepsilon_0}[\sqrt{r^2+x^2}-x].$$

可见，轴线上各点的电势仅为 x 的函数，因而

$$E_x=-\frac{\partial V}{\partial x}=-\frac{\partial \sigma}{\partial L}\frac{\sigma}{2\varepsilon_0}(\sqrt{x^2+R^2}-x)$$

$$=\frac{\sigma}{2\varepsilon_0}(1-\frac{x}{\sqrt{R^2+x^2}}),$$

$$E_y=E_z=0.$$

所以，

$$\boldsymbol{E}=E_x\boldsymbol{i}=\frac{\sigma}{2\varepsilon_0}(1-\frac{x}{\sqrt{R^2+x^2}})\boldsymbol{i}.$$

此结果与例题 6-4 所得的结果完全一致.

6.5 静电场中的导体

6.5.1 导体的静电平衡条件

金属是最常见的导体.从物质的电结构来说,金属导体是由带负电的电子和带等量止电的晶格点阵组成,金属导体的基本特点就是内部存在大量自由电子.在没有外电场时,这些自由电子不做宏观的定向运动,金属中正负电荷均匀分布,呈电中性.

将一块导体置于电场中,在最初短暂的时间内,导体内出现电场.这个电场将驱使导体中自由电子相对于晶格做宏观定向运动,从而引起导体中正负电荷的重新分布,结果使导体的一个端面带正电荷,另一端面带负电荷,这便是大家熟知的**静电感应现象**.导体因静电感应而在表面上出现的正负电荷会在导体内外激发附加电场 $\boldsymbol{E}'$,使得导体内外电场都发生变化.在导体内部由于附加电场 $\boldsymbol{E}'$ 必然与外电场 $\boldsymbol{E}_0$ 的方向相反,所以,随着感应电荷不断积累,$\boldsymbol{E}$ 的数值不断增大,最后总会使得导体内部的总场强 $\boldsymbol{E}=\boldsymbol{E}_0+\boldsymbol{E}'$ 处处为零,这时自由电子的定向运动就停止了.导体中没有电子做定向运动的状态称为**静电平衡状态**.导体在静电平衡状态下,虽然导体内部场强处处为零,但导体表面的场强并不等于零.为了维持静电平衡,导体的表面层电荷也不能做定向的运动.因而场强在表面上不应有切面分量,即场强必须和导体表面垂直,如图6-20所示.综上所述,可将导体处于静电平衡的条件归纳为:①导体内任一点的场强都等于零;②导体表面任一点场强与该处表

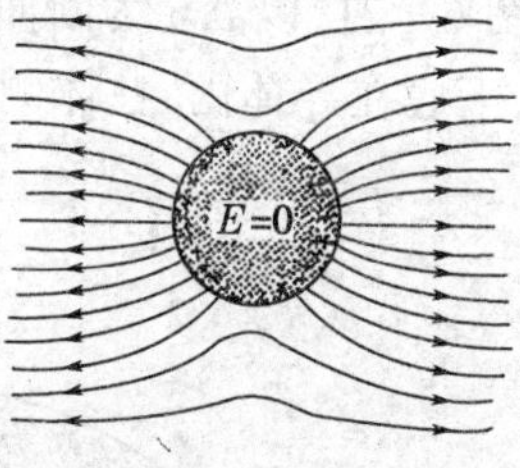

图 6-20 球形导体处于静电平衡状态(导体内部 $E=0$,表面场强垂直于表面)

面垂直.

以上两点通常称为**导体静电平衡条件**.静电平衡条件也可以用电势来描述.由电势差的定义 $V_a - V_b = \int_a^b \boldsymbol{E} \cdot \mathrm{d}\boldsymbol{l}$ 可知,当 $\boldsymbol{E} = 0$ 或 $\boldsymbol{E}$ 与 dl 垂直时,必有 $V_a - V_b = 0$.这就是说,当导体处于静电平衡时,①导体内各点和表面上各点的电势都相等;②整个导体是等势体;③导体表面是个等势面.

6.5.2 静电平衡时导体上的电荷分布

利用导体静电平衡条件以及高斯定理可以证明:在静电平衡状态下,导体内部没有净电荷存在,电荷只能分布在导体的表面上.

对于孤立导体,由实验得知,导体表面电荷面密度与表面曲率有关.大致说来,正曲率大(即凸出尖锐)处电荷面密度大;正曲率小(即凸出较平坦)处电荷面密度较小;曲率为负值(即凹进)处电荷面密度更小.

由高斯定理还可以得到导体表面电荷面密度与表面外附近的场强之间的关系.在导体表面上取一个小面元 ΔS,此面元足够小,以至于其上的电荷面密度 σ 为常量,其附近电场 $\boldsymbol{E}$ 是均匀的.如图 6-21,以 ΔS 为断面做一个扁平的柱形高斯面,上底在导体外,下底在导体内,柱体侧面与 ΔS 垂直.因导体内场强为零,导体

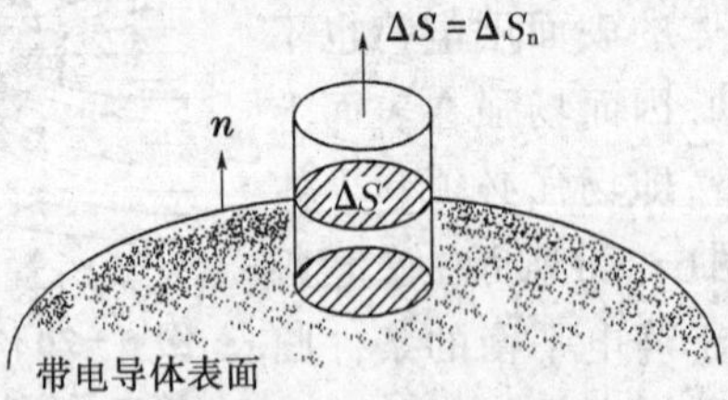

图 6-21 导体表面附近的扁平柱形高斯面

表面外侧场强垂直于表面,按高斯定理

$$\oint \boldsymbol{E}\cdot \mathrm{d}\boldsymbol{S} = E\cdot \Delta S = \frac{q}{\varepsilon_0} = \frac{\sigma \Delta S}{\varepsilon_0}$$

可得

$$E = \frac{\sigma}{\varepsilon_0}. \qquad (6-52)$$

由此可见,带电导体表面附近任一点的场强方向与该处导体表面垂直,大小与该处导体表面电荷面密度成正比.值得指出的是(6-52)式的E并非只由紧邻该处的导体表面电荷产生的,实际它是导体上全部电荷对该处场强的贡献.图6-22给出了孤立导体表面电场线和等势面的分布情况.

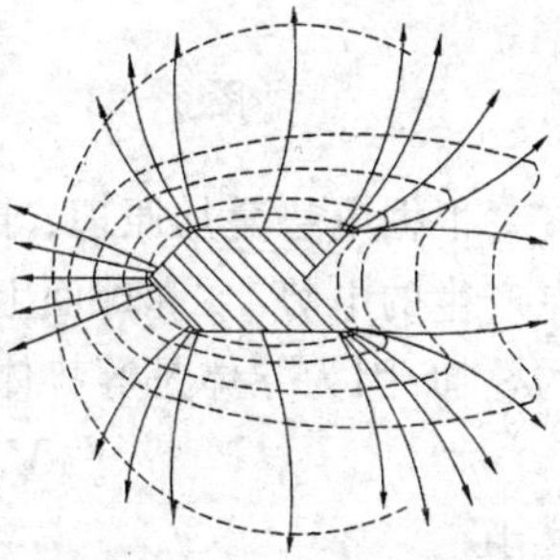

图6-22 带有尖端和凹陷部分的孤立导体的等势面(虚线)和电场线(实线)图

【例题6-11】 地面上空有一片雷雨云,测得地面附近的场强值为$2\times10^4\ \mathrm{N\cdot C^{-1}}$,方向与地面垂直,指向雷雨.试求地面的感应电荷面密度.

【解】 如图6-23所示,地面可看作是一良导体,利用导体表面附近的场强和面电荷密度的关系,可得在雷雨云电场作用下地面感应电荷面密度

$$\begin{aligned}\sigma &= \varepsilon_0 E = 8.85\times10^{-12}\times2\times10^4\\ &= 1.8\times10^{-9}(\mathrm{C\cdot m^{-2}}).\end{aligned}$$

【例题6-12】 一电量为q的点电荷,与一接地导体球的球心相距x,求导体表面上的感应电荷的总量q'.

【解】 通常认为大地与无限远处的电势为零.因此,当导体接地时,可视其电势为零.

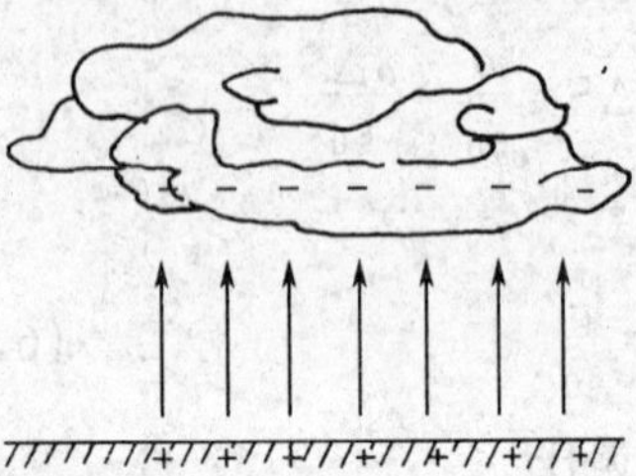

图 6-23

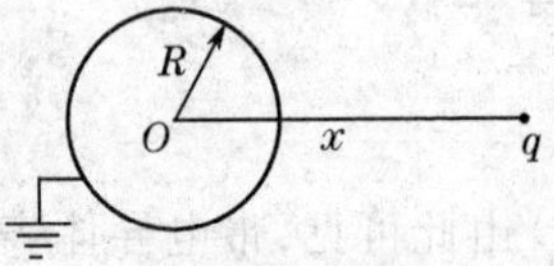

图 6-24

根据电势叠加原理，球心 O 的电势 V_0 等于电荷 q 在球心 O 点产生的电势 V_q 和球面上感应电荷 q' 在球心 O 点产生的电势 V_q 的叠加. 因为导体是等势体，所以 V_0 等于零. 则有

$$V_0 = V_q + V_{q'} = 0, \tag{6-53}$$

其中

$$V_q = \frac{q}{4\pi\varepsilon_0 r}, \tag{6-54}$$

$$V_{q'} = \oint_S \frac{\sigma' \mathrm{d}S}{4\pi\varepsilon_0 R}. \tag{6-55}$$

(6-55)式中 σ' 为感应电荷面密度，是一个未知的分布函数. 但因球面上点到球心距离相等，因而积分式(6-55)可写成

$$V_{q'} = \frac{\oint \sigma' \mathrm{d}S}{4\pi\varepsilon_0 R} = \frac{q'}{4\pi\varepsilon_0 R}. \tag{6-56}$$

将(6-54)、(6-56)式代入(6-53)式即得

$$\frac{q}{4\pi\varepsilon_0 r} + \frac{q'}{4\pi\varepsilon_0 R} = 0,$$

$$q' = -\frac{R}{r} q.$$

讨论：如果 $r \to R$，即当点电荷无限靠近导体球面时，应有 q'

$=-q$,这相当于点电荷置于无限大导体前的情况.

6.5.3 静电屏蔽

把一个原来不带电的导体引入电场后,该导体在电场的作用下,引起静电感应,内部电荷要重新分布.结果在导体表面两端分别出现等量异号的感应电荷.把导体引入电场后,原来的电场将因感应电荷的出现而受到影响,这时空间任一点的场强,是原有场强和导体上感应电荷产生的场强的矢量和,而在静电平衡时导体内部任意一点的场强均为零,亦即内部没有电力线存在.这说明电场线只能终止于表面而不能穿过导体的表面进入其内部.因此,如果是空心导体,则在空腔内的物体不会受到外电场的影响.这就是**静电屏蔽**的原理,其情况如图 6-25(a)所示.

利用静电屏蔽可以使带电体的电场对外界不产生影响.例如把带电体 A 放在金属壳 B 内,如图 6-25(b).由于静电感应,在金属壳 B 的内外两个表面分别出现等量异号的感应电荷.B 的外表面上电荷所产生的电场,要对外界产生影响.为了消除这种影响,可以把金属壳接地如图 6-25(c)所示,则外表面上感应电荷因接地而被中和,相应的电场随之消失.这样,金属壳内带电体的电场对壳外不再产生影响了.

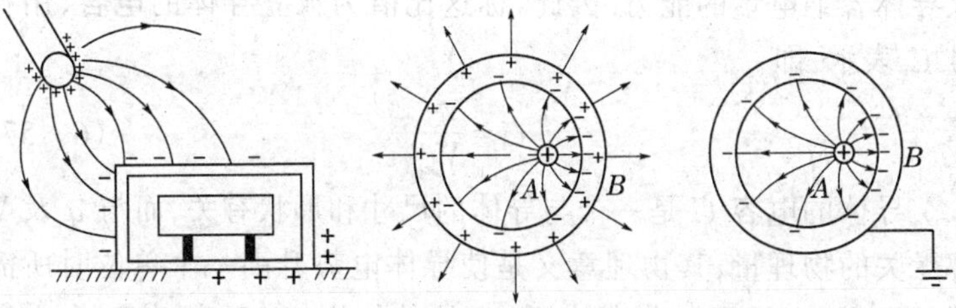

(a)　　(b)　　(c)

图 6-25　静电屏蔽

综上所述可知,任何空心导体内的物体都不会受到外电场的影响;一个接地的空心导体,外表面的电场已消失,当然不会影响腔内物体,腔内带电体的电场也不会影响腔外的物体.

静电屏蔽在科学实验、电工和无线电技术中有广泛的应用.精密的电磁仪器置于金属罩内;通讯电缆外面包一层铅皮;传递微弱讯号时使用屏蔽线等都是应用静电屏蔽来防止外界电场的干扰.屏蔽带电体的例子也很多.例如用接地的紧密网罩把高压设备隔离开来,以使工作人员在不受高压电场的影响下安全工作,同时也避免了高压电场对附近的仪器带来的影响.

6.6 电容和电容器

6.6.1 孤立导体的电容

一个带电量为 q 的孤立导体,当处于静电平衡时,具有确定的电势 V;理论和实验都表明,若导体的带电量 q 发生变化,导体的电势 V 也一定发生变化,但是比值 $\frac{q}{V}$ 却不会改变.这就是说,一个孤立导体,其所带电量 q 与导体具有的电势 V 之比($\frac{q}{V}$)反映了该导体容纳电量的能力.因此,称这比值为孤立导体的**电容**,用符号 C 表示,即

$$C=\frac{q}{V}. \tag{6-57}$$

导体的电容 C 是一个与导体的尺寸和形状有关,而与 q 及 V 都无关的物理量,其物理意义是使导体电势升高一个单位时所需要的电量.在国际单位制中,电容的单位为 C/V(库/伏),中文名称为法拉(简称法),用符号 F 表示,即

$$1\mathrm{F}=1\mathrm{C/V}$$

法拉的单位是非常大的.例如像地球这么大的导体球,其电容

$$C=4\pi\varepsilon_0 R_e=4\pi\times3.85\times10^{-12}\times6.4\times10^6=7.1\times10^{-4}\text{F}.$$

所以,在实际中通常用微法拉(μF)和皮法拉(pF)作为电容的单位,它们和法拉的关系是:

$$1\text{F}=10^6\mu\text{F}=10^{12}\text{pF}.$$

6.6.2 电容器的电容

若带电导体不是一个孤立导体,其电势 V 不仅与本身的带电量 q 有关,还与周围其他导体的位置和形状有关,这种情况下不可能再用一个常数 $C=\dfrac{q}{V}$ 来反映 V 和 q 的依赖关系了.要想清除其他导体的影响,可利用静电屏蔽的办法.如图 6-26 所示,用一个封闭的导体 B 把导体 A 包围起来.这样一来,若导体 A 带电 q_A,导体壳 B 内表面就产生感应电荷 $q_B=-q_A$,尽管 A 的电势 V_A 和 B 的电势 V_B 受到 C,D 的影响,但 A,B 之间的电势差 $V_{AB}=V_A-V_B$ 却不受外界的影响,并且,随着 q 的增加,V_{AB} 也成正比地增加.所以,对于这样由导体壳 B 和导体 A 组成的导体系,定义其电容为

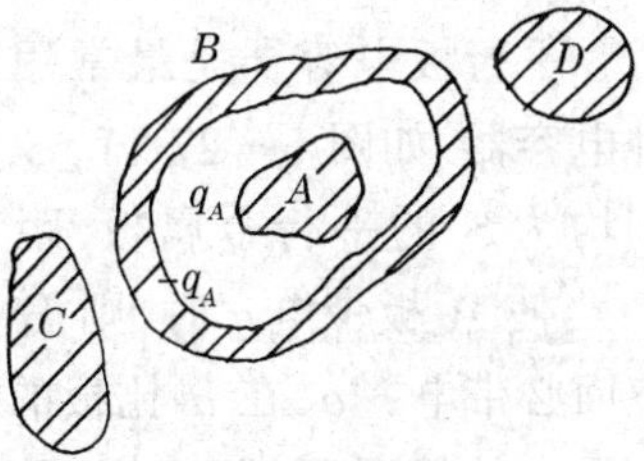

图 6-26 完全屏蔽的电容器不受外界干扰

$$C=\frac{q_A}{V_A-V_B}. \tag{6-58}$$

这样定义的导体组的电容 C 惟一由 A,B 两导体的几何性质(表面的大小、形状、相对位置)决定,与它们是否带电,以及带电多少无关.这样的导体组称为**电容器**,组成电容器的两个导体 A、B 称为电容器的极板.电容器的电容单位仍是法拉.

电容器是一种能够储存电荷与电能的导体系统.在实际应用中,对电容器的要求并不像上述那样严格.如平行板电容器和圆柱形电容器等就是例子,因为这些电容器两板靠得很近,其电场集中在两极板的狭小空间内,这可使它的电容完全不受其他带电体的影响.

6.6.3 电容器电容的计算

下面计算几种最常见的电容器电容,只考虑两极板间是真空(或者是空气)的情况.

6.6.3.1 平行板电容器

平行板电容器是最常用的一种电容器.如图 6-27,A,B 为面积均为 S 的平行金属板,距离为 d.当使 A 板带电 q 时,则 B 板内表面必带电 $-q$.在 d 比板的线度小得多的情况下,除边缘部分外,可以认为它们产生的场是匀强电场,其电场强度大小为

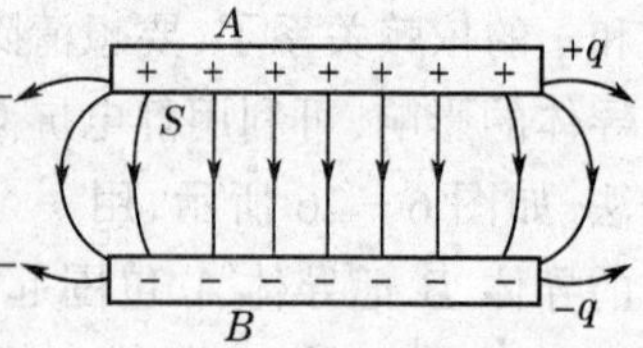

图 6-27 平行板电容器

$$E=\frac{\sigma}{\varepsilon_0}=\frac{q}{\varepsilon_0 S},$$

两极板的电势差为

$$V_A-V_B=E\cdot d=\frac{qd}{\varepsilon_0 S},$$

由此求得电容为

$$C=\frac{q}{V_A-V_B}=\frac{\varepsilon_0 S}{d}. \tag{6-59}$$

上式说明平行板电容器的电容 C 与极板的面积 S 成正比,与两极板内表面间的距离 d 成反比.

6.6.3.2　球形电容器

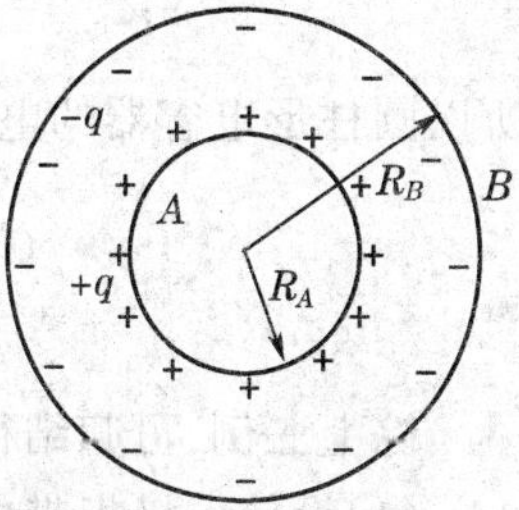

图 6－28　球形电容器

球形电容器由两个同心导体球壳构成．如图 6－28 所示，两球壳间相对两表面 A、B 半径分别为 R_A 和 R_B．设 A 面带电 q，则 B 面必带 $-q$．因为

$$V_A - V_B = \int_a^b \boldsymbol{E} \cdot \mathrm{d}\boldsymbol{l}$$

$$= \int_a^b \frac{q}{4\pi\varepsilon_0 r^2} \cdot \mathrm{d}r$$

$$= \frac{q}{4\pi\varepsilon_0}\left(\frac{R_B - R_A}{R_A \cdot R_B}\right),$$

所以球形电容器的电容

$$C = \frac{q}{V_A - V_B} = 4\pi\varepsilon_0 \frac{R_A \cdot R_B}{R_A - R_B}. \qquad (6-60)$$

如果 $d = R_A - R_B \ll R_A$，则

$$C \approx 4\pi\varepsilon_0 \cdot R_A^2 / d = \varepsilon_0 \frac{S}{d}. \qquad (6-61)$$

式中 $S = 4\pi R_A^2$ 为球壳表面．

6.6.3.3　圆柱形电容器

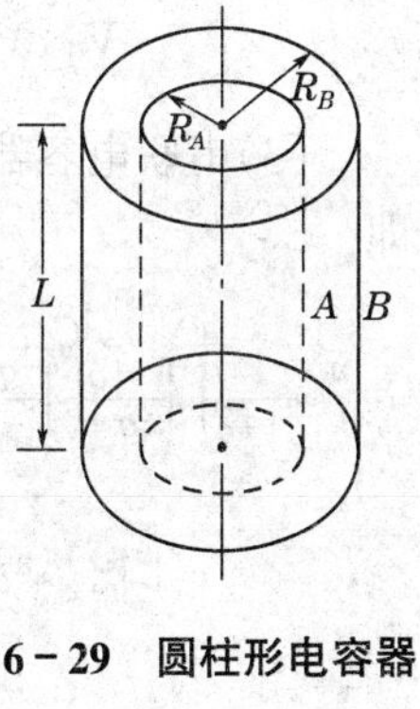

图 6－29　圆柱形电容器

圆柱形电容器由两个同轴圆柱导体 A 和 B 构成．如图 6－29 所示，A 和 B 的半径分别为 R_A，R_B．设使内圆柱带电 q，则外圆柱内表面带电 $-q$．如果柱长为 $L \gg R_B - R_A$，则圆柱面两端的边缘效应可以不计．因两导体之间电势差为

$$V_A - V_B = \int_{R_A}^{R_B} \boldsymbol{E} \cdot \mathrm{d}\boldsymbol{l}$$

$$= \int_{R_A}^{R_B} \frac{q}{4\pi\varepsilon_0 L r} \mathrm{d}r$$

$$= \frac{q}{2\pi\varepsilon_0 L}\ln\frac{R_B}{R_A},$$

所以圆柱形电容器的电容

$$C = \frac{q}{V_A - V_B} = \frac{2\pi\varepsilon_0 L}{\ln\frac{R_B}{R_A}}. \tag{6-62}$$

综上三例,可归结得出计算电容器的步骤如下:

(1)设使一极板带电 q,则另一极板内表面必带电 $-q$,根据电荷分布,计算出极板之间的电场分布.

(2)由场强的线积分求出两极板之间的电势差.

(3)根据电容的定义,求出电容 C.

6.6.4 电容器的联接

几个电容器接在电路中使用时,主要有串联和并联两种接法.

6.6.4.1 串联

将电容器的极板首尾相接联成一串称为电容器的串联,见图 6-30(a).电容器串联的特点是:

(1)每个电容器的带电量相等.

(2)每个电容器两极板间的电压按电容反比分配,即

$$V_1 : V_2 : V_3 \cdots : V_n = \frac{1}{C_1} : \frac{1}{C_2} : \frac{1}{C_3} \cdots : \frac{1}{C_n}. \tag{6-63}$$

(3)串联电容器两端的总电压等于每个电容器上的电压之和.

即 $$V = V_1 + V_2 + V_3 + \cdots + V_n. \tag{6-64}$$

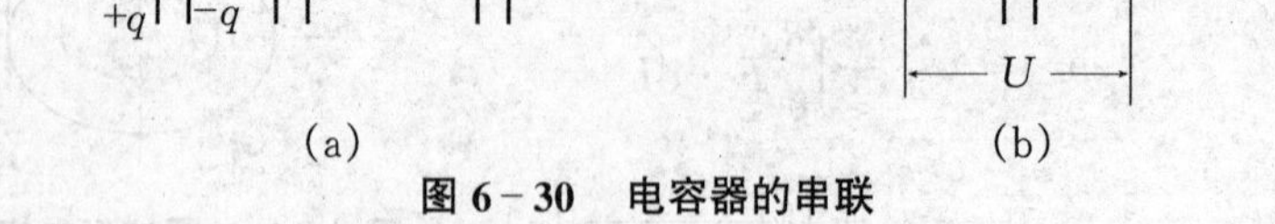

(a) (b)

图 6-30 电容器的串联

(4)等效电容 C 的倒数等于各个电容的倒数之和图 6-30(b)，

即
$$\frac{1}{C}=\frac{1}{C_1}+\frac{1}{C_2}+\frac{1}{C_3}+\cdots+\frac{1}{C_n}. \tag{6-65}$$

6.6.4.2 并联

将电容器两个极板分别接到两个共同点 A，B 上(见图 6-31(a))称为电容器的并联．电容器并联的特点是：

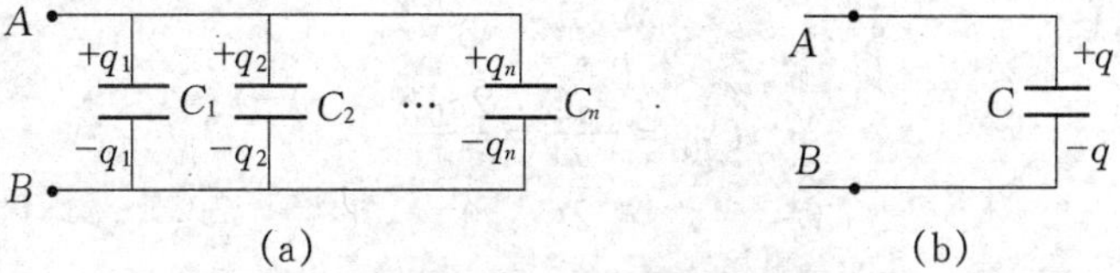

图 6-31 电容器的并联

(1)每个电容器上的电压相等．

(2)每个电容器上的电量按其电容成正比分配，即
$$q_1:q_2:\cdots:q_n=C_1:C_2:C_3\cdots:C_n. \tag{6-66}$$

(3)并联电容器组的总电量 q 等于各个电容器上的电量和，

即
$$q=q_1+q_2+\cdots+q_n. \tag{6-67}$$

(4)等效电容等于各个电容器之和(图 6-31(b))，即
$$C=C_1+C_2+C_3\cdots+C_n. \tag{6-68}$$

一个实际电容器的性能主要由其电容 C 和耐压 V 来标定．所加电压不能超过耐压值，否则电容器中的电介质会因场强过大而导致电烧坏(称电击穿)．

【例题 6-13】 空气平行板电容器是由两块相距为 d 毫米的薄金属板 A，B 构成．若将此电容器放在一个金属盒 K 内，金属盒上、下两壁与 A，B 分别相距 $\frac{d}{2}$ 毫米，在不计边缘效应时，(1)电容器电容变为原来几倍？(2)若将金属盒中电容器的一极板与金属盒相连,问这时的电容又为原来的几倍?

【解】 当平行板电容器放入金属盒 K 以后,K 的上下两壁将分别与平行板电容器的两极板 A、B 构成两个新的电容器,在不计边缘效应时,则两新的电容器的电容亦可用平行板电容器的电容公式计算,而且这三个电容的连接可等效成如图 6-32(b)所示的形式,则

$$C_{AK}=\frac{\varepsilon_0 S}{\frac{d}{2}}=\frac{2\varepsilon_0 S}{d},$$

$$C_{KB}=\frac{\varepsilon_0 S}{\frac{d}{2}}=\frac{2\varepsilon_0 S}{d}.$$

式中的 C_{AK},C_{KB}分别是金属盒K 的上、下壁同极板 A,B 组成的电容器的电容.而 C_{AK},C_{KB}串联的等效电容C_K 为

$$C_K=\frac{C_{KB}\cdot C_{AK}}{C_{KB}+C_{AK}}=\frac{\varepsilon_0 S}{d};$$

平行板 AB 组成的电容器的电容C_{AB}为

$$C_{AB}=\frac{\varepsilon_0 S}{d}.$$

所以总的等效电容为

$$C=C_K+C_{AB}=\frac{2\varepsilon_0 S}{d}=2C_{AB}.$$

即电容器的电容变为原来的两倍.

(2)将 A,B 的一个极板与金属盒相连,譬如 B 板与金属盒相连,则此时 C_{KB}为零,但 C_{AK}仍存在,这时电容器的连接可等效成如图 6-32(c)所示的形式,则

$$C_{AK}=\frac{\varepsilon_0 S}{\frac{d}{2}}=\frac{2\varepsilon_0 S}{d},$$

$$C_{AB}=\frac{\varepsilon_0 S}{d},$$

所以总的等效电容 C 为

$$C=C_{AK}+C_{AB}=\frac{2\varepsilon_0 S}{d}+\frac{\varepsilon_0 S}{d}=\frac{3\varepsilon_0 S}{d}=3C_{AB}.$$

可见电容器的电容变为原来的 3 倍.

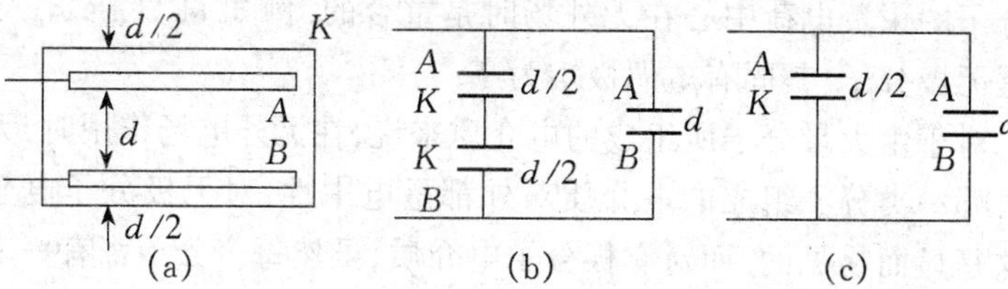

图 6-32

6.7 电 介 质

本节讨论在静电场中放入电介质后静电场的性质. 所谓**电介质**是指电阻率很大、导电性很差的一类物质, 通常将电介质称为**绝缘体**.

6.7.1 电介质的极化

对一个中性分子来说, 所带的正电荷和负电荷的量值是相等的, 通常情况下, 这些正电荷或负电荷在分子中都不集中在一点, 而是分布于分子所占的体积中. 但是, 在离开分子的距离比分子线度大得多的地方, 可以证明, 整个中性分子在这些地方所激发的电场可以近似地等效为是分子中所有的正负电荷分别集中在两个正负电荷"重心"或"中心"上所激发的电场. 例如一个电子绕核作匀速圆周运动时, 它的"中心"就在圆心.

从分子的电结构来看, 电介质分为两类. 一类叫**有极分子**, 这种分子的正负电荷中心无外场时是不重合的. 例如 H_2O, SO_2, H_2S 等就属于有极分子. 由于中性分子所带的正负电荷电量相等,所以有极分子可以等效成一个偶极子(带有等量异号的一对相距很近的点电荷 $+q$ 和 $-q$ 组成的带电系统),其电偶极矩 $\boldsymbol{p}$($\boldsymbol{p}=q\cdot\boldsymbol{l}$,矢径 $\boldsymbol{l}$ 的大小等于两点电荷之间的距离,方向由 $-q$ 指向 $+q$,称为电偶极子的轴)称为**分子的固有电偶极矩**. 另一类叫**无极分子**,这种分子的正负电荷中心在无外场时是重合的. 例如 H_2, Cl_2, N_2 等就是无极分子,其固有电偶极矩为零.

对于由大量分子所组成的电介质来说,在无外电场作用时,无论由哪一类分子组成的电介质对外都呈电中性. 对无极分子电介质这是显而易见的. 而对有极分子电介质,虽然每个分子都有一定的固有电偶极矩,但由于热运动,每个分子的电偶极矩的取向是杂乱无章的,所有分子的电偶极矩的矢量和同样为零.

当电介质放入电场中,两类电介质会因为外电场的影响而极化. 极化分位移极化和取向极化两种:

(1)位移极化:由于受到电场的作用,无极分子原来相互重合的正、负电荷将发生微小的位移. 其中正电荷中心将沿外场方向移动,而负电荷中心则逆着外电场方向移动,这样无极分子在外场中就形成了一个电偶极子,其电偶极矩方向沿外电场方向. 这种在外电场作用下介质的极化,称为**位移极化**,如图 6-33(a)所示.

(2)取向极化:有极分子组成的介质放入外电场中,分子的电偶极矩受到电场力矩作用而转向外电场的方向. 但由于无规则热运动的干扰,分子的偶极距一般不可能完全转到外场方向,随着外电场的加强,各电偶极子转到外电场方向的排列越整齐. 这种由电介质中分子电偶极矩转向外电场所产生的极化称为**取向极化**,如图 6-33(b).

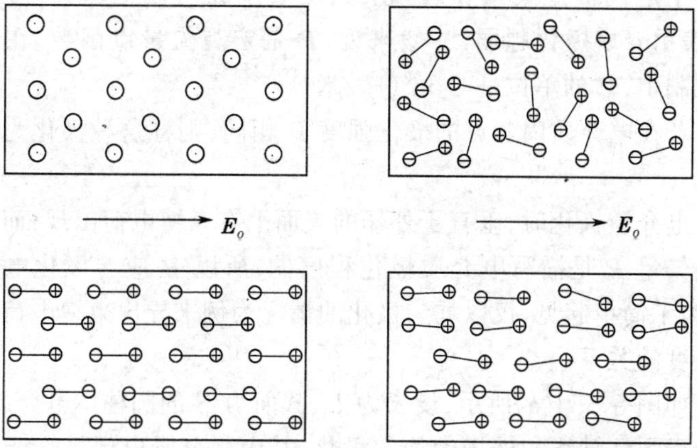

(a) 无极分子电介质位移极化　　(b) 有极分子电介质取向极化

图 6－33

6.7.2　电极化强度矢量

由上面讨论看出，两类电介质(指均匀的电介质，其定义见后)极化时，虽然极化的微观机制不同，但宏观效果却是相同的，即外场中的电介质，其内部各处仍保持中性，而在与外电场垂直的表面上出现了过剩的正、负电荷. 由于这种电荷不能离开电介质而转移到其他带电体上，也不能在电介质内部自由运动，故称为**束缚电荷**或**极化电荷**.

为了描写电介质的极化强度，引入一个宏观物理量 $\boldsymbol{P}$ 称为**极化强度**，它定义为在电介质中某点处单位体积内分子电偶极矩矢量和，即

$$\boldsymbol{P}=\lim_{\Delta V\to 0}\frac{\sum\limits_{i}\boldsymbol{p}_i}{\Delta V}.$$

式中的 ΔV 是电介质中某点处的体积元，$\sum \boldsymbol{p}_i$ 是该体积元中所

有分子电偶极矩矢量和. $\boldsymbol{P}$ 越大,则表示介质极化越厉害;$\boldsymbol{P}$ 越小,表示介质极化越弱. 一般来说,$\boldsymbol{P}$ 是宏观矢量点函数. 在国际单位制中,$\boldsymbol{P}$ 的单位是 $\mathrm{C/m^2}$(库/米^2).

若在电介质内各点的极化强度 $\boldsymbol{P}$ 相同,则称这种极化为均匀极化.

电介质极化时,垂直于外场的表面上有束缚电荷出现,而极化强度矢量 $\boldsymbol{P}$ 是描写电介质极化程度的,所以 $\boldsymbol{P}$ 应与极化电荷有关. 为了简单起见,仅以均匀极化的情况为例来导出束缚电荷与极化强度的关系.

如图 6-34(a)所示,设长为 L、截面为 S 的圆柱体电介质,在平行于圆柱轴线的外场中均匀极化,其内部分子电偶极矩皆排列在外场方向. 可以证明,在均匀的电介质内不出现束缚电荷,束缚电荷只集中在介质的表面上(见图 6-34(b)). 由于均匀极化,所以圆柱体内各点的极化强度 $\boldsymbol{P}$ 是相同的. 按 $\boldsymbol{P}$ 的定义可得

$$\boldsymbol{P}=\frac{\sum \boldsymbol{p}_i}{\Delta V}=\frac{\sigma'\cdot S\cdot L}{S\cdot L}\boldsymbol{n}_0=\sigma'\boldsymbol{n}_0. \tag{6-69}$$

式中,$\boldsymbol{n}_0$ 为截面 S 由介质指向外的法线方向的单位矢量,σ'为束缚电荷面密度. 上式亦可改写成

$$\sigma'=\boldsymbol{P}\cdot\boldsymbol{n}_0=P\cos\theta=P_{\mathrm{n}}. \tag{6-70}$$

式中的 P_{n} 是极化强度 $\boldsymbol{P}$ 沿电介质外法线方向的分量. 上式说明,

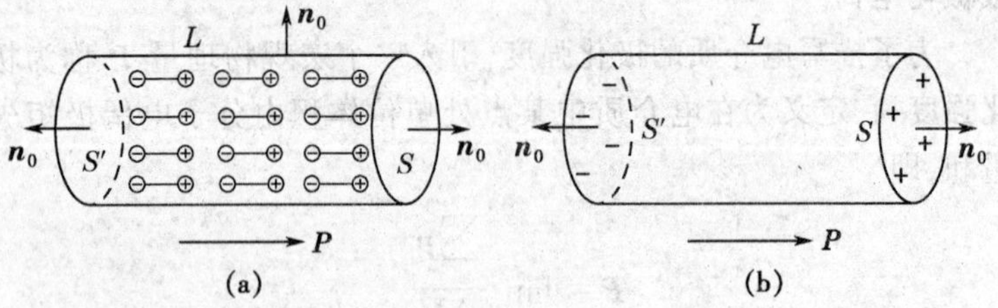

图 6-34　束缚电荷分布与极化强度之间关系说明图

电介质极化时产生的束缚电荷的面密度等于电介质极化强度沿外法线方向分量. 当 θ 为锐角处, $\sigma' = P_n > 0$; θ 为钝角处, $\sigma' = P_n < 0$. 虽然上述结论是从特殊情况推导出来的,但可以证明,它是普遍成立的.

6.7.3 电介质中的场强

处于外电场 $\boldsymbol{E}_0$ 中的电介质被极化后,产生的束缚电荷与自由电子一样,在周围空间(无论介质内部或外部)要产生附加的电场 $\boldsymbol{E}'$. 根据场强叠加原理,空间任意一点的场强应是 $\boldsymbol{E}_0$ 和 $\boldsymbol{E}'$ 的矢量和,即

$$\boldsymbol{E} = \boldsymbol{E}_0 + \boldsymbol{E}'.$$

实验表明:在各向同性的电介质中,某点的电极化强度与该点的电场强度 $\boldsymbol{E}$ 成正比,即

$$\boldsymbol{P} = \chi_e \varepsilon_0 \boldsymbol{E}. \tag{6-71}$$

式中 χ_e 称为介质的极化率,它由物质的性质决定而与电场无关. 如果介质中各点 χ_e 均相同,则称为均匀介质. 限于本课程的范围,下面只讨论各向同性的均匀介质.

考虑一截面为 S 的平行板电容器,如图 6-35 所示,上板的自由电荷的面密度为 σ_0, 下板为 $-\sigma_0$, 自由电荷在两板间产生的电场可以认为是均匀的,其场强大小为

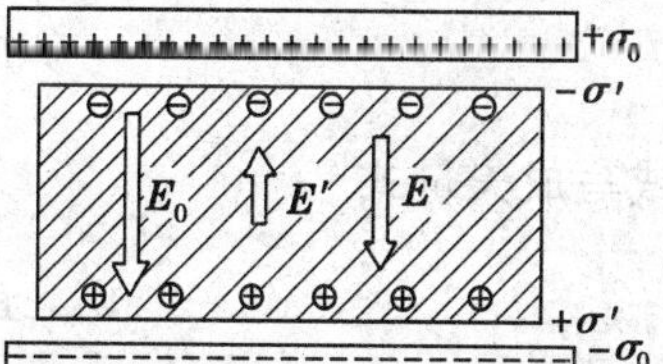

图 6-35 电介质中的电场

$$E_0 = \frac{\sigma_0}{\varepsilon_0},$$

$\boldsymbol{E}_0$ 的方向如图. 现将平行板电容器内充满极化率为 χ_e 的均匀介质,这样的介质在匀强电场中也一定是均匀极化的,因而由极化产生的束缚电荷只出现在与两极板相邻的介质表面上. 设束缚电荷

面密度为 σ'，符号与极板上自由电荷相反．那么束缚电荷在介质内产生的附加电场 $\boldsymbol{E}'$ 的大小为

$$E'=\frac{\sigma'}{\varepsilon_0},$$

$\boldsymbol{E}'$ 的方向如图．故介质中的总场强大小为

$$E=E_0-E'=E_0-\frac{\sigma'}{\varepsilon_0}, \tag{6-72}$$

其方向应垂直于介质表面．由式(6－70)可知

$$\sigma'=\boldsymbol{P}\cdot\boldsymbol{n}_0=P=\chi_e\varepsilon_0 E,$$

代入(6－72)式得

$$E=E_0-\frac{\chi_e E\varepsilon_0}{\varepsilon_0}.$$

从上式解得

$$E=\frac{E_0}{1+\chi_e}. \tag{6-73}$$

式中的 $1+\chi_e$ 只与电介质的性质有关，令 $1+\chi_e=\varepsilon_r$，ε_r 称为电介质的**相对电容率**(又称相对介电常数)．于是上式可写成

$$E=\frac{E_0}{\varepsilon_r}, \tag{6-74}$$

或写成矢量式

$$\boldsymbol{E}=\frac{\boldsymbol{E}_0}{\varepsilon_r}. \tag{6-75}$$

可见，在平行板电容器内充以均匀介质的情况下，极板间介质内的场强 $\boldsymbol{E}$ 减为真空时的 $\frac{1}{\varepsilon_r}$ 倍，即介质中的场强比真空时削弱了．随着电场的减小，电容器两极板的电势差也减小为真空时的 $\frac{1}{\varepsilon_r}$ 倍，于是电容器的电容将增为真空时的 ε_r 倍．这一结论不仅适用于平行板电容器，对其他所有电容器均适用．

6.7.4 有介质存在时的高斯定理

静电场中的高斯定理是建立在库仑定律基础上的.电介质被极化所产生的束缚电荷和自由电荷一样按库仑定律产生电场.所以在有介质存在时,高斯定理仍然成立,只不过计算总电场的通量时,应计算高斯面内所包含的自由电荷和束缚电荷.

仍以上述充满介质的平行板电容器为例.取高斯面 S_1 如图 6-36 中虚线所示,高斯面内既有自由电荷 Q_0,又有异号的束缚电荷 $Q'=\sigma' S$,由高斯定理有

$$\oint\!\!\!\oint_{S_1} \boldsymbol{E}\cdot \mathrm{d}\boldsymbol{S}=\frac{1}{\varepsilon_0}(Q_0-Q'). \qquad (6-76)$$

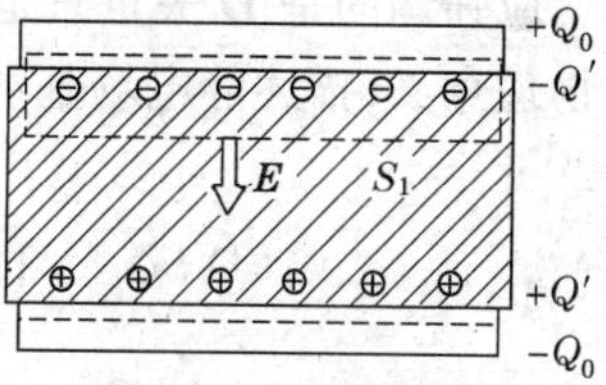

图 6-36 有介质时的高斯定理

因为 $\oint\!\!\!\oint_{S_1} \boldsymbol{E}\cdot \mathrm{d}\boldsymbol{S}=E\cdot S$,所以有

$$E=\frac{1}{\varepsilon_0 S}(Q_0-Q'). \qquad (6-77)$$

由前分析可知 $E=\dfrac{E_0}{\varepsilon_r}=\dfrac{Q_0}{\varepsilon_r\varepsilon_0 S}$,将该式代入(6-77)式,可得

$$\frac{Q_0}{\varepsilon_0\varepsilon_r}=\frac{1}{\varepsilon_0}(Q_0-Q').$$

式(6-76)可改写成

$$\oint\!\!\!\oint_{S_1} \varepsilon_0\varepsilon_r \boldsymbol{E}\cdot \mathrm{d}\boldsymbol{S}=Q_0.$$

若引入矢量 $\boldsymbol{D}=\varepsilon_0\varepsilon_r\boldsymbol{E}$,于是上式可写成

$$\oint\!\!\!\oint_{S_1} \boldsymbol{D}\cdot \mathrm{d}\boldsymbol{S}=Q_0. \qquad (6-78)$$

式中 $\boldsymbol{D}$ 称**电位移矢量**,在国际单位制中其单位为 C/m^2(库仑/

米²)，$\oiint_{S_1} \boldsymbol{D}\mathrm{d}\boldsymbol{S}$ 叫**电位移通量**.这个结论不仅适用于平行板电容器，而且适用于一般情况，即有介质的电场中，通过任意闭合曲面 S 的电位移通量等于该面内所包围的自由电荷的代数和.其数学表达式为

$$\oiint \boldsymbol{D}\cdot\mathrm{d}\boldsymbol{S}=\sum q$$

应强调的是 $\boldsymbol{D}$ 矢量只是为引用方便而引入的辅助量，本身没有物理意义，描述静电场基本性质的物理量仍是场强 $\boldsymbol{E}$.

6.8 静电场的能量

6.8.1 带电体系的静电能

任何带电体系的带电过程和带电状态的变化过程都要发生电荷转移.由于电荷之间有静电力作用，所以上述过程中，外力必须克服电荷间的静电力做功，因而使带电体系具有一定能量，这个能量称为带电体系的**静电能**.

考虑由两个点电荷组成的系统.如图 6－37 所示，设其电量分别为 q_1 和 q_2，位于相距为 r 的 A、B 两点.可以设想，该带电系统是两个点电荷从无限远处移到上述两点位置形成的.在此移动过程中，外力所做的功就等于系统的静电能.

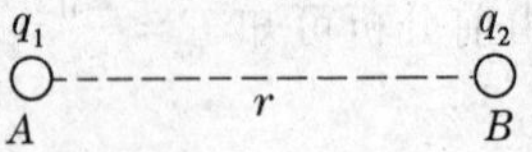

图 6－37

计算上述过程中外力的功的最简单方法是：设 q_1 已在 A 点，q_2 从无穷远移到 B 点，在这个过程中外力克服静电力所做的功为

$$A=qV_2=\frac{1}{4\pi\varepsilon_0}\cdot\frac{q_1q_2}{r},$$

式中的 V_2 是 q_1 在 B 点激发电场的电势.同样,如果设 q_2 已在 B 点,q_1 从无穷远移到 A 点,则外力克服静电力做的功为

$$A=q_1V_1=\frac{1}{4\pi\varepsilon_0}\cdot\frac{q_1q_2}{r},$$

式中的 V_1 是 q_2 在 A 点激发电场的电势.

可见,电荷在两种不同的方式中,外力的功一样多.根据功能原理这个功就是带电系统的静电能 W_e.若写成对称形式,则有

$$W_e=\frac{1}{2}q_1V_1+\frac{1}{2}q_2V_2;\qquad(6-79)$$

将上述结果推广到几个点电荷的系统,不难得出,该系统的静电能可写成

$$W_e=\frac{1}{2}\sum_{i=1}^{n}q_iV_i.\qquad(6-80)$$

式中的 V_i 为除 q_i 外其余的 $n-1$ 个点电荷在 q_i 所在的位置上激发电场电势之和.

【例题 6-14】 三个电量分别为 $q_1=-4.0\times10^{-7}$ C,$q_2=1.0\times10^{-7}$ C,$q_3=2.0\times10^{-7}$ C 的点电荷置于边长为 $r=0.1$ m 的正三角形的三个顶点上,如图 6-38 所示.问该电荷系的静电能是多少?

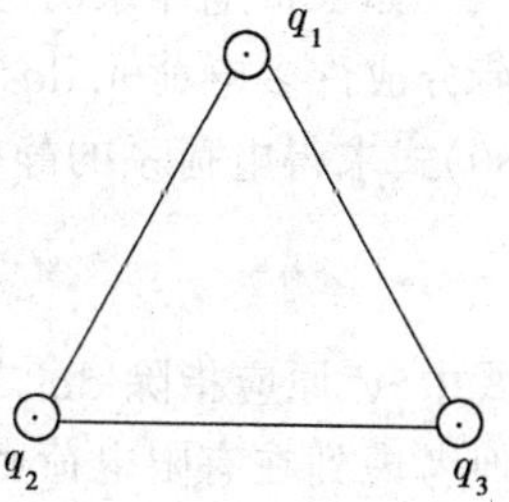

图 6-38

【解】 点电荷系的静电能:

$$W_e=\frac{1}{2}\sum_{i=1}^{3}q_iV_i$$

$$=\frac{1}{2}[q_1V_1+q_2V_2+q_3V_3],$$

将

$$V_1=\frac{1}{4\pi\varepsilon_0}\left(\frac{q_2}{r}+\frac{q_3}{r}\right),$$

$$V_2=\frac{1}{4\pi\varepsilon_0}(\frac{q_1}{r}+\frac{q_3}{r}),$$

$$V_3=\frac{1}{4\pi\varepsilon_0}(\frac{q_1}{r}+\frac{q_2}{r}),$$

代入 W_e 式中得

$$\begin{aligned}W_e&=\frac{1}{4\pi\varepsilon_0}[\frac{q_1q_2}{r}+\frac{q_2q_3}{r}+\frac{q_3q_1}{r}]\\&=\frac{10^{-14}}{4\pi\varepsilon_0}[\frac{(-4)\times1}{0.1}+\frac{1\times2}{0.1}+\frac{2\times(-4)}{0.1}]\\&=9\times10^9\times10^{-14}\times\frac{1}{0.1}\times(-4+2-8)\\&=-9\times10^{-3}(\mathrm{J}).\end{aligned}$$

静电能为负值意味着组成这个电荷体系时,外力做负功,即电荷系组成时放出了能量.如想要拆散这个电荷系(即将它们彼此远离至无限远)时,外力必须做 9×10^{-3} J 的功.

如果带电体系的电荷是连续分布的,则可以将连续分布的电荷分成许多电荷元 $\mathrm{d}q$.将每个电荷元看是点电荷,仍然应用(6-80)式求得电荷系的静电能,不过这时要用积分来代替求和,即

$$W_e=\frac{1}{2}\int V\cdot\mathrm{d}q,\qquad(6-81)$$

式中 V 原应指除 $\mathrm{d}q$ 之外其他电荷元在 $\mathrm{d}q$ 处产生的电势之和,但考虑到在有限电荷密度分布下,$\mathrm{d}q$ 在本身所在处产生的电势为一无限小量,故上式的 V 可以用包含 $\mathrm{d}q$ 在内的整个电荷系在 $\mathrm{d}q$ 处产生的总电势来代替.

利用(6-81)式还可以计算带电电容器所具有的静电能.以平行板电容器为例.设当电源为平行板电容器的两极板充电至 $\pm Q$ 时,其正、负极板的电位分别为 V_+,V_-,此时平行板电容器所具有的能量按(6-81)式应为

$$W_e=\frac{1}{2}\int V\mathrm{d}q=\frac{1}{2}\int_{\text{正板}}V_+\,\mathrm{d}q+\frac{1}{2}\int_{\text{负板}}V_-\,\mathrm{d}q$$

$$=\frac{1}{2}V_{+}Q+\frac{1}{2}V_{-}(-Q)$$
$$=\frac{1}{2}(V_{+}-V_{-})Q=\frac{1}{2}V_{c}Q.$$

式中 $V_c=V_+-V_-$ 为电容器两极板充电至 $\pm Q$ 时的电势差.因 $Q=CV_c$,C 是电容器的电容,于是有

$$W_e=\frac{1}{2}V_cQ=\frac{1}{2}CV_c^2=\frac{1}{2}\cdot\frac{Q^2}{C}. \tag{6-82}$$

上式就是平行板电容器储存的静电能的计算公式.虽然它是在平行板电容器的特别情况下推导出来的,但它是一个普遍公式,即不论电容的具体结构如何,式(6-82)都是适用的.

6.8.2 电场的能量

从上面的讨论中可以看到,一带电体系或电容器的带电过程,就是建立电场的过程.由于电场是物质,所以电场应具有能量,可知这些带电过程实际上就是将外力克服电场力所做的功转换为体系或电容器的电场能的过程.

现以平板电容器为例讨论电场的能量.对于极板面积为 S,板间距离为 d,且充满介电常数为 ε 的均匀电介质的平板电容器,若不计边缘效应,则电容器储存的电能为

$$W_e=\frac{1}{2}CV^2=\frac{1}{2}\frac{\varepsilon S}{d}(Ed)^2$$
$$=\frac{1}{2}\varepsilon E^2(Sd), \tag{6-83}$$

式中 Sd 是电容器内电场所占的体积.

从(6-83)式还可以得到单位体积中的电场能,即电场的能量密度:

$$w_e=\frac{W_e}{V}=\frac{1}{2}\varepsilon E^2=\frac{1}{2}\boldsymbol{D}\cdot\boldsymbol{E}, \tag{6-84}$$

式中 $\boldsymbol{D}=\varepsilon\boldsymbol{E}$(对各向同性的介质).尽管上式是从匀强电场推导出

的，但可以证明它对任意电场都正确，此时能量密度是空间点函数.

要计算任一带电系统整个电场中储存的总能量，可以由电场能量密度的体积分求得，即

$$W_e = \int_V w_e \, dV = \int_V \frac{1}{2} \varepsilon E^2 dV = \int_V \frac{1}{2} \boldsymbol{D} \cdot \boldsymbol{E} dV, \quad (6-85)$$

积分区域遍及整个电场所占的空间 V.

【例题 6-15】 计算均匀带电导体球面的静电能. 已知球面半径为 R，总电量为 Q，球外为真空.

【解】 将均匀带电球壳的场强

$$E = \begin{cases} 0, & r < R \\ \dfrac{Q}{4\pi\varepsilon_0 r^2}, & r \geqslant R \end{cases}$$

代入(6-85)式，可得

$$\begin{aligned} W_e &= \int_R^\infty \frac{1}{2} \varepsilon_0 \left(\frac{Q}{4\pi\varepsilon_0 r^2}\right)^2 dV \\ &= \int_R^\infty \frac{1}{2} \varepsilon_0 \left(\frac{Q}{4\pi\varepsilon_0 r^2}\right)^2 4\pi r^2 dr \\ &= \frac{Q^2}{8\pi\varepsilon_0} \int_R^\infty \frac{dr}{r^2} = \frac{Q}{8\pi\varepsilon_0 R}. \end{aligned}$$

【例题 6-16】 平行板电容器两板的面积为 S，相距为 d，用电池使这两极板充电到电势差 V_0. 然后断开电池，再把厚度为 d 相对介电常数为 ε_r 的电介质板缓慢地引入两板之间. 试分别计算电介质板引入前后所储存的能量.

【解】 电介质板引入前电容器的能量为

$$W_0 = \frac{1}{2} C_0 V_0^2,$$

其中 C_0 是电容器未引入电介质前的电容. 当引入电介质以后，此时电容器的电容 C 和两端电势差 V 为

$$C=\varepsilon_r C_0;\qquad V=\frac{V_0}{\varepsilon_r}.$$

因而有

$$W=\frac{1}{2}CV^2=\frac{1}{2}\varepsilon_r C_0\left(\frac{V_0}{\varepsilon_r}\right)^2=\frac{1}{\varepsilon_r}W_0.$$

即电介质板引入以后,能量减小到原来的$\frac{1}{\varepsilon_r}$,电容器的能量变化为

$$\Delta W=W_0-W=\frac{1}{2}C_0V_0^2\left(1-\frac{1}{\varepsilon_r}\right).$$

这部分减少的能量是电容器和介质板这个系统克服外力而做了正功.这时引入介质板到电容器的外力下做了负功,也就是说为了使电介质板缓慢地进入,外力必须“拉住”电介质板.否则电容器的两极板的自由电荷和电介质板上的极化面电荷之间发生相互引力从而使电介质板加速进入电容器中去.

习 题 6

1. 一 α 粒子(带正电 $2e$)快速通过一氢分子中心,其轨迹垂直其二核的连线,两核距离为 b.问 α 粒子在何处受到的静电力最大?假定 α 粒子穿过氢分子时不会引起两核的距离有多大移动,也不计分子中电子的电场.

2. 将细的绝缘棒弯成半径为 a 的圆弧,该圆弧对圆心所张的角为 θ.总电荷 q 沿棒均匀分布.求圆心处的场强,并讨论 $\theta\to0$ 和 $\theta=2\pi-\Delta\theta,\Delta\theta\to0$ 的情形.

3. 将细的绝缘棒弯成半径 $R=50$ cm 的圆弧.两端间的空隙长 $l=20$ cm(可认为很小),设电量为 3.12×10^{-9} C 的正电荷均匀分布在棒上,求圆心处场强的大小和方向.

4. 长 $l=15$ cm 的直导线 AB 上均匀分布着线密度 $\lambda=5.0\times10^{-9}$ C/m 的电荷.求图中:

(1)在 AB 延长线上距 B 端 $R=5.0$ cm 处 P 点的场强;

(2)在 AB 的垂直平分线上与导线中点相距 $R=5.0$ cm 处 O 点的场强.

5. 一层厚 $d=0.5$ cm 的无限大平板,均匀带电,电荷体密度 $\rho=1.0\times10^{-4}$ C/m^3,求:

(1)平板中央的电场强度;

(2)平板内与表面相距 $x=0.10$ cm 处的电场强度;

(3)平板外的电场强度.

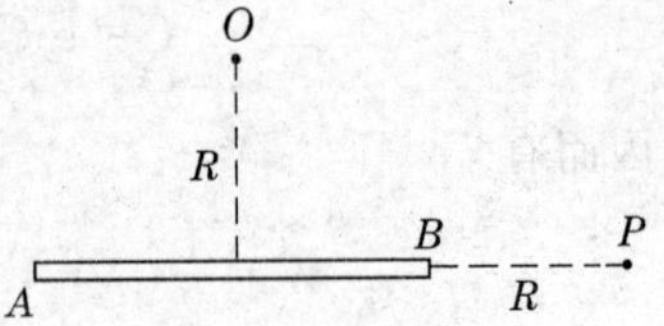

4 题图

6. 均匀带电的圆环,半径为 $R=5.0$ cm,电量 $q=5.0\times10^{-9}$ C,

(1)求轴线上离环心距离为 $x=5.0$ cm 处的 A 点的场强;

(2)轴线上哪些点处的场强最大? 量值为多大?

7. 两个相同的小球,质量都是 m,带同量同号电荷 q,各用长为 l 的细线挂在同一点上,如图所示,设两小球平衡时两线夹角 2θ(很小),试证两小球的距离 x 可用下列近似等式表示:

$$x\approx\left(\frac{q^2 l}{2\pi\varepsilon_0 mg}\right)^{\frac{1}{3}}$$

(1)设 $l=1.20$ m, $m=10\times10^{-3}$ kg, $x=5.0\times10^{-2}$ m,问每个球上的电量 q 是多少?

(2)如果每个球都以 $1.0\times10^{-9}\ \mathrm{C\cdot s^{-1}}$的变化率失去电荷,求两球彼此趋近的瞬时相对速率(即$\frac{\mathrm{d}x}{\mathrm{d}t}$)是多少?

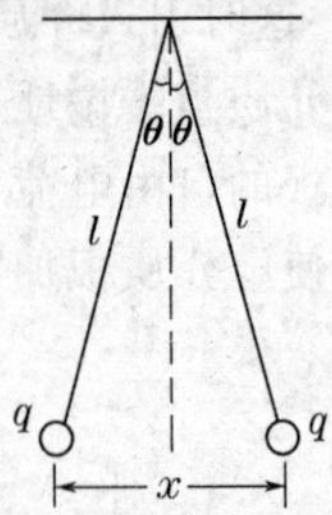

7 题图

8. 一无限大的均匀带电平面,电荷面密度为 σ,中间有一半径为 r_0 的圆孔,在圆孔中心轴线上与平面相距为 d 处有一 P 点.未挖圆孔时带电平面在 P 点场强 $E_1=(\qquad)$,圆孔部分电荷在 P 点的场强 $E_2=(\qquad)$,实际带电体系在 P 点的场强 $E=(\qquad)$.

9. 一个均匀带电的非导体球,电荷体密度 ρ_0.设 r 是从球心指向球内任一点 P 的矢径.

(1)试证 P 点的场强 $E=\frac{\rho r}{3\varepsilon_0}$.

(2)在上述球中挖去一个球形空腔,如图所示,试

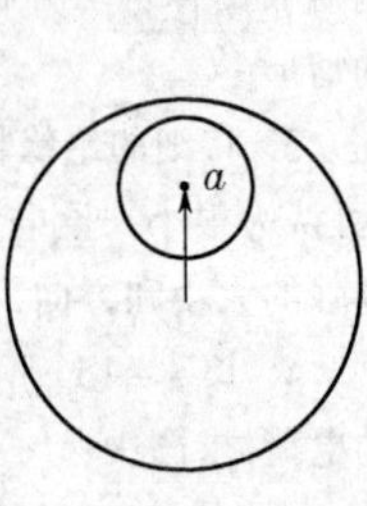

9 题图

用电场叠加的方法证明空腔内的电场为匀强电场,且 $E=\frac{\rho a}{3\varepsilon_0}$,其中 a 是从球心指向空腔中心的矢径.

10. 有一带电体球,电荷体密度与距球心的距离成反比:$\rho\propto\frac{1}{r}$.求球内各点的场强.

11. (1)一点电荷 q 位于一立方体中心,立方体边长为 a,试问通过立方体的电通量是多少?

(2)如果这电荷移动到立方体的一个顶角上,这时通过立方体每一面的电通量各是多少?

(3)如图(a)所示,S 是一球形闭合曲面,当电荷 q 分别处在球心 O 点或球面 S 内 B 点时,通过 S 面的电通量是否相同?当这个电荷处在 S 面外的 P 点或 Q 点时,通过 S 面的电通量又如何?

(4)如图(b)所示,在点电荷 q 的电场中,取半径为 R 的圆平面,q 在该圆平面的轴线上的 A 点处,试计算通过这圆平面的电通量.(图中 $OA=x$,$OB=R$,$x=\arctan\frac{R}{x}$)

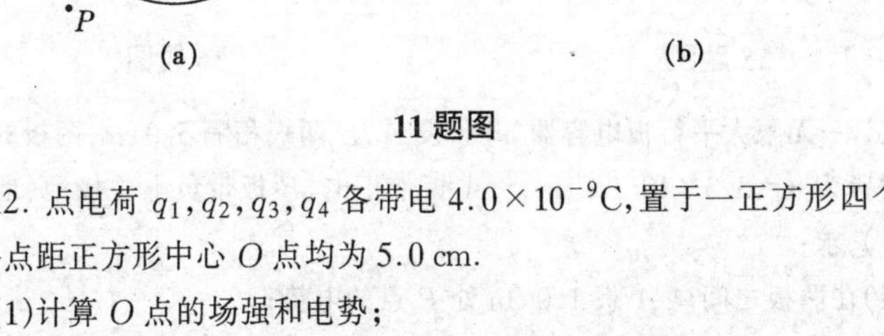

11 题图

12. 点电荷 q_1,q_2,q_3,q_4 各带电 4.0×10^{-9}C,置于一正方形四个顶点上,各点距正方形中心 O 点均为 5.0 cm.

(1)计算 O 点的场强和电势;

(2)将试验电荷 $q_0=1.0\times10^{-9}$ C 从无限远处移到 O 点,电场力做功多少?

(3)电势能改变多少?

13. (1)设地球表面的场强约为 200 $\mathrm{V\cdot m^{-1}}$,方向指向地球中心,试求地球所带有的总电量.

(2)在离地面 1400 m 高处,场强降为 20 $\mathrm{V\cdot m^{-1}}$,方向仍指向地球中心,试计算在 1400 m 下大气层里的平均电荷密度.

14. 一圆盘半径 $R=8.0$ cm,均匀带电,电荷面密度 $\sigma=2.0\times10^{-5}$ $\mathrm{C/m^2}$.求:

(1)轴线距盘心 x 点的电势;

(2)根据电场强度和电势梯度的关系求该点的场强.

15. 如图所示,一长为 L 的细棒放在 x 轴上,其一端在原点.棒上的电荷线密度 $\lambda=kx$,k 为常数.求:

(1)y 轴上距原点 y 处 P 点的电势;

(2)由场强与电势梯度的关系求 P 点场强 y 分量;

(3)能否由(1)的结果,根据 $E_x=-\dfrac{\partial y}{\partial x}$,求场强的 x 分量?为什么?

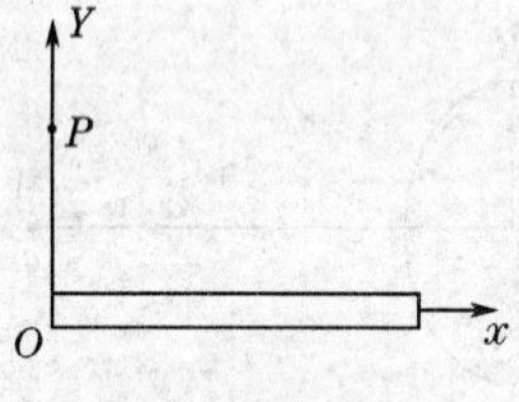

15 题图

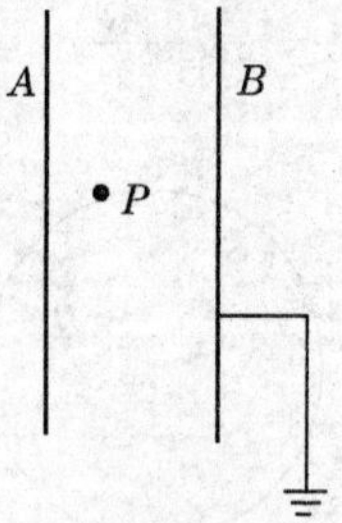

16 题图

16. 一无限大平行板电容器如图,设 A,B 两板相隔 5.0 cm,两板的电荷面密度皆为 $\sigma=3.3\times10^{-6}\ \mathrm{C\cdot m^{-2}}$,$A$ 板带正电,B 板带负电并接地(地的电势为零),求:

(1)在两板之间离 A 板 1.0 cm 处 P 点的电势;

(2)A 板的电势.

17. 求无限大均匀带电平面 x 处一点的电位.设电荷面密度为 σ.

18. 半径为 r_1,r_2($r_1<r_2$)互相绝缘的两个同心球导体薄壳,外球带电

q,内球的电势是多少？如将内球接地(设地与无限远处同为电势零点),问内球是否带电？带电多少？外球的电势如何变化？

19. 如图,三块平行金属板 A,B,C 面积均为 $200\ \mathrm{cm}^2$,A,B 间距离 40 mm,A,C 间距离 2.0 cm,B,C 两板都接地. 如果 A 板带正电 3.0×10^{-7} C,求：

(1)B,C 板上的感应电荷；

(2)A 板的电势.

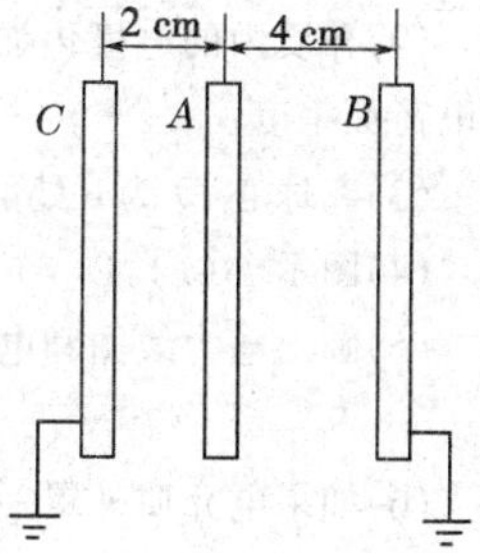

19 题图

20. 有半径分别为 $R_1=10$ cm 和 $R_2=16$ cm 的两个导体薄球壳,同心放置时内球壳电势 $U=2\ 700$ V,外球壳带电 $q=8.0\times10^{-9}$ C. 现将内、外球壳接触,问两球壳电势各变化多少？

21. 如图示如附图所示,平行板电容器两极板面积是 S,相距为 d,其间有一厚为 t 的金属片. 略去边缘效应.

(1)求电容 C;

(2)金属片离极板的远近对 C 有无影响？

21 题图

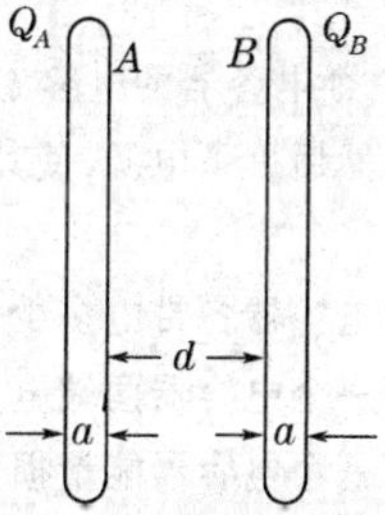

22 题图

22. 如图示,两块无限大导体平板 A,B,平行放置,间距为 d,每板的厚度为 a,板面积为 S,现给 A 板带电 Q_A,B 板带电 Q_B 分别求出下列两种情况下两板各表面上的电荷面密度以及两极板间的电势差. (1)Q_A,Q_B 均为正值时;(2)Q_A 为正值,Q_B 为负值,且 $|Q_A|<|Q_B|$ 时.

23. 半径为 R 的导体球,带有电荷 Q,球外有一均匀电介质的同心球壳

的内外半径分别为 a 和 b，相对电容率为 ε_r，如图，求：

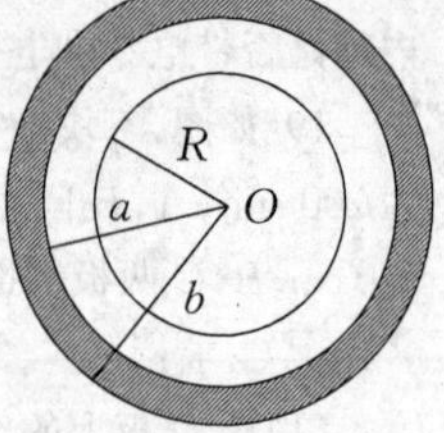

23 题图

(1)介质内外的电场强度 $\boldsymbol{E}$ 和电位移 $\boldsymbol{D}$，

(2)介质内的电极化强度 $\boldsymbol{P}$ 和介质表面上的极化电荷面密度 σ'；

(3)离球心 O 为 r 处的电势 V；

(4)图示 $D(r)$，$E(r)$，$V(r)$ 的图线；

(5)画出电力线图和电位线图，并加以比较和讨论；

(6)如果电介质外罩一半径为 b 的导体薄球壳，该球壳与导体球构成一电容器，这电容器的电容多大？

24. 在两板相距为 d 的平行板电容器中，插入一块厚 $\dfrac{d}{2}$ 的金属大平板(此板与两极板相平行)，其电容变为原来电容的多少倍？如果插入的是相对介电系数为 ε_r 的大平板，则又如何？

25. 在内极板半径为 a，外极板半径为 b 的圆柱形电容器内，装入相对介电常数为 ε_r 的同心圆柱形壳体(内径 r_1，外径 r_2)，其电容变为原来电容的多少倍？

26. 一个电容器的电容 $C_1 = 20.0\ \mu\text{F}$，用电压 $V = 1\,000\ \text{V}$ 的电源使这电容器带电，然后拆下电源，使其与另一未充电的电容器($C_2 = 5.0\ \mu\text{F}$)相连接，这时求：

(1)两电容器各带电多少？

(2)第一个电容器两端电势差多大？

(3)第一个电容器能量损失多少？

27. C_1，C_2 两个电容器，分别标明为 200 μF500 V，和 300 μF900 V，把它们串起来后，等值电容多大？如果两端加上 1 000 V 的电压，是否会击穿？

28. 两个同轴的圆柱面，长度均为 l，半径分别为 a 和 b，两圆柱面之间充有介电系数为 ε 的均匀电介质，当这两个圆柱面带有等量异号电荷 $+Q$ 和 $-Q$ 时，求：

(1)在半径为 $r(a<r<b)$，厚度为 $\mathrm{d}r$，长度为 l 的圆柱薄壳中任一点处，电场能量密度是多少？整个薄壳中的总能量是多少？

(2)电介质中的总能量是多少？(由积分式算出)能否从此总能量推算圆柱形电容器的电容？

29. 一球形电容器内外两壳的半径分别为 R_1 和 R_2,今在两壳之间放入一内外半径分别为 R_3 和 R_4 的同心导体球壳,求电容.

30. 半径为 20 cm 的导体球外有一个与它同心的导体球壳,壳的内外半径分别为 4.0 cm 和 5.0 cm. 当内球带电 $q = 3.0\times10^{-3}$ C 时,试用电容器能量公式计算该系统的电能.

第7章　稳恒磁场

在静止电荷周围,存在着电场.当电荷运动时,在其周围不仅存在电场,而且还有磁场.本章将讨论电荷运动形成稳恒电流时所产生的磁场的基本性质和规律.首先引入描述磁场的物理量——磁感应强度,然后着重研究了毕奥-萨伐尔定律及反映磁场性质的两个基本定理(磁场中的高斯定理和安培环路定理),并讨论了磁场对运动电荷和电流的作用。最后,对磁场强度及磁介质作了简略地介绍.

7.1　磁　　场

7.1.1　磁现象

如果把条形磁铁靠近铁屑,就会发现有大量铁屑被吸附在磁铁的两端,这表明条形磁铁两端磁性最强,称为磁极.如果用细线从条形磁铁中部缚住,将它水平悬挂起来,磁铁将在水平面内自由转动,最后停下来时必有一端指向北方,另一端指向南方.指向北方的极称为磁北极或N极,指向南方的极称为磁南极或S极.

磁铁都具有S和N两极,如果将一条形磁铁切断,无论切成几段,每一段都具有一个N极和一个S极.实验表明,任何两个磁极之间都存在相互作用,同号磁极相互排斥,异号磁极相互吸引.

与电荷周围存在电场一样，在磁极周围存在磁场.凡是处在磁场中的任何其他磁极或运动电荷都要受到磁场的作用，通常把这种作用称为**磁场力**或**磁力**.磁场力也不是超距的，是通过磁场这种特殊物质传递的.

历史上，在很长一段时期内，人们一直认为电和磁是两类截然不同的现象.直到 1820 年，丹麦科学家奥斯特（H. C. Oersted, 1777～1851）发现电流对磁针的作用，人们从此开始认识到电和磁是有密切的联系.

大量的实验表明，运动的电荷、传导电流和永久磁铁，不论是同类还是彼此间，都存在磁力相互作用（见图 7－1），这说明磁铁

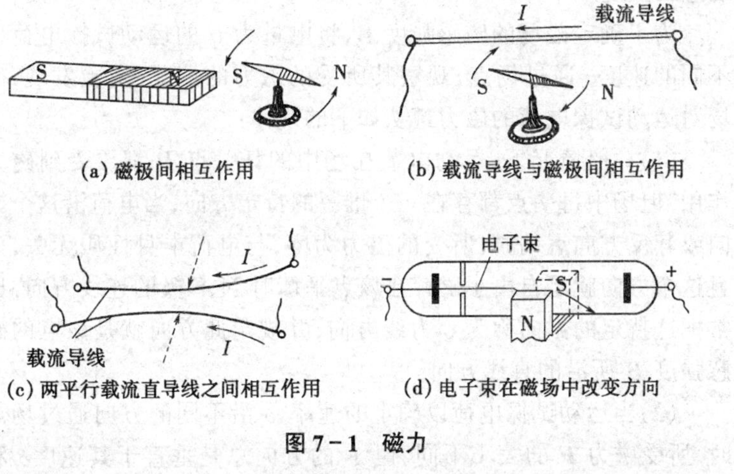

图 7－1 磁力

和电流（运动电荷）在周围空间都能激发磁场.1822 年，法国的科学家安培（1775～1836）提出了有关物质磁性本质的假说——**安培分子电流假说**：磁性的起源是电流.安培认为，任何物质的分子中都存在着环形电流，称为分子电流，它相当于一个元磁体，其磁极和环形电流方向满足右手螺旋定则（见图 7－2）.分子电流有规则地排列使物质显示出磁性.安培分子电流假说已为近代物理所证实，安培

假说中的分子电流其实就是原子中电子绕原子核的轨道运动和其自身的自旋运动合成的结果，它是物质磁性的基本来源.

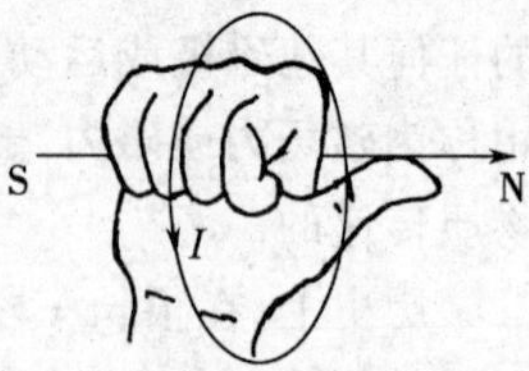

图 7-2　确定分子电流产生的磁场方向的右手定则

7.1.2　磁感强度

在静电场中，根据试探电荷在电场中受力的性质引入电场强度 $\boldsymbol{E}$ 这个物理量来定量地描述电场. 与此类似，在磁场中可以通过研究磁场作用在运动电荷上的磁力的情况引入一个描述磁场的物理量 $\boldsymbol{B}$，并称之为**磁感应强度**.

为了确定磁场的磁感强度 $\boldsymbol{B}$，将电量为 q 的运动试探电荷以不同的速度 $\boldsymbol{v}$ 通过场点，观察其所受的磁力的情况. 实验发现，磁场对运动试探电荷的磁力遵从如下的规律：

(1)一般情况下，运动电荷在场中的任一点 P 都要受到磁力作用. 但场中每一点都存在一个惟一的特定方向，当电荷沿这个方向或其反方向运动时，所受的磁力为零，与电荷本身性质无关，而且这个方向就是自由小磁针在该点平衡时 N、S 极的连线方向. 通常把这特定的方向称为零力线方向，并规定此方向就是该点的磁感强度 $\boldsymbol{B}$ 所沿的直线方向.

(2)当运动试探电荷以确定的速率 v 沿不同的方向通过场点时，所受磁力 $\boldsymbol{F}$ 的大小不同，但 $\boldsymbol{F}$ 的方向总是垂直于其速度 $\boldsymbol{v}$ 和该点的零力线所在的平面. 并且，磁力的方向还与运动电荷的符号有关，等量异号的两电荷以相同的速度 $\boldsymbol{v}$ 通过同一场点时，所受磁力大小相等，方向相反. 为了确定 $\boldsymbol{B}$ 的指向(沿零力线方向的两个可能指向中的那一个)，进一步规定：正电荷的速度 $\boldsymbol{v}$，磁感强度 $\boldsymbol{B}$，磁力 $\boldsymbol{F}$ 三者的方向关系遵从右手螺旋法则，即右手半握四个弯曲手指的方向由 $\boldsymbol{v}$ 沿小于 180°的角转向 $\boldsymbol{B}$，则拇指方向为该正

电荷所受磁力 **F** 的方向(见图 7－3). 这样场中某点 **B** 的方向就完全定下来了. 由此规定的 **B** 方向,等同于自由小磁针在该点平衡时 N 极的指向.

(3)当运动试探电荷以确定的速率沿垂直于零力线方向运动时,它所受到的磁力比沿别的方向通过同一场点时所受到的磁力要大. 记最大磁力的大小为 F_{max}. 此最大磁力与运动试探电荷的电量 q 和速率 v 的乘积成正比,同时与空间点的位置有关. 但是 F_{max} 与 $q \cdot v$ 乘积的比值仅与空间位置有关,与运动试探电荷性质无关. 该比值反应了磁场本身在各点的性质. 因此定义该点磁感强度的大小为

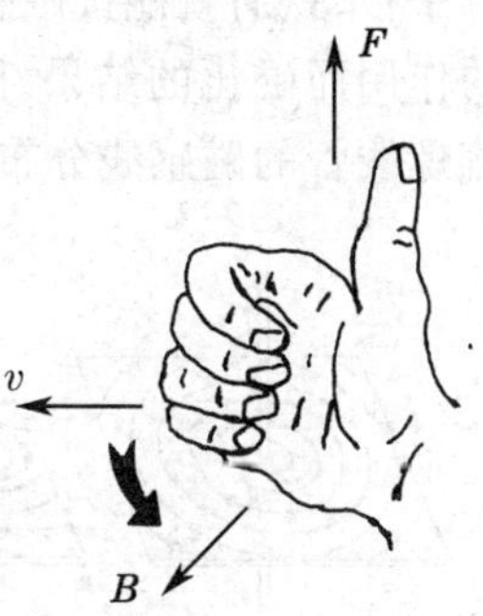

图 7－3 **B**,**F**,**v** 的方向关系

$$B = \frac{F_{max}}{q \cdot v} \tag{7-1}$$

在国际单位制中,磁感强度的单位为 T(特斯拉),1T = 1N·A^{-1}·m^{-1}.

一般情况下,磁感强度是空间位置和时间的函数,若 **B** 的分布不随时间变化,如稳恒电流产生的磁场,这样的磁场通常称为**稳恒磁场或静磁场**.

7.1.3 磁感线

在研究电场时,引入了电场线来形象地描绘电场分布. 同样,对于磁场,也可以用设想的**磁感线**(也称**磁力线**)来形象地描绘磁场分布. 磁感线是磁场中一些有方向的曲线,曲线上任一点的切线方向代表该点磁感强度 **B** 的方向. 而通过垂直于 **B** 的单位面积上的线的根数等于该处 **B** 的大小. 磁感线的分布可用实验方法显示出来. 例如在磁场中放置一玻璃平板,在上面撒上铁屑,并轻轻敲

打平板，铁屑就能按磁感线的形状排列起来.这是由于铁屑受磁场的作用而磁化的结果.图 7－4 为载流直导线，载流圆环导线和载流螺线管的磁感线分布图.

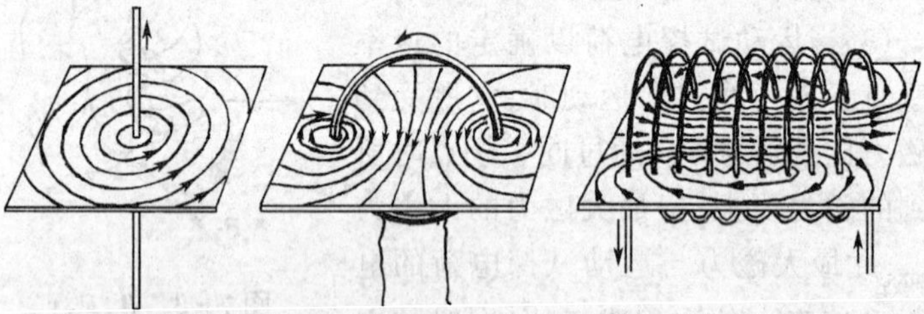

(a) 载流直导线　(b) 载流圆环导线　(c) 载流螺线管

图 7－4　几种电流磁场的磁感线

从上面列举的磁感线的分布图可以看出，磁感线具有如下共同特性：

(1)磁感线不会相交，总是既无起点又无终点的闭合曲线.这和静电场的电场线起于正电荷，终于负电荷有明显的区别.

(2)磁感线与电流互相环连时，它们之间的方向关系服从右手螺旋法则，如图 7－5 所示.

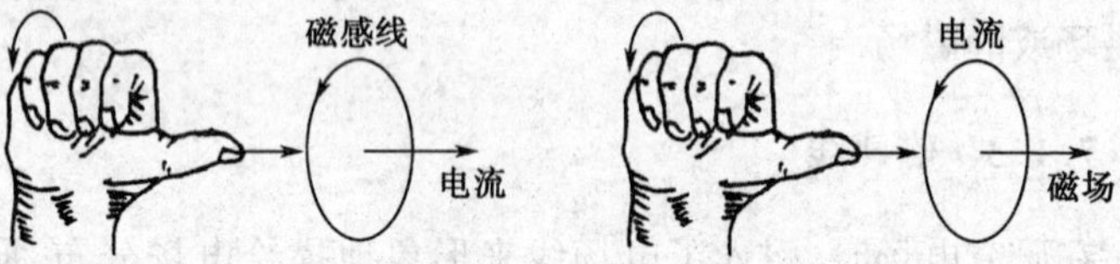

(a)　(b)

图 7－5　磁感线与电流互相环连时的方向关系

7.2 毕奥－萨伐尔定律

7.2.1 毕奥－萨伐尔定律

在计算由电荷系统产生的场强时，先由库仑定律得到点电荷产生的场强，再根据叠加原理计算出电荷系统产生的场强．磁场是由电流产生的．要计算磁场的磁感强度，类似地，可以把电流看成是许多微段电流的集合，只要找出微段电流产生磁场的公式，再根据叠加原理就可以计算出任意形状的电流所产生的磁场的磁感强度．

19 世纪 20 年代，法国物理学家毕奥（1774～1862）、萨伐尔（1791～1841）和拉普拉斯（1749～1827）通过大量的实验和理论工作，最后得到了对应微段电流元产生磁场的规律．

设真空中有电流强度为 I 的任意形状的载流导线．当不考虑其截面积大小时，称此电流为线电流．在线电流上取长为 $\mathrm{d}l$ 的定向线元 $\mathrm{d}\boldsymbol{l}$，规定 $\mathrm{d}\boldsymbol{l}$ 方向为线元内的电流方向，并将 $I\mathrm{d}\boldsymbol{l}$ 称为电流元，它是一个矢量．毕奥等人分析证明：载流导线中任一电流元 $I\mathrm{d}\boldsymbol{l}$，在空间某点 P 产生的磁场的磁感强度 $\mathrm{d}\boldsymbol{B}$ 的大小与电流元的大小 $I\mathrm{d}l$ 成正比，与电流元到 P 点的距离 r 的平方成反比，还与 $I\mathrm{d}\boldsymbol{l}$ 和 $\boldsymbol{r}$（由电流元指向场点 P 点的矢量，如图 7－6 所示）之间夹角的正弦 $\sin\theta$ 成正比，即

$$\mathrm{d}B = k\frac{I\mathrm{d}l\sin\theta}{r^2},$$

式中 k 为比例系数，其值与所选用的

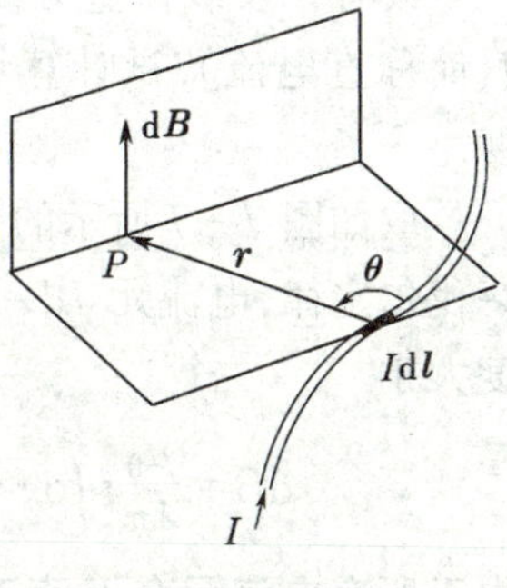

图 7－6　电流元产生的磁感强度 $\mathrm{d}B$

单位有关. 在国际单位制中 $k=\frac{\mu_0}{4\pi}$, 其中 $\mu_0=4\pi\times10^{-7}$ $\mathrm{T\cdot m\cdot A^{-1}}$,称为真空磁导率.这样,上式可以写成:

$$dB=\frac{\mu_0}{4\pi}\frac{Idl\sin\theta}{r^2}. \tag{7-2}$$

因 d$\boldsymbol{B}$ 的方向垂直于 $Id\boldsymbol{l}$ 和 $\boldsymbol{r}$ 所成的平面,并沿 $Id\boldsymbol{l}\times\boldsymbol{r}$ 方向,故可用下面矢量式表示:

$$d\boldsymbol{B}=\frac{\mu_0}{4\pi}\frac{Id\boldsymbol{l}\times\boldsymbol{r}_0}{r^2}=\frac{\mu_0}{4\pi}\cdot\frac{Id\boldsymbol{l}\times\boldsymbol{r}}{r^3}. \tag{7-3}$$

式中 $\boldsymbol{r}_0$ 为沿 $\boldsymbol{r}$ 方向的单位矢量.(7-3)式称为**毕奥-萨伐尔定律**.整个载流导线所激发的磁场在场点 P 的磁感强度 $\boldsymbol{B}$ 应等于载流导线上各个电流元在该点的磁感强度 d$\boldsymbol{B}$ 的矢量和,即

$$\boldsymbol{B}=\int d\boldsymbol{B}=\frac{\mu_0}{4\pi}\int\frac{Id\boldsymbol{l}\times\boldsymbol{r}}{r^3}. \tag{7-4}$$

一般说来,上式为一矢量积分,积分遍及整个载流导线.

7.2.2 毕奥-萨伐尔定律的应用

7.2.2.1 载流直导线的磁场

设有一段载流直导线,其电流强度为 I(简称直电流).试计算场点 P 的磁感强度.

取如图 7-7 所示的坐标系,按毕奥-萨伐尔定律,电流元 Idz 在 P 点的磁感强度大小

$$dB=\frac{\mu_0}{4\pi}\cdot Idz\cdot\frac{\sin\theta}{r^2},$$

由于所有电流元在 P 点产生的 d$\boldsymbol{B}$ 有相同的方向(垂直于纸面向里),所以直电流在

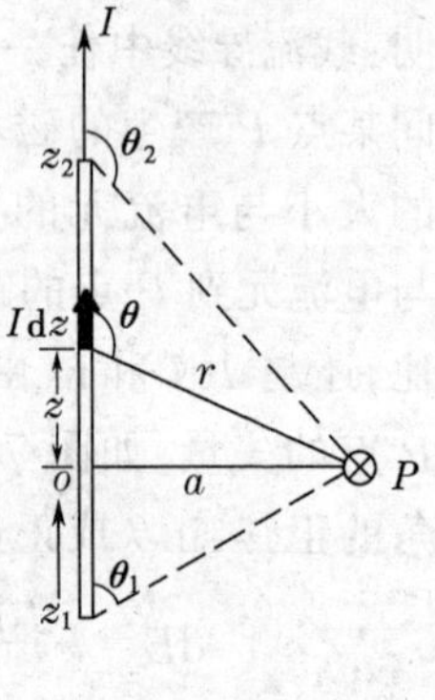

图 7-7

P 点的 $\boldsymbol{B}$ 也垂直于纸面向里,其大小为

$$B=\int \mathrm{d}B=\frac{\mu_0}{4\pi}\int \frac{I\mathrm{d}z\sin\theta}{r^2}.$$

由图可知,

$$\sin\theta=\frac{a}{\sqrt{a^2+z^2}},\ r=\sqrt{a^2+z^2}.$$

将上式代入积分式,可得

$$\begin{aligned}B&=\frac{\mu_0 Ia}{4\pi}\int_{z_1}^{z_2}\frac{\mathrm{d}z}{(z^2+a^2)^{\frac{3}{2}}}\\&=\frac{\mu_0 I}{4\pi a}\cdot\frac{z}{\sqrt{z^2+a^2}}\Bigg|_{z_1}^{z_2}\\&=\frac{\mu_0 I}{4\pi a}\left(\frac{z_2}{\sqrt{z_2^2+a^2}}-\frac{z_1}{\sqrt{z_1^2+a^2}}\right)=\frac{\mu_0 I}{4\pi a}\left(\frac{z_2}{r_2}-\frac{z_1}{r_1}\right)\\&=\frac{\mu_0 I}{4\pi a}(\cos\theta_1-\cos\theta_2).\end{aligned}$$

当导线无限长时,将 $\theta_1=0,\theta_2=\pi$ 代入上式,即得:

$$B=\frac{\mu_0 I}{2\pi a}.$$

当导线的长度远大于从导线到场点 P 的距离时,就近似地把导线认为是无限长,可用上式进行计算.

7.2.2.2 载流圆环导线轴线上的磁场

设有单匝载流圆线圈(圆电流),其半径为 R,通有电流强度为 I 的电流,试计算其轴线上任一点 P 处的磁感强度.

取如图 7-8 所示的坐标系,圆电流上任一电流元 $I\mathrm{d}\boldsymbol{l}$ 在 P 点产生的磁感强度 $\mathrm{d}\boldsymbol{B}$ 的大小为

$$\mathrm{d}B=\frac{\mu_0}{4\pi}\frac{I\mathrm{d}l}{r^2},$$

$\mathrm{d}\boldsymbol{B}$ 的方向垂直于 $I\mathrm{d}\boldsymbol{l}$ 和 $\boldsymbol{r}$ 决定的平面.因圆电流上各电流元在 P

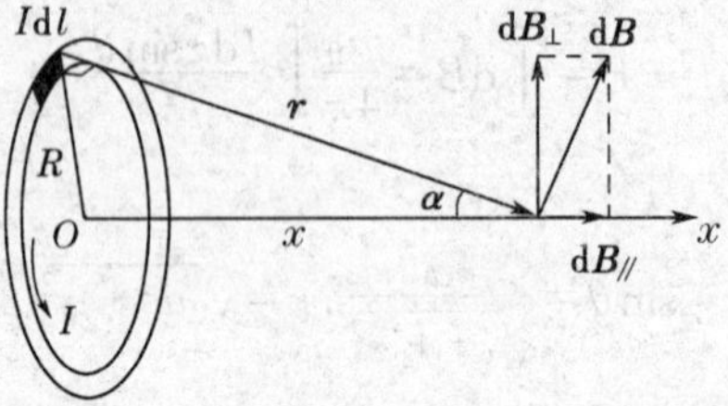

图 7-8

点产生的磁感强度 d$\boldsymbol{B}$ 的方向不同，它们分布在以点 P 为顶点，以 OP 延长线为轴的圆锥面上. 可将 d$\boldsymbol{B}$ 分解为沿轴线的分量 $\mathrm{d}B_{\parallel}$ 和垂直于轴线的分量 $\mathrm{d}B_{\perp}$，$\mathrm{d}B_{\perp}$ 相互抵消，$\mathrm{d}B_{\parallel}$ 相互加强. 故总的磁感强度 $\boldsymbol{B}$ 的大小就等于各电流元在点 P 产生的 $\mathrm{d}B_{\parallel}$ 代数和. 所以

$$
\begin{aligned}
B &= \int \mathrm{d}B_{\parallel} = \int \mathrm{d}B\cdot\sin\alpha = \int \frac{\mu_0}{4\pi}\frac{I\sin\alpha}{r^2}\mathrm{d}l \\
&= \frac{\mu_0 I}{4\pi}\cdot\frac{\sin\alpha}{r^2}\int_0^{2\pi R}\mathrm{d}l = \frac{\mu_0 I}{2}\frac{R^2}{r^3} \\
&= \frac{\mu_0}{2}\frac{R^2 I}{(x^2+R^2)^{\frac{3}{2}}}.
\end{aligned}
$$

$\boldsymbol{B}$ 的方向沿着轴线，与电流方向之间遵从右手螺旋法则. 在圆电流中心处 $x=0, B=\dfrac{\mu_0 I}{2R}$；在轴线上离圆心很远处，$x\gg R, B\approx \dfrac{\mu_0}{2}\dfrac{R^2 I}{x^3}$.

7.2.2.3　载流螺线管轴线上的磁场

密绕在圆柱面上的螺旋线圈称为螺线管，设螺线管的半径为 R，长度为 l，单位长度上有 n 匝线圈，线圈中通有电流强度为 I 的电流，每匝线圈可看作封闭的圆环电流. 下面计算轴线上一场点

P 的磁感强度.

如图 7-9 所示,取场点 P 为坐标原点,x 轴与管轴重合,则在 $x \sim x+\mathrm{d}x$ 的间隔中共有 $n\mathrm{d}x$ 匝线圈,将此看作是电流为 $In\mathrm{d}x$ 的"圆电流",它在 P 点产生的磁感强度大小为

$$\mathrm{d}B=\frac{\mu_0 R^2 nI\mathrm{d}x}{2(R^2+x^2)^{\frac{3}{2}}}.$$

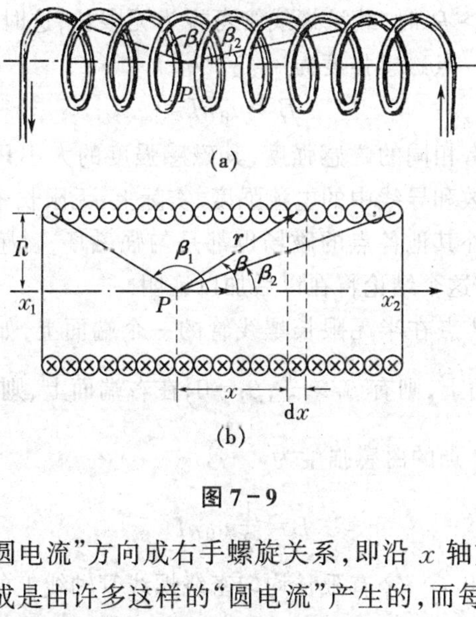

图 7-9

$\mathrm{d}\boldsymbol{B}$ 方向与"圆电流"方向成右手螺旋关系,即沿 x 轴方向.整个螺线管可以看成是由许多这样的"圆电流"产生的,而每一"圆电流"在 P 点产生的 $\mathrm{d}\boldsymbol{B}$ 方向一致,故整个载流螺线管在 P 点产生的磁感强度大小为

$$B=\int \mathrm{d}B$$

$$=\int \frac{\mu_0 R^2 nI}{2(R^2+x^2)^{\frac{3}{2}}}\cdot \mathrm{d}x$$

$$=\frac{\mu_0 R^2 nI}{2}\int_{x_1}^{x_2}\frac{\mathrm{d}x}{(R^2+x^2)^{\frac{3}{2}}}$$

$$=\frac{\mu_0 nI}{2}\left(\frac{x_2}{\sqrt{R^2+x_2^2}}-\frac{x_1}{\sqrt{R^2+x_1^2}}\right)$$

$$=\frac{\mu_0 nI}{2}(\cos\beta_2-\cos\beta_1),$$

方向沿 x 轴方向.由上式可知:

(1)若 $l\gg R$ 时,载流螺线管可视为无限长,这时有 $\beta_1=\pi,\beta_2=0$,轴线任一点磁感强度为.

$$B=\mu_0 nI.$$

即轴线各点有相同的磁感强度,其磁感强度的大小只决定于单位强度上的匝数和导线中的电流强度.实际上,无限长密绕载流螺线管内部轴线外其他各点的磁场也都是匀强磁场,磁感强度大小可用上式计算.这个结论将在以后加以证明.

(2)若 P 点在半无限长螺线管的一个端面上,如 P 点在图 7-9 中左端面上,则有 $\beta_1=\frac{\pi}{2},\beta_2=0$;在右端面上,则有 $\beta_1=\pi,\beta_2=\frac{\pi}{2}$,这时 P 点的磁感强度为

$$B=\frac{1}{2}\mu_0 nI.$$

图 7-10 给出了一个有限长均匀密绕螺线管轴线上的磁感应强度

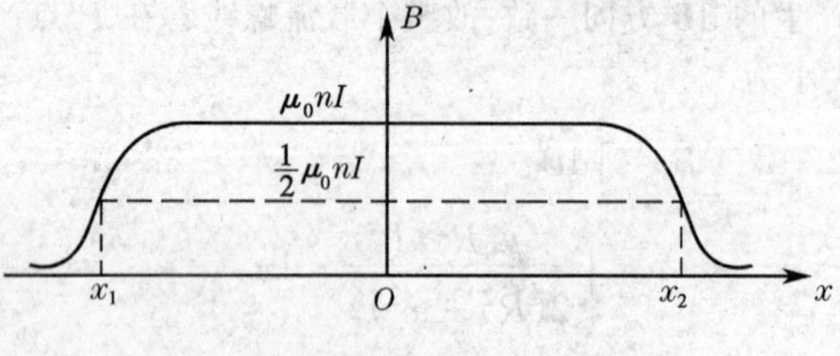

图 7-10　螺线管轴线上的磁场分布

值随 x 变化情况. 当 $l \gg R$ 时,在螺线管中部很大范围内磁场近于均匀,只有端面附近才显著下降.

7.2.3 运动电荷的磁场

金属中的传导电流是大量电子作定向漂移运动形成的,所以电流的磁场实质上是大量运动带电粒子产生的磁场合成的结果. 研究运动电荷的磁场,其实就是研究毕奥-萨伐尔定律的微观形式.

如图 7-11 所示,截面为 S 的导线上的电流元 $I\mathrm{d}\boldsymbol{l}$ 在 P 点产生的磁场 $\mathrm{d}\boldsymbol{B}$,可以看成是其中的载流子共同产生的. 不妨设载流子是带正电 q 的粒子,具有共同的定向漂移速度 $\boldsymbol{v}$,若导体内载流子数密度为 n,则导线中的电流强度为

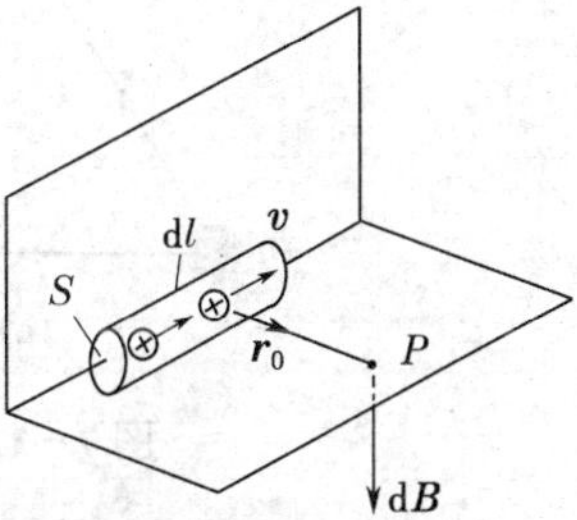

图 7-11 运动电荷产生的磁场

$$I = qnvS.$$

考虑到 $\boldsymbol{v}$ 与 $\mathrm{d}\boldsymbol{l}$ 同向,所以

$$I\mathrm{d}\boldsymbol{l} - gn\,\boldsymbol{v}S\mathrm{d}l.$$

由毕奥-萨伐尔定律得

$$\mathrm{d}\boldsymbol{B} = \frac{\mu_0}{4\pi}\frac{I\mathrm{d}\boldsymbol{l}\times\boldsymbol{r}_0}{r^2} = \frac{\mu_0}{4\pi}\frac{qnS\mathrm{d}l\,\boldsymbol{v}\times\boldsymbol{r}_0}{r^2}$$

注意到 $nS\mathrm{d}l$ 是电流元内载流子总数,而每个载流子在 P 点产生的磁感强度大小和方向都近似相同,故单个载流子在 P 点产生的磁感强度

$$\boldsymbol{B} = \frac{\mathrm{d}\boldsymbol{B}}{nS\mathrm{d}l} = \frac{\mu_0}{4\pi}\cdot\frac{q\,\boldsymbol{v}\times\boldsymbol{r}_0}{r^2}. \qquad (7-5)$$

式(7-5)也就是运动电荷所产生磁场的磁感强度计算公式. 式中电量 q 可视为代数量,当 q 为正时,$\boldsymbol{B}$ 与 $\boldsymbol{v}\times\boldsymbol{r}_0$ 同向;当 q 为

负时,$\boldsymbol{B}$ 与$\boldsymbol{v}\times\boldsymbol{r}_0$ 反向,如图 7-12 所示.应该指出,稳恒电流的磁场是不随时间变的,但运动电荷所产生的磁场将随电荷的运动而发生变化,这是由于对于确定的场点 P,式(7-5)中的 r 和 $\boldsymbol{r}_0$ 将随粒子的运动而改变.此外,式(7-5)只适用于电荷运动速度比光速 c 小得多的非相对论情况.

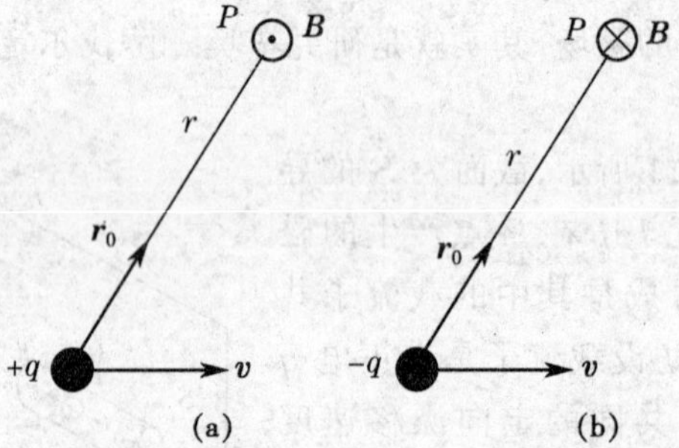

图 7-12　运动电荷的磁场方向

7.3　磁场的高斯定理　安培环路定理

7.3.1　磁通量

与研究电场时定义电通量一样,在磁场中若面元 $\mathrm{d}\boldsymbol{S}$ 处的磁感强度为$\boldsymbol{B}$,则定义

$$\mathrm{d}\Phi_B=\boldsymbol{B}\cdot\mathrm{d}\,\boldsymbol{S}=B\mathrm{d}S\cos\theta=B\mathrm{d}S_{\perp} \tag{7-6}$$

为通过该面元的**磁通量**.式中 θ 为$\boldsymbol{B}$ 与 $\mathrm{d}\boldsymbol{S}=\mathrm{d}S\,\boldsymbol{n}_0$的法线 $\boldsymbol{n}_0$ 之间的夹角,$\mathrm{d}S\cos\theta=\mathrm{d}S_{\perp}$是面元 $\mathrm{d}\boldsymbol{S}$ 的面积 $\mathrm{d}S$ 在垂直$\boldsymbol{B}$ 方向的投影,如图 7-13 所示.

很明显,由(7-6)式可以看出,当 $\theta<\dfrac{\pi}{2}$,磁通量 $\mathrm{d}\Phi_{\mathrm{m}}>0$,表

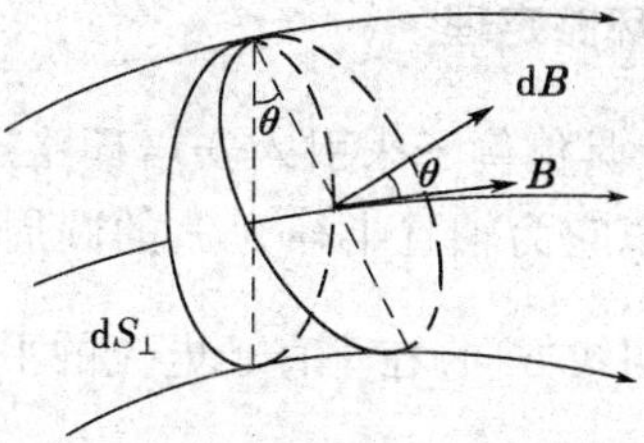

图 7-13　通过面元 dS 的磁通量

示磁感线由法线方向一侧穿出；反之，当 $\theta>\frac{\pi}{2}$，磁通量 $d\Phi_m<0$，表示磁感线由法线方向一侧穿入. 由磁通量的定义可知，通过有限曲面 S 的磁通量可表示为

$$\Phi_m=\iint_S \boldsymbol{B}\cdot d\boldsymbol{S}\ . \tag{7-7}$$

在国际单位制中，磁通量的单位为 Wb(韦伯)，

$$1Wb=1T\cdot m^2$$

由于 $\boldsymbol{B}$ 在数值上等于通过垂直于 $\boldsymbol{B}$ 的单位面积的磁通量，因此有时 $\boldsymbol{B}$ 也称为**磁通密度**，用 Wb/m^2(韦伯/米^2)作单位.

7.3.2　磁场的高斯定理

由前面的讨论可知，磁感线都是闭合线，它们没有起点，也没有终点. 正是由于磁感线的闭合性，对于任一闭合曲面 S 来说，凡是穿入闭合面的磁感线，必然要从闭合面内穿出，所以通过任一闭合曲面 S 的磁通量必定为零，即

$$\Phi_m=\oiint_S \boldsymbol{B}\cdot d\boldsymbol{S}=0, \tag{7-8}$$

该式称为**磁场的高斯定理**. 它表明稳恒磁场是无源场，是与静电场性质不同的另一类场. 磁场的高斯定理可从毕奥-萨伐尔定理和场的叠加原理出发加以严格证明，由于所需的数学工具较多，本书从略.

7.3.3 安培环路定理

我们通过一个具体例子来引入安培环路定理.设一长直电流的电流强度为 I,以它为轴且半径为 r 的圆周上磁感强度大小为 $\frac{\mu_0 I}{2\pi r}$,方向沿圆周切线方向.在垂直于电流的平面上做任意形状的闭合曲线 L,如图 7-14(a)所示.在曲面 L 上取一线元 $\mathrm{d}\boldsymbol{l}$,则有 $\boldsymbol{B}\cdot\mathrm{d}\boldsymbol{l}=B\cos\theta\mathrm{d}l$.由图可知,$\mathrm{d}l\cos\theta=r\mathrm{d}\varphi$.所以

$$\oint_L \boldsymbol{B}\cdot\mathrm{d}\boldsymbol{l}=\oint_L B\cos\theta\mathrm{d}l=\int_0^{2\pi}\frac{\mu_0 I}{2\pi r}r\mathrm{d}\varphi=\mu_0 I.$$

$\oint_L \boldsymbol{B}\cdot\mathrm{d}\boldsymbol{l}$ 叫做磁感强度$\boldsymbol{B}$ 的环流.若有另一电流 I'处在回路L之外,如图 7-14(b)所示,类似上述推导过程,仍然有

$$\boldsymbol{B}\cdot\mathrm{d}\boldsymbol{l}=B\cos\theta\mathrm{d}l=\frac{\mu_0 I'}{2\pi}\mathrm{d}\varphi.$$

但此时在沿闭合回路积分一周时,φ 的变化为零,因此得 $\oint \boldsymbol{B}\cdot\mathrm{d}l=0$.也就是说,从 L 所围曲面外穿过的电流对环路积分无贡献.

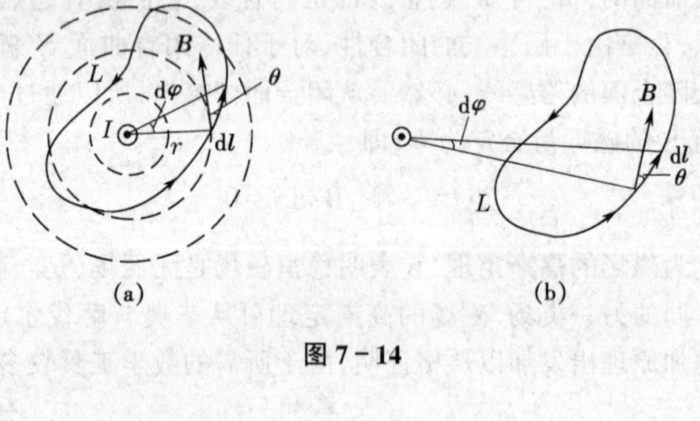

图 7-14

在一般情况下,若有若干根电流为 $I_i(i=1,2,\cdots)$ 的载流导线穿过闭合回路 L,则由上面的推导,并根据磁场叠加原理,可得出 $\boldsymbol{B}$ 沿该闭合路径的环流为

$$\oint_L \boldsymbol{B}\cdot \mathrm{d}\boldsymbol{l} = \mu_0 \sum_{i=1} I_i . \tag{7-9}$$

式(7-9)就是真空中的安培环路定理.

以上讨论虽然是对长直电流而言,但可以证明,不论电流是何任意形状,也不论选择什么样的积分回路,安培环路定理总是成立的.这里不作进一步证明,仅对此定理的运用作几点说明:

(1)在(7-9)式中,当积分回路方向与穿过回路的电流方向呈右手螺旋关系时,电流取正号;反之,取负号.

(2)若同一载流导线有 N 次链套于同一回路,则

$$\oint_l \boldsymbol{B}\cdot \mathrm{d}\boldsymbol{l} = \mu_0 NI .$$

(3)(7-9)式中左端 $\boldsymbol{B}$ 是由空间所有电流产生的,而 $\sum_i I_i$ 仅是穿过积分回路的电流代数和.如空间有 n 个电流 $I_1,I_2\cdots I_n$ 产生总场的磁感强度为 $\boldsymbol{B}$,其中有 m 个电流穿过回路($I_1,I_2\cdots I_m$)则有

$$\oint_L \boldsymbol{B}\cdot \mathrm{d}\boldsymbol{l} = \mu_0 \sum_{i=1}^{m} I_i .$$

7.3.4 安培环路定理的应用

在电流分布具有某种对称性时,利用安培环路定理可以很方便地计算电流磁场的磁感强度.在这方面,安培环路定理与电场的高斯定理相似.

7.3.4.1 无限长载流直圆柱导线的磁场

半径为 R 的圆柱导体,电流 I 沿轴向均匀通过导体横截面,下面来计算导线内外磁场的分布.

由电流分布的轴对称性可知，在与圆柱垂直的平面内，磁感强度 **B** 的方向沿着圆心位于轴线上的圆周的切面，与电流方向成右手螺旋关系，且半径相同处，**B** 的大小相等.

设场点 P 为柱外任一点，到轴线的距离为 r. 过 P 点取圆心在轴线上，圆面垂直于轴线，半径为 r 的圆周 L_1 作为积分环路. 如图 7-15(a)，根据安培环路定理可得

$$\oint_{L_1} \boldsymbol{B}\cdot d\boldsymbol{l} = \oint_{L_1} B dl = B\cdot 2\pi r = \mu_0 I,$$

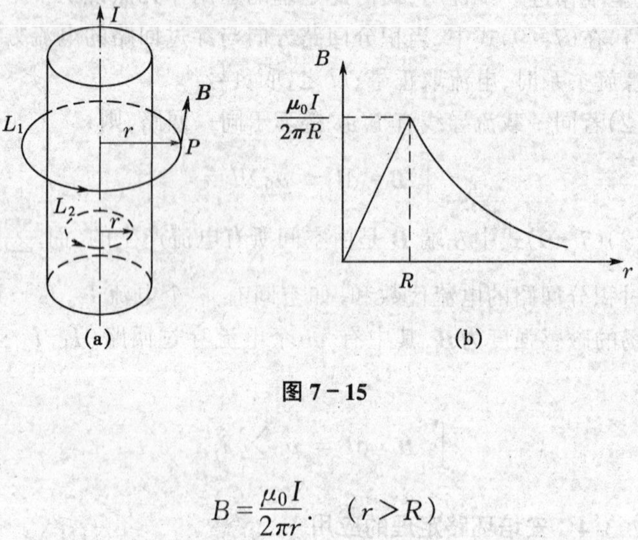

图 7-15

并得

$$B = \frac{\mu_0 I}{2\pi r}. \quad (r > R)$$

由此看到柱外 $B \propto \dfrac{1}{r}$，这一结果与全部电流集中在轴线而用毕奥-萨伐尔定律求出的一致.

若场点 P 在柱内，类似地取圆周 L_2，作积分回路. 根据安培环路定理，则有

$$\oint_{L_2} \boldsymbol{B}\cdot d\boldsymbol{l} = \oint_{L_2} B\cdot dl = B\cdot 2\pi r = \mu_0 I'.$$

式中
$$I'=\frac{I}{\pi R^2}\cdot\pi r^2=\frac{Ir^2}{R^2},$$
所以可得
$$B\cdot 2\pi r=\frac{\mu_0 Ir^2}{R^2},$$
$$B=\frac{\mu_0 Ir}{2\pi R^2}.\qquad (r<R)$$
由此看出，柱内 $B\propto r$.

根据上面的计算可得到磁感强度的大小沿矢径的分布，如图7-15(b)所示，在圆柱导体表面，B 最大；当 $r=0$，或 $r\to\infty$ 时，均有 $B\to 0$.

7.3.4.2 无限长载流螺线管的磁场

设均匀密绕的无限长载流螺线管单位长度上绕有 n 匝线圈，线圈中通有电流 I，计算管内外的磁感强度 $\boldsymbol{B}$.

由于对称性，在无限长密绕螺线管内，各点磁感强度 $\boldsymbol{B}$ 的方向平行于管的轴线，且距轴线等远处 $\boldsymbol{B}$ 的大小相等. 由前已知轴线上的磁感强度 $B=\mu_0 nI$，方向沿轴线与电流成右手螺旋关系.

设 P 为管内任一点(不在轴线上)，过 P 作矩形闭合回路 $abcda$(如图 7-16)，cd 段在轴线上，ab 段过 P 点与轴线平行，bc、da 两段与轴线垂直. 因闭合回路 $abcda$ 中不包含电流，所以，对回路 $abcda$ 用安培环路定理可得

$$\oint_L \boldsymbol{B}\cdot\mathrm{d}\boldsymbol{l}$$
$$=\int_a^b \boldsymbol{B}\cdot\mathrm{d}\boldsymbol{l}+\int_b^c \boldsymbol{B}\cdot\mathrm{d}\boldsymbol{l}+\int_c^d \boldsymbol{B}\cdot\mathrm{d}\boldsymbol{l}+\int_d^a \boldsymbol{B}\cdot\mathrm{d}\boldsymbol{l}$$
$$=0.$$

注意到在 bc 和 da 段，$\boldsymbol{B}$ 与 $\mathrm{d}\boldsymbol{l}$ 垂直；cd 段上的 $\boldsymbol{B}$ 与 $\mathrm{d}\boldsymbol{l}$ 反向，且 $B=\mu_0 nI$；ab 段上的 $\boldsymbol{B}_P$ 与 $\mathrm{d}\boldsymbol{l}$ 平行，且 B_P 为常数. 故有
$$-B_P\cdot\overline{ab}+0+\mu_0 nI\,\overline{cd}+0=0.$$
又因为 $\overline{ab}=\overline{cd}$，所以有

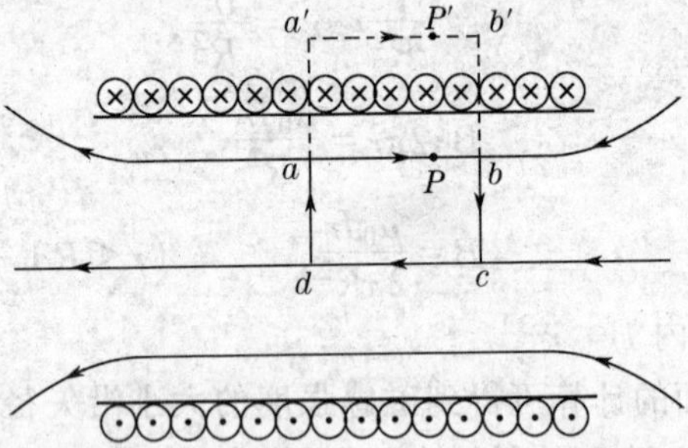

图 7-16

$$B_P = \mu_0 nI$$

由此可见,管内任一点的磁感强度均与轴线上的相同,故管内为匀强磁场.

若场点在管外,设为 P' 点,作矩形闭合回路 $a'b'cda'$ 过 P' 点(见图 7-16).对该回路应用环路定理可得

$$\oint \boldsymbol{B}\cdot \mathrm{d}\boldsymbol{l} = \int_{a'}^{b'} \boldsymbol{B}\cdot \mathrm{d}\boldsymbol{l} + \int_{b'}^{c} \boldsymbol{B}\cdot \mathrm{d}\boldsymbol{l} + \int_{c}^{d} \boldsymbol{B}\cdot \mathrm{d}\boldsymbol{l} + \int_{d}^{a'} \boldsymbol{B}\cdot \mathrm{d}\boldsymbol{l}$$

$$= B_{P'}\overline{a'b'} + 0 + \mu_0 nI\,\overline{cd} + 0 = \mu_0 nI\,\overline{cd},$$

所以 $B_{P'}\overline{a'b'} = 0$.

因而 $B_{P'} = 0$.

由此可见,管外磁感强度处处为零,磁场集中在管内.

7.3.4.3 *载流螺绕环的磁场*

绕在空心圆环上的螺绕形线圈叫螺绕环.设环很细,平均半径为 R,线圈密绕,总匝数为 N,导线中通有电流 I,如图 7-17(a)所示.计算环内、外磁场的磁感强度分布.

由电流分布的对称性可知,在与环共轴的圆周上各点的磁感强度大小相等,方向沿圆周切向,且与电流 I 成右手螺旋关系.

以环心 O 作圆心,r 为半径作圆周 L 作为积分回路,方向沿

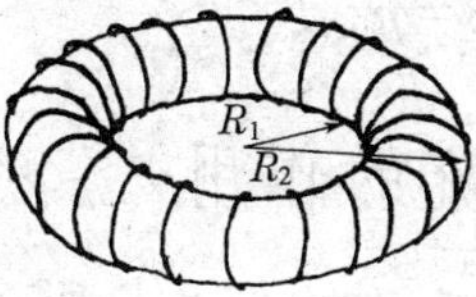

(a)

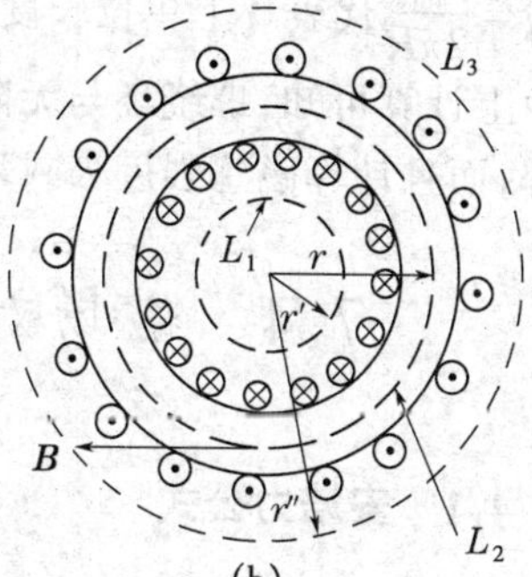

(b)

图 7－17

顺时针，如图 7－17(b)所示．

(1)若 $r'<R_1$，则有

$$\oint_{L_1} \boldsymbol{B}\cdot \mathrm{d}\boldsymbol{l}=\oint_i B\cdot \mathrm{d}l=B\cdot 2\pi r'=0,$$

故

$$B=0.$$

(2)若 $r''>R_2$，则有

$$\oint_{L_3} \boldsymbol{B}\cdot \mathrm{d}\boldsymbol{l}=\oint_L B\cdot \mathrm{d}l=B\cdot 2\pi r''=0,$$

故

$$B=0.$$

(3)若 $R_1<r<R_2$，由于电流穿过 L 回路共 N 次，所以有

$$\oint_L \boldsymbol{B}\cdot \mathrm{d}\,\boldsymbol{l}=\oint_L B\cdot \mathrm{d}l=B\cdot 2\pi r=\mu_0 NI,$$

故

$$B=\frac{\mu_0 NI}{2\pi r}.$$

因螺绕环很细，其平均半径为 R，故 $r\approx R$．所以

$$B=\frac{\mu_0 NI}{2\pi r}=\mu_0\frac{N}{2\pi R}I=\mu_0 nI.$$

式中 $n=\frac{N}{2\pi R}$ 代表环上单位长度的线圈匝数.

由上计算可知,螺绕环与无限长螺线管一样,磁场全部集中在管内部,而且计算磁感强度公式均为 $B=\mu_0 nI$.

7.4 磁场对电流的作用

7.4.1 安培力公式

与电荷激发电场,电场对电荷有作用力相似,电流激发磁场,磁场对电流也有作用力.安培首先对放置在磁场中的载流导体所受到的磁场力作了定量地描述,故称这种力为安培力.如图 7-18(a)所示,电流元 $I\mathrm{d}\boldsymbol{l}$ 所在的磁场的磁感强度为 $\boldsymbol{B}$,$I\mathrm{d}\boldsymbol{l}$ 与 $\boldsymbol{B}$ 夹角为 θ,安培根据实验总结出磁场对载流导线的基本定律,即安培定律:磁场对电流元 $I\mathrm{d}\boldsymbol{l}$ 的作用力,在数值上等于电流元的大小、电流元所在处的磁感强度大小以及电流元 $I\mathrm{d}l$ 与磁感强度 $\boldsymbol{B}$ 之间夹角的正弦之乘积,用数学式表示即为

$$\mathrm{d}F=I\mathrm{d}lB\sin\theta. \tag{7-10}$$

又根据实验知,$\mathrm{d}\boldsymbol{F}$ 的方向与 $I\mathrm{d}\boldsymbol{l}$ 和 $\boldsymbol{B}$ 所确定的平面垂直,并与之成右手螺旋关系(见图 7-18(b)),因此上式可以写成矢量式

$$\mathrm{d}\boldsymbol{F}=I\mathrm{d}\boldsymbol{l}\times\boldsymbol{B}. \tag{7-11}$$

(7-11)式是安培定律的矢量表示式,它表明了处于磁场中的电流元所受安培力作用的基本规律,故又称安培力公式.

对于任意的有限长的载流导线或闭合载流回路,根据力的叠加原理,其所受的安培力 F 可以通过积分求出,即

$$\boldsymbol{F}=\int_L I\mathrm{d}\boldsymbol{l}\times\boldsymbol{B}. \tag{7-12}$$

上式矢量积分遍及在磁场中的整个载流导体.在作具体计算时,一般将上式化为分量形式,然后对标量进行积分.显然,长为 l 的载

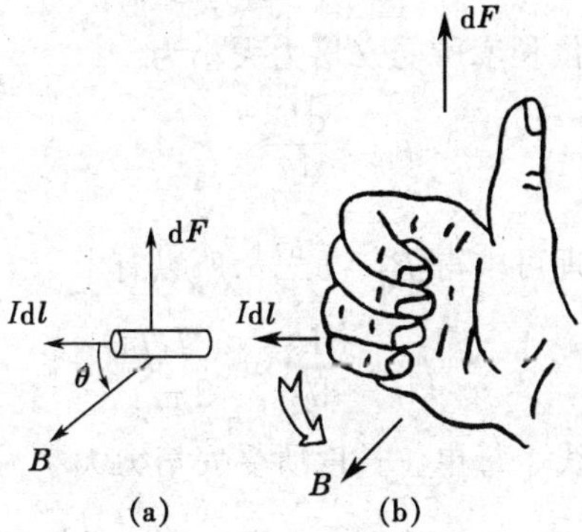

图 7 - 18　安培定律

流直导线在匀强磁场 $\boldsymbol{B}$ 中所受安培力的大小为

$$F = IBl\sin\theta,$$

式中 θ 是电流方向与磁场 $\boldsymbol{B}$ 的夹角. 特别当 $\theta=\dfrac{\pi}{2}$ 时,有

$$F_{\max} = BIl;$$

而在 $\theta=0$ 或 π 时, $F=0$.

下面运用安培力公式计算两根无限长载流直导线在真空中平行放置时,它们之间相互作用的安培力. 如图 7 - 19所示,导线 1 和导线 2 相距为 a,其上的电流强度分别为 I_1 和 I_2. 在导线 1 和 2 上各任取一电流元 $I_1 \mathrm{d}\boldsymbol{l}_1$ 和 $I_2 \mathrm{d}\boldsymbol{l}_2$. 设 $\boldsymbol{B}_1$ 为 I_1 在 $I_2 \mathrm{d}\boldsymbol{l}_2$ 处产生的磁感强度, $\boldsymbol{B}_2$ 为 I_2 在 $I_1 \mathrm{d}\boldsymbol{l}_1$ 处产生的磁感强度,其方向见图(7 - 19). 根据安培力公式,电流元 $I_2 \mathrm{d}\boldsymbol{l}_2$ 所受安培力 $\mathrm{d}\boldsymbol{F}_{12}$ 大小为

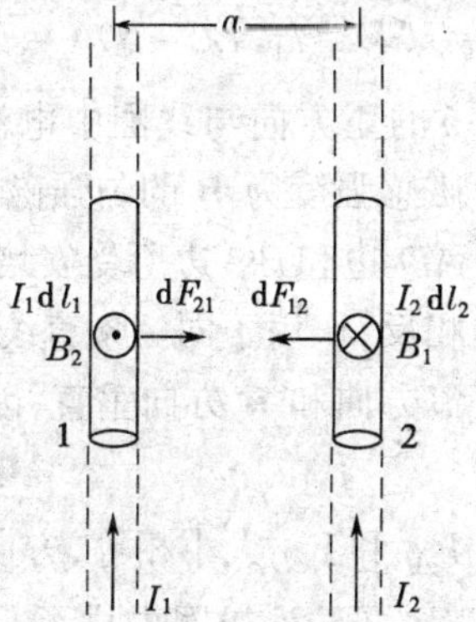

图 7 - 19　平行载流直导线之间的相互作用

$$dF_{12} = B_1 I_2 dl_2,$$

则导线 2 每单位长度所受安培力大小为

$$f_{12} = \frac{dF_2}{dl_2} = B_1 I_2.$$

由安培环路定理可求得 $B_1 = \frac{\mu_0 I_1}{2\pi a}$,所以有

$$f_{12} = \frac{dF_2}{dl_2} = \frac{\mu_0 I_1 I_2}{2\pi a}. \qquad (7-13)$$

同理可求得导线 1 每单位长度所受安培力大小为

$$f_{21} = \frac{dF_1}{dl_1} = B_2 I_1 = \frac{\mu_0 I_1 I_2}{2\pi a}, \qquad (7-14)$$

方向与 f_{12} 相反. 可见,电流方向相同的两载流导线相互吸引. 不难验证,如果两导线中的电流方向相反,其单位长度导线上所受安培力大小同(7-14)式,但两导线相互排斥.

7.4.2 磁场对载流线圈的作用

图 7-20(a)表示一个矩形平面线圈 $ABCD$,其中各边长 $AB = CD = l_1$, $BC = DA = l_2$,线圈内通有电流 I. 设定线圈平面法线 $\hat{n}$ 的正方向与线圈中电流方向满足右手螺旋法则. 将该线圈置于磁感强度为 $\boldsymbol{B}$ 的匀强磁场中,$\boldsymbol{n}_0$ 与 $\boldsymbol{B}_0$ 成 α 角. 根据安培力公式,AD 边和 BC 边所受安培力始终处于线圈平面内,大小相等,方向相反,作用于同一条直线上,故它们相互抵消. 而 AB 和 CD 边,电流方向和 $\boldsymbol{B}$ 方向垂直,因此它们所受安培力 F_{AB} 和 F_{CD} 的大小为

$$F_{AB} = F_{CD} = BIl_1.$$

F_{AB} 和 F_{CD} 大小相等,方向相反,但不作用于一条直线,因而构成一对力偶,为线圈提供了一个转动力矩,如图 7-20(b)所示该力偶矩的大小为

$$M = F_{AB} l_2 \sin\alpha = I l_1 l_2 B \sin\alpha. \qquad (7-15)$$

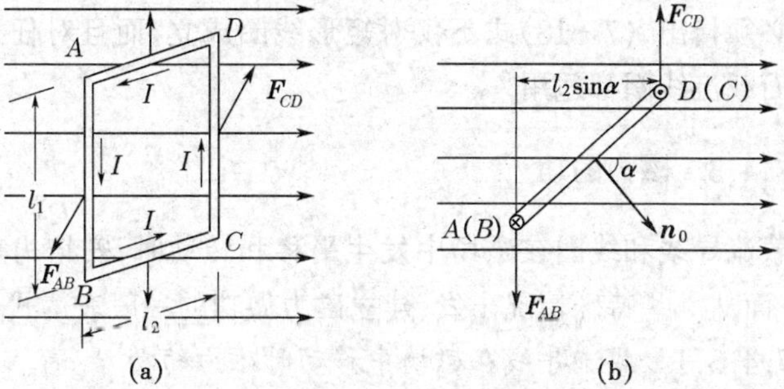

图 7－20　磁场对载流线圈的作用

M 即为磁场作用于线圈的磁力矩.考虑到线圈面积可表示为 $S=l_1 \cdot l_2$,所以力矩又可写成

$$M=BIS\sin\alpha. \tag{7-16}$$

若定义$\boldsymbol{P}_{\mathrm{m}}=I\boldsymbol{S}$称为线圈的磁矩,其中 I 为通过线圈的电流,$\boldsymbol{S}$ 为线圈面积矢量,大小等于线圈的面积,方向即为 $\boldsymbol{n}_0$ 的方向.则力矩的大小又可表示为

$$M=P_{\mathrm{m}}B\sin\alpha, \tag{7-17}$$

写成矢量形式为

$$\boldsymbol{M}=\boldsymbol{P}_{\mathrm{m}}\times\boldsymbol{B}. \tag{7-18}$$

从上面的结果可以推知,当 $\alpha=\dfrac{\pi}{2}$时,线圈平面与磁场方向平行,线圈所受力矩具有最大值,在该力矩作用下,线圈将绕其平行于 AB 边的中心轴转动;当 α 角逐渐减小到 $\alpha=0$ 时,亦即线圈平面与 $\boldsymbol{E}$ 垂直,线圈磁矩$\boldsymbol{P}_{\mathrm{m}}$与 $\boldsymbol{B}$ 的方向相同时,线圈所受力矩等于零,此位置为线圈的稳定平衡位置;$\alpha=\pi$ 时,$\boldsymbol{P}_{\mathrm{m}}$与 $\boldsymbol{B}$ 方向相反,虽然线圈受到的力矩也等于零,该位置也是线圈的一个平衡位置,但稍有扰动线圈就会立即转向 $\alpha=0$ 位置,所以 $\alpha=\pi$ 是线圈的不稳定平衡位置.可见,载流线圈在均匀磁场中所受的力矩总是使线

圈的磁矩$\boldsymbol{P}_m$转向外磁场 $\boldsymbol{B}$ 的方向.

必须指出,(7-18)式不仅对矩形线圈成立,而且对任意形状的平面载流线圈都适用.

7.4.3 磁力的功

载流导线和线圈在磁场中发生平移和转动时,安培力就要做功.下面从一些特殊情况出发,建立磁力做功的一般表达式.

7.4.3.1 载流导线在磁场中移动时磁力的功

设长为 l 的载流导线 ab 与两平行导轨构成闭合回路,其中电流强度 I 保持恒定,如图 7-21 所示.若垂直于回路平面的匀强磁场的磁感强度为 $\boldsymbol{B}$,则导线 ab 所受的安培力大小为

$$F = BIl,$$

$\boldsymbol{F}$ 的方向如图.当导线 ab 从初始位置向右位移Δx 距离时,磁力的功为

$$A = F\Delta x = BIl\Delta x = IB\Delta S = I\Delta\Phi_m \qquad (7-19)$$

上式表明,磁力的功等于电流强度乘以导线所扫过的磁通量.

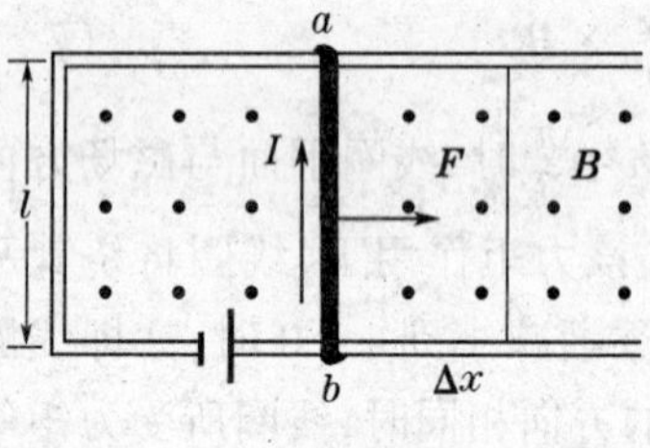

图 7-21

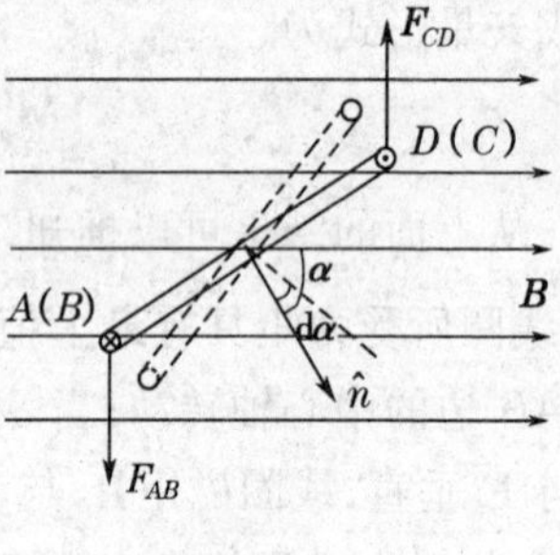

图 7-22

7.4.3.2 载流线圈在磁场中转动时磁力矩的功

如图 7-22 所示,线圈在匀强磁场 $\boldsymbol{B}$ 中受到磁力矩大小为

$$M = ISB\sin\alpha,$$

当线圈转动 $d\alpha$ 角度时，磁力矩做的功为

$$dA = -Md\alpha = -ISB\sin\alpha \cdot d\alpha,$$

式中的负号是因为 $d\alpha > 0$，$\boldsymbol{M}$ 做负功. 故

$$dA = BISd(\cos\alpha) = Id(B\cos\alpha) = Id\Phi_m. \qquad (7-20)$$

在线圈从角度 α_1 转到 α_2 过程中，磁力矩的功为

$$A = -\int_{\alpha_1}^{\alpha_2} BI\sin\alpha \cdot d\alpha = \int_{\Phi_{m2}}^{\Phi_{m1}} Id\Phi_m, \qquad (7-21)$$

式中 Φ_{m_1} 和 Φ_{m_2} 是对应角度 α_1 和 α_2 时通过线圈的磁通量. 式(7－19)和式(7－21)也适用于非均匀磁场.

【例题 7－1】 一无限长载流直导线与一半圆形载流导线共面，且与其对称轴垂直. 两者的电流分别为 I_1 和 I_2，半圆形导线的半径为 a，圆心与直导线的距离也是 a(见图 7－23)，求它们之间的安培力.

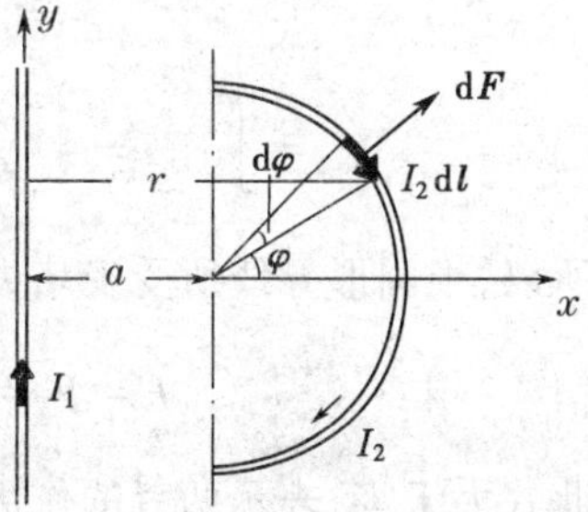

图 7－23

【解】 选半圆形导线的对称轴为 x 轴，无限长直导线的轴线为 y 轴. 因无限长直导线产生的磁感强度大小为

$$B = \frac{\mu_0 I_1}{2\pi r},$$

其方向在半圆弧所在的平面上，垂直于此平面向里，与电流元 $I_2 d\boldsymbol{l}$ 垂直. 因此，$I_2 d\boldsymbol{l}$ 受安培力的大小为

$$dF = \frac{\mu_0 I_1}{2\pi r} I_2 dl = \frac{\mu_0 I_1 I_2}{2\pi r} a\, d\varphi,$$

$d\boldsymbol{F}$ 的方向沿半圆弧的径向(见图 7－23). 此力在 x、y 方向分量分别为

$$\mathrm{d}F_x=\mathrm{d}F\cos\varphi=\frac{\mu_0 I_1 I_2 a}{2\pi r}\cos\varphi\mathrm{d}\varphi,$$

$$\mathrm{d}F_y=\mathrm{d}F\sin\varphi=\frac{\mu_0 I_1 I_2 a}{2\pi r}\sin\varphi\cdot\mathrm{d}\varphi.$$

由图可知 $r=a(1+\cos\varphi)$. 因此,整个半圆形导线所受安培力的 x, y 方向的分量为

$$F_x=\int\mathrm{d}F_x=\int_{-\frac{\pi}{2}}^{\frac{\pi}{2}}\frac{\mu_0 I_1 I_2}{2\pi}\frac{\cos\varphi}{1+\cos\varphi}\mathrm{d}\varphi$$

$$=\frac{\mu_0 I_1 I_2}{\pi}\int_0^{\frac{\pi}{2}}\frac{\cos\varphi}{1+\cos\varphi}\mathrm{d}\varphi$$

$$=\frac{\mu_0 I_1 I_2}{\pi}\left(\frac{\pi}{2}-1\right);$$

$$F_y=\int\mathrm{d}F_y=\int_{-\frac{\pi}{2}}^{\frac{\pi}{2}}\frac{\mu_0 I_1 I_2}{2\pi}\frac{\sin\varphi}{1+\cos\varphi}\mathrm{d}\varphi=0.$$

所以,半圆形导线所受安培力为

$$F=F_x=\frac{\mu_0 I_1 I_2}{\pi}\left(\frac{\pi}{2}-1\right).$$

此式大于零,表示两者的作用是斥力.显然,若其中之一电流反向,两者将彼此吸引.

7.5 磁场对运动电荷的作用

7.5.1 洛仑兹力

在 7.1 中已经指出,当磁场中的带电粒子沿磁场方向运动时,作用在带电粒子上的磁力为零;带电粒子的运动方向与磁场方向垂直时,所受磁力最大.在一般情况下,电量为 q,速度为 $\boldsymbol{v}$ 的运动电荷在磁场中磁感强度为 $\boldsymbol{B}$ 的地方所受到的磁场力为

$$\boldsymbol{F} = q\boldsymbol{v} \times \boldsymbol{B}, \tag{7-22}$$

该力就称为**洛仑兹力**.不难看出,运动电荷在磁场中受到的洛仑兹力 $\boldsymbol{F}$ 总是垂直于 $\boldsymbol{v}$ 和 $\boldsymbol{B}$ 所在的平面,方向与电荷的正负有关(见图7-24).显然,当 $\boldsymbol{v} /\!/ \boldsymbol{B}$,即电荷沿磁场方向或其反方向运动时,$F=0$;当 $\boldsymbol{v} \perp \boldsymbol{B}$,即电荷沿垂直于磁场方向运动时,洛仑兹力有最大值 $F_{\max} = qvB_0$.

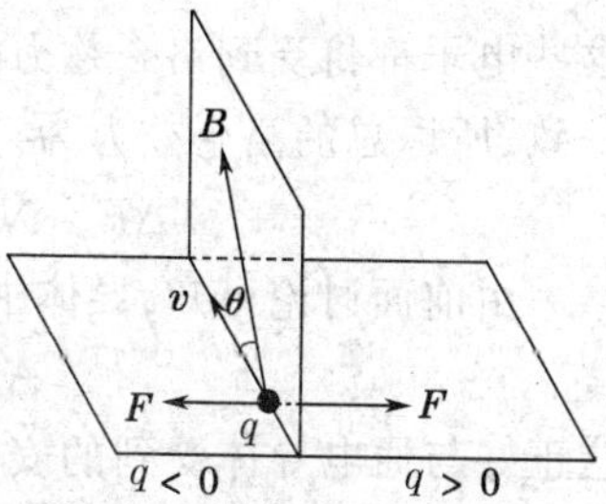

图 7-24 运动电荷在磁场中所受磁力的方向

应当指出,由于洛仑兹力的方向总与带电粒子速度的方向垂直,故洛仑兹力不对粒子做功.它只改变粒子的运动方向,而不改变它的速率和动能.

如果运动电荷所在的空间既有磁场又有电场,则它既受到洛仑兹力又受到电场力的作用,合力为

$$\boldsymbol{F} = q(\boldsymbol{E} + \boldsymbol{v} \times \boldsymbol{B}). \tag{7-23}$$

上式称为**洛仑兹公式**.

7.5.2 安培力与洛仑兹力的关系

按照金属导电的经典电子论,可以导出安培力和洛仑兹力之间的关系.如图7-25,截面为 S,长为 Δl 的直导体垂直地置于磁感强度为 $\boldsymbol{B}$ 的均匀磁场中.若形成电流 I 的自由电子的定向漂移速度为 $\boldsymbol{v}$,则该段导体中每个电子所受的洛仑兹力大小为

$$f = evB,$$

其方向向左.设导体中单位体积内的自

图 7-25 安培力与洛仑兹力的关系

由电子数为 n,则此长为 Δl 的导体中自由电子的总数是:

$$N = nS\Delta l.$$

这些电子都将受到洛仑兹力的作用,它们所受力的大小相等,方向一致.所以总的洛仑兹力为

$$\Delta F = NevB = nevS\Delta lB.$$

由前面讨论可知,导体中的电流强度为 $I = nevS$,因此有

$$\Delta F = I\Delta lB.$$

这正好与通电导体受到的安培力的公式相符,并且总洛仑兹力方向与安培力的方向也一致。

以上的讨论说明了安培力产生的微观机制:定向运动的电子受到洛仑兹力的作用,产生了一个新的横向运动,因此,导体晶格就受到了来自电子的横向碰撞力,这些力的合力就形成了导体受到的安培力。可以这样说,安培力实质是导体中所有自由电荷在形成电流的定向运动中所受洛仑兹力的宏观效果。

7.5.3 带电粒子在匀强磁场中的运动

设电量为 q,质量为 m 的带电粒子以初速度 $\boldsymbol{v}$ 在磁感强度为 $\boldsymbol{B}$ 的均匀磁场中运动。下面分三种情况来讨论该粒子在磁场中的运动。

7.5.3.1 粒子的初速度 $\boldsymbol{v}$ 平行于磁场 $\boldsymbol{B}$

由于 $\boldsymbol{F} = q\boldsymbol{v} \times \boldsymbol{B} = 0$,粒子将仍沿磁场方向作匀速直线运动。

7.5.3.2 粒子的初速度 $\boldsymbol{v}$ 垂直于磁场 $\boldsymbol{B}$

因洛仑兹力 $\boldsymbol{F}$ 始终在垂直于磁感强度 $\boldsymbol{B}$ 的平面内,而粒子的初速度 $\boldsymbol{v}$ 也在这个平面内,所以,它的运动轨迹一定不会越出这个平面。由于 $\boldsymbol{F}$ 垂直于 $\boldsymbol{v}$,而粒子受到的洛仑兹力为 $F = qvB$ 是一个大小不变的力,因此,粒子只能在上述平面内做匀速率圆周运动,如图 7－26 所示。圆周运动的半径 R 很容易由

$$qvB = m\frac{v^2}{R}$$

求出为

$$R = \frac{mv}{qB}. \qquad (7-24)$$

圆周运动的周期 T 和回转频率 ν 分别为

$$T = \frac{2\pi R}{v} = \frac{2\pi m}{qB}, \qquad (7-25)$$

$$\nu = \frac{1}{T} = \frac{qB}{2\pi m}. \qquad (7-26)$$

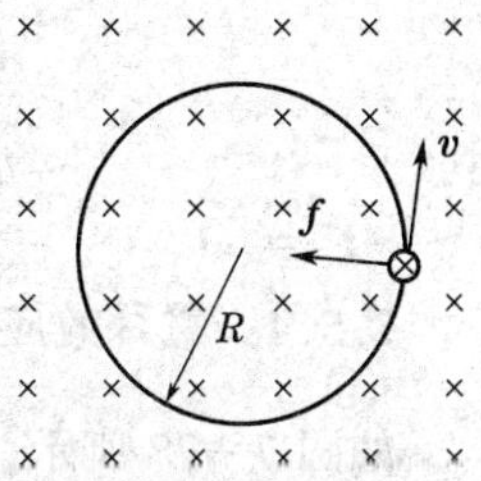

图 7-26　带电粒子在均匀磁场中作圆周运动

它们都与带电粒子的运动速率无关.

7.5.3.3　粒子的初速度 $\boldsymbol{v}$ 与磁场 $\boldsymbol{B}$ 成 θ 角

在普通情况下, $\boldsymbol{v}$ 与 $\boldsymbol{B}$ 成任意夹角 θ. 这时可以将 $\boldsymbol{v}$ 分解为平行和垂直于 $\boldsymbol{B}$ 的分量 $v_{\parallel} = v\cos\theta$ 和 $v_{\perp} = v\sin\theta$. 在平行于 $\boldsymbol{B}$ 的方向上, $v_{\parallel}$ 与 $\boldsymbol{B}$ 共线, 粒子不受洛仑兹力, 将以速度 $v_{\parallel}$ 作匀速直线运动; 在垂直于 $\boldsymbol{B}$ 的方向上, $v_{\perp}$ 与 $\boldsymbol{B}$ 垂直, 粒子在垂直于 $\boldsymbol{B}$ 的平面内受洛仑兹力, 它将在该平面内以速率 $v_{\perp}$ 作圆周运动. 因此合运动的轨迹为一条螺旋线(见图 7-27). 螺旋线的半径 R 和螺距 h 分别为

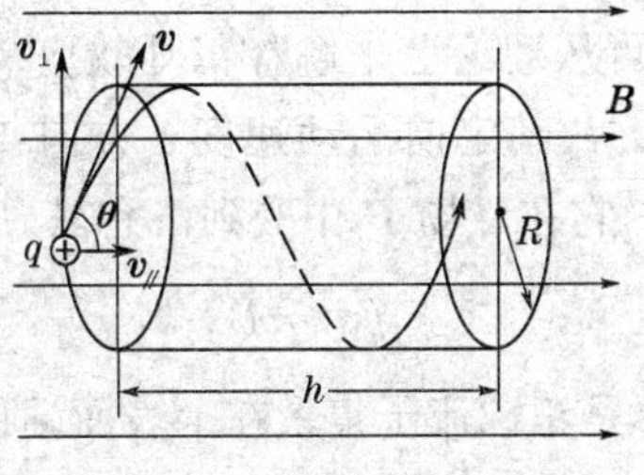

图 7-27　带电粒子在均匀磁场中作螺旋线运动

$$R=\frac{mv_{\perp}}{qB}=\frac{mv\sin\theta}{qB},\tag{7-27}$$

$$h=v_{\parallel}T=\frac{2\pi m}{qB}v\cos\theta.\tag{7-28}$$

7.5.4 霍耳效应

如图 7-28 所示,一块矩形截面的导体沿长度方向有电流 I,而在厚度 d 的方向加上一与前后两个面都垂直的磁感强度为 $\boldsymbol{B}$ 的均匀磁场.结果在导体块的上下两个面 A,A' 之间产生了电位差,称为霍耳电位差.这一现象称为霍耳效应.

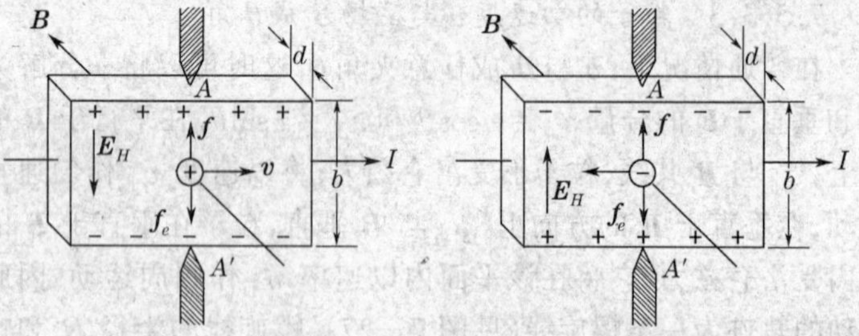

图 7-28　霍耳效应

用洛仑兹力可从理论上来解释霍耳效应.设导体中载流子是电量为 q 的正电荷,其定向运动速度 $\boldsymbol{v}$ 方向与电流方向一致,如图 7-28(a)所示,它在磁场 $\boldsymbol{B}$ 中受到洛仑兹力的作用,其大小为

$$f=qvB,$$

方向向上.于是正载流子集聚在上表面,而在下表面则集聚了负电荷.随着上下两表面电荷的积累,导体内将建立一个自上而下的电场 $\boldsymbol{E}_{\mathrm{H}}$,称为霍尔电场,结果使 A 面和 A' 面之间形成了电位差.这时导体中的正载流子除受洛仑兹力 $\boldsymbol{f}$ 外,还要受到与 $\boldsymbol{f}$ 反

向的电场力$\boldsymbol{f}_e = q\boldsymbol{E}_H$的作用.在平衡状态下,洛仑兹力与电场力大小相等,即

$$q\boldsymbol{E}_H = qvB \text{ 或 } \boldsymbol{E}_H = vB.$$

因此霍耳电位差为

$$V_{AA'} = \int_0^b E_H \mathrm{d}l = E_H \int_0^b \mathrm{d}l = vBb.$$

若设载流子数密度(或浓度)为 n,则流过导体横截面积为 $S = bd$ 的电流强度 I 与载流子定向运动速度 v 的关系为

$$I = nqvS = nqvbd.$$

由上式得 $v = \dfrac{I}{nqbd}$,代入 $V_{AA'}$ 表达式,

$$V_{AA'} = \frac{1}{nq} \cdot \frac{IB}{d}. \tag{7-29}$$

上式即为霍耳电位差公式.它表明霍耳电位差的大小与电流 I 和磁感强度 B 成正比,与导体薄片的厚度 d 成反比.

若设导体中的载流子为负电荷,如图 7-28(b)所示,作类似地讨论可知,上表面集聚负电荷,而下表面集聚正电荷,但(7-29)式仍然成立.因此当 $q>0$ 时,$V_{AA'}>0$,即上表面的电位高于下表面的电位;当 $q<0$ 时,$V_{AA'}<0$,即上表面的电位低于下表面的电位.

霍耳效应被广泛地用于半导体的测试和研究上.例如可用霍耳效应来判定半导体的导电类型,可以测量半导体材料浓度与温度、杂质等因素关系.利用霍耳效应做成的霍耳元件,可以用来测量磁场,测量电路中的电流和功率,可以用来转换信号等.

7.6 磁 介 质

前面讨论了真空中的磁场,本节将讨论有磁介质存在时的磁场.凡处于磁场中能与磁场发生相互作用的物质皆可称为磁介质.

由于有介质时的磁场问题较为复杂,这里只作简略介绍.

7.6.1 介质的磁化

电介质在电场中由于极化而影响电场,同样,磁介质在磁场中也会因磁化而影响磁场.

设真空中有外磁场$\boldsymbol{B}_0$,由于介质磁化而产生了附加磁场$\boldsymbol{B}'$,根据场的叠加原理,介质中的磁感强度应为

$$\boldsymbol{B}=\boldsymbol{B}_0+\boldsymbol{B}'.$$

实验证明,磁介质磁化后的附加磁场$\boldsymbol{B}'$的方向,可以与外加磁场$\boldsymbol{B}_0$的方向相同,也可以相反.这是磁介质与电介质的不同之处.通常把$\boldsymbol{B}'$与$\boldsymbol{B}_0$同向的物质叫顺磁质,如锰、铝、氮、氧等物质都属于顺磁质;把$\boldsymbol{B}'$与$\boldsymbol{B}_0$反向的物质叫抗磁质,如铜、银、铅、金等都属于抗磁质.抗磁质和顺磁质都属于弱磁物质,这是因为它们产生的附加磁场$\boldsymbol{B}'$的值比$\boldsymbol{B}_0$小得多.还有一类磁介质,其$\boldsymbol{B}'$的方向与$\boldsymbol{B}_0$方向相同,但$\boldsymbol{B}'$在数值上比$\boldsymbol{B}_0$大得多,这类磁介质称为铁磁质.铁、镍和钴等均属于这一类磁介质.

铁磁质磁性的起源和顺磁质、抗磁质不同,下面从分子电流观点出发,仅就顺磁质和抗磁质的磁性作出微观解释.

按照安培分子电流假说,物质分子可以等效成一个环形电流,称为分子电流.分子电流使分子具有分子磁矩,实质上,分子磁矩是分子中各个电子轨道运动磁矩与自旋运动磁矩的矢量合成.在无外磁场时,顺磁质内的每个分子中各电子磁矩不能完全抵消,因而整个分子具有一定的固有磁矩$\boldsymbol{P}_\mathrm{m}$;而抗磁质内的分子中各个电子磁矩完全抵消,因而分子不具有固有磁矩.

在顺磁性物质中,分子具有固有磁矩 $\boldsymbol{P}_\mathrm{m}$.无外磁场时,由于热运动,各个分子磁矩的取向无规则,在任意一宏观体积元内$\sum\boldsymbol{P}_\mathrm{m}=0$,介质不显磁场.当有外磁场时,各个分子磁矩都要受

到一个力矩，该力矩力图使分子磁矩转到外磁场方向上去，各分子磁矩在一定程度上沿外场排列起来，使得 $\sum \boldsymbol{P}_m \neq 0$，则物质显有磁性，而产生附加磁场$\boldsymbol{B}'$，且$\boldsymbol{B}'$与$\boldsymbol{B}_0$的方向相同，于是，顺磁质内的磁场被加强了.

在抗磁性物质中，每个分子在整体上无固有磁矩，即 $P_m=0$. 所以，在无外磁场时，磁介质没有磁性. 当加上外磁场时，分子将产生一个附加磁矩 $\Delta\boldsymbol{P}_m$，其方向与外磁场方向相反，它的大小则随外磁场的增强而增大. 由于附加磁场$\boldsymbol{B}'$的方向与外磁场$\boldsymbol{B}_0$的方向相反，于是抗磁质内的磁场被减弱了.

7.6.2 磁介质的磁导率

现以载流长直螺线管为例来讨论磁介质对外磁场的影响. 设长直螺线管线圈中的电流强度为 I，单位长度的匝数为 n，当管内为真空时，其内部的磁感强度$\boldsymbol{B}_0$的大小为

$$B_0=\mu_0 nI. \tag{7-30}$$

若管内充满某种均匀的各向同性的磁介质时，由于磁介质的磁化，而在管内产生一个附加磁场$\boldsymbol{B}'$，使得管内介质中的磁场变为 $\boldsymbol{B}$. 定义 $\boldsymbol{B}$ 与$\boldsymbol{B}_0$大小的比值为磁介质的相对磁导率，用 μ_r 表示，即

$$\mu_r=B/B_0. \tag{7-31}$$

它是一个纯数，表征了磁介质被磁化后对电流磁场的影响程度. 比较(7-30)和(7-31)两式，可得

$$B=\mu_r B_0=\mu_0\mu_r nI$$

或

$$B=\mu nI.$$

式中 $\mu=\mu_0\mu_r$，μ 叫做磁介质的磁导率. 在国际单位制中，μ 的单位和 μ_0 的单位相同，即为 T·m/A(特斯拉·米/安培).

显然，对于顺磁质，$\mu_r>1$；对于抗磁质，$\mu_r<1$. 事实上，非铁磁性物质的 μ_r 都很接近 1，例如，铝的 $\mu_r=1.000023$，铜的 $\mu_r=0.9999912$，等等. 这说明它们对磁场的影响甚微，实用中，常用 μ_0

来代替它们的磁导率 μ. 至于铁磁质,它们的相对磁导率远大于1,例如,纯铁的 μ_r 最大值可达 18 000,并且随着外磁场的强弱而变化,因而铁磁质对磁场影响很大.

7.6.3 磁场强度,磁介质中的安培环路定理

真空中的安培环路定理可表示为

$$\oint_L \boldsymbol{B} \mathrm{d}\boldsymbol{l} = \mu_0 \sum_i I_i .$$

式中的 $\sum\limits_i I_i$ 为穿过以闭合曲线 L 为边界的曲面的传导电流的代数和. 上式对于有磁介质存在时的磁场显然是不适用了. 为了便于研究磁介质中的磁场问题,引入一个新的与磁场性质有关的物理量——磁场强度.

实验表明,若空心螺线管内的磁场为 B_0,那么,加入非铁磁性各向同性的磁介质后的磁感强度则为 B,B 和 B_0 的关系是

$$B = \mu_r B_0 = \mu_r \mu_0 nI = \mu nI .$$

μ 和 μ_0 分别为磁介质的磁导率和真空磁导率.

从上式可得

$$\frac{B}{\mu} = nI$$

$$\frac{B_0}{\mu_0} = nI .$$

这说明在螺线管内,不论有无磁介质,磁感强度和磁导率的比值总是相等的. 通常把这一比值叫磁场强度,用符号 $\boldsymbol{H}$ 表示. 即

$$\boldsymbol{H} = \frac{\boldsymbol{B}}{\mu} . \tag{7-32}$$

也就是说,在非铁磁性各向同性磁介质中,磁场中某点的磁感强度和同一点上的磁导率 μ 的比值,称为该点的磁场强度. 在国际单位制中,磁场强度的单位是 A/m(安培/米).

研究指出,磁介质中的安培环路定理应写为

$$\oint_L \boldsymbol{H} \cdot \mathrm{d}\boldsymbol{l} = \sum_i I_i. \tag{7-33}$$

该式表明,在任何磁场中,$\boldsymbol{H}$ 矢量沿任何闭合路径 L 的线积分(即 $\boldsymbol{H}$ 矢量的环流),等于此闭合路径所围绕的传导电流的代数和.在稳恒电流的电场中,无论对真空或存在磁介质的情况下,该式均适用,它是安培环路定理的普适形式.在某些具有良好的对称性的问题中,利用(7-33)式可以很方便地根据传导电流分布求出 $\boldsymbol{H}$,进而利用(7-32)式求出 $\boldsymbol{B}$.应该注意,$\boldsymbol{H}$ 只是引入的一个辅助物理量,最终有物理意义的是 $\boldsymbol{B}$.

习　题　7

1. 图为两长直平行导线的端视图,每根导线的电流为 I,方向相反,(1)求 x 轴上任意 P 点 B 大小的表达式;(2)在 x 轴上的什么位置 B 最大?

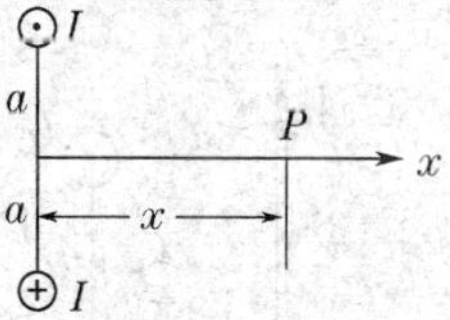

1 题图

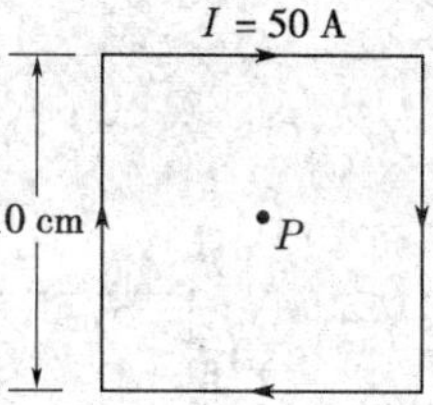

2 题图

2. 求附图中正方形线电流在中心点 P 处产生的磁感强度 B.

3. 如图所示被折成钝角的长导线中通有 $I=20$ A 的电流.求 A 点的磁感强度.设 $a=20$ cm, $\varphi=120°$.

4. 一个半径为 R 的球状的 ^{238}U 铀块,均匀地向四面八方放出带正电的 α 粒子,每秒钟共放出 N 个 α 粒子,每个 α 粒子的电荷为 $+2e$.求距离球心 r $(r>R)$处各点的电流密度和磁感强度的大小.

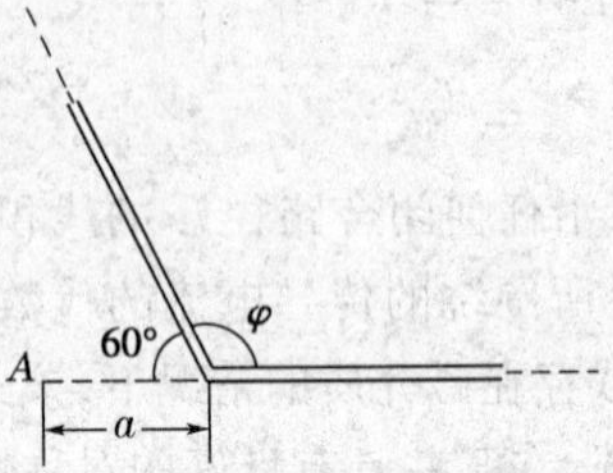

3 题图

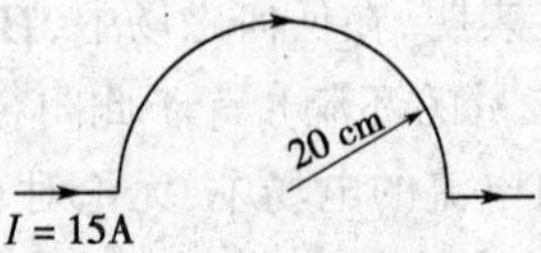

5 题图

5. 如附图所示，一条无限长直导线在一处弯成半径为 20 cm 的半圆形，已知导线中的电流 $I=15\ \text{A}$，求圆心处的磁感强度 B.

6. 如附图所示，一无限长载流直导线在一处弯折成直角，其中电流 $I=20\ \text{A}$，求图中 P 和 P_1 点的磁感强度 B.

7. 如附图所示，两条无限长载流直导线垂直而不共面，其间相距 $d=2.0\ \text{cm}$，电流分别为 $I_1=4.0\ \text{A}$ 和 $I_2=6.0\ \text{A}$. P 点到两导线的距离都是 d，求 P 点的磁感强度 B.

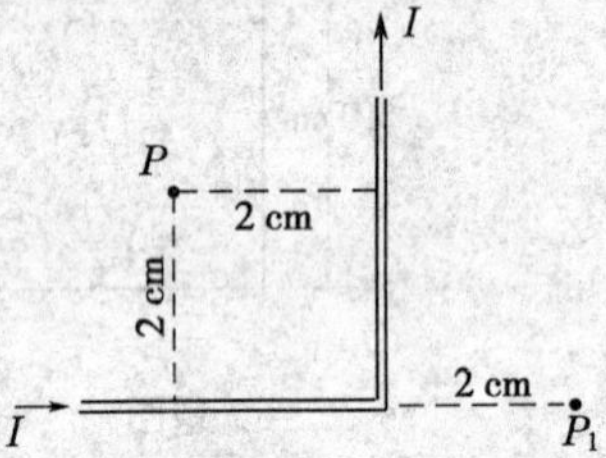

6 题图

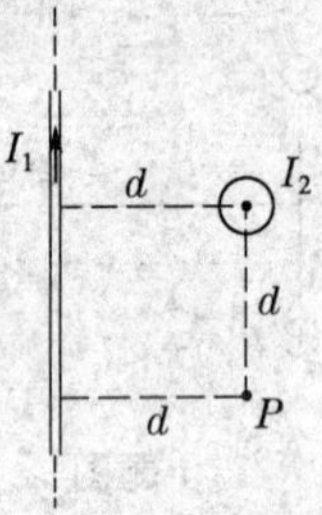

7 题图

8. 螺线管线圈的直径是它轴长的 4 倍，单位长度上的匝数 $n=200$ 匝/cm，通有电流 $I=0.10\ \text{A}$. 求螺线管轴上中点和端点处的磁感强度.

9. 如附图所示，两条直导线沿径向引到一均匀铁环上的 A，B 两点，并在很远处与电源相连. 求环中心的磁感强度 B.

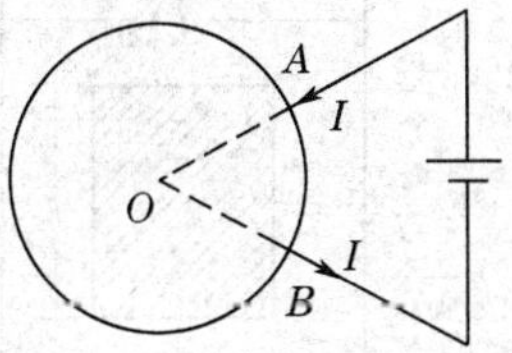

9 题图

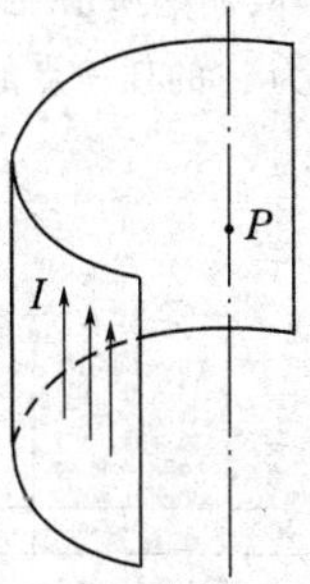

10 题图

10. 一无限长、半径 $R=1.0\ \mathrm{cm}$ 的半圆形金属薄柱壳，沿圆柱轴方向通有电流 $I=5.0\ \mathrm{A}$，电流方向如附图所示. 试求此半圆柱轴线上任一点 P 的磁感强度 B.

11. 如附图，两无限大平行平面上都有均匀分布的面电流，面电流分别为 I_1 和 I_2，两电流平行. 求：(1)两平面之间空间的磁感强度；(2)两平面之外空间的磁感强度.

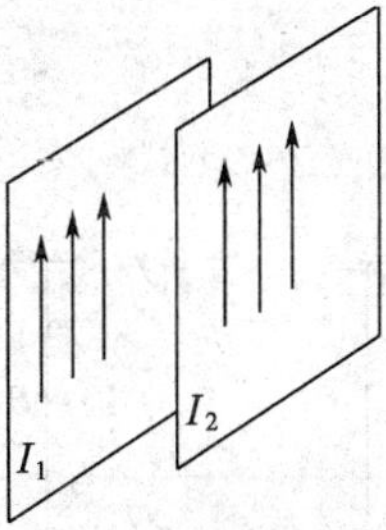

11 题图

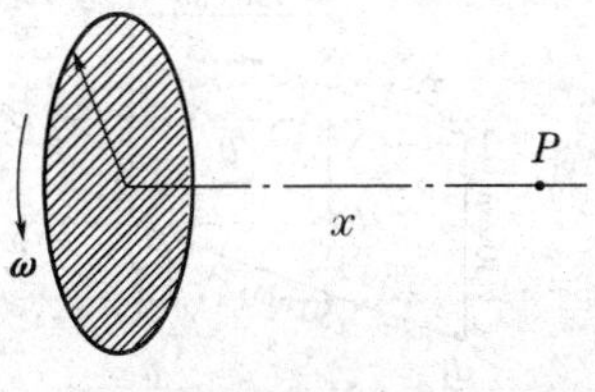

12 题图

12. 半径为 R 的圆片上均匀带电，面电荷密度为 σ，当该圆片以匀角速度 ω 绕它的轴旋转时，轴上距圆心为 x 处的 P 点的磁感强度的大小是多少(见附图)?

13. 在厚度为 d 的无限大平板中，均匀通过电流密度为 j 的电流，方向垂直纸面向外，如图所示．试根据长直电流的磁场公式，由磁场叠加原理求距平板对称面为 x 的任一点的磁感强度．

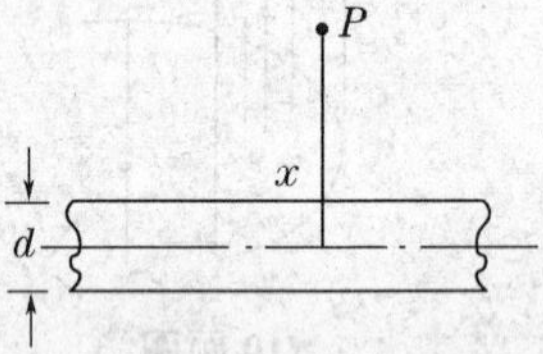

13 题图

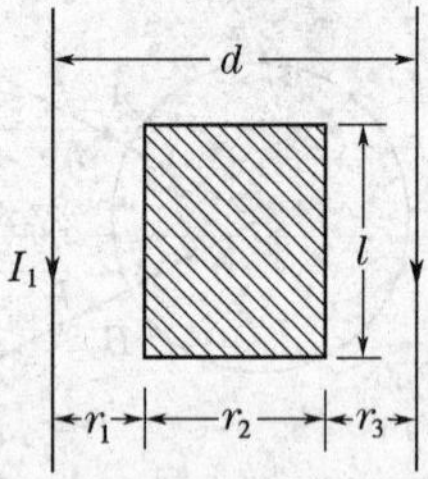

15 题图

14．半径为 R 的木球上绕有细导线，每圈彼此平行紧密相靠并以单层盖住半个球面，共有 N 匝．设导线中通有电流 I，求球心处的磁感强度．

15．两平行长直导线相距 $d=40$ cm，每根导线载有电流 $I_1=I_2=20$ A，如图所示．求通过两导线间矩形面积的磁通量．（$r_1=r_2=10$ cm，$l=25$ cm）

16．$B=2$ T 的均匀磁场沿附图中的 x 轴方向，试求通过 $abcd$ 面，$befc$ 面，$aefd$ 面的磁通量．

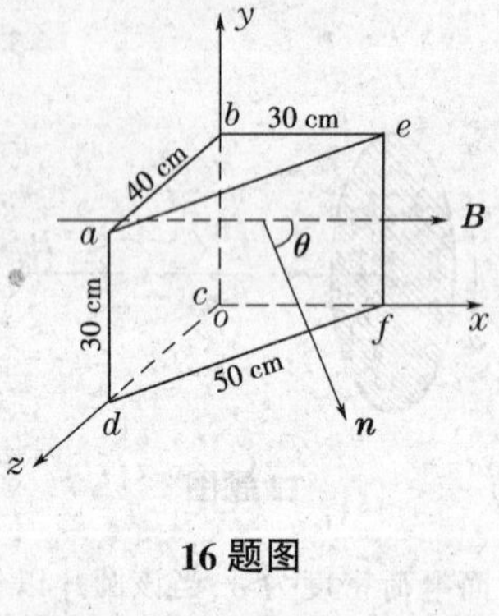

16 题图

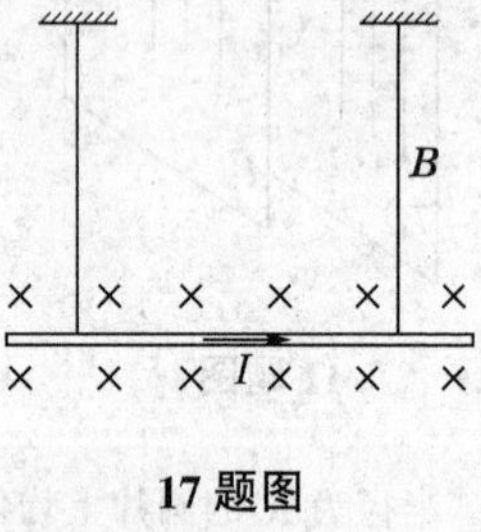

17 题图

17．如图所示，一根长为 l，质量为 m 的直导线用细绳子水平悬挂在外磁场 B 中，导线中通有电流 I，电流方向与 $\boldsymbol{B}$ 垂直．求绳子张力为零时的电流 I，已知 $l=50$ cm，$m=10$ g，$B=1.0$ T．

18. 一根长为 1 m 的载流直导线从中间弯折成 150°角，其中通有电流 $I=10$ A，置于磁感强度 $B=0.50$ T 的均匀磁场中，磁场方向垂直于导线所在平面(见附图)，求此导线所受的安培力.

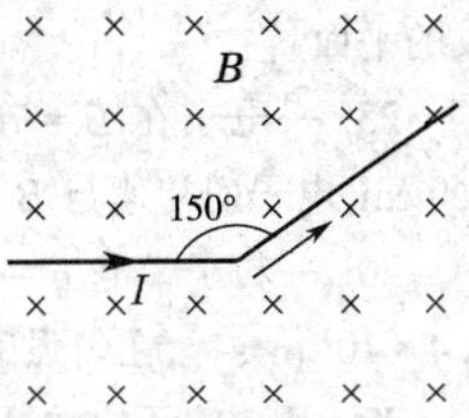

18 题图

19. 一根导线被弯成半径为 R 的半圆，其中载有电流 I，被放在磁感强度为 B 的均匀磁场中，B 的方向垂直于半圆所在平面. 求此导线所受的安培力.

20. 在半径为 R 的长直圆柱导体内挖去半径为 $R/2$ 的一部分长圆柱空间，如图所示. 若导体中均匀流过电流密度为 j 的电流，求空腔中离空腔中心 $R/4$ 的 P 点的磁感强度.

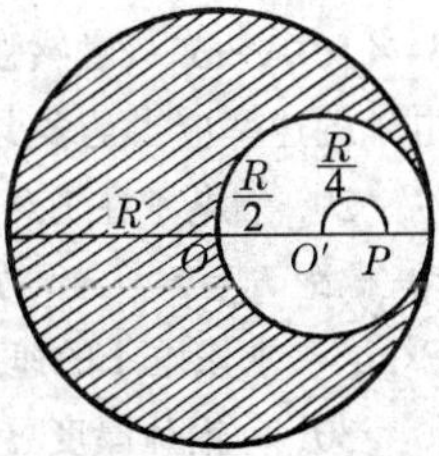

20 题图

21. 5 cm×8 cm 的矩形线圈载流 20 A，置于磁感强度为 0.15 T 的匀强磁场中，它可能受到的最大磁力矩是多少？此时线圈和磁场的相对位置如何？

22. 电流 $I=7$A，流过直径 $D=10$ cm 的铅丝环，铅丝的截面积 $S=7\times10^{-3}$ cm^2，放在 $B=1$ T 的匀强磁场中，环的平面与磁场垂直，问铅丝所受的张力是多少？

23. 如附图所示，矩形线圈可绕 y 轴转动，并载有 10 A 的电流，方向如图. 如果线圈处在磁感强度为 0.2 T 的均匀磁场中，磁场方向平行于 x 轴，试求：(1)为了维持线圈的这一位置，必须加多大的力矩；(2)若线圈从图示位置转到其法线平行于 x 轴，转动过程中保持电流不变，问磁力做了多少功？

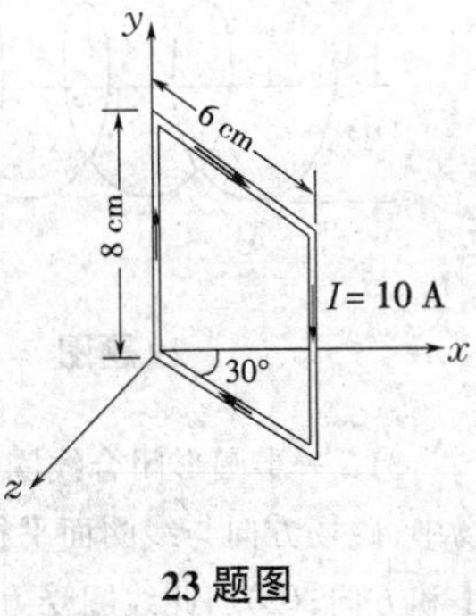

23 题图

24. 一长直导线载有电流 50 A，在离导线 5.0 cm 处有一电子以 $v=1.0\times10^7$ m·s^{-1} 的速率运动. 求下列情况下作用在电子上的洛仑兹力:(1)电子的速度 v 平行于直导线;(2) v 垂直于导线和电子所在点构成的平面.

25. 一电子在 $B=70\times10^{-4}$ T 的匀强磁场中作圆周运动,圆半径 $r=3.0$ cm,电子的初速与 B 方向垂直.求电子速度 v 的大小以及它的动能.

26. 一粒子带电 $q=3.2\times10^{-19}$ C,质量 $m=6.7\times10^{-27}$ kg,速率 $v=5.4\times10^{4}$ m·s^{-1},在匀强磁场中的回旋半径 $R=4$ cm,求磁感强度 B.

27. 某一粒子的质量为 0.5 g,带有 2.5×10^{-8} C 的电荷.此粒子在地球表面附近运动,具有 6×10^{4} m·s^{-1}的水平速度.欲使此粒子保持在水平方向上运动,应加的最小磁场的大小和方向如何?

28. 一电场和一磁场相互垂直,且都垂直于电子束,电场强度的量值是 34×10^{4} V·m^{-1},磁感强度的量值是 2.0×10^{-3} T.要使此电子不发生偏转,电子的速率应当是多少?

29. 一电子在 $B=2.0\times10^{-3}$ T 的磁场中沿半径 $R=2.0$ cm 作螺旋线运动,螺距 $h=5.0$ cm,如附图所示.已知电子的荷质比 $e/m=1.67\times10^{11}$ C·kg^{-1}.求该电子的速度.

30. 一铜片厚度 $d=1$ mm,放在 $B=1.5$ T 的磁场中,磁场方向与铜片表面垂直(如附图).已知铜片中每立方厘米有 8.4×10^{22}个自由电子,铜片中电流 $I=200$ A,方向如图所示.求铜片两侧的霍耳电压 $V_{aa'}$.

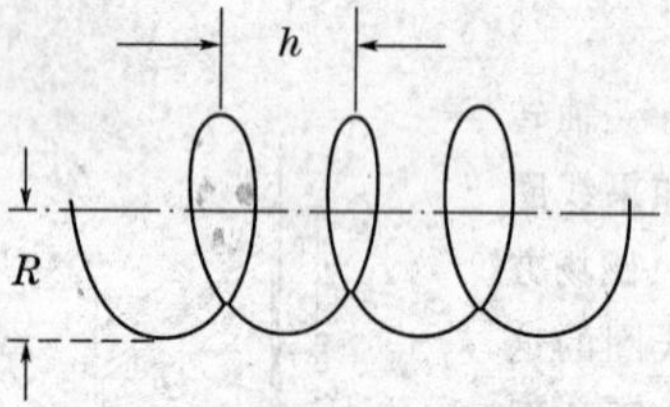

29 题图

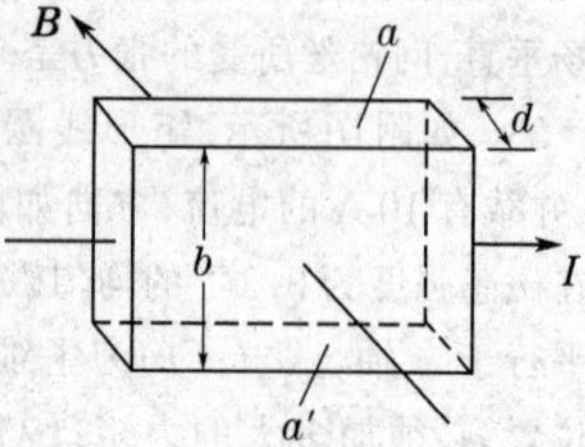

30 题图

31. 一半圆形闭合线圈半径 $R=0.10$ m,通有电流 $I=10$ A,放在均匀磁场中,磁场方向与线圈面平行,$B=5.0\times10^{-1}$ T.求:(1)线圈所受力矩的大小和方向;(2)当此线圈受力矩的作用转到线圈平面与磁场垂直的位置时,力矩所做的功.

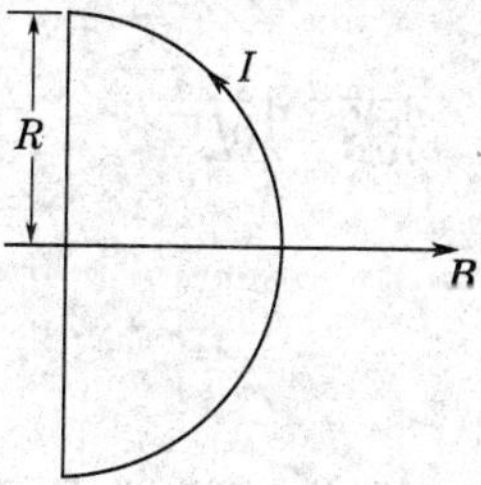

31 题图

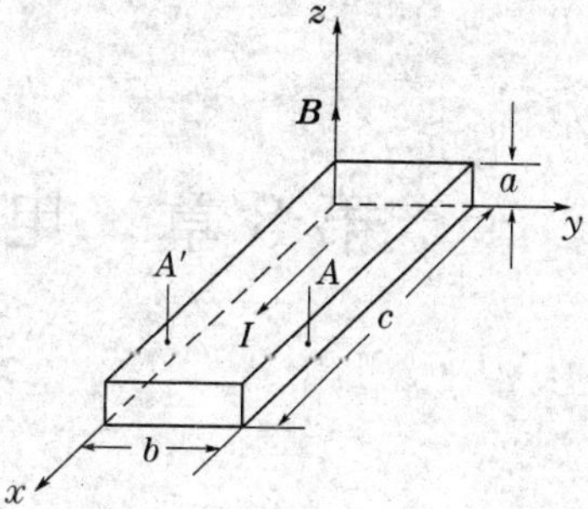

32 题图

32. 一块半导体样品的体积为 $a\times b\times c$，如附图所示，沿 x 方向有电流 I，在 z 方向有均匀磁场 B. 实验测出此时的数据为 $a=0.10\ \mathrm{cm}$, $b=0.35\ \mathrm{cm}$, $c=1.0\ \mathrm{cm}$, $I=1.0\ \mathrm{mA}$, $B=0.30\ \mathrm{T}$，半导体片两侧的电势差 $V_{AA'}=6.55\ \mathrm{mV}$. 问：(1)这块半导体的载流子带电是正的还是负的；(2)此半导体单位体积内的载流子个数是多少？

第8章　电 磁 感 应

前面研究了静电场和稳恒磁场的基本规律,但未涉及场随时间变化的问题.1831 年法拉第首次发现电磁感应现象,总结出电磁感应定律.电磁感应现象的发现和电磁感应定律的建立,在理论研究上和生产技术中都具有划时代的意义.本章将着重讨论电磁感应现象及其基本规律,在此基础上,对自感、互感等现象做进一步分析,最后讨论了磁场的能量.

8.1　电源　电动势

8.1.1　电源

如图 8－1 的电路,电容器已充好电,当开关 S 接通的瞬间,电流计的指针发生偏转,但又很快回到零.其实际过程是这样的:当 A、B 两板用导线接通时,A,B 之间的电势差就在导体内建立了电场,A 板上的正电荷就会在电场力的作用下沿导线流向 B 板,到 B 板后即和 B 板上的负电荷中和,从而导线中有电流流过,电流计指针发生偏转.随着电荷的流动,A,B 两板电势差越来越小,当电势差减小到零时,导线中电流就停止了.显然要想维持导线中的稳恒电流,就必须另找途径把正电荷从 B 板搬运回 A 板,使 A 板上的正电荷不断得到补充,这样才能维持两极板的电势差不变,从而使导线中的电流稳定.很显然,将正电荷从电势较低的 B 板搬运回电势较高的 A 板的过程是不可能靠静电力来完成的.因为静电力只能使正电荷沿电位降落的方向运动.只有依靠某种与静电力本质上不同的非静电力,才能把正电荷逆着静电场的方向,由低电势搬运到高电势(见图 8-1).

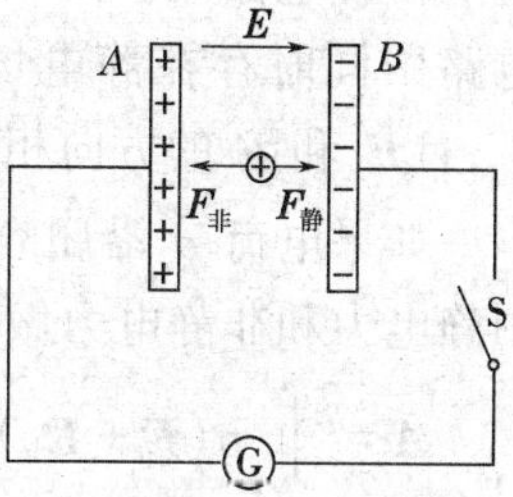

图 8-1　电源原理图

电源是能够提供非静电力的装置.所以非静电力又常称为电源力.电源的种类很多,例如蓄电池、燃料电池、干电池、太阳能电池、发电机等都是经常使用的电源.不同的电源提供不同性质的非静电力,电池中的非静电力源于化学作用,在磁场中运动的线圈中的非静电力源于电磁作用…….电源有两极,电势高的为**正极**,电势低的叫**负极**.利用导线将电源两极与用电器连起来,就构成电流回路,电源外的电路称**外电路**,电源内的电路称**内电路**.

从能量转化的角度来看,非静电力把正电荷从低电位处搬运到高电位处,要克服静电力做功,所消耗的能量是电源提供的,故电源又称为是能够把其他形式的能量转化为电能的装置.

8.1.2　电源的电动势

由上分析可知,在外电路中,正电荷在静电力作用下从电源正极向负极运动,而在内电路中,正电荷在静电力和非静电力共同作用下从负极向正极运动.为了表示非静电力的强弱,仿照定义静电场强的方法,定义非静电场强 $\boldsymbol{E}_k$ 为单位正电荷所受的非静电力,即

$$\boldsymbol{E}_k=\frac{\boldsymbol{F}_{非}}{q}. \qquad (8-1)$$

在外电路中只有静电场 $\boldsymbol{E}$,而在内电路中同时存在静电场 $\boldsymbol{E}$ 和非静电场 $\boldsymbol{E}_k$,且 $\boldsymbol{E}_k$ 和 $\boldsymbol{E}$ 的方向相反(见图 8-2).

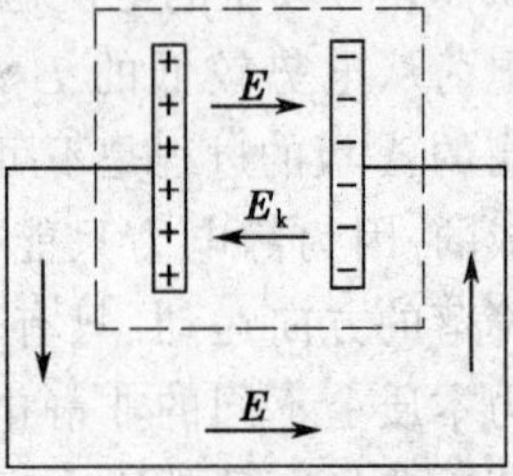

图 8-2 电路中静电场 E 和非静电场 E_k 的方向

如果电荷 q 沿闭合电路运行一周,则静电力和非静电力做功时

$$A=\oint_L q(\boldsymbol{E}+\boldsymbol{E}_k)\mathrm{d}\boldsymbol{l},$$

式中的积分路径 L 是整个闭合回路. 由于静电力是保守力,因而

$$\oint_L \boldsymbol{E}\cdot\mathrm{d}\boldsymbol{l}=0,$$

所以有

$$A=q\oint_L \boldsymbol{E}_k\cdot\mathrm{d}\boldsymbol{l}.$$

为了描述电源内非静电力做功的本领,引入一个叫**电动势** ε 的物理量,它被定义为把单位正电荷沿闭合电路运行一周非静电力所做的功,即

$$\varepsilon=\frac{A}{q}=\oint_L \boldsymbol{E}_k\cdot\mathrm{d}\boldsymbol{l}. \tag{8-2}$$

根据上面的分析可知,非静电力只存在于电源的内部,故上式又可表示为

$$\varepsilon=\int_{-\,(\text{电源内})}^{+} \boldsymbol{E}_k\cdot\mathrm{d}\boldsymbol{l}. \tag{8-3}$$

上式表明:电源的电动势等于把单位正电荷从负极经电源内部移至正极,非静电力所做的功. 由此可见,电源的电动势是由非静电力产生的,它表征了非静电力做功本领以及电源将其他形式的能量转变为电能的本领.

但需指出,在许多情况下,非静电力存在于整个闭合电路中. 例如,回路中由变化的磁场引起感生电动势的感生电场力. 所以(8

−2)式比(8−3)式应用的范围更广,更具一般性.

电源的电动势是标量,在电路中应视为代数量,其单位与电势单位相同,都是伏特(V).为了讨论问题的方便,通常规定:在电源内部由负极指向正极的方向为电动势的正方向.

8.2 电磁感应定律

8.2.1 电磁感应现象

电磁感应定律是通过大量的实验而总结出来的基本规律.因此,我们先来回顾几个典型的实验.

如图 8−3(a),螺线管 A 的两端用导线与一个高灵敏电流计相接.当磁铁的 N 极插入螺线管中时,电流计的指针向右偏转,这说明线圈中有电流产生.当把磁铁的 N 极从螺线管中抽出时,电流计指针向左偏转,即表示线圈里产生反向电流.

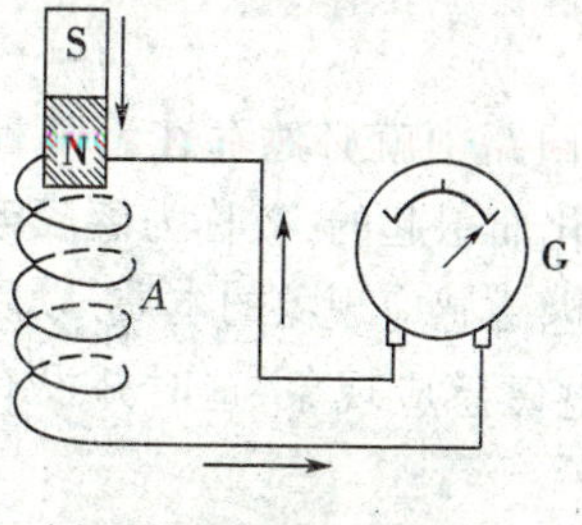

(a) 磁棒与线圈相对运动时电磁感应现象

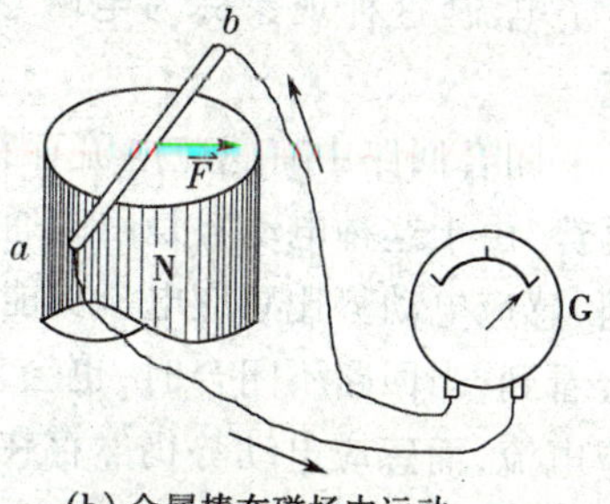

(b) 金属棒在磁场中运动时电磁感应现象

图 8−3 电磁感应实验

若磁铁保持静止不动,而螺线管运动,则可以产生同样的效果.只要两者有相对运动,螺线管的导线中就会产生电流.相对运动的速度越大,即插入或抽出的速度越快,电流计指针的偏转就越大.

再来看一个实验. 如图 8－3(b)用手拿着一根硬金属棒 ab,该棒的两端用软导线接到高灵敏电流计上. 当金属棒在磁铁的 N 极附近从左向右移动时,电流计指针向右偏转. 金属棒移动的越快,电流计指针偏转的越大. 当金属棒从右向左移动时,电流计指针向左偏转,说明回路中产生反向电流.

在这个实验里,磁场是稳定的. 当金属棒移动时,磁场并没有发生变化,只是金属棒作切割磁力线的运动,结果同样产生了电流. 由此可见,把产生电流的起因只归结成磁场变化的认识是不够完全的.

从直接引起的效果来看,磁场的变化和导体切割磁力线的运动有一个共同的特点,这就是它们都使得穿过回路(图 8－3(a)中螺线管 A、导线及电流计组成的回路;图 8－3(b)中金属棒 ab,导线及电流计组成的回路)的磁通量发生了变化. 由此可以得出结论:当穿过一个闭合导体回路的磁通量发生变化时,在回路中就产生了电流. 这种现象称为**电磁感应现象**,产生的电流称为**感应电流**.

闭合回路中有感应电流存在,在回路中就必然存在着某种电动势. 由于这种电动势是因磁通量变化而引起的,故称为**感应电动势**. 感应电动势比感应电流更能反映电磁感应现象的本质. 以后将会看到,当回路不闭合时,也会发生电磁感应现象,这时并没有感应电流,而感应电动势仍然存在.

8.2.2 楞次定律

1834 年,俄国的物理学家楞次(1804～1865)从分析电磁感应现象中总结出判断感应电流的方向的规律:闭合线圈中感应电流产生的磁场总是反抗原磁通量的变化. 这个规律通常叫做**楞次定律**.

运用楞次定律来判断感应电流方向时，可以遵循下面的思考步骤：首先弄清穿过闭合回路的磁通量沿什么方向，发生了何种变化（增加还是减少）；然后依照楞次定律来确定感应电流所激发的磁场沿什么方向（与原来的磁场同向还是反向）；最后根据安培定律从感应电流产生的磁场方向确定感应电流的方向，感应电流的方向确定后，感应电动势的方向就知道了．例如，在上述演示实验中（图 8－3(a)），当条形磁铁 N 极插入线圈时，穿过线圈的磁通量沿着向下的方向增加，按照楞次定律，感应电流激发的磁通量应与原磁通量反向，即沿着向上的方向（图 8－4(a)中虚线所示），这时再根据右手定则，判断出感应电流的方向，如图 8－4(a)中导线上的箭头所示；反之，当拔出磁铁时，穿过线圈的磁通量沿向下方向在减少，感应电流的方向如图 8－4(b)中导线上箭头所示．

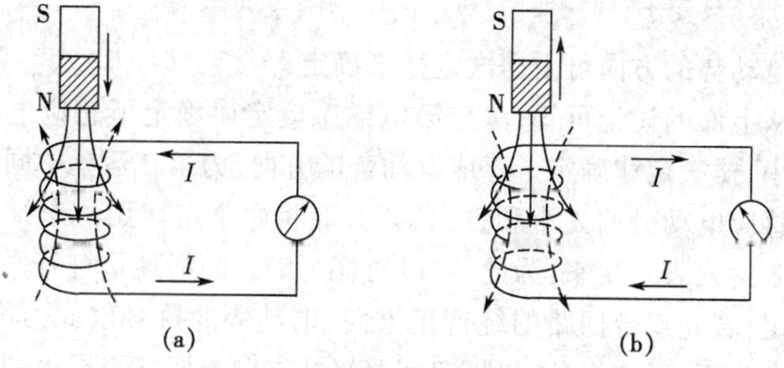

图 8－4　感应电流的方向

从上面的例子可以看出，当磁铁移动时，线圈中感应电流所产生的磁场所对应的磁极总是反抗磁铁的移动．实际上，其他电磁感应实验中，也有类似的情形．总结大量的事实，可以得到楞次定律的另一种表达方式：任何电磁感应现象所产生的效果，总是与产生它的原因相抵抗．这个结论说明产生电磁感应现象必须依靠外力做功，消耗外界的能量．事实上，正是通过外力做功才得以把外界能量转化为感应电流的电能.实质上楞次定律是能量守恒定律在电磁感应现象中的体现,也就是说能量守恒定律要求感应电流必须遵循楞次定律.

8.2.3 法拉第电磁感应定律

英国的科学家法拉第(1791~1867)对电磁感应现象做了定量的研究,从实验中总结出了反映感应电动势与磁通量变化快慢关系的**法拉第电磁感应定律**:穿过闭合回路的磁通量发生变化时,回路中产生的感应电动势与磁通量对时间的变化率成正比,即

$$\varepsilon = k\left|\frac{\mathrm{d}\Phi}{\mathrm{d}t}\right|. \tag{8-4}$$

当采用国际单位制时,$k=1$,于是便得

$$\varepsilon = \left|\frac{\mathrm{d}\Phi}{\mathrm{d}t}\right|. \tag{8-5}$$

感应电动势的方向可由楞次定律来确定.

从上面的讨论可知,法拉第电磁感应定律确定了感应电动势的大小,楞次定律确定了感应电动势的方向.为了在运算中同时考虑到感应电动势的大小和方向,有必要将两个定律用一个统一的数学表达式表示出来.为此,可以对(8-5)式的物理量符号作如下的约定:若先规定回路的绕行正方向,电动势的符号以此为准,顺此方向为正,反之为负.再规定回路绕行方向与回路为周界的面积的正法线 $\boldsymbol{n}$ 的方向满足右手螺旋法则.当 $\boldsymbol{B}$ 与 $\boldsymbol{n}$ 成锐角时,磁通量 Φ 为正;$\boldsymbol{B}$ 与 $\boldsymbol{n}$ 成钝角时,磁通量为负.按这样的规定,楞次定律和法拉第电磁感应定律可以写成如下统一的形式:

$$\varepsilon = -\frac{\mathrm{d}\Phi}{\mathrm{d}t}. \tag{8-6}$$

图 8-5 给出了回路中磁通量变化的几种情形,它与直接用楞次定律判断方向是完全一致的.

应该指出,(8-6)式适用于导线组成的单匝回路.若回路是

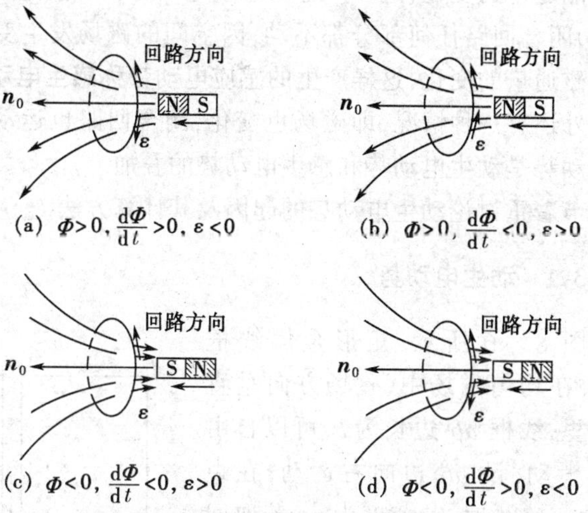

图 8-5　感应电动势的方向与 Φ 的变化之间关系

N 匝密绕线圈，那么在磁通量变化时，每匝中都产生同样的感应电动势. 由于线圈 N 匝是串联的，于是 N 匝线圈中的总的感应电动势为

$$\varepsilon = -N\frac{d\Phi}{dt} = -\frac{d}{dt}N\Phi = -\frac{d\Psi}{dt}, \qquad (8-7)$$

式中 $\Psi = N\Phi$，叫做线圈的**磁通匝链数**或**全磁通**.

8.3　动生电动势和感生电动势

法拉第电磁感应定律指出，不论什么原因，只要穿过回路所围面积的磁通量发生变化，回路中就产生感应电动势. 由前讨论可以看出，使磁通量发生变化的方式主要有两种，因此可以将感应电动势分成下述两类：

(1)磁场不变，而闭合回路的整体或局部在磁场中运动，导致回路中磁通量的变化,这样产生的感应电动势称**动生电动势**.

(2)闭合回路任何部分都不动,因空间的磁场发生变化,导致回路中磁通量的变化,这样产生的感应电动势称**感生电动势**.

此外还有一种情况,即磁场也变化,闭合回路也运动,此时的感应电动势是动生电动势和感生电动势的叠加.

本节着重讨论动生电动势的起因及其计算方法.

8.3.1 动生电动势

如图 8-6 所示,矩形金属线框 $abcd$ 放在均匀磁场中,磁场方向垂直纸面向里,线框 ab 边长为 l,可以自由地左右滑动. 设 ab 边向右运动,在距 cd 边为 x m 处时,其速度为 $\boldsymbol{v}$. 若取回路的正方向为逆时针方向,则这时回路的磁通量为

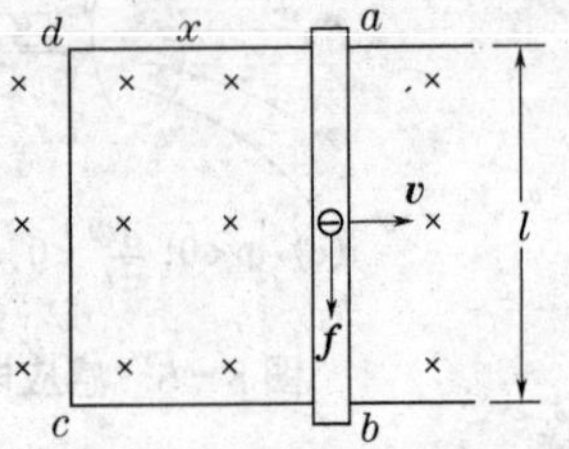

图 8-6

$$\Phi = -Blx \qquad (8-8)$$

回路的动生电动势为

$$\varepsilon = -\frac{\mathrm{d}\Phi}{\mathrm{d}t} = Bl\frac{\mathrm{d}x}{\mathrm{d}t} = Blv. \qquad (8-9)$$

ε 为正值,表明此时的动生电动势方向与回路的绕行方向相同.

导体在磁场中运动而产生动生电动势,可用金属电子理论来解释. 当导体 ab 以速度 $\boldsymbol{v}$ 向右运动时,其内的每个自由电子也以速度 $\boldsymbol{v}$ 向右运动,因而每个自由电子都受到一个洛仑兹力的作用,该力为

$$\boldsymbol{f} = -e(\boldsymbol{v} \times \boldsymbol{B}), \qquad (8-10)$$

式中的 e 取电子电量的绝对值,$\boldsymbol{f}$ 的方向如图 8-6 所示,这个力是由于导线的运动而导致其中自由电子所受到的一种非静电力,在此静电力的作用下,电子沿着导线向 b 端运动,使 a,b 端出现

电荷积累,从而产生一个向下的电场,当电场力与洛仑兹力达到平衡时,电荷积累停止,a,b 端形成稳定的电势差,所以这段导线相当于一个电源,其 a 端为正极,b 端为负极.当电路闭合时,就产生了一个逆时针方向的感应电流.在这里,单位正电荷所受到洛仑兹力是非静电力,引入非静电场强 $\boldsymbol{E}_{\mathrm{k}}$,即

$$\boldsymbol{E}_{\mathrm{k}}=\frac{f}{-e}=\boldsymbol{v}\times\boldsymbol{B}. \tag{8-11}$$

由于电源的电动势等于单位正电荷从负极通过电源内部移到电源正极的过程中非静电力所做的功,所以 ba 段导体所产生的动生电动势

$$\varepsilon_{动}=\int_{-}^{+}\boldsymbol{E}_{\mathrm{k}}\cdot\mathrm{d}\boldsymbol{l}=\int_{-}^{+}(\boldsymbol{v}\times\boldsymbol{B})\cdot\mathrm{d}\boldsymbol{l}=\int_{b}^{a}(\boldsymbol{v}\times\boldsymbol{B})\cdot\mathrm{d}\boldsymbol{l}.$$

由于 $\boldsymbol{v}\perp\boldsymbol{B}$,且 $\boldsymbol{B}$,$\boldsymbol{v}$ 均为常量,故

$$\varepsilon_{动}=\int_{b}^{a}(\boldsymbol{v}\times\boldsymbol{B})\cdot\mathrm{d}\boldsymbol{l}=\int_{b}^{a}vB\mathrm{d}l=vBl.$$

这一结果同前面用 $\varepsilon=-\dfrac{\mathrm{d}\Phi}{\mathrm{d}t}$ 计算的结果一致.

从上面的讨论来看,动生电动势只能存在于运动的这一段导体上,而不动的那一段导体没有电动势,它只提供了电流运行的通路.如果仅仅有一段导体在磁场中运动,并没有构成回路,在这一段导体上虽然没有感应电流,但仍有动生电动势.

以上由洛仑兹力推导出动生电动势的方法可以适用于任意形状的导线线圈(线圈可以闭合也可以不闭合)在任意磁场中作任意运动的情况.线圈在磁场中运动产生的动生电动势为

$$\varepsilon_{动}=\int_{L}\frac{\boldsymbol{F}}{-e}\cdot\mathrm{d}\boldsymbol{l}=\int_{L}(\boldsymbol{v}\times\boldsymbol{B})\cdot\mathrm{d}\boldsymbol{l}, \tag{8-12}$$

积分沿整个运动导线运行.

8.3.2 动生电动势的计算

计算动生电动势一般可以采用两种方法.

(1)对于导体回路,可应用公式

$$\varepsilon_{动}=\oint(\boldsymbol{v}\times\boldsymbol{B})\cdot\mathrm{d}\boldsymbol{l}$$

或

$$\varepsilon_{动}=-\frac{\mathrm{d}\Phi_{\mathrm{m}}}{\mathrm{d}t}.$$

(2)对于不成回路的导体,可应用公式

$$\varepsilon_{动}=\int_a^b(\boldsymbol{v}\times\boldsymbol{B})\cdot\mathrm{d}\boldsymbol{l}.$$

当导体不成回路时,也可以设想一种合理的回路以便应用法拉第定律 $\varepsilon_{动}=-\frac{\mathrm{d}\Phi_{\mathrm{m}}}{\mathrm{d}t}$,或者先计算该导体在 $\mathrm{d}t$ 时间内扫过面积的磁通量 $\mathrm{d}\Phi_{\mathrm{m}}$,再应用 $\varepsilon_{动}=-\frac{\mathrm{d}\Phi_{\mathrm{m}}}{\mathrm{d}t}$来计算,得出 $\varepsilon_{动}$.

【例题 8-1】 如图 8-7(a)所示,长为 L 的铜棒 ab 放置在垂直于纸面向里的均匀磁场中,并以 a 端为轴,以角速度 ω 在纸面内转动,求棒上的感应电动势.

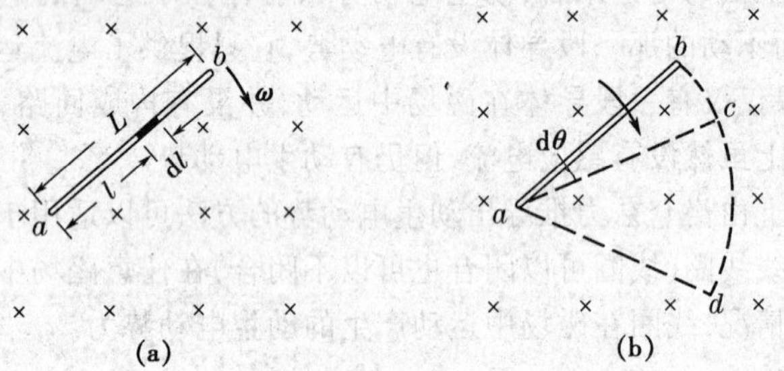

图 8-7

【解】 本例可以用两种方法求解

方法一:在 ab 上距 a 点为 l 远处取一线元 $\mathrm{d}l$,其角速度的大小为

$$v = l\omega,$$

$\boldsymbol{v}$ 的方向与 $\mathrm{d}\boldsymbol{l}$ 垂直.按公式

$$\varepsilon_{动} = \int_0^L (\boldsymbol{v} \times \boldsymbol{B}) \cdot \mathrm{d}\boldsymbol{l} = \int_0^L vB\mathrm{d}l$$

$$= \int_0^L l\omega B\mathrm{d}l = \frac{1}{2}\omega BL^2,$$

$\varepsilon_{动}>0$,说明动生电动势的方向由 a 指向 b,即铜棒 a 端积累负电荷,b 端积累正电荷.在 a、b 间形成电场,直到电场力与洛仑兹力相等,两端的电荷积累才结束.这时 ab 段相当于一个处于开路状态的电源.由一段含源电路的欧姆定律得

$$U_{ab} = \varepsilon_{动} = \frac{1}{2}\omega BL^2.$$

方法二:设铜棒 ab 是闭合回路的一边,将它配成扇形回路 $abda$(图 8－7b).当棒 ab 以 a 端为轴转动时,扇形面积将减少.经过 $\mathrm{d}t$ 时间内铜棒扫过的扇形面积为

$$\mathrm{d}S = \frac{1}{2}L\,\overset{\frown}{bc} = \frac{1}{2}L\mathrm{d}\theta L = \frac{1}{2}\omega L^2\mathrm{d}t,$$

在 $\mathrm{d}t$ 时间内扇形回路的磁通增量为

$$-\mathrm{d}\Phi = B\mathrm{d}S = \frac{1}{2}\omega BL^2\mathrm{d}t.$$

根据法拉第电磁感应定律,得

$$\varepsilon_{动} = -\frac{\mathrm{d}\Phi}{\mathrm{d}t} = \frac{1}{2}\omega BL^2.$$

动生电动势的方向由楞次定律判断,从 a 指向 b.可见,两种方法所得结果是一致的.

8.3.3 感生电动势和涡旋电场

如前所述,当导体回路不动,由于磁场变化而引起磁通量改变时就要产生感生电动势.产生感生电动势的非静电力,显然既不是

静电场的库仑力，也不是洛仑兹力．实验表明，这种力只和磁场的变化有关，而与导线的形状种类和性质无关．英国的科学家麦克斯韦(1831～1879)在系统地总结前人成果的基础上，成功地提出了一个假设：变化的磁场在其周围空间会激发一种电场，这种电场称为**感生电场**或**涡旋电场**，记作 $\boldsymbol{E}_{感}$；它作用于放置在空间的导体回路，在回路中就产生感生电动势，并形成感生电流．麦克斯韦的这一假设，从理论上揭示了电场与磁场的内在联系，并已为近代众多的实验结果所证实．

按照麦克斯韦假说，对于闭合回路 L 应有

$$\varepsilon_{感}=\oint_L \boldsymbol{E}_{感}\cdot \mathrm{d}\boldsymbol{l}. \tag{8-13}$$

又根据法拉第电磁感应定律，则有

$$\varepsilon_{感}=-\frac{\mathrm{d}\Phi}{\mathrm{d}t}=\oint_L \boldsymbol{E}_{感}\cdot \mathrm{d}\boldsymbol{l}. \tag{8-14}$$

式中 Φ 是穿过闭合曲线 L 所包围曲面 S 上的磁通量，即

$$\Phi=\iint_S \boldsymbol{B}\cdot \mathrm{d}\boldsymbol{S},$$

代入(8－14)式，得

$$\oint_L \boldsymbol{E}_{感}\cdot \mathrm{d}\boldsymbol{l}=-\frac{\mathrm{d}}{\mathrm{d}t}\iint_S \boldsymbol{B}\cdot \mathrm{d}\boldsymbol{S}. \tag{8-15}$$

式中的回路积分方向与 S 的法线方向成右手螺旋关系．由于回路不动，磁通量的变化仅由磁场 B 的变化引起，上式对时间求导和对曲面积分可以互换，同时考虑到 B 一般是时间和空间的函数，所以上式可写作

$$\oint_L \boldsymbol{E}_{感}\cdot \mathrm{d}\boldsymbol{l}=-\iint_S \frac{\partial \boldsymbol{B}}{\partial t}\cdot \mathrm{d}S \tag{8-16}$$

式(8－16)中负号说明 $\frac{\partial \boldsymbol{B}}{\partial t}$ 和 $\boldsymbol{E}_{感}$ 满足左手螺旋关系，如图 8－8 所示．(8－16)式是变化的电磁场的基本方程之一，它不仅表明了感

生电场与激发它的变化磁场之间的关系，同时也揭示了感生电场的一些与静电场不同的性质.从式(8－16)可以看出

$$\oint_L \boldsymbol{E}_{感}\cdot \mathrm{d}\boldsymbol{l}\neq 0, \qquad (8-17)$$

即$\boldsymbol{E}_{感}$不是位场，其环流不为零，所以不能引入电势的概念，它的电场线是闭合的，故又称**涡旋电场**.因而 $\boldsymbol{E}_{感}$ 对闭合面的通量为零，即

$$\oiint \boldsymbol{E}_{感}\cdot \mathrm{d}\boldsymbol{S}=0. \qquad (8-18)$$

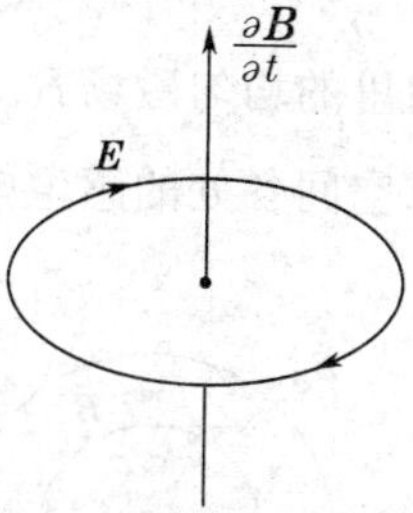

图 8－8　E 和$\frac{\partial \boldsymbol{B}}{\partial t}$成左手螺旋关系

前面曾指出，静电场是有源无旋场，现在则可以说感生电场是无源有旋场.

8.3.4　感生电动势的计算

计算感生电动势可以用下面的两种方法.

(1)若磁场在空间分布具有对称性，在磁场中的导体又不成回路，可以用

$$\oint \boldsymbol{E}_{感}\cdot \mathrm{d}\boldsymbol{l}=-\iint_S \frac{\partial \boldsymbol{B}}{\partial t}\cdot \mathrm{d}\boldsymbol{S}$$

求出 $\boldsymbol{E}_{感}$ 的空间分布，然后再利用

$$\varepsilon_{感}=\int_a^b \boldsymbol{E}_{感}\cdot \mathrm{d}\boldsymbol{l}$$

算出导体 ab 上的感生电动势.

(2)若导体为闭合回路(或可设想为闭合回路)，可直接利用法拉第定律

$$\varepsilon=-\frac{\mathrm{d}\Phi}{\mathrm{d}t}$$

进行计算.

【例题 8-2】 半径为 R 的长圆柱形空间存在着垂直于纸面向里的均匀磁场 B，如图 8-9(a)所示，当 $\boldsymbol{B}$ 以 $\frac{\mathrm{d}\boldsymbol{B}}{\mathrm{d}t}$ 的速度增强时，求空间各处的感生电场强度 $\boldsymbol{E}_{感}$ 和同心圆回路的感生电动势 $\varepsilon_{感}$.

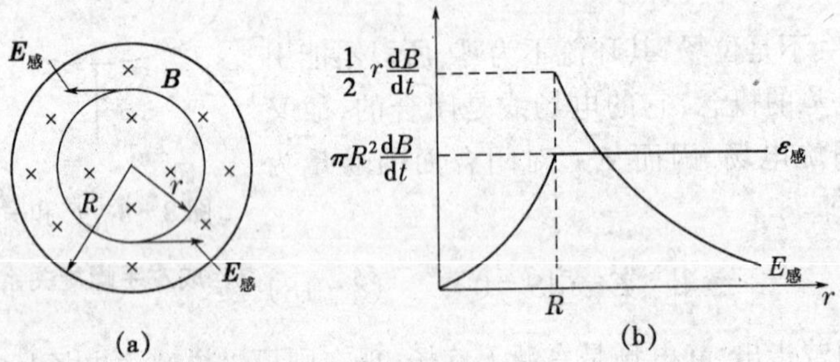

图 8-9

【解】 由磁场变化的对称性和感生电场线的闭合性可知，电场线是以圆柱轴线为轴的一些同心圆，圆上各点场强大小相等. 方向沿同心圆的切向.

取顺时针方向为上述圆形回路的正方向，有

$$\oint \boldsymbol{E}_{感}\cdot\mathrm{d}\boldsymbol{l} = -\iint \frac{\partial \boldsymbol{B}}{\partial t}\cdot\mathrm{d}\boldsymbol{S},$$

由于 $\frac{\mathrm{d}\boldsymbol{B}}{\mathrm{d}t}$ 与 $\mathrm{d}\boldsymbol{S}$ 同向(指向纸里)，当圆柱半径 $r<R$ 时，上式可以写作

$$2\pi r E_{感} = -\frac{\mathrm{d}B}{\mathrm{d}t}\pi r^2,$$

故

$$E_{感} = -\frac{1}{2} r \frac{\mathrm{d}B}{\mathrm{d}t}.$$

负号表示感生电场的方向与所选回路绕向相反，即图中的逆时针方向，正好与 $\frac{\mathrm{d}\boldsymbol{B}}{\mathrm{d}t}$ 成左手螺旋关系. 回路的电动势

$$\varepsilon_{感} = \oint \boldsymbol{E}_{感} \cdot \mathrm{d}\boldsymbol{l} = 2\pi r E_{感} = -\pi r^2 \frac{\mathrm{d}B}{\mathrm{d}t}.$$

因 $\varepsilon_{感}<0$,表明电动势沿回路逆时针方向.

当 $r>R$ 时,

$$2\pi r E_{感} = -\frac{\mathrm{d}B}{\mathrm{d}t}\pi R^2,$$

故
$$E_{感} = \frac{1}{2}\frac{R^2}{r}\frac{\mathrm{d}B}{\mathrm{d}t},$$

$$\varepsilon_{感} = \oint E_{感} \cdot \mathrm{d}l = 2\pi r \cdot E_{感} = -\pi R^2 \frac{\mathrm{d}B}{\mathrm{d}t},$$

$E_{感}$、$\varepsilon_{感}$ 也都沿回路逆时针方向.

由上分析计算看出:当 $r<R$ 时,$E_{感} \propto r$,$\varepsilon_{感} \propto r^2$;当 $r>R$ 时,$E_{感} \propto \frac{1}{r}$,$\varepsilon_{感}$ 是常数.图 8-9(b)标出 $E_{感}$ 和 $\varepsilon_{感}$ 随 r 的变化关系.

8.4 自感和互感

8.4.1 自感

电磁感应定律指出,当穿过一个回路的磁通量发生变化时,回路中就有感生电动势产生.大多数情况下,磁通量的变化是由电流变化引起的.当一个线圈中的电流改变时,电流所激发的磁场就随着改变,使通过线圈本身的磁通量也发生变化,从而使线圈本身又产生感生电动势.这种由于回路中电流变化而在自身回路中产生感应电动势的现象叫**自感现象**,简称**自感**,其电动势叫**自感电动势**.

设线圈导线中的电流为 I,如果线圈的几何形状保持不变,而且在空间没有铁磁质时,那么根据毕奥-萨伐尔定律可知,在空间任意一点所产生的磁感应强度与线圈中的电流强度 I 成正比,因此通过线圈的磁通匝链数 Ψ 也与 I 成正比,即

$$\Psi = LI, \tag{8-19}$$

式中 L 是比例系数,它的量值决定于线圈的几何形状及周围磁介质的磁导率等因素,称为自感系数.

在国际单位制中,自感系数的单位是 H(亨利)根据(8-19)式,当线圈中的电流强度为 1 安培(A),通过线圈本身的磁通匝链为 1 韦伯(Wb)时,线圈的自感系数为 1 亨利(H). 亨利这个单位非常大,实际中常用毫亨利(mH)与微亨利(μH)作为辅助单位,并且有

$$1\mu\text{H} = 10^{-3}\text{mH} = 10^{-6}\text{H}.$$

按法拉第电磁感应定律,线圈中产生的自感电动势应为

$$\varepsilon_L = -\frac{\mathrm{d}\Psi}{\mathrm{d}t} = -\frac{\mathrm{d}(IL)}{\mathrm{d}t} = -L\frac{\mathrm{d}I}{\mathrm{d}t} - I\frac{\mathrm{d}L}{\mathrm{d}t}.$$

式中第一项代表由电流变化而产生的自感电动势;第二项代表因回路中几何形状和磁介质的变动产生的电感电动势,它反映在自感系数随时间的改变上.

如果保持 L 不变,即 $\frac{\mathrm{d}L}{\mathrm{d}t} = 0$,则

$$\varepsilon_L = -L\frac{\mathrm{d}I}{\mathrm{d}t}. \tag{8-20}$$

上式中的负号表明自感电动势的方向与电流变化的方向相反,即电流增加时,$\varepsilon_L < 0$;电流减小时,$\varepsilon_L > 0$. 可见,自感电动势总是反抗线圈回路中本身电流的变化,而且线圈的自感系数愈大,线圈中的电流也愈不易改变. 换句话说,回路中的自感有使回路电流保持不变的性质. 回路的这种性质与力学中物体的惯性有些相似,可称为电磁惯性. 而自感系数就是回路电磁惯性的量度.

自感现象在技术上有广泛的应用. 用来稳定电路的高频扼流圈,各种谐振电路及滤波器等都利用了自感原理,但在某些情况下发生的自感现象也有其危害性. 例如在切断载有较大电流的电路

时,由于电路的自感元件的作用,开关处会出现强烈的电弧,会造成极大的危害.所有这些均需采取技术措施设法避免.

【例题 8-3】 设传输线为两个共轴圆筒组成的无限长电缆,其间真空,内、外筒半径分别为 R_2, R_1,如图 8-10 所示.电流由内筒的一端流入,由外筒的另一端流回,求此传输线一段长度为 l 的自感系数.

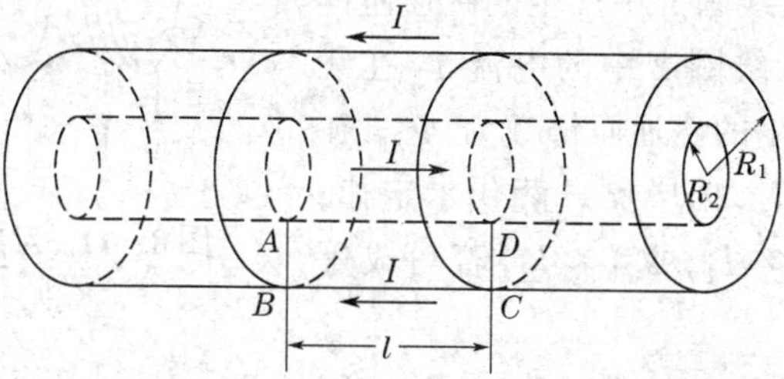

图 8-10

【解】 设电流强度为 I,用安培环路定理不难求出,两导体之间的磁感应强度为

$$B=\frac{\mu_0}{2\pi}\frac{I}{r},$$

为了计算出此传输线长度为 l 的自感系数,考虑长为 l 的矩形回路 $ABCD$,只需计算通过此回路的磁通量 Φ,其结果为

$$\Phi=\int \boldsymbol{B}\cdot \mathrm{d}\boldsymbol{S}=\int_{R_1}^{R_2} Bl\cdot \mathrm{d}r=\frac{\mu_0}{2\pi}Il\int_{R_1}^{R_2}\frac{\mathrm{d}r}{r}=\frac{\mu_0}{2\pi}Il\ln\frac{R_2}{R_1}$$

由 $\Psi=LI$,可得长为 l 的电感系数为

$$L=\frac{\Psi}{I}=\frac{\mu_0 l}{2\pi}\ln\frac{R_2}{R_1}.$$

8.4.2 互感

由于一个回路中电流变化而在另一个回路中产生感生电动势

的现象，叫**互感现象**，这种感生电动势称**互感电动势**. 工程上和实验室中经常用的变压器、感应圈等都利用了互感现象中的互感电动势.

如图 8-11 所示，两个相邻的线圈 1 和 2，总匝数分别为 N_1 和 N_2，并通以电流 I_1 和 I_2，设线圈 1 中的电流 I_1 在线圈 2 中产生的磁通匝链数为 Ψ_{12}，线圈 2 中的电流 I_2 在线圈 1 中产生的磁通匝链数为 Ψ_{21}，在无铁磁质时，据毕奥－萨伐尔定律，应有 $\Psi_{12} \propto I_1$，$\Psi_{21} \propto I_2$，若写成等式，则

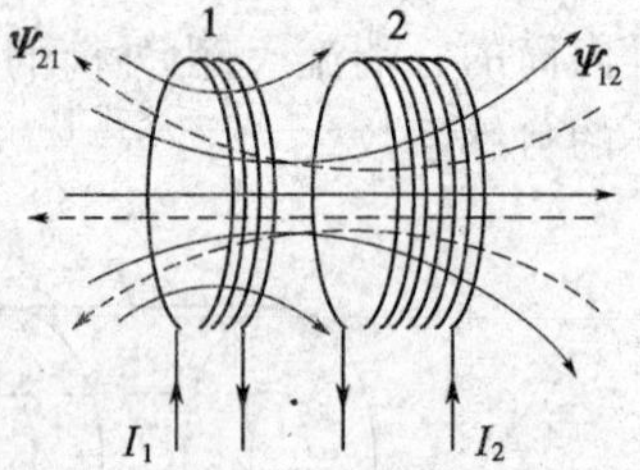

图 8-11　互感现象

$$\Psi_{12} = M_{12} I_1,\ \Psi_{21} = M_{21} I_2. \tag{8-21}$$

式中 M_{12}和 M_{21}分别是比例系数，决定于每个线圈的几何形状、周围介质以及两个线圈的相对位置等因素，称为**互感系数**.

实验和理论均可证明，两互感系数 M_{12}，M_{21} 相等，令为 M，即

$$M_{21} = M_{12} = M,$$

于是式(8-21)可以写成

$$\Psi_{12} = MI_1,\ \Psi_{21} = MI_2 \tag{8-22}$$

当线圈 1 中的电流 I_1 改变时，通过线圈 2 的磁通匝链数 Φ_{12} 将发生变化. 根据法拉第定律，在线圈 2 中所产生的互感电动势为

$$\varepsilon_{12} = -\frac{\mathrm{d}\Psi_{12}}{\mathrm{d}t} = -M\frac{\mathrm{d}I_1}{\mathrm{d}t}; \tag{8-23}$$

同理

$$\varepsilon_{21} = -\frac{\mathrm{d}\Psi_{21}}{\mathrm{d}t} = -M\frac{\mathrm{d}I_2}{\mathrm{d}t}; \tag{8-24}$$

互感的单位与自感的单位相同，在国际单位制中为 H(亨利).

根据两耦合线圈的取向不同,互感可正可负,当两线圈的法线取向一致时(即两线圈的磁通量的正方向相同),互感取正值,反之取负值.一般来说互感的计算比较困难,通常是通过实验来测定,只是在少数特殊情况下,才由计算得出.

互感现象在电工和无线电技术中有非常广泛的应用.利用互感可以方便地将电能或电信号从一个回路传递给另一个回路.变压器高频感应圈、交流互感器等都是利用互感原理制成的.然而,互感现象在另外一些场合下又是有害的.例如在收音机回路之间,电话线和电力输送线之间,会因互感而产生干扰,这时要采取技术措施减小其作用.

【例题 8-4】 在真空中有一长螺线管,上面紧绕着两个长度为 l 的线圈,外层线圈(用实线表示)的匝数为 N_2,内层线圈(用虚线表示)的匝数为 N_1,如图 8-12 所示.求:

(1)这两个共轴螺线管的互感系数 M.

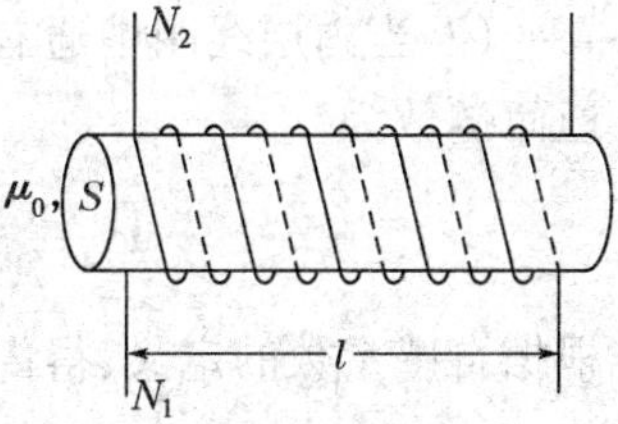

图 8-12

(2)两个螺线管的自感系数与互感系数的关系.

【解】 (1)设内层线圈通过电流 I_1,它在螺线管中产生的磁感应强度为

$$B_1 = \mu_0 \frac{N_1 I_1}{l};$$

I_1 引起的穿过外层线圈磁通匝链数为

$$\Psi_{12} = N_2 B_1 S = \mu_0 \frac{N_1 N_2}{l} I_1 S.$$

因而两线圈的互感系数为

$$M = \frac{\Psi_{12}}{I_1} = \mu_0 \frac{N_1 N_2 S}{l}.$$

同理,当外层线圈中通有电流 I_2 时,I_2 在螺线管中产生的磁感应强度为

$$B_2 = \mu_0 \frac{N_2}{l} I_2;$$

I_2 引起的穿过内层线圈的磁通匝链数为

$$\Psi_{21} = N_1 B_2 S = \mu_0 \frac{N_1 N_2}{l} I_2 S.$$

所以两线圈的互感系数为

$$M = \mu_0 \frac{N_1 N_2}{l} S.$$

以上的计算表明,两耦合线圈的互感系数是相等的.

(2)当内层线圈中通有电流 I_1 时,它在自身线圈中产生的磁通匝链数为

$$\Psi_{11} = N_1 B_1 S = \mu_0 \frac{N_1^2 I_1}{l} S,$$

根据自感系数的定义,得内层线圈的自感系数为

$$L_1 = \mu_0 \frac{N_1^2}{l} S;$$

同理可得外层线圈的自感系数为

$$L_2 = \mu_0 \frac{N_2^2}{l} S.$$

显然有

$$\sqrt{L_1 L_2} = M.$$

这就是两耦合线圈的互感系数与其自感系数的关系,这样的两个线圈称为**共轭线圈**.必须指出的是,这一关系只有在无漏磁的理想情况下才成立.如果两耦合线圈之间有漏磁现象,则

$$M < \sqrt{L_1 L_2}.$$

8.5 磁场的能量

在静电场中曾经讨论过，带电系统在形成过程中，外力必须克服静电场力而做功，根据功能原理，外界做功以消耗其他形式的能量为代价，最后转化为电荷系统或电场的能量. 电场的能量密度为

$$W_e = \frac{1}{2}\varepsilon E^2 = \frac{1}{2}DE.$$

同样，在导线中通以电流建立磁场的过程中，总是伴随着电磁感应现象的发生，因而电源为克服感生电动势就必须做功. 显然，这功是消耗某种形式的能量而转化的. 到了磁场建立完毕后，外来能源所提供的这部分能量便贮藏在磁场中.

8.5.1 自感线圈的磁能

如图 8-13 所示，自感为 L 的线圈和电阻 R 串联到电动势为 $\mathscr{E}$ 的电源上. 合上电键 S，在达到稳定电流 $I=\frac{\mathscr{E}}{R}$ 之后，电路中的能量转化关系是 $\mathscr{E}I = I^2R$，即电源在单位时间内做的功等于电阻消耗的焦耳热. 但若考虑到电流从零增大到 I 的暂态过程，由于电流的变化，线圈中出现了自感电动势 $\mathscr{E}_L = -L\frac{\mathrm{d}i}{\mathrm{d}t}$，根据闭合回路的欧姆定律得

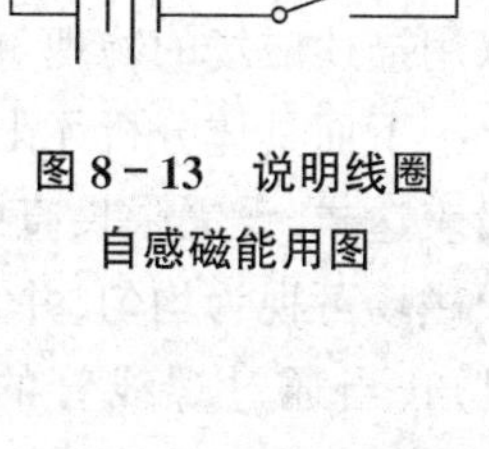

图 8-13 说明线圈自感磁能用图

$$\mathscr{E} + \mathscr{E}_L = iR,$$

或改写成

$$\mathscr{E} = -\mathscr{E}_L + iR.$$

用 $iR\mathrm{d}t$ 乘上式两边，可得在 $\mathrm{d}t$ 时间内，回路中相应的能量转换关系

$$\mathscr{E}i\mathrm{d}t=-\mathscr{E}_L i\mathrm{d}t+i^2R\mathrm{d}t. \tag{8-25}$$

(8-25)式表明在暂态过程中,电源在 $\mathrm{d}t$ 时间里供给的总能量除一部分转变为电阻消耗的焦耳热 $i^2R\mathrm{d}t$ 之外,还有一部分用来反抗自感电动势而做了功,即

$$\mathrm{d}A=-\mathscr{E}_L i\mathrm{d}t=Li\mathrm{d}i. \tag{8-26}$$

当回路电流由零增加到 I 时,电源克服自感电动势做的总功为

$$A=\int\mathrm{d}A=\int_0^I Li\mathrm{d}i=\frac{1}{2}LI^2. \tag{8-27}$$

根据功能原理,电源克服自感电动势做的功随着线圈磁场的建立而转化成磁场能 W_m,即

$$W_\mathrm{m}=A=\frac{1}{2}LI^2. \tag{8-28}$$

上式就是自感为 L、通有电流 I 的线圈周围磁场的总能量.式中 L 的单位用H(亨利),I 的单位用A(安培),则 W_m 的单位为J(焦耳).

8.5.2 磁能密度

磁场与电场一样也是物质存在的一种形式,它具有物质的各种属性,也具有能量,其能量定域在磁场中.很显然,磁场的能量可以用描述磁场的物理量来表示.

下面具体分析无限长直螺线管的磁场能,从而导出磁能的一般表达式.设无限长直螺线管内充满磁导率为 μ 的均匀介质,管中磁场可视为均匀,并且可以把磁场看作全部集中在管内.从前面已知,当通过螺线管的电流为 I 时,螺线管内的磁感强度 $B=\mu nI$,它的自感系数为 $L=\mu n^2V$,式中 n 为螺线管单位长度的匝数,V 为螺线管内磁场空间的体积,此时磁场的能量为

$$W_\mathrm{m}=\frac{1}{2}LI^2=\frac{1}{2}(\mu n^2V)\left(\frac{B}{\mu n}\right)^2=\frac{1}{2\mu}B^2V.$$

上式可理解为磁场的能量定域在螺线管体积 V 内.若用 V 去除总能量,即表示单位体积内磁场所具有的能量,称为**磁场能量体密度**,简称**磁能密度**,为

$$\omega_{\mathrm{m}}=\frac{W_{\mathrm{m}}}{V}=\frac{1}{2}\frac{B^2}{\mu}. \tag{8-29}$$

将 $B=\mu H$ 代入上式得

$$\omega_{\mathrm{m}}=\frac{1}{2}\frac{B^2}{\mu}=\frac{1}{2}BH. \tag{8-30}$$

可以看出,(8-30)式跟电场的能量密度公式 $\omega=\frac{1}{2}\varepsilon E^2=\frac{1}{2}ED$ 是相对应的.

可以证明,上述的磁能密度公式虽是从螺线管中均匀磁场的特例导出的,但它适用于一切磁场.倘若磁场不均匀,则可以把磁场划分为无数个体积元 $\mathrm{d}V$,在每个体积元内,磁场可视为均匀,这样在 $\mathrm{d}V$ 内磁场的能量就为

$$\mathrm{d}W_{\mathrm{m}}=\omega_{\mathrm{m}}\mathrm{d}V=\frac{1}{2}BH\mathrm{d}V,$$

对整个磁场空间 V 积分,则磁场的总能量为

$$W_{\mathrm{m}}=\frac{1}{2}\int_V BH\mathrm{d}V. \tag{8-31}$$

若将上式应用于自感线圈的磁能公式,则有

$$\frac{1}{2}LI^2=\frac{1}{2}\int BH\mathrm{d}V. \tag{8-32}$$

从上式可以看出,如果能求出电流回路的磁场能量,根据此式就可以求出回路的自感系数 L(对铁磁性介质此式不成立).

【例题 8-5】 计算低速运动的电荷 q 的磁场能(假定电荷 q 是一个半径为 r 的空心球).

【解】 设电荷的速率为 v,沿 Z 轴运动,因其低速运动,即 $v \ll c$(光速),则该电荷在空间产生的磁感应强度的大小为

$$B=\frac{\mu_0}{4\pi}\frac{qv\sin\theta}{r^2},$$

其磁场能量密度为

$$\omega_{\mathrm{m}}=\frac{1}{2\mu_0}B^2.$$

取球坐标的 $\mathrm{d}V=r^2\sin\theta\cdot\mathrm{d}r\mathrm{d}\theta\mathrm{d}\varphi$，见图 8－14，则运动电荷在空间激发的总磁场能量

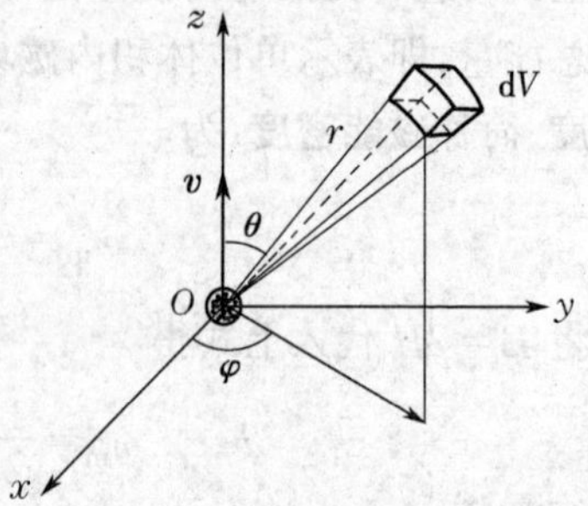

图 8－14

$$\begin{aligned}W_{\mathrm{m}}&=\int\omega_{\mathrm{m}}\mathrm{d}V\\&=\int_R^\infty\int_0^{2\pi}\int_0^\pi\frac{1}{2\mu_0}\left(\frac{\mu_0}{4\pi}\cdot\frac{qv\sin\theta}{r^2}\right)^2r^2\sin\theta\mathrm{d}\theta\mathrm{d}r\mathrm{d}\varphi\\&=\frac{1}{2}\left(\frac{\mu_0}{6\pi}\cdot\frac{q^2}{r}\right)v^2.\end{aligned}$$

【例题 8－6】 有一电缆，由两个同轴圆筒状的导体组成，以 R_1、R_2 分别表示内外圆筒的半径，其截面如图 8－15 所示，沿内圆筒流有稳定电流 I，经外圆筒返回形成回路，试计算长为 l 的一段电缆内的磁场能量和这一段电缆的自感系数.

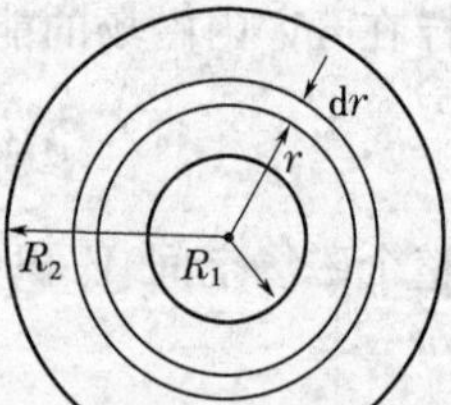

图 8－15

【解】 前面已知，同轴电缆的磁场只存在两圆筒之间，根据安培环路定律，其磁感应强度为

$$B=\frac{1}{2}\frac{\mu_0}{\pi r},$$

故磁能密度为

$$W_{\mathrm{m}}=\frac{1}{2}\frac{B^2}{\mu_0}=\frac{\mu_0I^2}{8\pi^2r^2}.$$

在半径 r 到 $r+\mathrm{d}r$ 之间，长为 l 的圆筒体积为 $\mathrm{d}V=2\pi rl\mathrm{d}r$，$\mathrm{d}V$

内的磁能为

$$dW_m = \omega_m dV = \frac{\mu_0 I^2}{8\pi^2 r^2} \times 2\pi r l dr = \frac{\mu_0 I^2 l}{4\pi} \frac{dr}{r}.$$

故内外导体空间内所储存的总能量为

$$W_m = \int_V \omega_m dV = \frac{\mu_0 I^2 l}{4\pi} \int_{R_1}^{R_2} \frac{dr}{r} = \frac{\mu_0 I^2 l}{4\pi} \ln \frac{R_2}{R_1}.$$

将 $W = \frac{1}{2} L I^2$ 与上式比较，则可求出长为 l 的同轴电缆的自感系数为

$$L = \frac{\mu_0 l}{2\pi} \ln \frac{R_2}{R_1}.$$

习 题 8

1. 如图所示，一长直导线载有 $I = 108\sin(100\pi t)$ A 的电流，旁边有一矩形线圈 $ABCD$（与此直导线共面），长 $l_1 = 0.20$ m，宽 $l_2 = 0.10$ m，长边与长导线平行，AD 边与导线相距 $a = 0.10$ m，线圈共 1000 匝，令线圈以速度 v 垂直于长直导线向右运动，$v = 3.0\ \mathrm{m \cdot s^{-1}}$. 求线圈中的感应电动势.

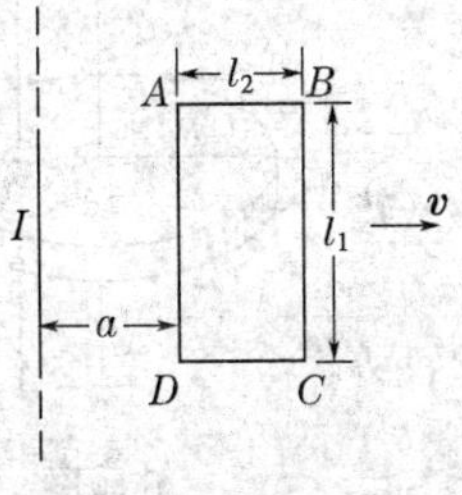

1 题图

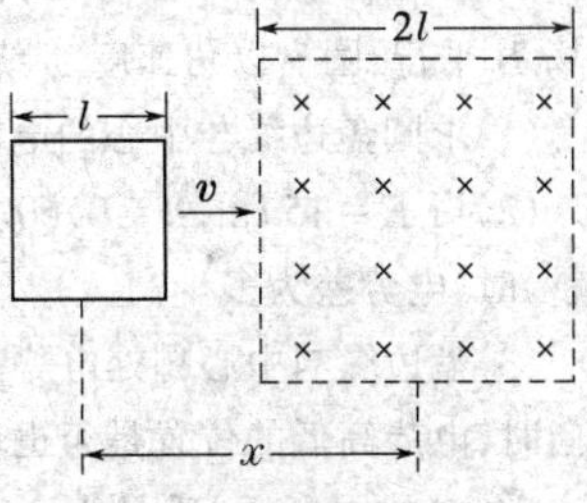

2 题图

2. 一正方形线圈（边长为 l），以匀速 v 通过一"约束"在正方形区域（边长为 $2l$）内的匀强磁场，如图所示，线圈的位置由线圈中心所在位置的坐标 x 来表示. 试在 $x = -2l$ 到 $x = +2l$ 范围内，将线圈中的感应电动势 ε 的量

值按 $t-x$ 曲线图示出来，作图时把顺时针指向的感应电动势记作正值，逆时针指向的感应电动势记作负值.

3. 一电路中电池的电动势 $\varepsilon=1.5$ V，与一电阻 $R=5.0\ \Omega$ 串联，导线的电阻很小可以略去不计. 电路平面与磁场垂直，$B=0.10$ T，MN 为一可滑动导线，长 $l=0.50$ m，当 MN 以 $v=10$ m/s 的速度向右移动时，求电路中电流的大小.

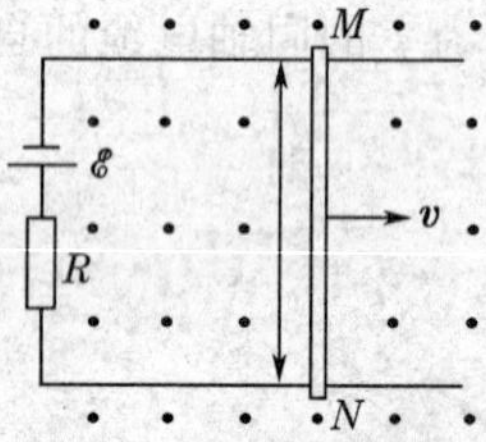

3 题图

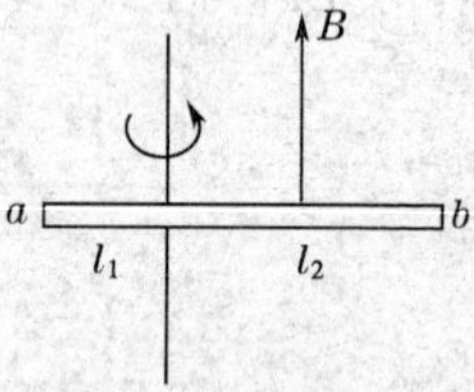

4 题图

4. 一水平放置的导体棒绕竖直轴旋转，角速度为 ω，棒两端离转轴的距离分别为 l_1 和 $l_2(l_1<l_2)$. 已知该处地磁场在竖直方向上的分量为 B，求导体 a、b 两端的电势差. 哪端电势较高？

5. 法拉第圆盘发电机是一个在磁场中转动的导体圆盘. 设圆盘的半径为 R，它的轴线与均匀外磁场 B 平行，圆盘以角速度 ω 绕轴转动.

(1)求圆盘边缘与中心的电势差；

(2)当 $R=15$ cm，$\boldsymbol{B}=0.60$ T，$\omega=30$ rad/s(转每秒)时，电势差为多少？

(3)盘边缘与中心哪处电势高？当盘改变转动方向时，电势高低的位置是否也反过来？

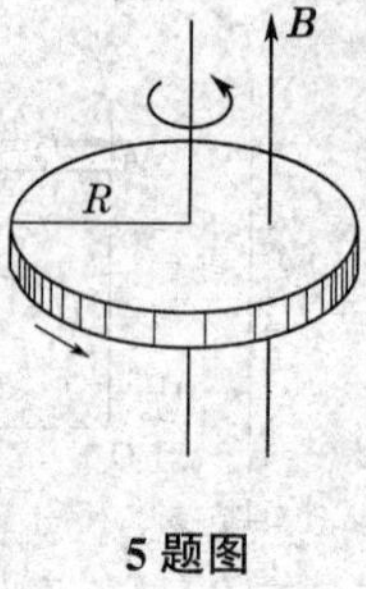

5 题图

6. (1)如图所示，质量为 M，长度为 l 的金属棒 ab 从静止开始沿倾斜的绝缘框架下滑，设磁场 $\boldsymbol{B}$ 竖直向下，求棒内的动生电动势与时间的函数关系，假定摩擦可忽略不计.

(2)如果金属棒 ab 是沿光滑的金属框架下滑，结果有何不同？

7. 在半径为 R 的圆筒内，有方向与轴线平行的均匀磁场 $\boldsymbol{B}$，以

$10^{-2}\text{T}\cdot\text{s}^{-1}$的速率减小. a,b,c 各点离轴线的距离均为 $r=5.0$ cm,试问电子在该点处可获得多大的加速度? 加速度的方向如何? 如果电子处在圆筒的轴线上,它的加速度又是多大?

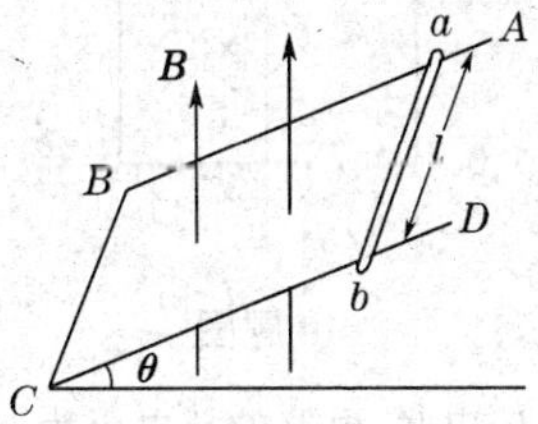

6 题图

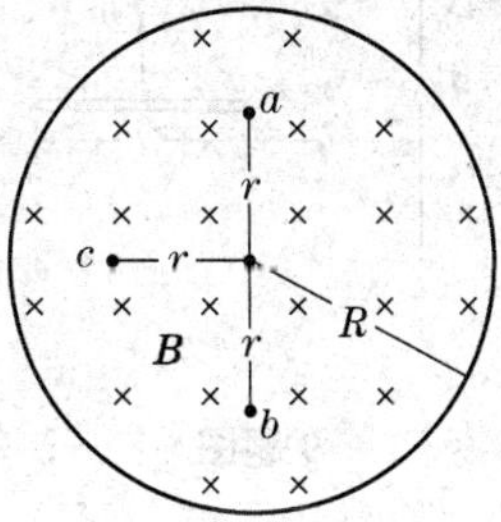

7 题图

8. 一圆形匀质线圈半径为 r_0,电阻为 R,在均匀磁场 B 中以匀角速度 ω 绕直径 OO' 转动,转轴与 B 垂直,如图所示. 设自感可以忽略,当线圈平面转至与 B 平行时,试求:

(1)电动势 $\mathscr{E}_{\overset{\frown}{ab}}$, $\mathscr{E}_{\overset{\frown}{ac}}$ ($\overset{\frown}{ab}=\overset{\frown}{bc}$).

(2)a,c 两点中哪点电势高? a,b 两点中哪点电势高?

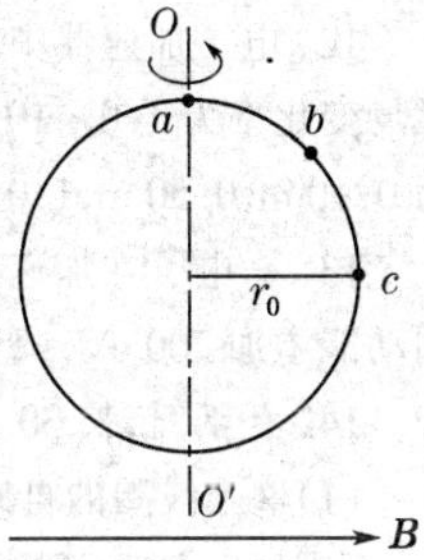

8 题图

9. 如图所示,一根铜棒长为 l,以速度 v 平行于载流长直导线而运动. 试计算该铜棒中的感生电动势. 已知 $v=5$ m/s, $I=100$ A, $a=1.0$ m, $l=20$ cm.

10. 一边长为 0.050 m 由铜线做成的正方形线圈,在磁感强度 $B=0.84\ \text{Wb/m}^2$的均匀磁场中转动(见图),已知铜线截面积 $S=5\times10^{-7}\ \text{m}^2$,共 10 匝,线圈转速 $n=10\ \text{rad}\cdot\text{s}^{-1}$,转轴与 B 垂直,求:

(1)如从图中位置开始转 30°时,线圈内的瞬时感应电动势;

(2)最大感应电动势是多少,这时线圈位置如何?

(3)求由图示位置开始经过 10 秒时线圈内的感应电动势;

(4)由图示位置转过 180°时间内,通过线圈截面的感应电量(已知铜线电

阻率 $\rho=1.7\times10^{-3}\ \Omega\cdot\text{m}$).

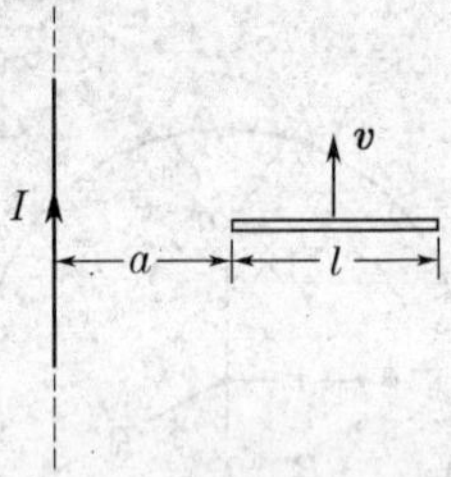

9 题图

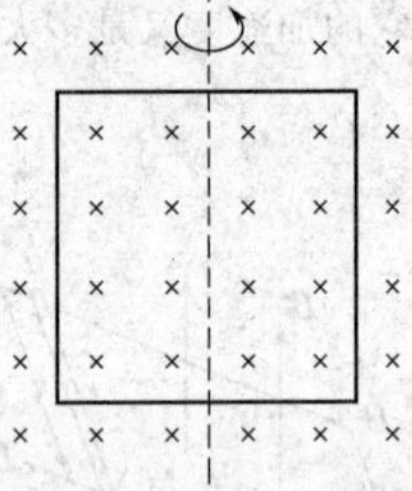

10 题图

11. 一密绕线圈(共 100 匝)与冲击电流计串联,电路的总电阻为 10 Ω,当通过线圈的磁通量改变时,冲击电流计有一最大偏转 0.010 rad,已知该电流计的灵敏度为 10 rad/C,求线圈中磁通量的改变值.

12. 电子加速器中的磁场在直径为 0.50 m 的圆柱形区域内是匀强的,磁场变化率为 1.0×10^{-2} T/s,在此圆柱外部磁场为零.试计算离开轴心距离为 0.10 m,0.50 m,1.0 m 处各点的感应电场场强.

13. 一电子在加速器中沿半径为 1.0 m 的轨道作圆周运动,如它每转一周动能增加 700 eV,试计算轨道内磁场的变化率.

14. 一纸筒,长 30 cm,截面直径为 3.0 cm,筒上绕有 500 匝线圈.求:

(1)这个线圈的自感;

(2)如果在这线圈内放入 $\mu_r=5000$ 的铁蕊时的自感.

15. 一矩形线圈长为 20 cm,宽为 10 cm,放置在另一长直导线旁,导线在线圈平面内且与线圈长边平行.当导线放置在图中所示的 a 位置和 b 位置时,分别求在这两种情况中线圈和导线间的互感系数.

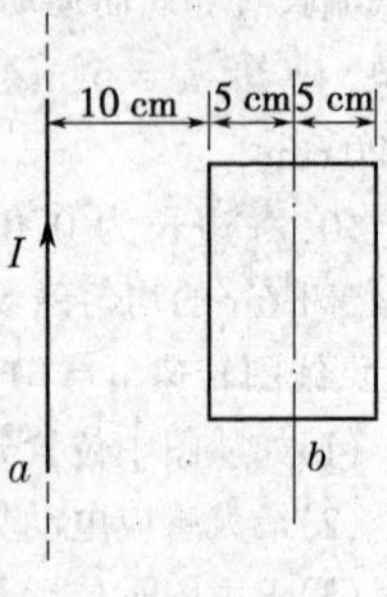

15 题图

16. 两线圈的自感分别为 $L_1=5.0$ mH,$L_2=3.0$ mH,当它们顺接串联时,总自感 $L=11.0$ mH.

(1)求它们之间的互感系数;

(2)设这两线圈的形状和位置都不改变,求它们反接后的总自感.

17. 求长直导线与共面等边三角形线圈之间的互感系数. 设三角形高为 h,平行于直线的一边到直线的距离为 b,如图所示.

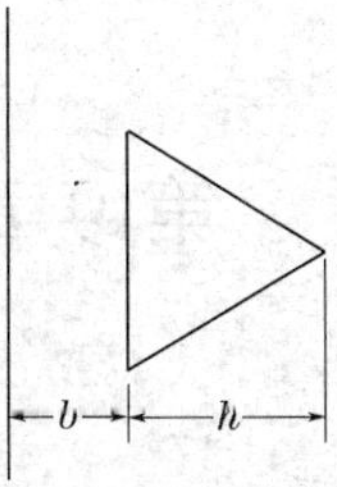

17 题图

18. 两根平行长直导线,横截面的半径都是 a,中心相距为 d,属于同一回路. 设两导线内部的磁通量都可略去不计. 证明:这样一对导线,其长为 l 的一段自感为 $L=\frac{\mu_0 l}{\pi}\ln\frac{d-a}{a}$.

19. 把自感为 2 H、电阻为 10 Ω 的线圈,连接到电动势 $\varepsilon=100$ V,内阻可忽略不计的电池组上,求:

(1)电流达到最大值时,线圈中所储的磁能 W_m;

(2)从接通电路算起,问经过多长时间线圈中所储磁能达到 W_m 的一半?

(3)在接通后 0.1 s 时,磁场中储存能量的增加率. 线圈中的热功率、以及电池组的输出功率各有多大?

20. 一环状铁蕊绕有 1 000 匝线圈,环的平均半径为 $r=8$ cm,环的截面积 $S=10\ \text{m}^2$,铁蕊的相对磁导率 $\mu_r=500$. 试求:当线圈中通有电流 $I=1$ A 时,磁场的能量和磁场的能量体密度.

第 9 章　机械振动与机械波

物体在某一平衡位置附近所作的往复的周期性运动,称为机械振动.机械振动是自然界中一种很普遍的运动形式,如钟摆的摆动、琴弦的振动、气缸中活塞的运动等.但振动还具有更为广泛的含义.一般来说,任一物理量在某一定值附近所作的反覆变化都可以称为振动,如交变电路中电流和电压的周期变化也可看作是一种振动.虽然各种不同类型的振动其物理本质不同,但它们的数学描述都具有相同的规律.

机械振动在弹性媒质中的传播过程称为机械波,如水波、声波、地震波等等.类似地,波动除了机械波以外,还有电磁波等,但它们都具有与机械波相同的波动规律.

本章只讨论机械振动和机械波的一些基本内容,但其中的基本原理和研究方法也适用于其他类型的振动和波动.

9.1　简谐振动

在各种机械振动中,最简单、最基本的形式是**简谐振动**,这是因为任何复杂的机械振动都可以分解为两个或多个简谐振动.因此研究简谐振动具有非常重要的意义.我们以弹簧振子的振动为例,讨论简谐振动的基本规律.

9.1.1 简谐振动的运动方程

将劲度系数为 k 的轻弹簧一端固定,在另一端系上一可视为质点的质量为 m 的物体,把弹簧和物体放置在光滑的水平面上(图 9-1).使弹簧处于自然长度状态,这时物体的位置称为平衡位置.在弹簧的弹性限度内,将物体拉(或压)离平衡位置,物体就会在弹性力作用下在平衡位置附近振动.这种振动模型称为**弹簧振子**,或称为**简谐振子**,简称为**谐振子**.

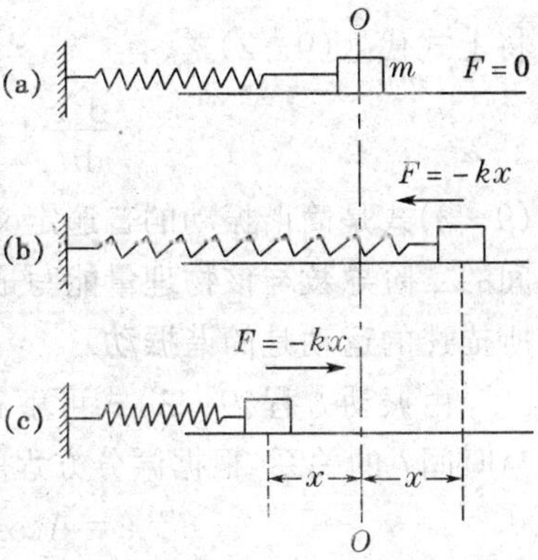

图 9-1

如图 9-1 所示,设 x 轴原点 O 与平衡位置重合,根据胡克定律,在振动过程中物体位于任意位置 x 时,所受的弹性力为

$$F = -kx, \tag{9-1}$$

式中 x 是振子的位移,也就是弹簧被拉伸或压缩的长度.上式表明,弹性力的大小与振子相对平衡位置的位移成正比,弹性力的方向与位移的方向相反.由于弹性力总是指向平衡位置,起着使物体返回平衡位置的作用,故弹性力又称为**回复力**.

根据牛顿第二定律,可写出弹簧振子的动力学方程

$$-kx = m\frac{d^2x}{dt^2}$$

或

$$\frac{d^2x}{dt^2} = -\frac{k}{m}x. \tag{9-2}$$

(9-2)式表明,弹簧振子的加速度与位移成正比,而方向相反.这

就是简谐振动的运动学特征. 因为 k 与 m 都是正数,所以可以令

$$\omega^2=\frac{k}{m},$$

将上式代入(9-2)式,有

$$\frac{d^2x}{dt^2}+\omega^2x=0. \qquad (9-3)$$

(9-3)式是简谐振动的普遍定义式. 实际上,任何一个物理量对时间的二阶导数与该物理量能写成(9-3)式的形式,则称该物理量所描述的运动是**简谐振动**.

由振动方程(9-3)式可解得弹簧振子在振动过程中位移 x 与时间 t 的关系. 根据微分方程的理论,(9-3)式的解为

$$x=A\cos(\omega t+\varphi), \qquad (9-4)$$

式中 A 和 φ 为积分常数.

(9-4)式是简谐振动的运动方程. 该式表明,物体在作简谐振动时,物体的位移是时间的余弦(或正弦)函数. 因此,凡是位移是时间的余弦或正弦函数表示的振动,皆称为简谐振动.

由(9-4)式容易求出振子的速度和加速度

$$v=\frac{dx}{dt}=-\omega A\sin(\omega t+\varphi), \qquad (9-5)$$

$$a=\frac{d^2x}{dt^2}=-\omega^2A\cos(\omega t+\varphi). \qquad (9-6)$$

由(9-5)式和(9-6)式可知,简谐振动的速度、加速度也是时间的正弦或余弦函数. 当振动物体的速度为零时,加速度有最大值 ω^2A;当加速度为零时,速度有最大值 ωA. 显然,简谐振动是一种变加速运动. 图 9-2 给出了 $\varphi=0$ 时简谐振子的位移 x、速度 v 和加速度 a 随时间

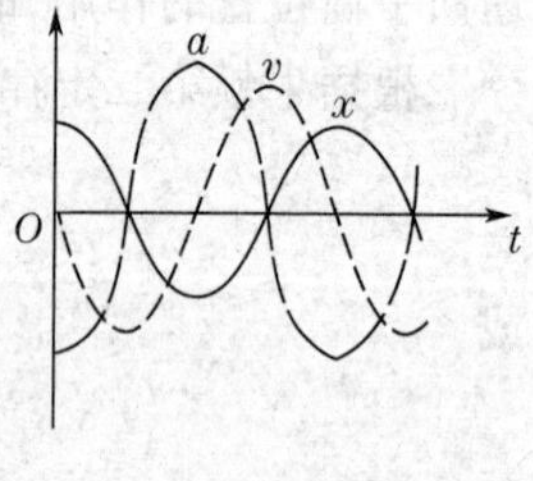

图 9-2

变化的情形.

9.1.2 简谐振动的特征物理量

由(9-4)式可以看出 A,ω,φ 是三个重要的特征物理量,由这三个量的不同值可决定不同的简谐振动.

9.1.2.1 振幅

在简谐振动过程中,振动物体离开平衡位置的最大位移的绝对值称为振幅.由(9-4)式可知,物体位移 x 的最大绝对值是 A,所以 A 就是**振幅**.

振幅的单位就是长度的单位,在国际单位制中为 m.

9.1.2.2 周期、频率和角频率

振动物体完成一次完全振动所需的时间称为振动的**周期**,常用 T 表示.由此定义,显然应有

$$A\cos(\omega t+\varphi)=A\cos[\omega(t+T)+\varphi].$$

由于余弦函数的周期为 2π,所以周期可以表示为

$$T=\frac{2\pi}{\omega}. \tag{9-7}$$

在国际单位制中,周期的单位为 s(秒).

振动物体在 1 s 时间内所作的完全振动的次数,称为振动的**频率**,常用 ν 表示.显然,频率 ν 与周期 T 的关系为

$$\nu=\frac{1}{T}. \tag{9-8}$$

由(9-7)式有

$$\omega=\frac{2\pi}{T}=2\pi\nu. \tag{9-9}$$

可见,ω 表示在 2π 时间内振动物体所完成的完全振动的次数,称为振动的**角频率**.在国际单位制中,频率的单位是 Hz(赫兹),角频率的单位为 $\mathrm{rad\cdot s^{-1}}$(弧度·秒$^{-1}$).

由(9-9)式可知,周期 T、频率 ν 和角频率 ω 三个量中只有

一个是独立的，若已知其中任何一个，就可由(9-9)式求得其余两个．它们的大小完全决定于振动系统本身的性质，是振动系统所固有的属性．例如，弹簧振子的角频率为 $\omega=\sqrt{\frac{k}{m}}$，频率为 $\nu=\frac{1}{2\pi}\cdot\sqrt{\frac{k}{m}}$，周期为 $T=2\pi\sqrt{\frac{m}{k}}$(其中 k 是弹簧的倔强系数，m 是物体的质量)，都由振子本身的性质所决定．因此，分别称它们为**固有角频率**、**固有频率**和**固有周期**．

9.1.2.3　相位和初相位

由(9-4)式和(9-5)式可知，在振幅 A 和角频率 ω 一定的情况下，振动系统在任意时刻的运动状态(位置和速度)完全由($\omega t+\varphi$)来确定．量值($\omega t+\varphi$)称为简谐振动的**相位**．常量 φ 是初始时刻($t=0$)的相位，称为振动的**初相位**．在振幅 A 一定、角频率 ω 已知的情况下，振动系统在初始时刻的运动状态完全取决于初相位．因此，相位和初相位是描述简谐振动的重要物理量．

9.1.2.4　振幅 A 和初相位 φ 的确定

在角频率 ω 给定的情况下，振幅 A 的初相位 φ 是由振子系统的初始条件决定的，即由物体在起始时刻 $t=0$ 时的初位移 x_0 和初速度 v_0 所决定．例如，一弹簧振子的初位移为 x_0，并具有一初速度 v_0，那么将 $t=0$，$x=x_0$ 和 $v=v_0$ 代入(9-4)式和(9-5)式，可得

$$x_0=A\cos\varphi,$$
$$v_0=-\omega A\sin\varphi.$$

联立以上两式即可得到 A 和 φ 的表达式为

$$A=\sqrt{x_0{}^2+(\frac{v_0}{\omega})^2}, \tag{9-10}$$

$$\varphi=\arctan(-\frac{v_0}{\omega x_0}). \tag{9-11}$$

9.1.3 简谐振动的矢量表示法

为了更为形象直观地描述简谐振动,可以用几何图形旋转矢量来表示简谐振动中位移和时间的关系.掌握这种方法将会使以后在讨论振动合成时更为简便.

如图 9-3,以坐标轴 OX 为参考轴,自原点 O 出发作一矢量 $\mathbf{A}$,使它的长度等于振幅 A.令矢量 $\mathbf{A}$ 以大小等于角频率 ω 的匀角速度绕原点 O 逆时针旋转.在 $t=0$ 时矢量 $\mathbf{A}$ 与 OX 轴之间的夹角等于 φ,这就是初相位;在任意时刻 t,矢量 $\mathbf{A}$ 绕 O 点转过 ωt 角位移,这时 $\mathbf{A}$ 的前端在 OX 轴上的投影 P 的坐标即为系统的运动方程:

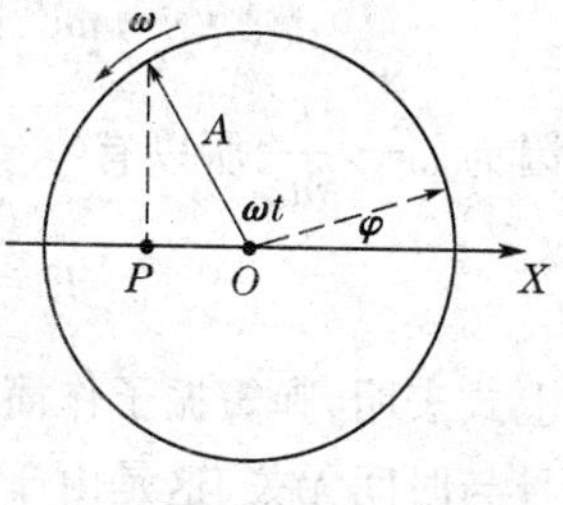

图 9-3

$$x = A\cos(\omega t + \varphi).$$

可见投影点 P 的运动就是简谐振动.由于旋转矢量图直观地表示了简谐振动的振幅、位移、角频率、相位和初相位,因此可以利用旋转矢量法方便地讨论简谐振动.

9.1.4 简谐振动的能量

现仍以弹簧振子为例来讨论简谐振动的能量.弹簧振子在任一时刻的位移和速度分别由下式给出

$$x = A\cos(\omega t + \varphi),$$

$$v = -A\omega\sin(\omega t + \varphi).$$

于是相应的动能和势能分别为

$$E_k = \frac{1}{2}mv^2 = \frac{1}{2}m\omega^2A^2\sin^2(\omega t + \varphi), \qquad (9-12)$$

$$E_P = \frac{1}{2}kx^2 = \frac{1}{2}kA^2\cos^2(\omega t + \varphi). \qquad (9-13)$$

可见,弹簧振子的动能和势能都是随时间作周期性变化的.当振动物体的位移为最大时,势能也达到最大值,但动能为零;当物体处于平衡位置时,势能为零,但此时相应的动能达到最大值.

弹簧振子的总能量为动能和势能之和,即

$$E = E_k + E_p = \frac{1}{2}m\omega^2A^2\sin^2(\omega t+\varphi) + \frac{1}{2}kA^2\cos^2(\omega t+\varphi).$$

因为 $\omega^2 = \frac{k}{m}$,所以有

$$E = \frac{1}{2}m\omega^2A^2 = \frac{1}{2}kA^2. \tag{9-14}$$

上式表明,弹簧振子作简谐振动时其总能量与振幅的平方成正比,且与时间无关.这是由于简谐振动系统只有保守内力做功,因此,在振动过程中,振子的动能和势能不断地进行相互转换,但系统的总能量不随时间变化,即系统的总机械能守恒.

【例题 9-1】 一轻弹簧上端固定,下端挂一砝码.砝码静止时,弹簧伸长 0.1 m.现将砝码从平衡位置竖直拉下 0.02 m,同时在沿位移方向具有 0.1 m/s 的初速度后释放,使其振动.(1) 求证该系统作简谐振动;(2) 求振动的周期和频率;(3) 求振子的运动方程.

【解】 (1) 如图 9-4 所示,设砝码平衡时位于 O 点,相应的弹簧伸长量为 y',则有

$$mg = ky',$$

以 O 点为原点,作 Y 轴向下.砝码在任一位置 y 时所受到的合力为

$$F = mg - k(y'+y) = ky.$$

按牛顿定律有

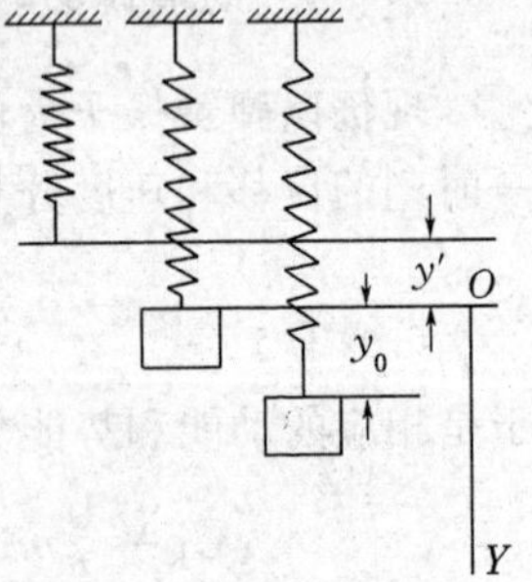

图 9-4

$$m\frac{d^2y}{dt^2}=-ky,$$

即

$$\frac{d^2y}{dt^2}+\frac{k}{m}y=0,$$

故系统作简谐振动.

（2）角频率为

$$\omega=\sqrt{\frac{k}{m}}=\sqrt{\frac{g}{y'}}=\sqrt{\frac{9.8}{0.1}}=9.9\ \text{rad/s};$$

周期和频率分别为

$$T=\frac{2\pi}{\omega}=\frac{6.28}{9.9}=0.633\ \text{s};$$

$$\nu=\frac{1}{T}=1.58\ \text{Hz}.$$

（3）令振子的运动方程为

$$y=A\cos(\omega t+\varphi).$$

已知 $y_0=0.02\ \text{m}, v_0=0.1\ \text{m/s}$,故振幅

$$A=\sqrt{{y_0}^2+(\frac{v_0}{\omega})^2}$$

$$=\sqrt{0.02^2+(\frac{0.1}{9.9})^2}$$

$$=0.0224\ \text{m};$$

$$\tan\varphi=-\frac{v_0}{y_0\omega}=-\frac{0.1}{0.02\times9.9}=-0.505,$$

得

$$\varphi=-26.8^\circ \quad 或 \quad \varphi=153.2^\circ,$$

因为 $\cos\varphi>0$， 故 $\varphi=-26.8^\circ$.

从而得到振子的运动方程为

$$y=0.0224\cos(9.9t-26.8^\circ).$$

【例题9-2】 一长度为 l 的无弹性细线，一端被固定在 A 点，另一端悬挂一质量为 m、体积很小的物体. 静止时，细线沿竖直方向，物体处于点 O，这是振动系统的平衡位置，如图9-5所示. 若将物体移离平衡位置，使细线与竖直方向成一小角度 θ，然后将物体由静止状态释放，物体就会在平衡位置附近往返摆动起来. 这种装置称为单摆. 试证单摆的振动是简谐振动.

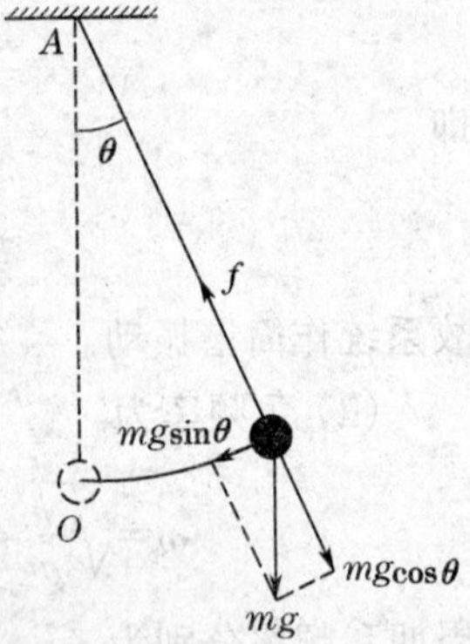

图9-5

【解】 选择角位移 θ 为描述单摆位置的变量，并规定物体处于平衡位置的右(左)方时，θ 为正(负).

由图9-5可见，小物体受到两个力的作用，一个是重力 $\boldsymbol{mg}$，另一个是细线的张力 $\boldsymbol{f}$. 沿着物体运动的弧形路径，可将重力 $\boldsymbol{mg}$ 分解成大小为 $mg\cos\theta$ 的径向分量和大小为 $mg\sin\theta$ 的切向分量. 其中径向分量 $mg\cos\theta$ 与细线的张力 $\boldsymbol{f}$ 一起为物体的运动提供向心力；而切向分量是作用于物体的回复力，使物体返回平衡位置，其作用与弹簧振子中的弹性力一样. 因此，单摆的振动方程为

$$ml^2\beta = -mgl\sin\theta. \tag{1}$$

其中 ml^2 为物体的转动惯量，β 为角加速度，$mgl\sin\theta$ 为重力矩，负号表示力矩的方向与角位移的方向相反. 当偏角 θ 很小时，$\sin\theta\approx\theta$，且 $\beta=\frac{\mathrm{d}^2\theta}{\mathrm{d}t^2}$，故(1)式可以写为

$$l\frac{\mathrm{d}^2\theta}{\mathrm{d}t^2} = -g\theta$$

或

$$\frac{\mathrm{d}^2\theta}{\mathrm{d}t^2} + \omega^2\theta = 0, \tag{2}$$

其中

$$\omega^2=\frac{g}{l}. \tag{3}$$

显然，单摆的振动方程(2)式与弹簧振子的振动方程完全相似，只是变量 θ 代替了变量 x. 所以单摆的角位移 θ 与时间 t 的关系必定可以写成余弦函数的形式

$$\theta=\theta_0\cos(\omega t+\varphi), \tag{4}$$

式中积分常数 θ_0 为单摆的振幅，φ 为初相位. 这就证明了，在偏角 θ 很小时，单摆的振动是简谐振动.

9.2 简谐振动的合成

在实际问题中，一个物体往往同时参与两个或两个以上的振动过程. 例如当两列声波同时传到空中一点时，该点的空气质点就会同时参与这两列声波在该点引起的振动，即将作两个振动的合成振动. 一般的振动合成问题是比较复杂的，本节只讨论一种最简单的情况，即两个同方向同频率简谐振动的合成.

设一物体同时参与两个频率相同、沿同一方向的简谐振动，它们都沿 X 轴进行，平衡位置同在 O 点. 按(9-4)式，这两个谐振动在时刻 t 的位移分别为

$$x_1=A_1\cos(\omega t+\varphi_1),$$

$$x_2=A_2\cos(\omega t+\varphi_2).$$

由于两个谐振动在同一直线上进行，因此合振动的位移 x 应等于上述两个位移 x_1 和 x_2 的代数和，即

$$x=x_1+x_2=A_1\cos(\omega t+\varphi_1)+A_2\cos(\omega t+\varphi_2),$$

利用三角函数公式将上式展开、合并后可得

$$x=A\cos(\omega t+\varphi). \tag{9-15}$$

式中 A 和 φ 分别为合振动的振幅和初相，

$$A=\sqrt{{A_1}^2+{A_2}^2+2A_1A_2\cos(\varphi_2-\varphi_1)},\qquad(9-16)$$

$$\tan\varphi=\frac{A_1\sin\varphi_1+A_2\sin\varphi_2}{A_1\cos\varphi_1+A_2\cos\varphi_2}.\qquad(9-17)$$

由此可见,同方向同频率的两个谐振动合成后仍是一个谐振动,合振动的频率与分振动的频率相同,其振幅和初相则由分振动的振幅和初相决定.

以上的振动合成问题也可以采用旋转矢量法求解.如图9-6所示,用角速度都为 ω 的旋转矢量 $\mathbf{A}_1$ 和 $\mathbf{A}_2$ 分别代表简谐振动 x_1 和 x_2.两个谐振动的合成反映在矢量图上,应该是两个矢量的合成.因而按照矢量合成的平行四边形法则可得到合矢量 $\mathbf{A}$,而且合矢量 $\mathbf{A}$ 的长度必定是恒定的,且以同样的角速度 ω 绕原点旋转,所以

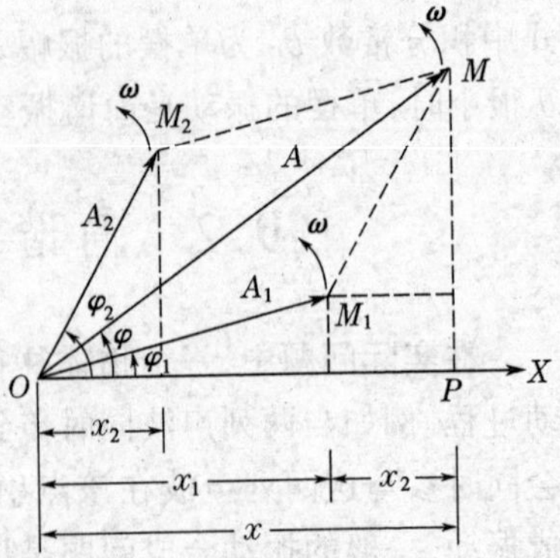

图9-6

$\mathbf{A}$ 所代表的必然仍是简谐振动.由图9-6,利用余弦定理以及直角三角形边角关系,可求得合矢量 $\mathbf{A}$ 的大小和方向(即初相),其结果与用三角函数法求出的结果完全相同,但旋转矢量法显然要直观和简便得多.

由式(9-16)可知,合振动的振幅不仅与两个分振动的振幅有关,而且还与它们的相位差$(\varphi_2-\varphi_1)$有关.下面根据相位差$(\varphi_2-\varphi_1)$的数值,讨论两种特殊情况.

(1) 如果相位差 $\varphi_2-\varphi_1=2k\pi, k=0,\pm1,\pm2,\cdots$,则

$$A=\sqrt{{A_1}^2+{A_2}^2+2A_1A_2}=A_1+A_2,$$

表示两个分振动的相位相同或相位差为 π 的偶数倍时,合振动的

振幅等于原来两个分振动的振幅之和，这是合振幅所能达到的最大值.此时振动得到最大的加强.

(2) 如果相位差 $\varphi_2-\varphi_1=(2k+1)\pi, k=0,\pm1,\pm2,\cdots$，则

$$A=\sqrt{A_1{}^2+A_2{}^2-2A_1A_2}=|A_1-A_2|$$

表示两个分振动的相位相反或相位差为 π 的奇数倍时，合振动的振幅等于原来两个分振动的振幅之差的绝对值，这是合振幅所能达到的最小值.这时振动受到最大的削弱.

在一般情况下，相位差 $(\varphi_2-\varphi_1)$ 可取任意值，这时合振动的振幅值将在 A_1+A_2 和 $|A_1-A_2|$ 之间.

【例题 9-3】 一质点同时参与两个在同一直线上的谐振动，其表达式为

$$x_1=0.08\cos(4t+\frac{\pi}{6}),$$

$$x_2=0.06\cos(4t-\frac{5}{6}\pi),$$

式中 x 以 m 计，t 以 s 计.试求质点的振动方程.

【解】 由于质点参与两个同方向同频率的谐振动，合成后仍是谐振动，其方向、频率和分振动相同.只要求出合振动的振幅和初相就可以写出振动方程.

合振动的振幅和初相可分别由(9-16)和(9-17)式求得：

$$\begin{aligned}A&=\sqrt{A_1{}^2+A_2{}^2+2A_1A_2\cos(\varphi_2-\varphi_1)}\\&=\sqrt{0.08^2+0.06^2+2\times0.08\times0.06\times\cos(-\pi)}\\&=0.02\ (\text{m}),\end{aligned}$$

$$\begin{aligned}\tan\varphi&=\frac{A_1\sin\varphi_1+A_2\sin\varphi_2}{A_1\cos\varphi_1+A_2\cos\varphi_2}\\&=\frac{0.08\times\frac{1}{2}+0.06\times(-\frac{1}{2})}{0.08\times\frac{\sqrt{3}}{2}+0.06\times(-\frac{\sqrt{3}}{2})}=\frac{\sqrt{3}}{3},\end{aligned}$$

即 $\varphi=\frac{\pi}{6}$.

所以振动方程是 $x=0.02\cos(2t+\frac{\pi}{6})$.

本题亦可用旋转矢量法求解,如图 9-7 所示,可分别求得合振动的振幅和初相是

$$A=0.08-0.06=0.02\ (\text{m}),$$

$$\varphi=\frac{\pi}{6},$$

从而可得到同样的振动方程.

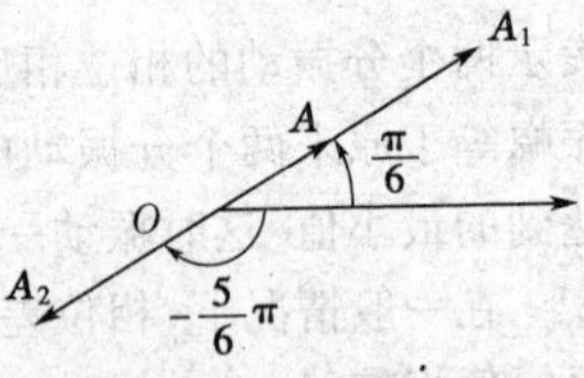

图 9-7

9.3 机 械 波

9.3.1 机械波的产生与传播

机械振动在媒质中传播的过程称为**机械波**.将一根较长的细绳一端固定,另一端用手拉平后再作上下振动,于是,随着这一端的上下振动,在绳子上将形成一个接一个的凸起和凹陷,由近及远地沿绳子向固定的一端传播开去,如图 9-8 所示.这种由于绳子上的一点作上下振动,而引起绳子上的各点也都依次作上下振动,从而形成的一个机械振动的传播过程,即为机械波的实例之一.

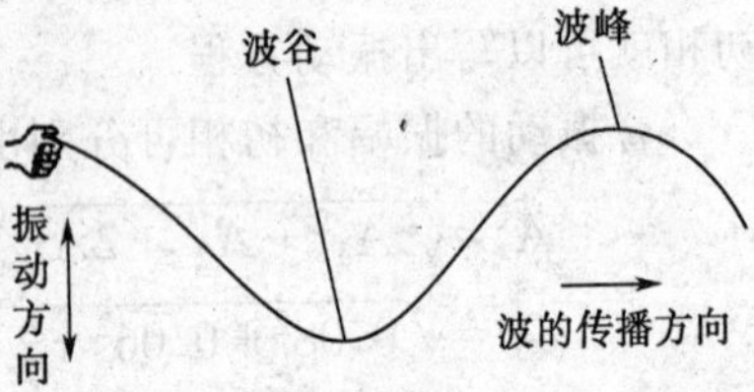

图 9-8

机械波的形成需要有两个基本条件:一是要有波源,即引起波动的初始振动物体,如上例中手牵动绳子上下振动的一端可称为波源.根据研究问题的不同,波源可分为点波源、线波源、面波源等

等.二是要有传播振动的物质.即弹性介质.在上例中,绳子就是传播振动的弹性介质.弹性介质的形态可以是多种多样的,例如,对于地震波、水波和声波这些机械波而言,对应于它们的弹性介质分别是固体、液体和气体.

机械波的基本类型可分为两种,一种称为横波,另一种称为纵波.当传波介质中各个质点的振动方向与波的传播方向相互垂直时,这种波就是横波.如上例中绳子中的机械波即为横波.横波的特征是有向上突起的部分(称为波峰)和向下凹下的部分(称为波谷)相间排列.当传波介质中各个质点的振动方向与波的传播方向平行时,这种波就是纵波.我们可以用水平悬挂的轻弹簧来演示纵波的产生和传播(如图 9-9).将水平弹簧的一端固定,当我们沿弹簧轴线方向反复推拉弹簧的另一自由端时,弹簧的各处将出现疏、密相间的情形,且这些疏、密部位将沿水平方向向固定端运动.这种在水平弹簧上形成的疏密相间的机械波即为纵波.空气中传播的声波也是纵波.

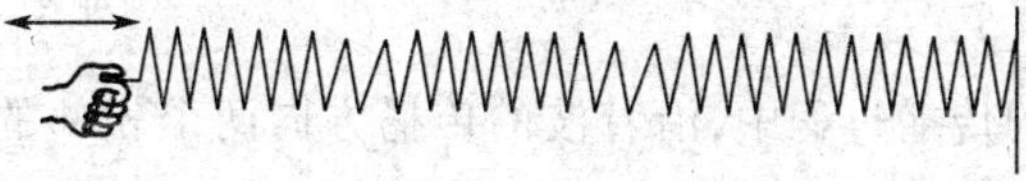

图 9-9

必须强调指出的是,在波动过程中,传波介质中的每个质点都在各自的平衡位置附近振动,并未随机械波的传播而迁移.由于相位决定振动状态,因此机械波的传播过程实际上是振动相位的传播过程,也是能量传播的过程.

9.3.2 描述波动的特征量

波速 u、波长 λ、波的频率 ν 和周期 T 是描述波动的四个重要物理量.

9.3.2.1 波速

在波动过程中,单位时间内某振动状态所传播的距离称为**波速**,用 u 表示.实验表明,波速的大小主要由传波介质的性质(如弹性模量、质量密度等)确定.横波只能在固体中传播,而纵波可在气、液、固体中传播.可以证明,在固体中横波的波速为

$$u=\sqrt{\frac{G}{\rho}}, \tag{9-18}$$

式中 G 为固体材料的切变模量,ρ 为固体材料的密度.纵波在固体中的波速为

$$u=\sqrt{\frac{E}{\rho}}, \tag{9-19}$$

式中 E 为固体材料的弹性模量,也称为杨氏模量.在流体中,纵波的波速可表示为

$$u=\sqrt{\frac{K}{\rho}}, \tag{9-20}$$

式中 K 为流体的体积模量.

9.3.2.2 波长

在波的传播过程中,沿着波的传播方向两个相邻的振动相位相差 2π 的质点之间的距离,称为**波长**,用 λ 表示.长度为一个波长的波称为一个完整的波.因此,波长 λ 描述了波动过程中的空间周期性.

9.3.2.3 周期和频率

波传播一个波长的距离所经历的时间称为波的**周期**,用 T 表示.根据波长的定义可知,在波的一个周期内质点作一次完全振动,在这段时间内波沿传播方向传出一个完整的波形,因此波的周期等于波源的振动周期.周期表征波的时间周期性.

在波动过程中,单位时间内波向前行进的距离中所包含的波长数称为波的**频率**,用 ν 表示,它等于单位时间内一个质点所作完

全振动的次数，所以波的频率等于质点振动的频率．波的频率与周期的关系为

$$\nu = \frac{1}{T}. \tag{9-21}$$

对于以上各特征量，由定义可得到它们之间的关系为

$$u = \frac{\lambda}{T} = \nu\lambda. \tag{9-22}$$

如上所述可知，波的周期（或频率）由波源决定，与介质无关；波速由介质性质决定，因此波长也受介质性质的影响，例如同一列波在不同介质中传播时，波长是不同的．

9.3.3 波面和波线

为了形象地描述波在介质中传播的情形，我们引入波面和波线的概念．

9.3.3.1 波面

在某一时刻，把介质中相位相同的各点连接起来所形成的曲面称为**波面**．由于传波介质中各个质点在同一时刻的振动相位各不相同，因而波面可以有无穷多个．在这些波面中，由波源的初始振动状态在某时刻到达的各点所连成的面，即走在最前面的一个波面，称为**波前**．在任一时刻只有一个波前．

按波面的形状分类，波可以分为平面波和球面波．波前是平面的波称为平面波，波前为球面的波称为球面波，如图 9-10 所示．

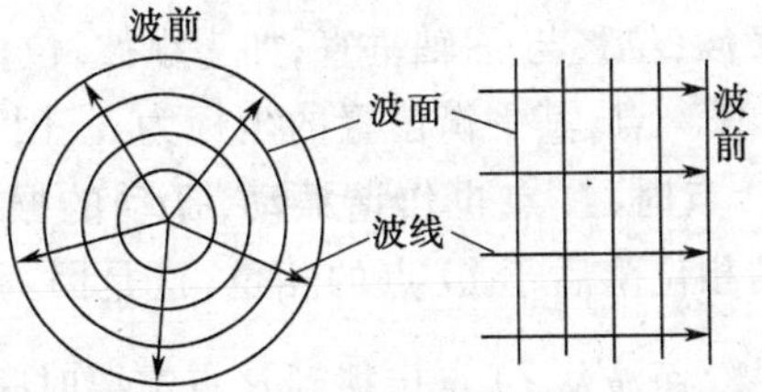

图 9-10

9.3.3.2 波线

波源在介质中振动时，波从波源出发向各个方向传播．为了用几何图形形象地表示出波的传播方向，常常沿波的传播方向画一些带有箭头的线，称为**波线**．在各向同性介质中，波线总是与波面垂直的．球面波的波线是沿半径方向的射线，平面波的波线是与波面垂直的一组直线．如图 9－10 所示．

9.4 平面简谐波

9.4.1 平面简谐波

如果波源的振动是谐振动，则媒质中各点的振动也是谐振动，这种由谐振动的传播所形成的波称为**简谐波**．谐振动在媒质中沿一个方向传播时，它的波面就是一簇平行平面，这种简谐波称为**平面简谐波**．一切复杂的波都可以分解成若干个不同频率的简谐波，即任何一个复杂的波可以看作若干个不同频率的简谐波的叠加．因此，平面简谐波是一种最简单、最基本的波．

假设在均匀介质中沿 x 轴方向无吸收地传播着平面简谐波，在波线上任取一点 O 作为坐标原点，波线就是 x 轴．若在 t 时刻，处于原点 O 的质点的位移为

$$y_0 = A\cos\omega t. \tag{9-23}$$

式中，A 为振幅，ω 为角频率，y_0 为振动点在时刻 t 对于平衡位置的位移，如为横波，位移与 x 轴垂直；如为纵波，位移沿 x 轴方向．设 P 为波线上任一点，其平衡位置的坐标为 x，因为 O 点作谐振动，当波传到 P 点时，P 点也作谐振动，振动的振幅和频率与 O 点相同，但它的相位落后于 O 点的相位，这是因为波的传播就是振动相位的传播，而波从 O 点传播到 P 点需要时间 $\frac{x}{u}$，所以 O 点

在 t 时刻的相位等于 P 点在 $(t+\frac{x}{u})$ 时刻的相位，或者说 P 点在 t 时刻的相位等于 O 点在 $(t-\frac{x}{u})$ 时刻的相位．这样，P 点在 t 时刻的位移可以表示为

$$y=A\cos\omega(t-\frac{x}{u}). \tag{9-24}$$

由于 P 点是波线上的任意一点，故(9－24)式实际上描述了波线上各点的振动规律，又因各条波线上振动情况是一样的，因此方程式(9－24)表示了平面简谐波传播的媒质中，任意位置上的质点在任一时刻的位移，它就是平面简谐波方程，也称波动方程．

由于 $\omega=\frac{2\pi}{T}=2\pi\nu$ 及 $u=\lambda\nu=\frac{\lambda}{T}$，所以波动方程还可以表示为以下几种形式：

$$\left.\begin{aligned}&y=A\cos2\pi(\frac{t}{T}-\frac{x}{\lambda});\\&y=A\cos2\pi(\nu t-\frac{x}{\lambda});\\&y=A\cos\frac{2\pi}{\lambda}(x-ut).\end{aligned}\right\} \tag{9-25}$$

在简谐波函数中，包含了两个自变量 x 和 t．当 x 一定时，即对于波线上一个确定点，位移 y 是 t 的余弦函数，(9－24)式表示的是 x 点作简谐振动的情形．当 t 一定时，即对于某一确定瞬间，位移 y 是 x 的余弦函数，式(9－24)表示 t 瞬间介质中各质点的位移分布，它描绘出在时刻 t 的一幅波形图，犹如在时刻 t 给波动拍摄的一幅照片．平面简谐波的波形曲线和振动曲线虽然都是余弦曲线，但它们有完全不同的意义，前者表示同一时刻沿波线上各个质点的位移分布，后者则表示波线上一个质点在不同时刻的位移．当 x 和 t 都变化时，波动方程表示波线上各质点在不同时刻的位移在空间的分布，反映了波形的传播．

式(9－24)中 x 前的负号说明距离波源越远的地方,质点振动的相位越落后,因而表示波沿 x 的正方向传播.显然,如果波沿 x 的负方向传播,式(9－24)中的负号应改为正号.式(9－25)也是如此.

【例题 9－4】 以 $y=0.040\cos2.5\pi t$ 的形式作简谐振动的波源,在某介质中激发了平面简谐波,并以 100 $\mathrm{m\cdot s^{-1}}$的速度传播.

(1) 写出此平面简谐波的波函数;

(2) 求在波源起振后 1 s、距波源 20 m 处质点的位移、速度和加速度.

【解】 (1) 取波的传播方向为 x 轴正方向,波源所在处为坐标原点,这样平面简谐波的一般形式为

$$y=A\cos\omega\left(t-\frac{x}{u}\right).$$

由题意知,振幅为 $A=0.040$ m,角频率为 $\omega=2.5\ \pi\mathrm{rad\cdot s^{-1}}$,波速 $u=100\ \mathrm{m\cdot s^{-1}}$,所以在该介质中平面简谐波的波函数为

$$y=0.040\cos2.5\pi\left(t-\frac{x}{100}\right).$$

(2) 在 $x=20$ m 处质点的振动可表示为

$$\begin{aligned}y&=0.040\cos2.5\pi(t-0.2)\\&=0.04\cos(2.5\pi t-0.5\pi),\end{aligned}$$

在波源起振后 1 s,该处质点的位移为

$$y=0.040\cos2\pi=4.0\times10^{-2}(\mathrm{m}),$$

即处于最大位移,距离平衡位置 0.040 m.该处质点的速度为

$$\begin{aligned}v&=\frac{\mathrm{d}y}{\mathrm{d}t}\\&=-\omega A\sin2.5\pi(t-0.2)\\&=-2.5\pi\times0.040\sin2\pi\\&=0.\end{aligned}$$

该处质点的加速度为

$$\begin{aligned} a &= \frac{d^2y}{dt^2} \\ &= -\omega^2 A\cos 2.5\pi(t-0.2) \\ &= -(2.5\pi)^2 \times 0.040\cos 2\pi \\ &= -2.5\ (\mathrm{m\cdot s^{-2}}), \end{aligned}$$

式中负号表示加速度的方向与位移的方向相反.

【例题9-5】 平面简谐波以 $u=10\ \mathrm{m\cdot s^{-1}}$的速度在媒质中沿 x 轴正方向传播(图9-11),已知 x 轴上 A 点的振动方程为 $y_A=6\sin\frac{\pi}{2}t$,试写出:

(1) 以 A 为坐标原点的波动方程;

(2) 以 B 为坐标原点的波动方程,设$\overline{AB}=5$ m;

(3) 以 C 为坐标原点的波动方程,设$\overline{AC}=5$ m.

当波是沿 x 轴负方向传播时,上述结果应做怎样改变?

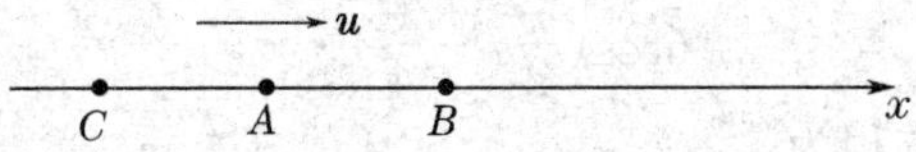

图 9-11

【解】 (1) 以 A 为坐标原点,则 $x_A=0$,已知 A 点的振动方程为

$$y_A=6\sin\frac{\pi}{2}t=6\cos\left(\frac{\pi}{2}t-\frac{\pi}{2}\right)=6\cos\frac{\pi}{2}(t-1),$$

所以相应的波动方程为

$$\begin{aligned} y &= 6\cos\frac{\pi}{2}\left[\left(t-\frac{x}{u}\right)-1\right] \\ &= 6\cos\frac{\pi}{2}\left(t-\frac{x}{10}-1\right) \\ &= 6\cos 2\pi\left(\frac{t}{4}-\frac{x+10}{40}\right). \end{aligned}$$

(2) 若以 B 为坐标原点，应先求出 B 点的振动方程，利用上面结果，将 $x=5\ \mathrm{m}$ 代入(1)答案中得

$$y_B=6\cos 2\pi\left(\frac{t}{4}-\frac{5+10}{40}\right)$$

$$=6\cos 2\pi\left(\frac{t}{4}-\frac{3}{8}\right)$$

$$=6\cos\left(\frac{\pi}{2}t-\frac{3\pi}{4}\right),$$

相应的波动方程为

$$y=6\cos\left[\frac{\pi}{2}\left(t-\frac{x}{u}\right)-\frac{3\pi}{4}\right]$$

$$=6\cos 2\pi\left(\frac{t}{4}-\frac{x+15}{40}\right).$$

(3) 若以 C 为坐标原点，同样得到 C 点的振动方程为

$$y_C=6\cos 2\pi\left[\frac{t}{4}-\frac{(-5)+10}{40}\right]$$

$$=6\cos\left(\frac{\pi}{2}t-\frac{\pi}{4}\right),$$

相应的波动方程为

$$y=6\cos\left[\frac{\pi}{2}\left(t-\frac{x}{u}\right)-\frac{\pi}{4}\right]$$

$$=6\cos 2\pi\left(\frac{t}{4}-\frac{x+10}{40}\right)$$

比较上述结果可知，对同一列波，如果坐标原点取得不同，波动方程的具体形式是不同的. 若波沿 x 轴负方向传播，则 $u<0$，只要在上述计算中，均以 $u=-10\ \mathrm{m\cdot s^{-1}}$ 代入，便可得出

$$y_{A波}=6\cos 2\pi\left(\frac{t}{4}+\frac{x-10}{40}\right);$$

$$y_{B波}=6\cos 2\pi\left(\frac{t}{4}+\frac{x-5}{40}\right);$$

$$y_{C波}=6\cos 2\pi\left(\frac{t}{4}+\frac{x-15}{40}\right).$$

9.4.2 波的能量

波的传播过程就是振动的传播过程,波传播到哪里,哪里的媒质就发生振动,因而具有动能;媒质各点因振动而使媒质发生了形变,所以还具有弹性势能.我们把波动过程中媒质各部分具有的动能和势能之和,称为波的能量.下面以简谐纵波在一棒中沿棒长方向传播为例,推求波的能量公式.

设简谐波的波动方程为 $y=A\cos\omega(t-\frac{x}{u})$,如图 9－12 所示,在棒中取一体积元 Δx,棒在平衡位置时 A 处坐标为 x,B 处坐标为 $x+\Delta x$,设棒的截面积为 S,密度为 ρ,则体积元 AB 的质量为 $\Delta m=\rho s\Delta x$.由波动方程可得体积元在任一时刻 t 的速度为

$$v=\frac{\partial y}{\partial t}=-\omega A\sin\omega(t-\frac{x}{u}),$$

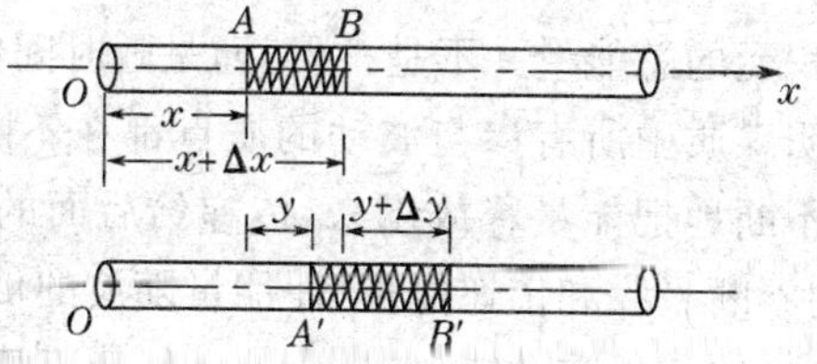

图 9－12

其动能为

$$\Delta W_{\mathrm{k}}=\frac{1}{2}\Delta m\cdot v^2=\frac{1}{2}\rho S\Delta x\cdot\omega^2A^2\sin^2\omega(t-\frac{x}{u}).\tag{9-26}$$

当波传到体积元时,A 处位移为 y,B 处位移为 $y+\Delta y$,体积元形变 Δy,所以长应变$\frac{\Delta y}{\Delta x}$为

$$\frac{\Delta y}{\Delta x}=\frac{\omega A}{u}\sin\omega(t-\frac{x}{u}),$$

体积元因形变产生的弹性势能为

$$\Delta W_p = \frac{1}{2}E(\frac{\Delta y}{\Delta x})^2\Delta V$$
$$= \frac{1}{2}E\frac{\omega^2 A^2}{u^2}\sin^2\omega(t-\frac{x}{u})\Delta V,$$

因 $u=\sqrt{E/\rho}$,故有 $E=u^2\rho$ 代入上式得

$$\Delta W_p = \frac{1}{2}\rho S\Delta x\cdot\omega^2 A^2\sin^2\omega(t-\frac{x}{u}). \tag{9-27}$$

比较(9-26)及(9-27)两式看出,在任一时刻体积元的动能和势能完全相等,且相位也相同,动能达最大时,势能也达最大;动能为零时,势能也为零,与谐振子的情况不一样.体积元的总机械能为

$$\Delta W = \Delta W_k + \Delta W_p$$
$$= \rho(S\Delta x)\omega^2 A^2\sin^2\omega(t-\frac{x}{u}). \tag{9-28}$$

上式指出,体积元的总能量并不是常量,而是随时间做周期性变化的变量.这表明媒质中所有参与波动的质点都在不断接受来自波源的能量,又不断地把能量释放出来,传递给后面的媒质,这样通过各体积元的不断吸收和传递能量,使能量随波的传播而传播.

媒质中单位体积的波动能量,称为波的**能量密度**,用 w 表示,由(9-28)式得

$$w = \frac{\Delta W}{\Delta V} = \rho\,\omega^2 A^2\sin^2\omega(t-\frac{x}{u}). \tag{9-29}$$

显然,波的能量密度是随时间做周期性变化的,它在一个周期内的平均值称为平均能量密度.因 $\sin^2\omega(t-\frac{x}{u})$在一周期内的平均值为$\frac{1}{2}$,所以平均能量密度可表示为

$$\overline{w} = \frac{1}{2}\rho\,\omega^2 A^2. \tag{9-30}$$

波的能量的传播可以形象地看作能量在介质中流动,因而引入能流和能流密度的概念.单位时间内通过媒质某截面的能量,称为通过该截面的能流,媒质中单位时间内通过垂直于波线的单位面积的能量,称为通过该面积的能流密度,以 I 表示.如图 9-13 所示,长方形体积 V 内的波动能量在单位时间内通过面 S,故通过该面的能流密度为

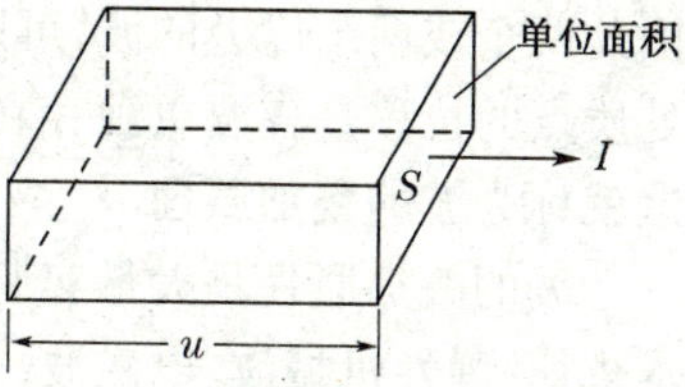

图 9-13

$$I = uw$$

将(9-29)式代入上式,可知能流密度是时间 t 和位置 x 的周期函数.一个周期内的平均能流密度称为波的强度,其值为

$$\overline{I} = u\,\overline{w} = \frac{1}{2}\rho u \omega^2 A^2, \tag{9-31}$$

波的强度与振幅的平方和频率的平方成正比,其单位为 $\mathrm{W \cdot m^{-2}}$ (瓦/米^2).

9.5 惠更斯原理　波的干涉

9.5.1 波的叠加原理

大量事实证明,若有几列波同时在媒质中传播,不管它们是否相遇,它们都各自以原有的振幅、波长和频率独立传播,彼此互不影响.例如,我们在音乐会上听乐队演奏时,各种乐器发出的声波同时进入我们耳内,但我们还是能分辨各种乐器的声调;当水面上出现几个水波时,我们可以看到它们互不干扰地相互贯穿,然后按各自原来的方式传播;我们能分辨出噪杂声中熟人的声音;看电影

时从银幕上各点反射出来的光线可以同时进入人眼而互不干扰.因此两个或两个以上的波,可以互不影响地通过同一区域,在相遇处质点的位移是各波单独存在时在该点所引起的位移的矢量和,这就称为**波的叠加原理**.

波的叠加原理是大量实验事实的总结,它是波动所遵循的基本规律.弹性机械波、电磁波,及至物质波皆服从这一规律.

9.5.2 惠更斯原理

在各向同性的均匀媒质中波面形状和波的传播方向保持不变,但当波在不均匀媒质中传播或遇到障碍物时情况就复杂了.前面讲到,波动之所以能够产生和传播是因为媒质中有波源作振动,又由于媒质中各点之间有相互作用,波源的振动引起它附近各质点的振动,附近各质点的振动又引起更远质点的振动,由此可见波动传到的各点在波的产生和传播方面所起的作用和波源没什么区别,都是引起它附近媒质的振动,因此波动传到的各点都可看作是新的波源.如水面波遇到开有小孔 a 的障碍物 AB 时,穿过小孔的波是以小孔为中心的圆形波,它与原来的波形无关,如图 9-14 所示.这表明小孔 a 可以看作一个新的波源,它发射的波称作子波.如果把小孔放到水面上波能达到的任何位置,这种现象同样会发生.这说明,水面上波动达到的各点,都可以看作是一个新的波源.

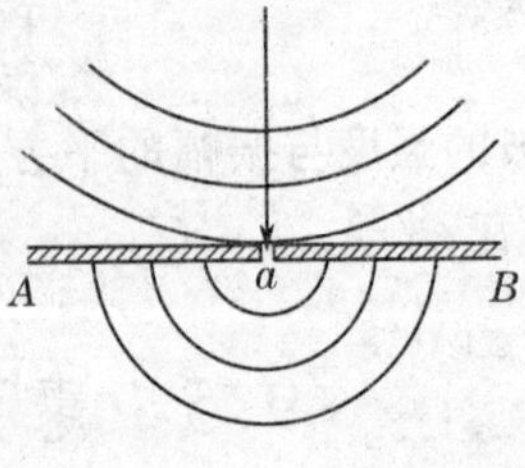

图 9-14

惠更斯(荷兰,1629～1695)在总结这类现象的基础上,于1690 年提出了著名的**惠更斯原理**:媒质或波动传到的各点都可以看作是发射子波的波源,在任一时刻,这些子波的包络就是该时刻新的波面.惠更斯原理适用于各种波动过程,适用于均匀媒质或非均匀媒质、各向同性媒质或各向异性媒质.应用这个原理,只要知道某一时刻的波前,就可以用几何作图法确定以后时刻的波前,从而确定波的传播方向.下面以球面波为例加以说明.

在图 9-15(a)中,波动从波源 O 以波速 u 向周围传播,已知 t 时刻波前为球面 S_1,其半径为 R_1.按惠更斯原理,S_1 上各点都是发射子波的新波源,它们在 Δt 时内发射子波的波前都是半径为 $r=u\Delta t$ 的小球面,这些小球面的包络面 S_2 是半径为 R_2-R_1+r 的球面,球面 S_2 便是原始波在 $t+\Delta t$ 时刻新的波前.用同样方法,可以作出平面波情形下的波前,如图 9-15(b)所示.

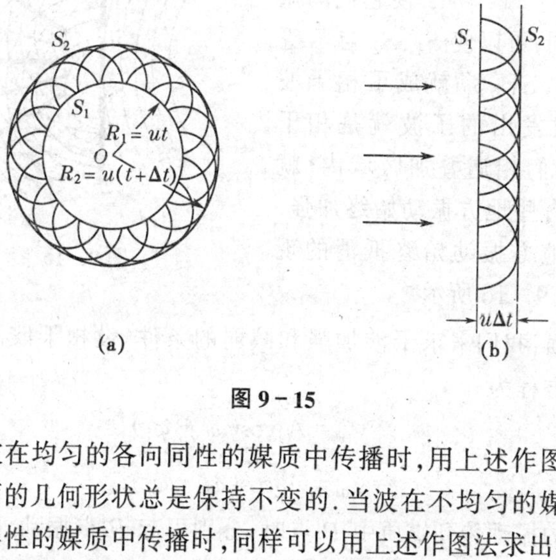

图 9-15

当波在均匀的各向同性的媒质中传播时,用上述作图法所求出的波面的几何形状总是保持不变的.当波在不均匀的媒质中或在各向异性的媒质中传播时,同样可以用上述作图法求出波面,但波面的几何形状和波的传播方向都可能发生变化.

9.5.3 波的干涉

两列波同时在媒质中传播且相遇,相遇处体元的位移等于各波所引起的位移的矢量和.由于振动方向不同、频率不同,在相遇处引起的合振动往往是很复杂的.如果在某些情况下,两列波叠加表现为在相遇处,某些位置质点的振动始终加强,而在另一些位置,振动始终减弱或抵消,这种现象称为**波的干涉**.产生干涉现象的波,必须是振动频率相等,振动方向相同,具有恒定相位差的波,称为相干波,激发相干波的波源称为**相干波源**.

相干波源可以用下列装置获得:在点波源 S 附近,置一个开有两小孔 S_1、S_2 的屏障.由惠更斯原理知,S_1,S_2 是子波源.由于 S_1、S_2 的振动是由波源 S 引起的,因此,它们的振动频率相同,振动方向一致.为了使它们的振动周相同,可以使 S_1、S_2 与 S 等距.于是,S_1、S_2 就成了相干波源,它们发出的子波就是相干波.在它们相遇叠加区域内,就会出现有些地方振动始终加强,另一些地方振动始终抵消的现象,如图 9-16 所示.

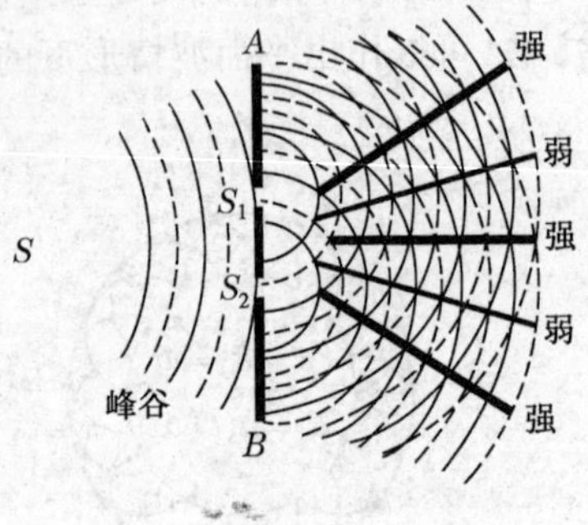

图 9-16

下面,我们来求干涉加强和减弱的条件.设相干波源 S_1、S_2 的振动方程为

$$y_{10} = A_1\cos(\omega t + \varphi_1),$$
$$y_{20} = A_2\cos(\omega t + \varphi_2).$$

当它们的振动传到媒质中 P 点时,分别引起 P 点振动,振动方程为

$$y_1 = A_1\cos\left(\omega t + \varphi_1 - \frac{2\pi r_1}{\lambda}\right),$$

$$y_2 = A_2\cos\left(\omega t + \varphi_2 - \frac{2\pi r_2}{\lambda}\right).$$

式中 r_1, r_2 分别为波源到达 P 点的波程，如图 9－17 所示. P 点合振动为两分振动的叠加，即

$$y = y_1 + y_2.$$

由于分振动为同频率同方向的振动，所以它们的合振动方程为

$$y = A\cos(\omega t + \varphi),$$

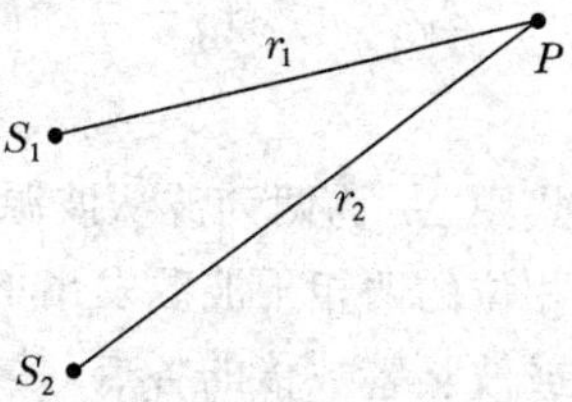

图 9－17

式中合振幅

$$A = \sqrt{A_1{}^2 + A_2{}^2 + 2A_1A_2\cos\left[\varphi_2 - \varphi_1 - \frac{2\pi(r_2 - r_1)}{\lambda}\right]}. \tag{9-32}$$

显然，A 与两个分振动的周相差

$$\Delta\varphi = \varphi_2 - \varphi_1 - \frac{2\pi(r_2 - r_1)}{\lambda} \tag{9-33}$$

有关. 对于给定 P 点，周相差 $\Delta\varphi$ 是个恒量，其值由 P 点位置确定. 从式(9－32)中看出，凡适合下列条件

$$\Delta\varphi = \varphi_2 - \varphi_1 - 2\pi\cdot\frac{r_2 - r_1}{\lambda} = \pm 2k\pi, k = 0,1,2\cdots \tag{9-34}$$

的空间各点，合振幅最大，这时 $A = A_1 + A_2$. 凡符合下列条件

$$\Delta\varphi = \varphi_2 - \varphi_1 - 2\pi\frac{r_2 - r_1}{\lambda} = \pm(2k+1)\pi, k = 0,1,2,\cdots \tag{9-35}$$

的空间各点，合振幅最小，这时 $A = |A_1 - A_2|$. 在其他地方振幅介于最大值和最小值之间. 式(9－34)、(9－35)就是空间各点干涉加强和减弱的条件.

如果相干波源的初相相同，即 $\varphi_1 = \varphi_2$，则干涉加强或减弱的条件可简化为：

$$\Delta r = r_2 - r_1 = \pm k\lambda, k = 0,1,2,\cdots, A = A_1 + A_2;$$

$$\Delta r = r_2 - r_1 = \pm(2k+1)\frac{\lambda}{2}, k=0,1,2,\cdots, A = |A_1 - A_2|. \tag{9-36}$$

式中 Δr 为两列波从波源 S_1、S_2 到 P 点的波程差. 上式说明,当同相位的两相干波源发出的两列波在空间叠加时,在波程差等于零或波长整数倍的各点,其干涉加强;在波程差等于半波长的奇数倍的各点,其干涉减弱. 如果两相干波的振幅相等,则干涉减弱的结果,使合振幅 $A=0$,该处保持静止,始终不动.

由于波的能量正比于振幅平方 A^2,所以几列波在叠加区内的加强和减弱,实质反映了波的能量在叠加区空间内分布的规律性.

干涉现象是波动遵从叠加原理的表现. 某种物质运动若能产生干涉现象便可证明其具有波动性. 声波较容易显示波的干涉现象. 把两个相距约 0.7 m 的扬声器分别接到音频讯号发生器的低阻抗输出,选用 2 000 Hz 频率使扬声器发声. 两个声源发出的波便在附近空间产生干涉. 让观察者在距声源数米的位置左右及前后移动,用手掩着一只耳朵,用另一只耳朵检测音量的变化. 他会感到在某些位置(如扬声器的振动同相,则在两扬声器垂直平分线上可以检测到一个最大值)音量很大,而在相邻的一些位置,音量几乎等于零. 波的干涉现象是波动所具有的重要特征之一.

【例题 9-6】 两个相干波源 S_1 和 S_2 相距 8 m,其振幅相等,频率都是 100 Hz,相位差为 π,波速是 400 m/s,求二波源间干涉最大和最小的位置.

【解】 以 S_1 为原点,x 轴指向 S_2,如图 9-18 所示. 设二波源的振动方程分别为

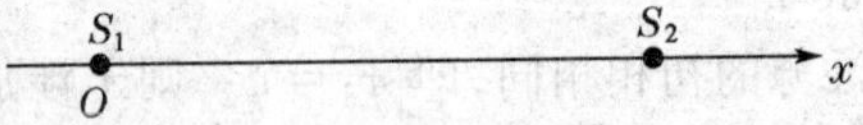

图 9-18

$$y_{10}=A\cos\omega t,$$
$$y_{20}=A\cos(\omega t+\pi).$$

两相干波在 S_1 和 S_2 间坐标为 x 的任意点 P 引起的振动位移分别为

$$y_1=A\cos\omega\left(t-\frac{x}{u}\right),$$
$$y_2=A\cos\left[\omega\left(t-\frac{8-x}{u}\right)+\pi\right].$$

它们的相位差为

$$\begin{aligned}\Delta\varphi&=\left[\omega\left(t-\frac{8-x}{u}\right)+\pi\right]-\omega\left(t-\frac{x}{u}\right)\\&=\pi-\frac{2\pi\nu}{u}(8-2x)\\&=\pi-\frac{2\pi\times100}{400}(8-2x)\\&=(x-3)\pi.\end{aligned}$$

按干涉最大的条件有

$$(x-3)\pi=\pm2k\pi,$$

得

$$x=(\pm2k+3).$$

取 $k=0,1,2$ 得 $x=1\ \mathrm{m},3\mathrm{m},5\mathrm{m},7\mathrm{m}$ 的各点合振幅有最大值 $2A$.

按干涉最小值条件有

$$(x-3)\pi=\pm(2k+1)\pi,$$

得

$$x=\pm(2k+1)+3.$$

取 $k=0,1,2$ 得 $x=0\ \mathrm{m},2\ \mathrm{m},4\ \mathrm{m},6\ \mathrm{m},8\ \mathrm{m}$ 的各点，合振幅有最小值零. 其余各点振幅介于 0 与 $2A$ 之间.

【例题 9-7】 相干波源 A 和 B，其频率 $\nu=100\ \mathrm{Hz}$，当 A 出现波峰时，B 出现波谷. 波速 $u=10\ \mathrm{m/s}$，求媒质中 P 点的干涉结果.

【解】 如图 9－19 所示，干涉结果由周相差 $\Delta\varphi=\varphi_A-\varphi_B-\dfrac{2\pi}{\lambda}(r_A-r_B)$ 决定，根据题意可知，

$$\varphi_A-\varphi_B=\pi,$$

$$\lambda=\frac{u}{\nu}=\frac{10}{100}=0.1\ \text{m},$$

$$r_A=15\ \text{m},\ r_B=\sqrt{15^2+20^2}=25\ \text{m}.$$

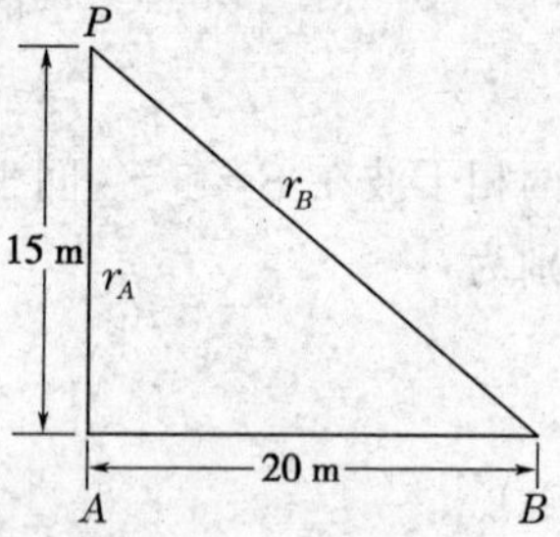

图 9－19

故得

$$\Delta\varphi=\pi-\frac{2\pi}{0.1}\times(15-25)=201\pi.$$

由于 $\Delta\varphi$ 是 π 的奇数倍，故 P 点干涉的结果是互相减弱. 如果相干波源振幅相等，则 P 点不振动.

习　题　9

1. 水平弹簧振子，其弹簧的劲度系数为 k，物块的质量为 m，静止于光滑的水平桌面上，如图所示. 一质量为 m_0 的子弹，以速度 v_0 从右方射入物块中，问物块是否做简谐振动？若是，其振动周期又为多少？

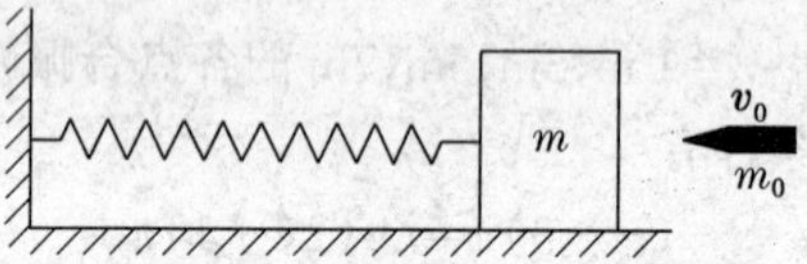

1 题图

2. 一弹簧振子放置在光滑的水平面上，已知弹簧的劲度系数 $k=1.60\ \text{N/m}$，物体的质量 $m=0.40\ \text{kg}$，就下列两种情况分别求谐振动方程.

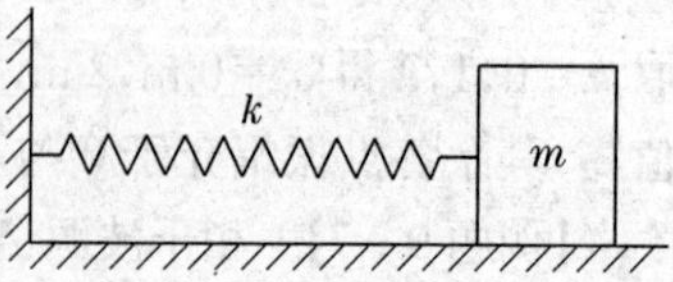

2 题图

(1) 将物体从平衡位置向右移到 $x=0.10\ \text{m}$ 处后释放.

(2) 将物体从平衡位置向右移到 $x=0.10\ \text{m}$ 处后并给物体向左的速度 $0.20\ \text{m/s}$.

3. 有一弹簧振子,质量 $m=0.04\ \text{kg}$,弹簧的劲度系数 $k=49\ \text{N/m}$,在 $t=0$ 时,振子的位移 $x_0=0.01\ \text{m}$,并以初速度 $v_0=35\sqrt{3}\times10^{-2}\ \text{m/s}$ 运动,求振动的频率、周期、振幅和初相.

4. 将弹簧振子竖直悬挂,物体质量为 0.4 kg,轻质弹簧的劲度系数为 123 N/m,使它作竖直方向的振动.(1) 它是否作简谐振动,周期是多少?(2) 将弹簧振子从平衡位置向下拉 0.1 m,并以 2.4 m/s 的速度迅速向下推动该物体,同时开始计时,求运动方程.

5. 一物体作简谐振动,振幅为 0.02 m,角频率为 $2\pi\cdot\text{s}^{-1}$.开始计时时物体在 $x_0=1.41\times10^{-2}\ \text{m}$ 处向 x 轴负方向运动.求:(1) 振动方程;(2) $t_1=\dfrac{5}{8}\ \text{s}$ 时的位移 x_1,速度 v_1 和加速度 a_1;(3) 由位置 x_1 回到初位置 x_0 所需的最短时间.

6. 一谐振子经过$\dfrac{1}{4}$周期,先后通过相对于平衡位置对称的 B、C 两点,求出两点的位置.

7. 设一质点在 Ox 轴上作谐振动,振动的振幅为 A,若某时刻 t,测得质点的位移为 $x=\dfrac{A}{2}$,向 Ox 轴负方向运动.求该时刻质点的振动相位.

8. 一质点作简谐振动,振幅为 A,其 $x-t$ 图如图所示.质点在起始时刻 t_0 以及 t_1,t_2,t_3,t_4 各时刻,分别位于曲线上的 a,b,c,d,e 各点.

(1) 这些点所代表的振动状态如何?(说明位置和速度的正负)

(2) 画出以上各个时刻旋转矢量的位置.

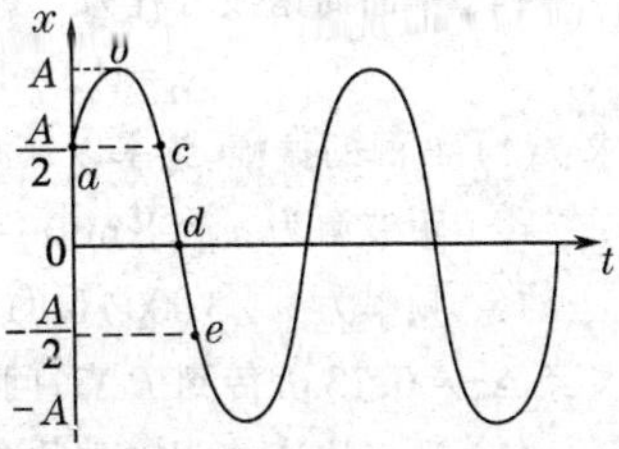

8 题图

(3) 以上各时刻振动的相位分别为多少?(a 为起始状态)

(4) 已知振动周期为 T,写出质点振动的运动方程.

9. 有一振幅为 A 的简谐振动.问:

(1) 位移为振幅一半时总能量中的动能和势能各占多少?

(2) 位移多大时动能和势能各占总能量的一半？

10. 在水平弹簧振子中，物块的质量 $m=0.025$ kg，弹簧的劲度系数 $k=0.4$ N/m，令物块在平衡位置右方 0.1 m 处开始以 0.4 m/s 的速度向右运动，试求：(1) 系统的总能量 E；

(2) 振幅 A；

(3) 物体的最大速率 v_{max}；

(4) 振动物体在 $\frac{A}{2}$ 处具有的动能、势能.

11. 求频率为 440 Hz 的声波在空气和水中的波长.

12. 电磁波在空气中传播速度为 3×10^8 m/s，试计算下列各种频率的电磁波在空气中的波长.

(1) 中央人民广播电台使用的一种频率，$\nu=550\times10^3$ Hz；

(2) 我国第一颗人造卫星播送"东方红"乐曲使用的频率，$\nu=20.009\times10^6$ Hz；

(3) 上海电视台使用的一种频率，$\nu=184.25\times10^6$ Hz.

13. 设有一沿 x 轴正向传播的波动，其波长为 0.10 m，原点 O 处质元的振动方程为

$$y_0=0.03\cos\pi t,$$

求波的运动学方程.

14. 平面简谐波方程为

$$y=1.2\times10^{-3}\cos(10^5\pi t-200x).$$

求：(1) 波源的振幅、频率以及波长和波速；

(2) 距波源为 $x_1=8$ m，$x_2=8.05$ m 的两质点振动的周相差.

15. 频率为 $\nu=3\,000$ Hz 的声波以 $u=1\,560$ m/s 的速度传播，过 A 点后又经 $\Delta x=0.13$ m 传到 B 点. 问：

(1) B 点比 A 点迟振动几个周期？

(2) A、B 两点相距多少波长？

(3) B 点的振动相位比 A 点落后多少？

(4) 若质点的振幅 $A=1$ mm，质点的振动速度是否等于波的传播速度？

16. 已知一平面简谐波的波动方程为

$$y=0.2\cos\pi(2.5t-0.01x).$$

求：振幅、波的传播方向、波速、波频、波长及最大振动速度.

17. 一平面波的波动方程为

$$y=0.01\cos\left(200\pi t+\frac{3}{2}\pi-\frac{\pi}{2}x\right).$$

求：(1) 距波源 2 m 处质点的运动规律，并给出它的 $y-t$ 图；

(2) $t=\frac{1}{400}$ s 时，质点的位移随 x 的分布，并绘出此刻的波形图.

18. 平面简谐波的角频率为 200 s^{-1}，波射线上某点 P 在 $t=0$ 时刻的位移为 0.02 m，振动初始速度为 0.4 m/s. 该波不衰减地向右传播，波速为 340 m/s，求在 P 点右方 1.70π m 处的振动方程.

19. 一横波沿 x 轴方向传播的波动方程为 $y=0.05\cos(10\pi t-4\pi x)$，求：

(1) $x_1=0.2$ m 处质点在 $t_1=1$ s 时的振动相位. 该质点此时刻的运动状态如何？

(2) 此相位所描述的运动状态在 $t=1.5$ s 时刻传到哪一点？

20. 频率为 $\nu=12.5\times10^3$ Hz 的平面余弦纵波沿细长的金属棒传播，棒的杨氏模量为 $E=1.9\times10^{11}$ N/m^2，棒的密度 $\rho=7.6\times10^3$ kg/m^3. 已知波源的振幅 $A=0.1$ mm. 写出：(1) 波源的振动方程；(2) 波动方程；(3) 离波源 0.1 m 处质点的振动方程；(4) 在波源振动 0.002 1 s 时的波形方程.

21. 一波源的辐射功率为 2.0 W，它向无吸收、均匀、各向同性介质中发射球面波，试问离波源 1.0 m 处波的强度是多大？

22. 已知钢的密度为 7.8×10^3 $kg\cdot m^{-3}$，杨氏模量为 2×10^{11} $N\cdot m^{-2}$，今有频率为 200 Hz 的简谐波在钢中传播，其振幅为 0.1 μm，求平均能量密度和波强.

23. 如图所示，A、B 两点为处于同一介质中，且相距 20 m 的两个波源，它们作同频率同方向的振动. 设它们激起的波为平面波，振幅相同，波速均为 200 $m\cdot s^{-1}$，频率均为 100 Hz，且 A 点出现波峰，B 点出现波谷. 求 AB 连线上因干涉而静止的各点的位置.

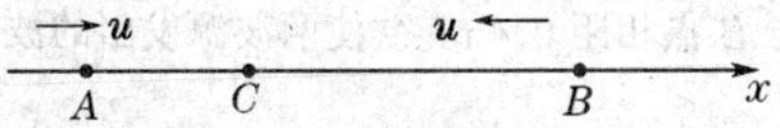

23 题图

24. 两相干波源分别在 P,Q 两处,它们相距$\frac{3}{2}\lambda$,如图所示.由 P,Q 发出频率为ν,波长为 λ 的相干波.R 为PQ 连线上的一点,求在下列两种情况下,两波在 R 点的合振幅.

(1) 设两波有相同的初相位;(2) 两波源初相位相差 π.

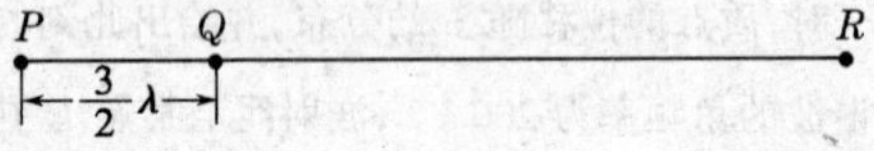

24 题图

25. 设平面横波 1 沿 BP 方向传播,它在 B 点的振动方程为 $y_1=0.2\times10^{-2}\cos2\pi t$,平面横波 2 沿 CP 方向传播,它在 C 点的振动方程为 $y_2=0.2\times10^{-2}\cos(2\pi t+\pi)$,如图所示.$P$ 处与B 相距 0.4 m,与 C 相距 0.5 m,波速为 $0.2\ \mathrm{m\cdot s^{-1}}$.求:两波传到 P 处的相位差及在P 处合振动的振幅.

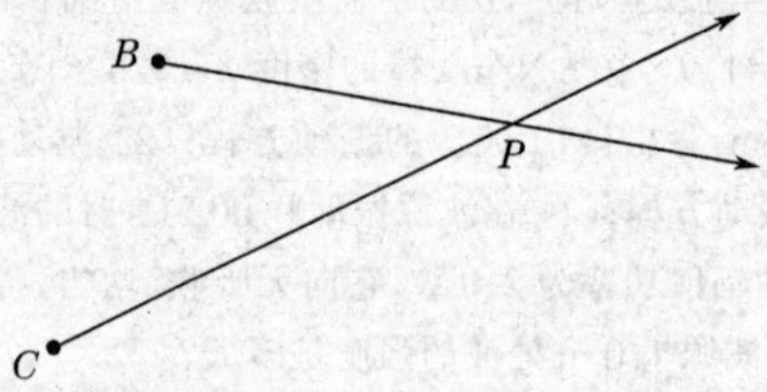

25 题图

26. S_1 和 S_2 是振幅相等的两个相干波源,它们相距$\frac{\lambda}{4}$,如果波源 S_1 的相位比波源 S_2 的相位超前$\frac{\pi}{2}$,求:

(1) S_1,S_2 连线上在 S_1 外侧各点的合成波的强度;

(2) S_1,S_2 连线上在 S_2 外侧各点的合成波的强度.

27. 两相干波源 A,B 相距 0.3 m,相位差为 π,P 点位于过B 点且垂直于AB 的直线上,与 B 点相距 0.4 m.欲使两波源发出的波在 P 点加强,两波的波长为多少?

第10章 波动光学

研究光现象的学科称为光学.物理学中的光学,一般分为几何光学、波动光学和量子光学.以光的波动性质为基础,研究光在传播中的规律的光学,称波动光学.本章将从光的波动性出发,研究光的干涉、衍射和偏振等现象的条件和规律,并简单介绍其应用.以光的波粒二象性为基础,研究光和物质相互作用的量子光学将在下一章中介绍.

10.1 相干光

10.1.1 光的相干性

干涉现象是波动过程的基本特征之一.在波动理论中已经指出:由频率相同、振动方向相同、相位相同或相位差保持恒定的两个相干波源所发出的波是相干波,在两束相干波相遇的区域里,有些点的振动始终加强,有些点的振动始终减弱或完全抵消,即产生干涉现象.机械波或无线电波的波源可以连续地振动,并发出连续的正弦波,相干条件比较容易满足,因此观察这些波的干涉现象就比较方便.例如把音叉两臂上的尖端放入水中,当音叉振动时,由这两个尖端发出的、在水面上传播的波就是相干波,在这两个尖端附近区域可以看到干涉现象.

但对于光波,就不容易观察到干涉现象.例如在房间里放两盏频率完全相同的发单色黄光的钠光源,在它们发出的光的叠加区域中却观察不到光波相互加强或相互减弱的现象.这表明两个独立的光源即使频率相同,也不能构成相干光源.其原因是由光源的发光机理决定的.普通光源发出的光,是由光源中分子或原子的运动状态发生变化时辐射的电磁波.一方面,构成光源的大量分子或原子各自独立地发出一个个光波列是无规律的,彼此间没有联系.因此在同一时刻,各分子或原子发出的光即使频率相同,但相位和振动方向也是各不相同的.另一方面,分子或原子的发光是间歇的,每个原子发出一个光波列的持续时间约为 10^{-8} s,因此同一原子所发出的前后两个光波列的频率即使相同,但其振动方向和相位却不一定相同,如图 10-1 所示.由此可知,由两个独立的普通光源所发出的光是不可能满足相干条件的;不但如此,即使是同一光源上不同部分发出的光,也是不满足相干条件的.

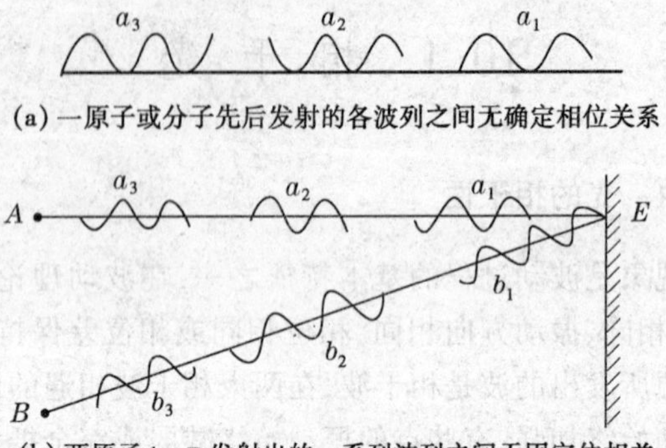

(b) 两原子 A, B 发射出的一系列波列之间无固定位相差

图 10-1

欲获得光的干涉现象,可利用某种装置把同一点光源发出的每一个波列分为两束,使它们经过不同路径后再相遇时,就可以产生干涉现象.因为在这种情况下每一个波列都被分成两个波列,由

于两个波列是从同一波列分离出来的，它们的频率相同，振动方向相同，在相遇点有恒定的相位差，两束光就是由这一对对同样波列组成的．所以这两束光就能满足相干条件，称为**相干光**．顺便指出，由于激光具有独特的性质，现在已经可使两个独立的相同的激光光源成为相干光源．

10.1.2 杨氏双缝干涉实验

英国物理学家杨(1773～1829)于1801年首先用实验成功地研究了光的干涉现象．这是光的波动说被普遍承认的一个决定性实验，在光学史上有着十分重要的意义．在杨氏做的干涉实验中是让日光通过针孔．后人为增大干涉条纹的亮度，改用平行狭缝，称为**杨氏双缝实验**．图10－2是双缝实验示意图．单色平行光源照在

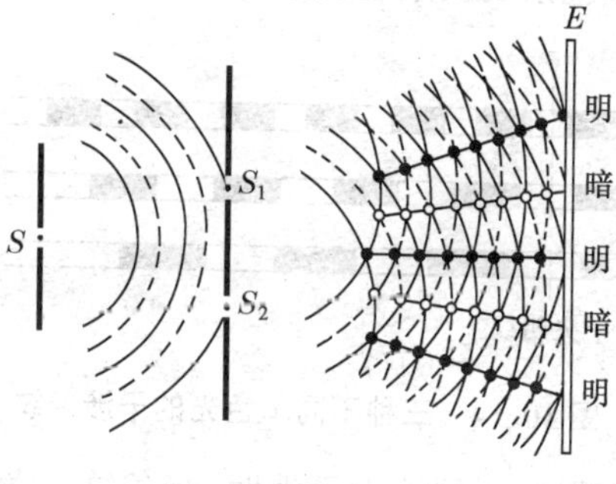

图 10－2

单缝S上，在S前面放置两个相距很近且与S平行的等宽狭缝S_1和S_2，缝长垂直纸面，S_1和S_2关于S对称．从S_1，S_2发出的光构成一对相干光，它们在空间相遇，将产生干涉现象．若在S_1和S_2前面置一屏幕E，则屏幕上将出现明暗交替的干涉条纹．实验表明，干涉条纹有如下特点：

(1) 如图10－3所示的中央明条纹P_0，其两侧分布着明暗相

间的条纹，所有条纹与狭缝平行.

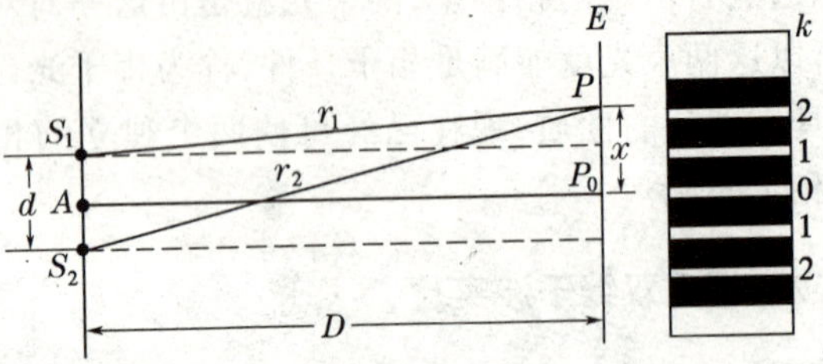

图 10－3　杨氏双缝干涉条纹的计算

(2) 若改变入射光波长，则条纹间距也相应改变，波长越长，条纹越稀疏；波长越短，条纹越稠密. 如图 10－4 所示.

(3) 若用白光照射，中央明纹是白色的，其两侧，从内向外形成由紫变红的彩色条纹及重叠现象.

图 10－4　三种不同单色光的干涉条纹

下面我们定量分析屏幕上干涉明、暗条纹应满足的条件. 如图 10－3 所示，设 S_1，S_2 两缝间距为 d，双缝所在平面与屏幕 E 平行，两者之间的垂直距离为 D. 在屏上取一点 P，它与 S_1 和 S_2 的距离分别为 r_1 和 r_2，则由 S_1 和 S_2 发出的光到达点 P 的波程差 $\Delta r = r_2 - r_1$. 若 A 为 S_1 和 S_2 的中点，P_0 与 A 正对，点 P 与 P_0 的距离为 x，则从图上看出

$$r_1{}^2 = D^2 + (x - \frac{d}{2})^2, \qquad r_2{}^2 = D^2 + (x + \frac{d}{2})^2.$$

所以.　　$r_2{}^2 - r_1{}^2 = (r_2 - r_1)(r_2 + r_1) = 2dx.$

因 $D \gg d$,故 $r_1 + r_2 \approx 2D$,由上式得

$$\Delta r = r_2 - r_1 = \frac{dx}{D}.$$

若入射光的波长为 λ,因 S_1 与 S_2 的相位相同,故当

$$\Delta r = \frac{dx}{D} = \pm k\lambda$$

或

$$x = \pm \frac{D}{d}k\lambda, \quad k = 0,1,2,\cdots \tag{10-1}$$

时,两束光相互加强,该处为明条纹中心.式中正负号表示干涉条纹在点 O 两边是对称分布的.对于点 P_0,$x = 0$,故 $\Delta r = 0$,即 $k = 0$,因此称中心 P_0 处的明条纹为**中央条纹**.在点 P_0 两侧,与 $k = 1,2,\cdots$ 相应的 x 为 $\pm \frac{D}{d}\lambda$, $\pm \frac{D}{d}2\lambda$,…处,其波程差 Δr 为 $\pm\lambda$, $\pm 2\lambda$,…,这些明条纹分别称第一级、第二级…明条纹,它们对称分布在中央明条纹的两侧.

点 P 为干涉减弱即为暗条纹中心的条件是:

当

$$\Delta r = \frac{dx}{D} = \pm(2k+1)\frac{\lambda}{2}$$

或

$$x = \pm \frac{D}{d}(2k+1)\frac{\lambda}{2}, k = 0,1,2\cdots \tag{10-2}$$

时,这样,与 $k = 0,1,\cdots$ 相应的 x 为$\frac{D}{2d}$, $\pm \frac{3D}{2d}\lambda$…处为暗条纹.若 S_1 和 S_2 在点 P 的波程差既不满足式(10-1),也不满足式(10-2),则点 P 处既不是最明,也不是最暗.

如果已知 d,D,λ 各量,从式(10-1)或式(10-2)中可以算出相邻明纹或暗纹间的距离均为

$$\Delta x = x_{k+1} - x_k = \frac{D}{d}\lambda,$$

即干涉明、暗条纹是等距离分布的.若已知 d,D 各量,又可测出 Δx,由上式可以算出单色光的波长 λ.由上式还可以看出,若 d 与

D 值一定时，相邻明暗纹的距离 Δx 与入射光的波长 λ 成正比，波长小（紫光）的条纹间距比波长大（红光）的条纹间距小，如图 10-4 所示. 若用白光照射，则由于各种可见光明条纹的重叠，在中央明纹（白色）的两侧将出现各级彩色明条纹.

【例题 10-1】 以单色光照射到相距为 0.2 mm 的双缝上，双缝与屏幕的垂直距离为 1 m. (1) 从第一明纹到同侧旁第四明纹的距离为 7.5 mm，求单色光的波长；(2) 若入射光的波长为 600 nm，求相邻两明纹间的距离.

【解】 (1) 根据双缝干涉明纹的条件

$$x = \pm k \frac{D}{d}\lambda, \quad k = 0,1,2,\cdots$$

以 $k=1$ 和 $k=4$ 代入上式，得

$$\Delta x_{14} = x_4 - x_1 = \frac{D}{d}(k_4 - k_1)\lambda,$$

则

$$\lambda = \frac{d}{D}\cdot\frac{\Delta x_{14}}{k_4 - k_1}.$$

已知 $d = 0.2$ mm，$\Delta x_{14} = 7.5$ mm，$D = 1\,000$ mm，代入上式得

$$\lambda = \frac{0.2\times 7.5}{1\,000\times(4-1)} = 5\times 10^{-4}\ \text{mm} = 500\ \text{nm}.$$

(2) 当 $\lambda = 600$ nm 时，相邻两明纹间的距离为

$$\Delta x = \frac{D}{d}\lambda = \frac{1\,000}{0.20}\times 6\times 10^{-4} = 3.0\ \text{mm}$$

10.2 薄膜的干涉

薄膜干涉广泛存在于自然界和人们生活中. 如在阳光下经常能见到水面铺展的油膜上以及某些昆虫（如蜻蜓）翅膀上的美丽色彩，工厂中一些金属工件的表面因有氧化层也会呈现彩色等等，这些都是光照在薄膜上产生的干涉现象. 在上一节中已经得到，光的

干涉条纹的位置是由相位差决定的.当两个相干光波在同一介质中传播时,它们在相遇点的相位差仅决定于这两个光波的几何路程之差(即所谓波程差).在本节讨论的薄膜干涉中,光线将经历不同的介质,例如光线从空气透入薄膜,这时相干光波间的相位差,就不能单纯由两束相干光的波程差来决定了.为此引入光程概念.

10.2.1 光程　光程差

设有一频率为 ν 的单色光,它在真空中的波长为 λ,传播速度为 c.当它在折射率为 n 的介质中传播时,传播速度变为 $v=c/n$,所以波长 $\lambda_n=v/\nu=c/n\nu=\lambda/n$.这说明,一定频率的光在折射率为 n 的介质中传播时,其波长为真空中波长的 $1/n$.由于波行进一个波长的距离,相位变化 2π,若光波在介质中传播的几何路程为 r,则相位的变化为

$$\delta=2\pi\frac{\nu}{\lambda_n}=2\pi\cdot\frac{nr}{\lambda}.$$

上式表明,光波在介质中传播时,其相位的变化与光波传播的几何路程、真空中的波长及介质的折射率有关.也就是说,在相同时间里,光波在介质中通过的路程 r 相当于真空中通过的路程 nr.因此,将光波在介质中所经历的几何路程 r 与介质的折射率 n 的乘积 nr 定义为**光程**.引入光程这一概念,我们就可将单色光在不同介质中的传播,都折算为该单色光在真空中的传播.由此可见,两相干光分别通过不同介质在空间某点相遇时,所产生的干涉情况与两者的**光程差**(用符号 Δ 表示)有关.

从同一点光源发出的两相干光,它们的**光程差** Δ 与相位差 δ 的关系为

$$\delta=2\pi\frac{\Delta}{\lambda},\qquad(10-3)$$

所以当

$$\Delta = \pm k\lambda, k=0,1,2\cdots \tag{10-4}$$

时，有 $\delta = \pm 2k\pi$，干涉加强.

当
$$\Delta = \pm(2k+1)\frac{\lambda}{2}, k=0,1,2\cdots \tag{10-5}$$

时，有 $\delta = \pm(2k+1)\pi$，干涉减弱.

10.2.2 平行薄膜的反射干涉

如图 10－5 所示，从单色扩展光源中任一发光点 S 发出一束倾角为 θ、波长为 λ 的平行光 1，它投射到上、下表面平行的薄膜上. 在薄膜的上表面 A 点光 1 分裂成反射光 2（AF）和折射—反射光 3（$ACBE$）. 由于它们是由同一波列在 A 点分裂而成，因此是相干光，它们在无限远处或会聚透镜的焦平面上呈现干涉花样.

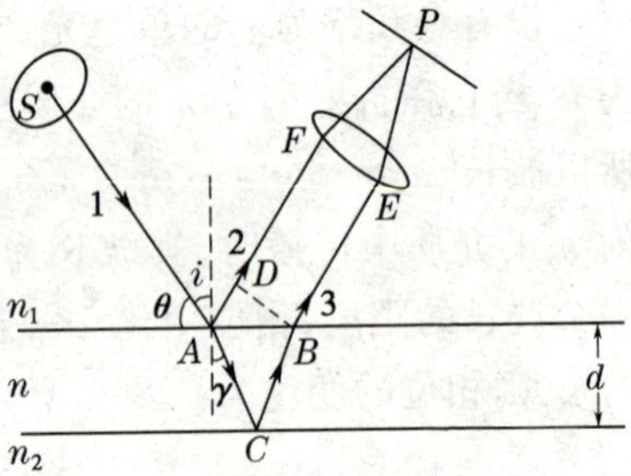

图 10－5　平行薄膜干涉

还应当明确，光遇到界面时的半波损失问题. 大量实验结果证明，光由光疏介质（折射率较小）射向光密介质（折射率较大）的界面时，其反射光相位突变 π，即在入射点上的反射光与入射光相比相位相差 π，增加或减小 π，相当于光程突变半个波长，增加 $\lambda/2$ 或减少 $\lambda/2$，称为**半波损失**；光由光密介质射向光疏介质的界面时，其反射光无相位突变；光通过界面折射，不论折入光密介质还是折入光疏介质，都无相位突变. 至于光密介质与光疏介质仅对两种介质相比较而言，每种介质都不是绝对的光密介质或光疏介质.

下面来分析薄膜干涉条件. 如图 10－5 所示，设薄膜（如肥皂水膜）厚度为 d，折射率为 n，两侧介质（如空气）的折射率为 $n_1 = n_2$，且 $n > n_1$，则光只在薄膜上表面反射时有半波变化. 作 $BD \perp$

AF,因透镜对光波不引起附加光程差,在薄膜上方介质中平行光2和3从D和B到缘点P的光程相等.故相干光2和3的光程差为

$$\Delta = n(AC + BC) - n_1 AD + \frac{\lambda}{2}.$$

其中

$$AC - BC = \frac{d}{\cos\gamma},$$

$$AD = AB\sin i = 2d\tan\gamma \cdot \sin i.$$

又按折射定律有 $n_1\sin i = n\sin\gamma$,由此导得

$$\Delta = 2d\sqrt{n^2 - n_1^2\sin^2 i} + \frac{\lambda}{2}. \qquad (10-6)$$

于是干涉条件为

$$\Delta = \begin{cases} 2k \cdot \dfrac{\lambda}{2}, & k = 1,2,\cdots \qquad \text{明纹} \\ (2k+1)\dfrac{\lambda}{2}. & k = 0,1,2,\cdots \qquad \text{暗纹} \end{cases} \qquad (10-7)$$

从上述干涉条件可知,当d,n,n_1,λ一定时,i与k一一对应.故任一级明纹(或暗纹)都是由具有相等的入射角i,即有相等倾角θ的入射光形成的,这种平行平面薄膜的干涉叫**等倾干涉**.

利用平行薄膜干涉可以测定薄膜的厚度或入射光波长,此外还可以用来提高光学仪器的透射或反射率.例如,照相机、摄像机等许多光学仪器都采用组合透镜,在分界面上会由于反射而损失入射光能量.为了减少这种损失,常在透镜表面上镀一层薄膜.如图10-6所示,在玻璃表面上镀一层氟化镁(MgF_2),厚度为e,折射率$n = 1.38$,比玻璃折射率小,比空气折射率大,所以在氟化镁薄膜上下两界面的反射光2和反射光3都有半波损失,则光2、3的光程差$\Delta = 2ne$.如果入射光为黄光,波长$\lambda = 589.3$ nm,要减少反射损失,可令$2ne = (2k+1)\cdot\dfrac{\lambda}{2}$,取$k = 0$,则所需镀膜的最小厚

度 $e=\dfrac{\lambda}{4n}=10^{-7}$ m. 这表示两反射光束因干涉而抵消，使反射光中没有黄光. 根据能量守恒定律可知，反射光强度减少，透射光强度就增强. 这种能减少反射光而增强透射光强度的薄膜，称为**增透膜**. 反之，若使反射光满足干涉加强条件的薄膜为**增反膜**.

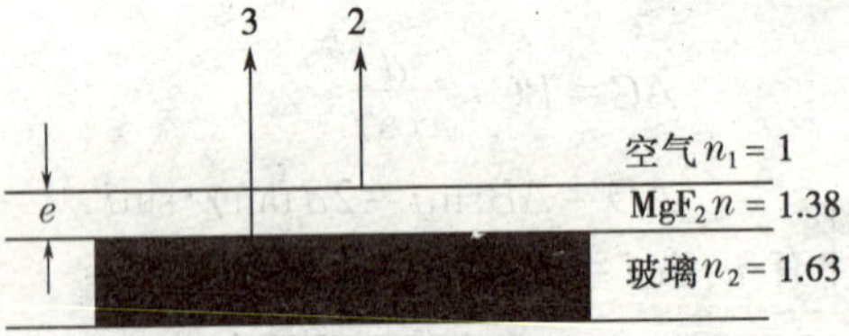

图 10-6 增透膜示意图

10.2.3 劈尖薄膜的干涉

两块平板玻璃 M_1 和 M_2，一端接触，另一端垫入一厚度为 h 薄纸，如图 10-7 所示(为便于作图，将纸片的厚度放大了)，则在两玻璃片间形成一端薄、另一端厚的空气薄层，这是一个劈尖形的空气膜，称为**空气劈尖**. 两玻璃板的交线称为**棱边**.

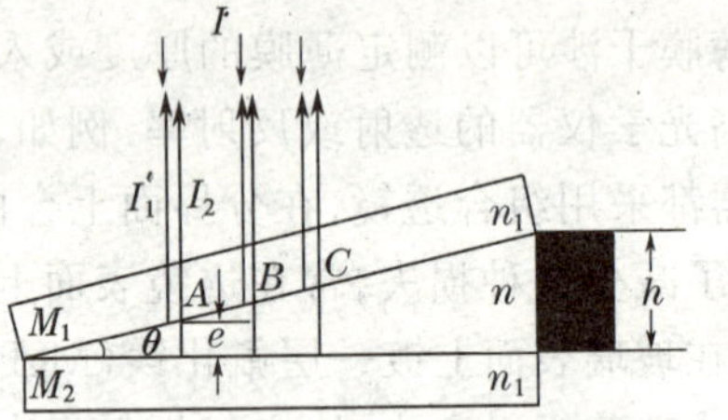

图 10-7 劈尖干涉条纹的形成

平行光束 I 入射空气劈尖，由于劈尖夹角很小，所以劈尖上表面(玻璃板 M_1 与空气层分界面)和下表面(空气层与玻璃板 M_2 的分界面)反射的两束光 I_1 和 I_2 几乎是沿着入射光方向射出的. 设劈尖 A 点的厚度为 e，如果 $n_1 > n$，那么 I_1 不产生半波损失，而 I_2 产生半波损失；如果 $n_1 < n$，那么 I_1 产生半波损失，而 I_2 不产生半波损失. 因此无论哪种情况，I_1 与 I_2 的光程差都是 $\Delta = 2ne + \frac{\lambda}{2}$. 因此干涉条纹的明暗条件为

$$\Delta = 2ne + \frac{\lambda}{2} = \begin{cases} k\lambda, \quad k = 1,2,\cdots & \text{明纹;} \\ (2k+1)\cdot\frac{\lambda}{2}.\ k = 0,1,2,\cdots & \text{暗纹.} \end{cases} \tag{10-8}$$

从式(10－8)可知，凡劈尖厚度相同的地方(即平行棱边的各点)，两相干光的光程差都一样，从而形成一条等亮度的干涉条纹. 由于离棱边不同距离处如 A，B，C 等的空气膜厚度 e 不同，因而各处反射光的光程差不同. 可见劈尖的干涉条纹是一系列等间距平行于棱边的、明暗相间的直条纹. 这种与劈间厚度相对应的干涉条纹称为**等厚干涉条纹**，这种干涉称为**等厚干涉**.

在玻璃板接触处，$e = 0$，由于存在半波损失，光程差为 $\frac{\lambda}{2}$，所以棱边处为暗条纹.

设 l 为相邻两明条纹或暗条纹之间的距离，e_{k+1}，e_k 分别为第 $k+1$ 条纹、第 k 条纹的厚度，则可得

$$l\cdot\sin\theta = e_{k+1} - e_k = \frac{\lambda}{2n}. \tag{10-9}$$

(10－9)式表明，θ 越小，l 就越大，即条纹越疏；θ 越大，l 越小，即干涉条纹越密. 所以只有当 θ 相当小时才能看到干涉条纹，否则由于条纹过密就看不到干涉条纹了.

劈尖干涉在实际中有很多应用. 利用劈尖干涉可以测定微小

的角度、微小厚度、单色光的波长和媒质的折射率等，也可以用来检查光学元件表面的不平度.

【例题 10-2】 为了测量金属丝的直径，把金属丝夹在两块平玻璃板间，使空气层形成劈尖，如图 10-8 所示. 如用单色光垂直照射，就得到等厚干涉条纹. 测量结果为：单色光的波长为 $\lambda=589.3\,\text{nm}$，金属丝与劈尖棱边的距离 $L=28.880\,\text{mm}$，30 条明纹间的距离为 4.295 mm. 求金属丝的直径 D.

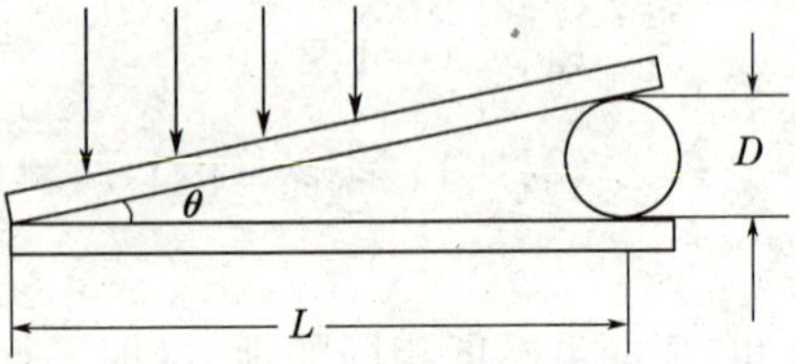

图 10-8

【解】 相邻两明条纹的距离 $l=\frac{4.295}{30-1}\,(\text{mm})$，由于 θ 很小，所以

$$l\cdot\sin\theta\approx l\cdot\theta\approx l\cdot\frac{D}{L}=\frac{\lambda}{2n}=\frac{\lambda}{2},$$

于是得到

$$D=\frac{L\cdot\lambda}{2l}=\frac{28.880\times10^{-3}}{\frac{4.295}{30-1}\times10^{-3}}\times\frac{1}{2}\times5893\times10^{-10}(\text{m})=0.057\,\text{mm}$$

10.2.4 牛顿环

在一块平滑的玻璃片 B 上，置一曲率半径 R 很大的平凸透镜 A，如图 10-9 所示，则在透镜和平面间形成一环状的空气劈间薄膜，图中为一剖面图. 当用单色光垂直入射在平凸透镜上时，由于空气薄膜上下部介质都是玻璃，所以光只在下界面反射时产生

半波损失.因而在薄膜厚度为e处的光程差为$\Delta=2e+\frac{\lambda}{2}$,由于这种厚度不均匀薄膜的等厚点的轨迹为同心圆环,所以用单色平行光垂直入射时形成的等厚干涉条纹为同心圆环,环的中心在凸透镜和平板玻璃的接触点处,这些条纹称为牛顿环.

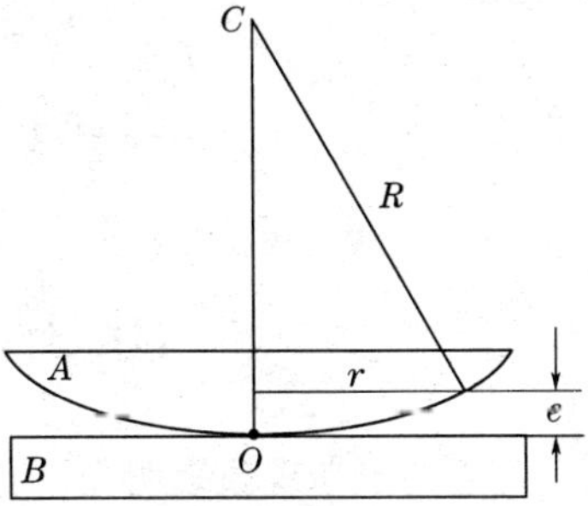

图 10-9　产生牛顿环装置

设牛顿环第 k 级环纹的半径为r,由图 10-9 可知

$$r^2=R^2-(R-e)^2=2Re-e^2,$$

由于 $R\gg e$,则 $2Re\gg e^2$,略去 e^2 项得 $e=r^2/2R$.将 e 值及光程差 Δ 代入干涉条件公式,得

$$\begin{cases} r=\sqrt{(k-\frac{1}{2})R\lambda} & k=1,2,\cdots \quad 明环, \\ r=\sqrt{k\lambda R} & k=0,1,\cdots \quad 暗环. \end{cases} \tag{10-10}$$

在透镜和玻离片的接触处,因 $e=0$,光程差 $\Delta=\frac{\lambda}{2}$,所以为一暗斑.由(10-10)式可知,两相邻明(或暗)环间的间隔是不均匀的,离中心愈远,两相邻条纹间隔越小,环纹越密.

【例题 10-3】 用紫色光观察牛顿环现象时,看到第 k 条暗环中心的半径 $r_k=4$ mm,第 $k+5$ 条暗环中心的半径 $r_{k+5}=6$ mm.所用平凸透镜的曲率半径已知为 $R=10$ m,求紫光的波长和环数 k.

【解】 根据牛顿环暗环半径公式 $r=\sqrt{k\lambda R}$ 得

$$r_k=\sqrt{k\lambda R},\quad r_{k+5}=\sqrt{(k+5)\lambda R}.$$

从以上两式得到

$$\lambda=\frac{r_k^2}{kR}=\frac{r_{k+5}^2}{(k+5)R}.$$

以 $r_k=4\ \mathrm{mm}$, $r_{k+5}=6\ \mathrm{mm}$ 和 $R=10\ \mathrm{m}$ 代入得

$$k=4,\quad \lambda=400\ \mathrm{nm}.$$

10.3 光的衍射

光的干涉现象表明光具有波动性.但是除干涉现象外,波动过程还有一个重要的基本特征——衍射现象.下面介绍光的衍射现象.

10.3.1 光的衍射现象

图 10-10 表示,一束光通过一个较宽的单缝时,在屏幕 M 上可以观察到宽度为 ab 的光斑,这是由于光在均匀媒质中是沿直线传播的.如果光通过一个窄的单缝,即缝的宽度可以与光的波长相比时,则在屏幕上的光斑由 ab 扩展为 $a'b'$,而且出现了明暗相间的条纹.

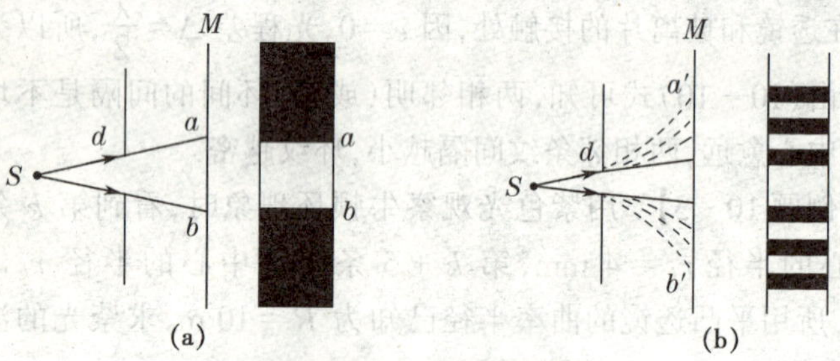

图 10-10 光的衍射

用单色光或白光照在一根细长的障碍物(如细线、针、头发等)上时,在物后的屏幕上出现的不再是一个几何暗影,而是更宽范围

内一些明暗交替排列的条纹或彩色条纹.

这说明光波在一定条件下(光波遇到障碍物且障碍物线度与光波波长相近时)会偏离直线传播而使光强在空间重新分布,这种现象就是**光的衍射现象**.

在日常生活中,也可观察到光的衍射现象.例如,让手指缝与日光灯管平行,通过指缝观察日光灯,可以看到光的衍射彩色条纹;用针在厚的纸片上刺一小孔,通过小孔看白炽灯泡,会看到彩色的衍射条纹.

10.3.2 惠更斯-菲涅耳原理

在研究波的传播时,惠更斯曾指出,媒质中波所到达的各点都可看作是发射子波的波源,其后任一时刻这些子波的包迹就决定新的波前,这就是惠更斯原理.根据惠更斯原理可以确定波的传播方向,说明衍射中波的绕弯行为,但不能解释波的衍射区域中能量不均匀现象.菲涅耳利用子波相干叠加理论发展了惠更斯原理.他假定:从同一波面上各点发出的而又同时传播到空间某一点的所有子波,可以相互叠加而产生干涉现象,空间任一点振动就是这些子波相干叠加的结果.这就是**惠更斯-菲涅耳原理**.

根据惠更斯-菲涅耳原理,当波面完全不遮蔽时,所有子波在某一给定观察点的叠加结果便形成光的直线传播.如果波面某些部分受到遮蔽,或者说波面不完整,以致这些部分所发子波不能到达观察点,叠加时缺少这部分子波,便产生有明暗相间条纹的衍射现象.至于衍射现象是否明显,则和障碍物的线度及观察距离有关.总之,不论是否直线传播,也不论有无明显的衍射图像出现,光是按照惠更斯-菲涅耳原理方式传播的.根据惠更斯-菲涅耳原理,如果已知波动在某一时刻的波面 S,就可以计算波面 S 前方任一给定点 p 的振幅和相位,进而求出波的强度.如图 10-11 所示,将波面 S 分成很多小面元 dS,每个面元都是子波的波源.图

中 $\boldsymbol{p}$ 点的光振动是波面 $\boldsymbol{S}$ 上各小面元 dS 发出的子波在 p 点引起的光振动的矢量和. 根据波动理论,每个面积元 dS 发出的子波在 p 点所引起的光振动的振幅与面积元 dS 的大小成正比,与从 dS 到 p 点的距离 r 成反比,并与 r 和 dS 的波线之间的夹角 α 有关. 显然计算 p 点的光振动是一个非常复杂的求积分问题. 下一节我们将应用数学处理比较简单的波带法来解释衍射现象.

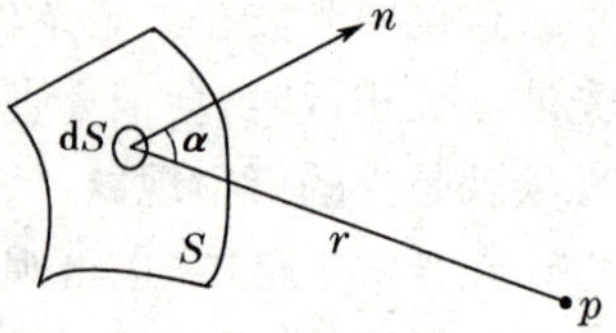

图 10-11　惠更斯-菲涅耳原理

10.4　单缝衍射　光栅衍射

光的衍射一般分为两种类型. 障碍物距光源及接收屏(或两者之一)为有限远时的衍射称为**菲涅耳衍射**,如图 10-12(a);障碍物距光源及接收屏为无限远时的衍射称为**夫琅和费衍射**,此时入射光和衍射光都是平行光,如图 10-12(b). 在实验室中,常把光源放在透镜 L_1 的焦点上,并把屏幕 M 放在透镜 L_2 的焦平面上,如图 10-12(c),则到达缝的光和衍射光都能满足夫琅和费衍射条件. 本节只讨论夫琅和费衍射.

10.4.1　夫琅和费单缝衍射

宽度远较长度小的狭缝叫**单缝**,当平行光垂直通过单缝后,会产生衍射,再经透镜会聚在屏幕上,形成明暗相间的衍射条纹. 在图 10-13 中,AB 为单缝的截面,其宽度为 a. 按照惠更斯-菲涅耳原理,AB 上各点都可看作是新的波源,它们发出的子波到达空间某处时,会叠加产生干涉.

首先考虑沿入射方向传播的各子波射线(光束①),它们经透

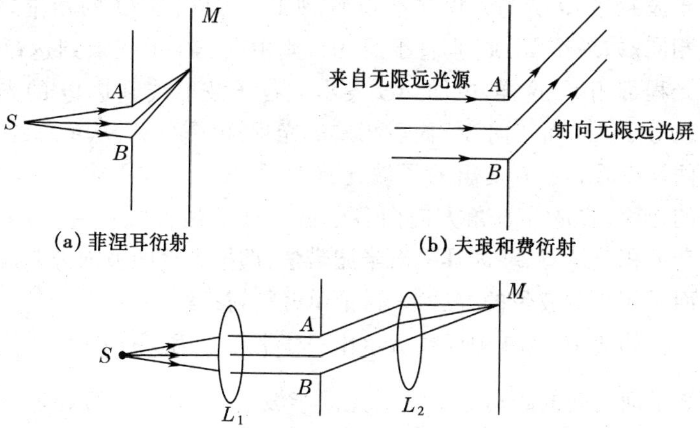

(a) 非涅耳衍射　　(b) 夫琅和费衍射

(c) 夫琅和费衍射

图 10－12

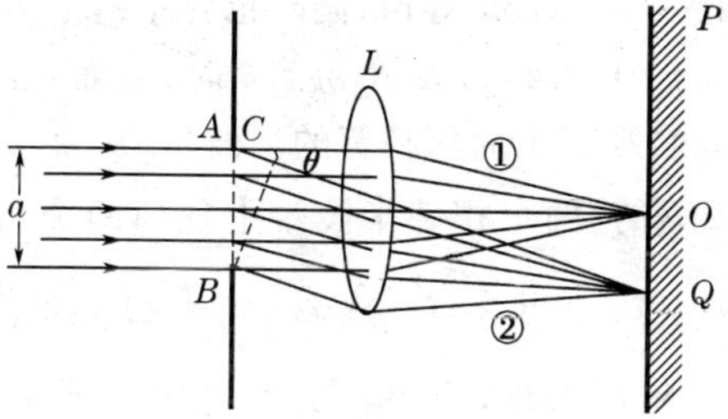

图 10－13　单缝衍射

射镜L会聚于焦点O. 由于 AB 是同相面，所以这些子波的相位是相同的，它们经透镜后不会引起附加的光程差，所以它们在点 O 会聚时仍保持相同的相位，因而相互加强. 这样，在正对狭缝中心的 O 处所出现的亮纹，称作**中央明纹**.

在其他方向上，如与入射方向成 θ 角的子波射线（光束②），θ 叫**衍射角**. 平行光束经过透镜会聚于屏幕上 Q 点，但光束②中各

子波到达 Q 点的光程并不相等，所以它们在点 Q 的相位差也不相同.如果作面 BC 垂直于面 AC，则由面 BC 上各点到达 Q 点的光程都相等.这样，由面 AB 发出的各子波射线到达 Q 的光程差就等于 AB 面转向 BC 面后相差的光程.由图可见，从单缝的 A，B 两端点看，点 A 发出的子波比点 B 发出的子波多走 $AC = a\sin\theta$ 的光程，这是沿 θ 角方向向各子波光线的最大光程差.为避免繁杂的积分运算，菲涅耳提出**半波带法**，即把单缝的波面分割成许多面积相等的波带的方法，来讨论单缝衍射条纹.

如图 10－14 中虚线所示作一些平行于 BC 的平面，并使两相邻平面之间的距离等于入射光的半波长 $\frac{\lambda}{2}$.设 AC 恰好等于单色入射光半波长的整数倍 m，即

$$AC = a\sin\theta = m\cdot\frac{\lambda}{2},\quad m=1,2,3\cdots \qquad (10-11)$$

则这些平面把 AC 分成 m 等份，同时也将单缝上波面 AB 切割成 m 个半波带.图 10－14(a)表示 $m=4$ 时，波面 AB 被分成 AA_1，A_1A_2，A_2A_3，A_3B 四个面积相等的半波带，从每个波带所发出的子波强度是相等的.两个相邻半波带上任何两个对应点(如 AA_1 与 A_1A_2 的中点)所发出的子波光线，到达 Q 点的光程差均为 $\frac{\lambda}{2}$，因而干涉抵消.依次类推，A_2A_3 与 A_3B 两相邻半波带上各子波波源发出的光，在点 Q 也相互干涉抵消.因而点 Q 处呈现为暗条纹.由此可见，当 AC 是半波长的偶数倍时，所有半波带的作用成对相互抵消，Q 点是暗的；当 AC 是半波带的奇数倍时，奇数个半波带成对相抵的结果只留下一个半波带在起作用，那么 Q 点是亮的.所以 Q 点的明暗条件是

$$\text{半波带数 } m = \frac{a\cdot\sin\theta}{\frac{\lambda}{2}} = \begin{cases} \text{偶数倍}(2k), & \text{暗} \\ \text{奇数倍}(2k+1), & \text{明} \\ \text{非整数倍}, & \text{介于明暗之间} \end{cases}$$

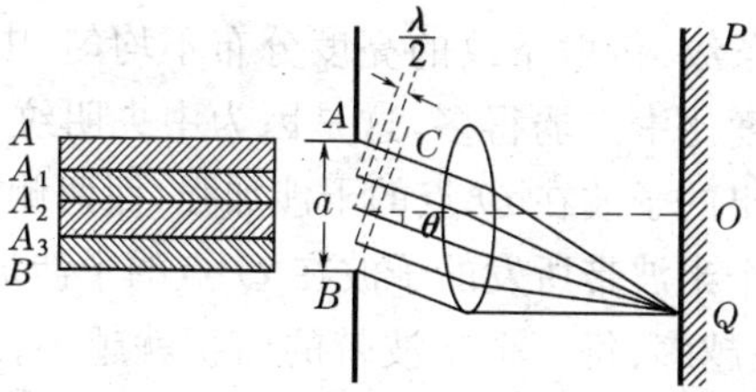

(a) $m=4$, $AC=4\cdot\frac{\lambda}{2}$

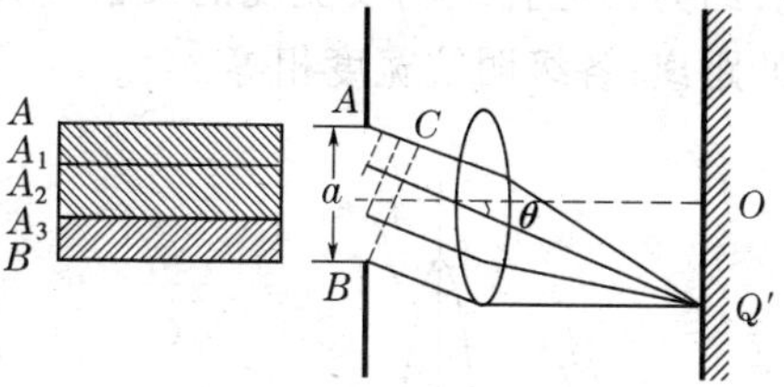

(b) $m=3$, $AC=3\cdot\frac{\lambda}{2}$

图 10－14　单缝的菲涅耳半波带

上述结果用数学公式表示如下

$$
\begin{cases}
\theta=0, & \text{中央明纹中心} \\
a\cdot\sin\theta=\pm(2k+1)\cdot\dfrac{\lambda}{2}, k=1,2,\cdots & \text{明纹中心,} \\
a\cdot\sin\theta=\pm 2k\cdot\dfrac{\lambda}{2}, k=1,2,\cdots & \text{暗纹中心}
\end{cases}
\tag{10-12}
$$

其中 θ 为衍射角，k 表示明暗条纹级数，正负号表示明暗条纹对称分布于中央明纹中心的两侧. 对于任意一个衍射角 θ 来说，AB 一般不能恰好分成整数个半波带，即 AC 不等于$\frac{\lambda}{2}$的整数倍，则屏幕上亮度介于明纹与暗纹之间.

根据(10－12)式可以对夫琅和费单缝衍射条纹特点描述如

下:在中央明纹的两侧,对称分布着第一级、第二级、…暗条纹,两暗纹中间为明条纹.衍射条纹的亮度分布不均匀.中央明纹最亮,而两侧明纹强度比中央弱得多.这是因为中央明纹是通过单缝的所有半波带发出的子波在 O 点的干涉加强,而两侧明纹是奇数个半波带中的一个半波带所发的子波在 Q 点的干涉加强.显然 θ 角越大,半波带数越多,每一个半波带的面积就越小,所以明纹强度从内向外随级数 k 的增加而下降,如图 10-15 所示.中央明纹最亮,同时也最宽,约为其他各级明纹宽度的两倍.明纹宽度等于相邻两暗纹之间的距离.各级明纹宽度相等.

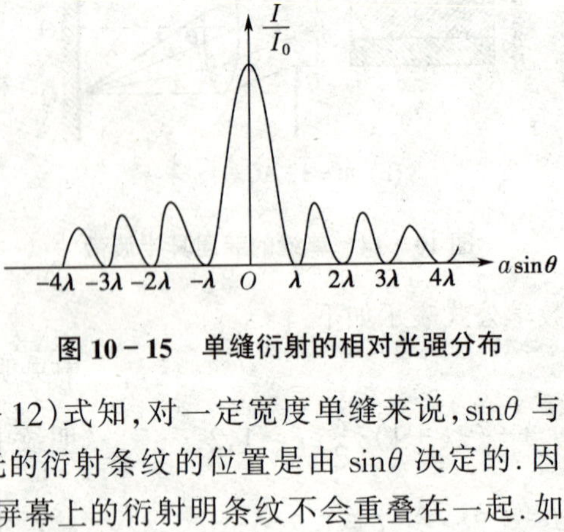

图 10-15 单缝衍射的相对光强分布

由(10-12)式知,对一定宽度单缝来说,$\sin\theta$ 与波长 λ 成正比,而单色光的衍射条纹的位置是由 $\sin\theta$ 决定的.因此不同波长的单色光在屏幕上的衍射明条纹不会重叠在一起.如果让平行白光垂直入射,各波长的光到达 O 点,没有光程差,所以中央明纹仍是白色.但在 O 点两侧的各级明纹中,各种单色条纹按波长排列,形成由紫到红的彩色条纹.

【例题 10-4】 在单缝衍射实验中,透镜焦距为 0.5 m,入射光波波长为 500 nm,缝宽 $a=0.1$ mm.

求:(1) 中央明条纹宽度;

(2) 第一级明条纹宽度.

【解】 (1) 中央明条纹的宽度 l_0 约等于两个第一级暗条纹中心($a\sin\theta_1=\lambda, a\sin\theta_1=-\lambda$)之间距离. 利用图 10-13,设 y_1 为第一级暗纹与中心 O 之间距离,f 为透镜焦距.

$$l_0=2y_1=2f\cdot\tan\theta_1$$

对于较低级次,θ 很小,故有 $\tan\theta_1\approx\sin\theta_1$,则

$$l_0=2f\cdot\sin\theta_1=\frac{2f\lambda}{a}=\frac{2\times0.5\times5\,000\times10^{-10}}{0.1\times10^{-3}}=0.005\ \text{m}=5\ \text{mm}$$

(2) 第一级明条纹宽度 l_1 等于第一级暗条纹和第二级暗条纹($a\sin\theta_1=\lambda, a\sin\theta_2=2\lambda$)之间的距离. 第二级暗条纹与 O 之间距离为 $f\tan\theta_2\approx f\sin\theta_2$ 则

$$l_1=f\sin\theta_2-f\sin\theta_1=f(\frac{2\lambda}{a}-\frac{\lambda}{a})=\frac{f\lambda}{a}=\frac{l_0}{2}=2.5\ \text{mm}$$

10.4.2 光栅衍射

在理论上,可用单缝衍射测量光的波长,但在实际测量中不能获得准确的结果. 这是因为在单缝衍射时,若缝宽 a 较大,则通过的光通量也较大,明纹亮度较强,但条纹比较密集而不易分辨;若缝宽 a 较小,则通过的光通量也小,虽然相邻的明纹之间的间隔较宽,但明纹的亮度则显著减小,以致难以分辨.

光栅可以解决上述矛盾. 所谓**光栅**是由大量等宽度、等间距的平行狭缝所组成的光学元件. 常用的透射光栅是由一块玻璃片制成,在这玻璃片上刻有大量宽度和距离都相等的平行刻痕,在 1 厘米内,刻痕最多可以达 1 万条以上. 每条刻痕宽度为 b,刻痕处相当于毛玻璃,使入射光向各个方向散射而不透光. 相邻两刻痕之间的光滑部分相当于一狭缝,可以透光,设缝宽为 a,则$(a+b)$称作**光栅常数**. 光栅常数的数量级约为 10^{-5} m～10^{-6} m. 光栅常数是表示光栅性质的重要参数.

如图 10-16 所示,以平行单色光垂直照射光栅,全体狭缝都

在同一波面上，因此由这些狭缝射向右面的衍射光是相干光．不仅发自同一狭缝上不同点的衍射光可以交叠干涉，而且来自不同狭缝的衍射光在相遇处也要发生干涉．这些衍射光将在置于透镜焦面的屏上形成衍射花样．所以光栅衍射是单缝衍射和多缝干涉的综合效应．

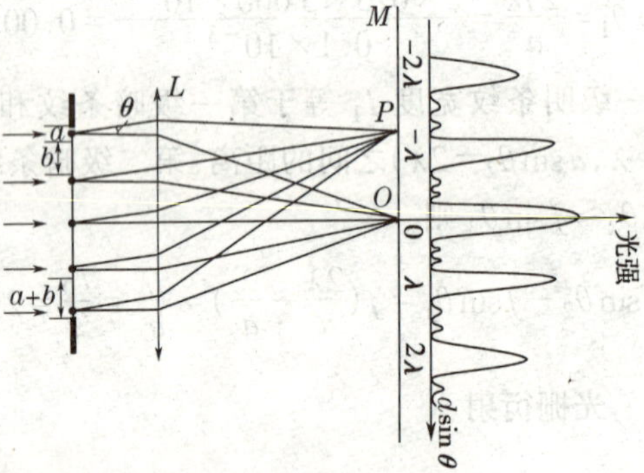

图 10－16　光栅衍射

先分析多缝干涉．考虑这样一些衍射角 θ，它使来自光栅上任意两相邻狭缝对应点的平行衍射光的光程差等于波长 λ 的整数倍．这些光被透镜会聚在屏上应形成明纹．由图 10－16 得其条件

$$d\sin\theta=\pm k\lambda.\quad (k=0,1,2,\cdots)\qquad(10-13)$$

上式即为**光栅公式**．由此式确定的明纹称**主极大**，其角度 θ 决定于入射光波长 λ 和光栅常数 d．

多缝干涉要受到单缝衍射的调制，如果某一衍射角 θ 同时适合光栅公式和单缝衍射条件 $a\sin\theta=\pm k'\lambda$，这时既然每一狭缝对条纹的贡献为零，那么它们叠加效果当然为零，相应的明纹不出现，这一现象称为**缺级**．将单缝衍射条件与(10－13)式比较，可得主极大所缺级数为

$$k = k' \cdot \frac{d}{a}. \tag{10-14}$$

可见只有满足光栅公式而又不适合单缝衍射暗纹条件的明纹才能出现.

对波长 λ 一定的光源,$(a+b)$越大,衍射角 θ 就越小,则明条纹密集;反之,$(a+b)$越小,θ 就越大,明条纹稀疏.且由于 $|\sin\theta| \leqslant 1$,所以在光栅常数与入射光波长给定时,k 的值受到(10-13)式的限制,即明条纹的数目是有限的.

对给定光栅,入射光的波长 λ 和衍射角 θ 成正比.当用不同波长的光组成的复色光照射光栅,则每一种波长的光都产生各自的衍射条纹,除中央明纹重合外,其他各级中各个波长的明纹彼此错开,形成衍射光谱.不同元素的原子由于其能级结构不同,在一定条件下会产生自己的特征光谱.利用光栅衍射可以精确测定光栅光谱中各单色光的波长,从而可以根据某种材料的谱线结构定性地分析其所含的元素,还可以根据谱线的强度定量地分析元素的含量.所以光栅衍射在工程技术中已广泛地应用于材料成份的分析、鉴定及标准化测量等方面.

【例题 10-5】 波长为 600 nm 的光正射一光栅.有二相邻主极大出现在 $\sin\theta_1 = 0.2$ 和 $\sin\theta_2 = 0.3$ 处,第四级缺级.求:(1) 光栅常数;(2) 缝的最小宽度.

【解】 (1) 按题意有

$$d\sin\theta_1 = k\lambda, \quad d\sin\theta_2 = (k+1)\lambda.$$

二式相减,得光栅常数

$$d = \frac{\lambda}{\sin\theta_2 - \sin\theta_1} = \frac{600\times10^{-9}}{0.3-0.2} = 6\times10^{-6}(\mathrm{m}).$$

(2) 由(10-14)式得

$$a = \frac{k'}{k}d,$$

当 $k'=1$ 时缝宽最小,故

$$a=\frac{1}{4}\times 6\times 10^{-6}=1.5\times 10^{-6}(\mathrm{m}).$$

10.4.3 X 射线在晶体中衍射

X 射线是德国物理学家伦琴(W.K. Roentgen,1845～1923)于 1895 年发现的,它是波长约为 0.001 nm～10 nm 的电磁波.由于 X 射线波长和晶体中原子间的线度可以相比,因此可用晶体作光栅.1912 年德国物理学家劳厄(M.V. Laue, 1879～1960)第一次利用晶体中的点阵作为衍射光栅,经它透射后直接在屏上观察到 X 射线的衍射图样.

后来,英国布拉格父子(W.L. Bragg,1890～1971, W. H. Bragg, 1862～1942)又提出一种研究 X 射线的方法,他们想象晶体是由一系列平行的原子层构成,如图(10－17)所示.X 射线射到晶体上,晶体中每一个原子成为一个子波中心向各个方向发出子波,这种现象叫做**散射**.散射波互相叠加,产生衍射现象.设 d 为晶体内相邻原子层间距离,叫**晶格常数**.当一束平行的相干的 X 射线,以掠射角 θ 射到晶体上,一部分为表面层原子散射,另一部分为内部各原子层散射.在同一原子层上,被不同原子散射的 X 射线叠加,按照反射定律确定的方向上强度最大.不同原子层散射的 X 射线彼此叠加,其强度的大小由相邻两束反射光的光程差确定.由图 10－17 知,1、2 射线的光程差由下式计算出,

$$\delta=\overline{AC}+\overline{CB}=2d\sin\theta,$$

只有当光程差为波长的整数倍时,各晶面散射方向的散射光线相互干涉加强,所以

$$2d\sin\theta=k\lambda,k=0,1,2\cdots \qquad (10-15)$$

这就是**布拉格公式**.从这里可以看出,X 射线在晶体中的衍射,与光栅衍射不同,只有在衍射方向和反射定律所确定的反射角方向

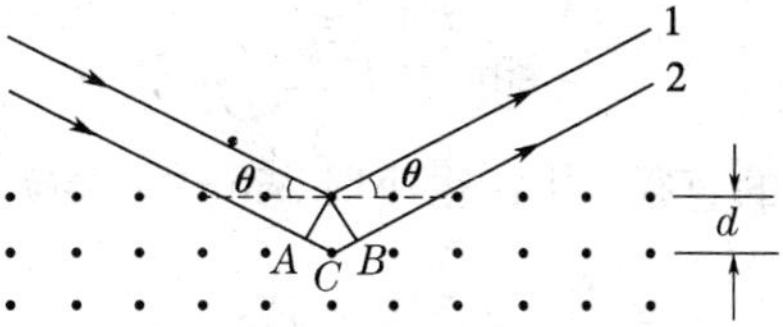

图 10－17　X 射线的晶体衍射

一致时，产生加强衍射.

如果晶体沿自身的某一轴线旋转，则在感光照片上将得到一系列衍射圆环. 根据衍射图以及其他已知条件，就可以确定晶轴的方向或晶体的晶格常数等. 现在由此发展起来的 X 射线晶体结构分析，已广泛应用于生物、化学、矿物学、分子物理学以及工程技术等方面，对近代科学技术和工农业生产的发展都有十分重要的意义.

10.5　圆孔衍射　光学仪器分辨率

大多数光学仪器的通光孔都是圆孔（如显微镜、望远镜的物镜），在使用中也常是对平行光线或近似平行光线成像. 若仅从几何光学角度看待光学仪器的放大率，只要适当地选择透镜的焦距就可以得到任意大小放大率的光学仪器. 其实这是不可能的，由于光的衍射作用光学仪器的放大率受到一定的限制.

在观察单缝夫琅和费实验装置（图 10－13）中，用一小孔代替狭缝 AB，那么在透镜的焦平面上可以得到如图 10－18(a) 的衍射图样. 在衍射图的中央是圆形亮斑，周围为明暗相间的同心圆环. 衍射图样的光强分布如图 10－18(b). 这个由第一暗环所围成的中央亮斑称**爱里斑**，它占整个入射光束总光强的 84%. 爱里斑的**半角宽度**（中央亮斑对透镜 L 的光心所张角度的一半 φ）存在如下

关系

$$\sin\varphi = 1.22\frac{\lambda}{D}, \tag{10-16}$$

式中 D 是圆孔的直径. 当 φ 很小时, $\sin\varphi \approx \varphi$, 得

$$\varphi = 1.22\frac{\lambda}{D}. \tag{10-17}$$

(10－17)式表明, D 越小或 λ 越大, 则爱里斑越大, 衍射现象越明显; D 越大或 λ 越小, 则爱里斑越小. 如果 $D \gg \lambda$, 则 $\varphi \to 0$, 此时爱里斑缩成一亮点, 这就是经透镜组所成光源的像.

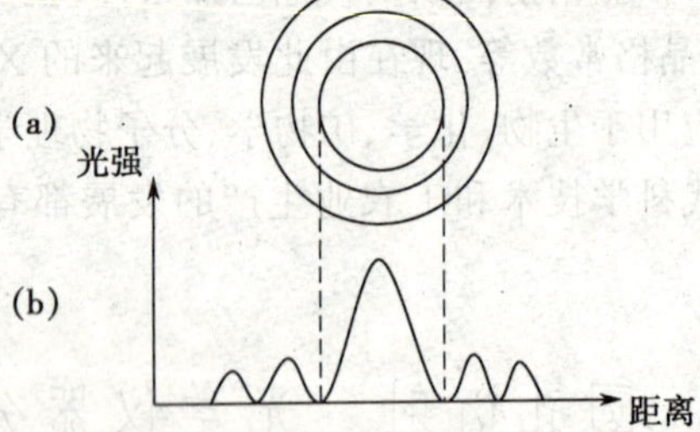

图 10－18　夫琅和费圆孔衍射

当我们想分辨角距离很小的两个点状物体, 如远处一个双星时, 应该注意到每个物点经过透镜后所成的像都是衍射花样. 如果它们的爱里斑重叠太甚(图 10－19(c)), 则不能分辨两个物点的像.

瑞利提出一个恰能分辨两个点光源的标准——**瑞利判据**: 一个点光源的衍射花样的爱里斑中心和另一个点光源的衍射花样的第一个暗环重叠时, 这两个点光源恰可分辨. 提出这个判据的根据是在此情景时两个爱里斑重叠区中心的光强约为每个爱里斑中心处光强的 80%, 一般人的眼睛正好能分辨这种光强差别(图 10－19(b)).

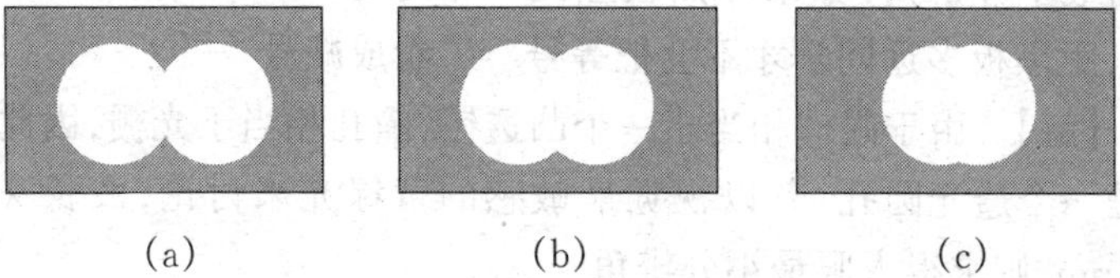

图 10-19　光学仪器分辨本领

当满足瑞利判据时两个爱里斑中心对透镜光心所张的角叫**最小分辨角**,如图 10-20 所示,以 $\delta\varphi$ 表示. 显然 $\delta\varphi$ 等于爱里斑的角半径,即

$$\delta\varphi = 1.22\frac{\lambda}{D}. \tag{10-18}$$

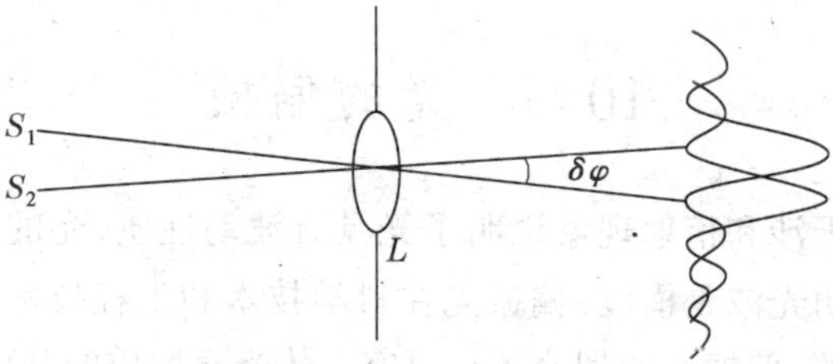

图 10-20　最小分辨角

如果两个物点的角距离大于 $\delta\varphi$,则可分辨;小于 $\delta\varphi$,不能分辨;等于 $\delta\varphi$,恰可分辨. 所以 $\delta\varphi$ 越小,仪器的分辨本领越高. 光学中常将最小分辨角的倒数 $1/\delta\varphi$ 称为该仪器的**分辨率**. 从(10-18)式知,要提高光学仪器的分辨率,一种方法是增大透镜直径 D,如天文望远镜的透镜直径可大至数米,这不仅聚光增强,而且爱里斑小,像明亮易辨;另一种方法是应用短波长光,如紫外光. 电子显微镜采用短到 10^{-3} nm 数量级的电子波,其最小分辨距离达零点几纳米,能对病毒进行观察,这是光学显微镜不能达到的.

【例题 10-6】　在通常亮光下,人眼瞳孔直径为 3 mm,求人眼的最小分辨角.如果在黑板上画一个等号“=”,两横线相距 3 mm,距黑板多远同学才不会把等号“=”看成减号“-”?

【解】 由于眼球相当于一个凸透镜,瞳孔相当于光栅,因此眼睛是一个透光圆孔.若以视觉最敏感的黄绿光来讨论,波长 $\lambda=550\text{ nm}$,则求得人眼最小分辨角

$$\delta\varphi=1.22\frac{\lambda}{D}=1.22\times\frac{5\,500\times10^{-10}}{3\times10^{-3}}=2.2\times10^{-4}(\text{rad}).$$

设同学刚能分辨等号两条横线时到黑板的距离为 s,则有

$$\delta\varphi=\frac{L}{s},$$

$$s=\frac{L}{\delta\varphi}=\frac{3\times10^{-3}}{2.2\times10^{-4}}=13.6\text{ m}.$$

10.6 光的偏振

光的干涉和衍射现象说明了光具有波动性质,光的偏振现象进一步说明光波是横波.偏振光在科学技术和工程技术中的作用是较广泛的,偏振光的理论还是研究晶体光学性质的基础,本节只讨论偏振光的基础知识.

10.6.1 自然光和偏振光

波动有横波和纵波之分,它们在某些方面的性质截然不同.如图 10-21 所示,在机械波的传播路途中,若放置一个狭缝 AB.对横波来说,当缝 AB 与横波的振动方向平行时,它可以穿过狭缝继续向前传播;而当缝 AB 与横波的振动方向垂直时,由于振动受阻,就不能穿过狭缝继续向前传播(图 10-21a).但对纵波都一样,都可以穿过狭缝继续向前传播(图 10-21b).所以从机械波能否通过狭缝 AB,可以判断出它是纵波还是横波.

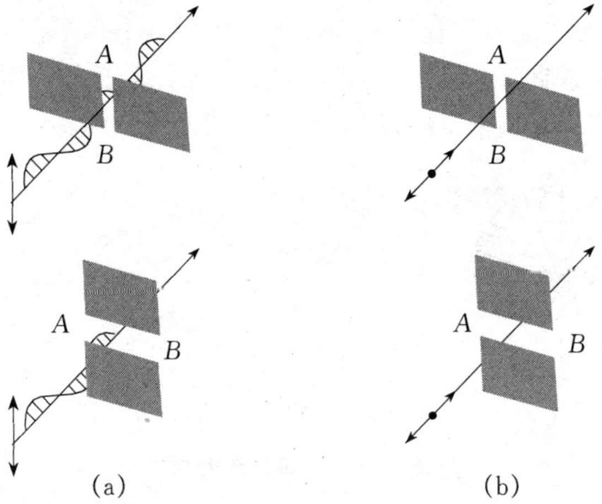

图 10-21　机械横波与纵波的区别

光的电磁理论指出光是一种横波，那么能否利用类似鉴别机械波为横波的方法来判断光波亦为横波呢？为此我们先介绍光源发光机制.

由本章第一节可知，普通光源发出的光是大量分子原子发光的总和.一原子先后发出的光以及大量原子同时发出的光各自独立，互不相关，包含了一切可能的振动方向.因此，平均来看，在垂直于传播方向的平面内各方向振动几率相等，没有哪个方向更占优势，同时振动能量也均匀分布在各振动方向上，我们把具有这种特征的光称**自然光**.

在本章第一节(10.1)中已经提到，光是电磁波，而电磁波是横波，在电磁波中引起感光和生理作用的是电场强度 $\boldsymbol{E}$，通常把 $\boldsymbol{E}$ 称为**光矢量**，$\boldsymbol{E}$ 的振动称为**光振动**。由于任一瞬时自然光中各原子的光振动矢量对称分布在垂直于传播方向的平面内，如图 10-22(a)所示，对任一取向的光矢量均可在两个互相垂直的方向上分解，因此可用两个等幅的、相互垂直的独立分振动来表示自然光，如图 10－22(b). 通常我们用图 10－22(c)所示方法来表示自然光. 图中黑点表示垂直于纸面的光振动，短线表示平行于纸面且与传播方向垂直的光振动，点线均匀表示两振动振幅相等. 显然，自然光在两个互相垂直的方向上的分量有相同的强度.

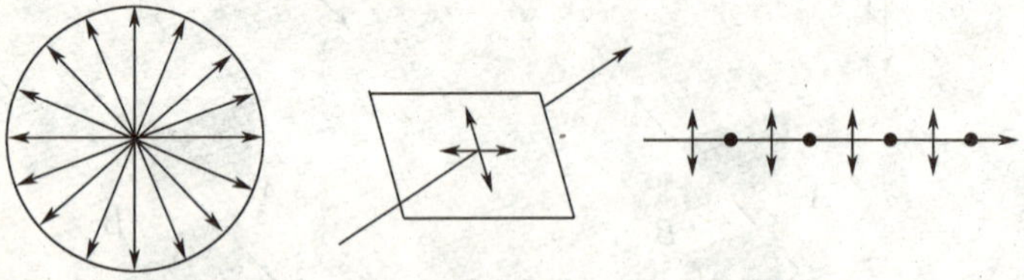

(a)　　(b)　　(c)

图 10－22　自然光的表示

如果用某些装置，使自然光中某方向的光振动通过，而与此方向垂直的光振动完全被挡住，从而得到仅沿一个方向振动的光，这就是**线偏振光**，如图 10－23(a)所示. 如果用某种办法使光振动在某方向较强，而与此垂直的方向较弱，所得到的光就是**部分偏振光**，如图 10－23(b)所示.

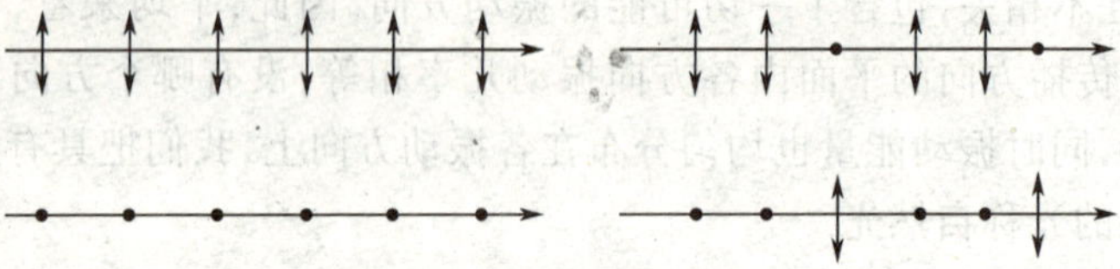

(a)　　(b)

图 10－23　偏振光

10.6.2 马吕斯定律

将自然光变为偏振光的过程称**起偏**,所用光学仪器称**起偏器**.检验某束光是否为偏振光,称为**检偏**,所用光学仪器称为**检偏器**.常用的一种是利用某些物质(如硫酸碘奎宁晶、电气石晶体等)对不同方向的光振动具有吸收的性质制成的**偏振片**,当自然光照射到偏振片上时,只有某一特定方向的光振动能通过.人们在偏振片上标出符号"↕",以表示该偏振片允许通过的光振动方向,这个方向称为**偏振化方向**.偏振片既可用作起偏器,又可用作检偏器,如图 10-24 就是用一偏振片 M 作起偏器将自然光变为线偏振光,再用一偏振片 N 作检偏器检验此偏振光的实验装置.图中若将起偏器 M 和检偏器 N 按偏振片方向平行放置,则有光从检偏器射

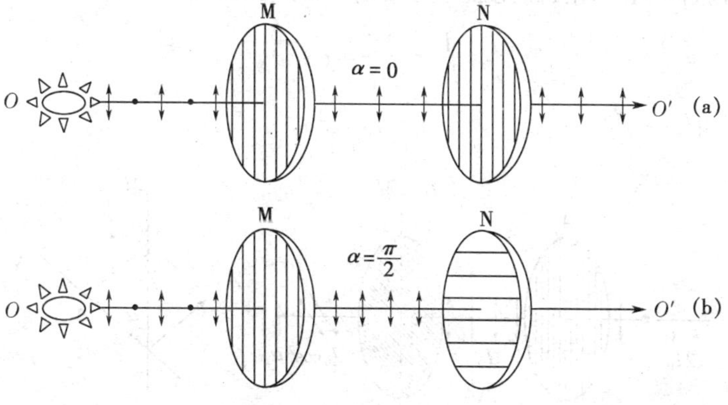

图 10-24　起偏和检偏

出,此时出射光最亮;若以光传播方向为轴,慢慢旋转检偏器,则可看到出射光强逐渐减弱,直至两偏振化方向正交时,出射光最暗,可认为没有光出射,此时即可判断得知经起偏器出射的是振动方向与检偏器偏振化方向垂直的线偏振光.如果入射到 N 上的是自

然光，那么在旋转 N 的过程中，出射光强不会发生变化. 如入射的是部分偏振光，则可依据同样方法和原理来观察分析. 因此利用检偏器可检验入射到检偏器上的光是否为偏振光，是完全偏振光还是部分偏振光，并可确定线偏振光的振动方向.

1809 年马吕斯由实验发现，强度为 I_0 的线偏振光，通过检偏器后，透射光的强度(不考虑吸收)为

$$I = I_0\cos^2\alpha. \tag{10-19}$$

式中 α 为偏振光振动方向与检偏器偏振化方向的夹角. 上式称为**马吕斯定律**. 定律证明如下：

图 10-25 中，MM' 表示入射线偏振光的振动方向，NN' 表示检偏器偏振化方向. 将入射光矢量 $\mathbf{A}_0$ 分解为两个互相垂直的分量 $\mathbf{A}_1$ 和 $\mathbf{A}_2$，可知沿 NN' 方向的光振动 $\mathbf{A}_1$ 可通过检偏器 N，其振幅 $A_1 = A_0\cos\alpha$，因光强与光振幅平方成正比，故有

$$\frac{I}{I_0} = \frac{A_1{}^2}{A_0^2} = \cos^2\alpha,$$

即得

$$I = I_0\cos^2\alpha.$$

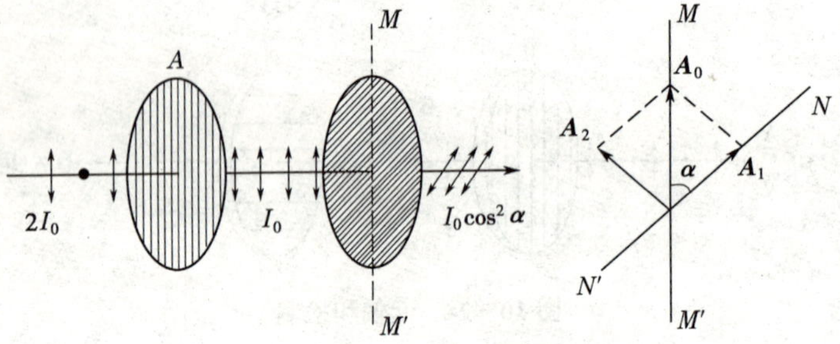

图 10-25　马吕斯定律的证明

10.6.3 反射和折射时的偏振

实验发现,当自然光入射到两种媒质的分界面上时,反射光和折射光都是部分偏振光,反射光中垂直于入射面的振动较强,折射光中平行于入射面的振动较强,如图 10-26 所示.当改变入射角 i 时,反射光的偏振程度也随之改变,当 i 等于某特定角 i_0 时,反射光中只有垂直于入射面的振动,即变成完全偏振光,此时入射光 i_0 与两媒质折射率 n_1, n_2 符合以下关系:

$$\tan i_0 = \frac{n_2}{n_1}, \tag{10-20}$$

式中 n_1 为入射光所经媒质的折射率,n_2 为折射光所经媒质的折射率.此关系是 1812 年布儒斯特从实验得出的,称为**布儒斯特定律**.i_0 称为**偏振角**或**布儒斯特角**.利用折射定律可以得到,当入射角为布儒斯特角时反射光和折射光互相垂直.

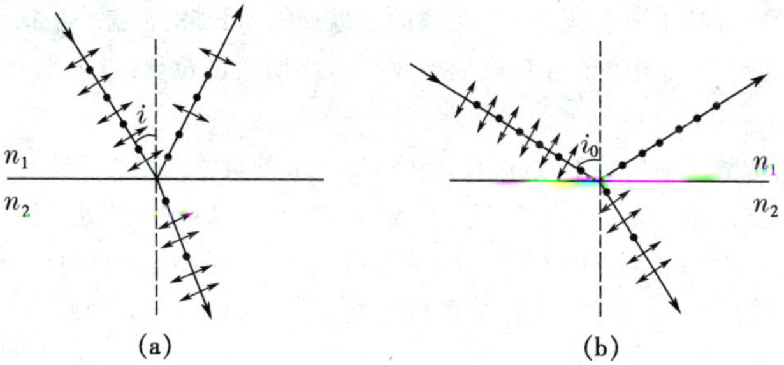

图 10-26 反射和折射偏振

理论计算表明当自然光从空气以偏振角入射玻璃时有 15% 的垂直振动反射,反射光强较弱,而折射光包含全部平行振动和 85% 的垂直振动.为了增加偏振反射光的强度,可采用玻璃片堆,即将多块玻璃片平行放置.由于光在各界面上都起偏振角反射,因而既增加了偏振反射光强度,也提高了透射光的偏振强度.只要玻璃片足够多，最后出来的透射光就接近完全偏振光，其中垂直振动很少，几乎全是平行振动.

【例题 10－7】 一强度为 I_0 的自然光正射二平行放置的偏振片 P_1 和 P_3. 当它们的偏振化方向正交时透射光的强度如何？若在 P_1 和 P_3 间再平行放置一偏振片 P_2，其偏振化方向与 P_1 和 P_3 的偏振化方向都成 45°角，则透射光强度又如何？

【解】 在前一情形透射光强度为零；后一情形，根据马吕斯定律得透射光强为

$$I = \left(\frac{I_0}{2}\cos^2 45°\right)\cos^2 45° = \frac{1}{8}I_0.$$

习 题 10

1. 一束单色光照射杨氏实验装置的双缝，在距缝 1.0 m 的屏上，产生间距为 0.56 mm 的干涉明纹，两缝间距为 1.0 mm，求波长.

2. 在双缝干涉实验中用一很薄的云母片（$n=1.58$）覆盖一条狭缝，这时像屏上的第七级明纹恰好移到屏中央原零级明纹的位置. 设入射光波长为 550 nm. 求云母片的厚度.

3. 双缝干涉实验中，以波长 $\lambda=587.6$ nm 的黄色光照射双缝时，在距离双缝 2.25 m 的屏幕上产生间距为 0.50 mm 的干涉条纹. 求两缝之间的距离.

4. 折射率 $n=1.4$ 的劈尖在某单色光的垂直照射下，量得两相邻的明条纹之间的距离 $l=0.25$ cm，已知单色光在空气中的波长 $\lambda=700$ nm，求劈尖的顶角 θ.

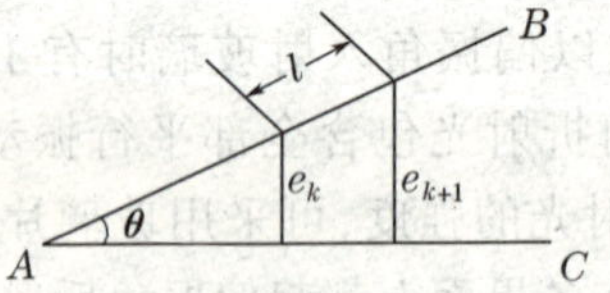

4 题图

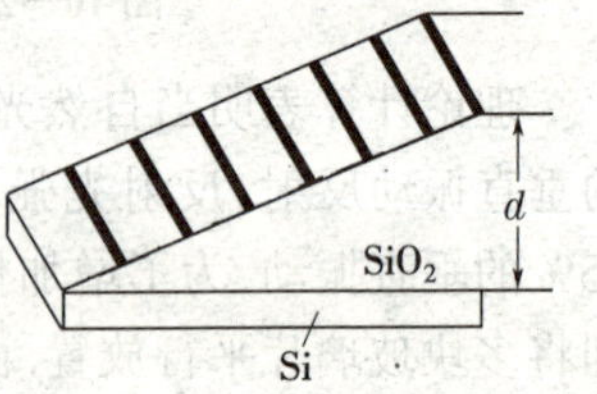

5 题图

5. 制造半导体元件时，常需精确测定硅片上二氧化硅(SiO_2)薄膜的厚度 d，可用化学方法把 SiO_2 薄膜的一部分腐蚀成劈尖形，若单色光从空气垂直入射，已知入射光波长 $\lambda=589.3\ \text{nm}$，SiO_2 的折射率 $n=1.5$，Si 的折射率为 3.42，若观察到如图所示的 7 条明纹，问 SiO_2 膜的厚度 $d=$？

6. 有一玻璃劈尖，放在空气中，劈尖夹角 $\theta=8\times10^{-5}\ \text{rad}$，用波长 $\lambda=0.589\ \mu\text{m}$的单色光垂直照射时，测得干涉条纹的宽度为 $l=2.4\ \text{mm}$，求这玻璃的折射率.

7. 如图所示，两块平面玻璃一端保持接触，另一端用螺丝调节其高低距离. 用波长为 600 nm 的单色光垂直照射在玻璃片上，旋动螺丝时，观察到 A 点的条纹左移，共改变 50 次(条纹由明变暗再由暗变明为改变一次)，问 A 点高度变化如何？

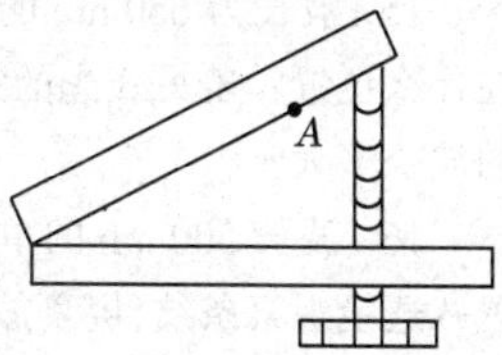

7 题图

8. 在折射率为 1.50 的玻璃板表面涂上一层 MgF_2($n=1.38$)，为使其在可见光谱中心(550 nm)处产生极小反射，透射最大，这层薄膜至少有多厚. 可设光垂直入射.

9. 白光垂直照射到空气中一厚度为 380 nm 的肥皂水膜上，膜的折射率为 1.33. 问该膜正面呈现什么颜色？背面呈现什么颜色？白光波长范围 400 nm～760 nm.

10. 利用牛顿环的干涉条纹，可以测定凹曲面的曲率半径. 在透镜磨制工艺中常用的一种检测方法是：将已知半径的平凸透镜的凸面放在待测的凹面上，如图所示，在透面间产生空气层，可观察到环状的干涉条纹. 试证明第 k 个暗环中心的半径 r_k、凹面半径 R_2、凸面半径 R_1 以及光波波长 λ 之间的关系式为

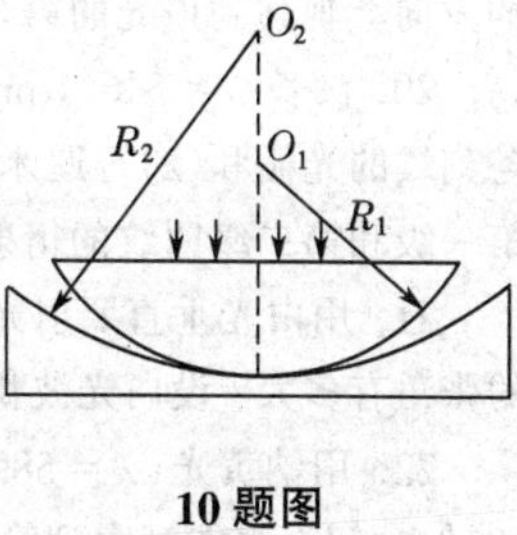

10 题图

$$r_k{}^2=\frac{R_1R_2}{R_2-R_1}k\lambda.$$

11. 在图 10－9 的牛顿环实验装置中，用波长 $\lambda=450\ \text{nm}$ 的单色光照射

时，测得第三个明环的半径为 1.06×10^{-3} m，若改用红光照射时，测得第五个明环的半径为 1.77×10^{-3} m. 求红光的波长和透镜的曲率半径.

12. 当牛顿环装置中的透镜与平面玻璃之间充以某种液体时，某一级干涉条纹的直径由 1.40 cm 变为 1.27 cm，试求该液体的折射率.

13. 用波长为 $\lambda=500$ nm 的单色平行光垂直照射在单缝上，测得第一级暗纹出现在衍射角为 $10'$ 的方位上，求缝宽.

14. 用波长 $\lambda=600$ nm 的单色平行光正入射到缝宽为 $a=0.600$ mm 的单缝上，单缝后透镜的焦距 $f=1.00$ m，求中央明纹和其他明纹的宽度.

15. 波长为 650 nm 的光入射一宽度为 1 300 nm 的单缝，第一级暗纹落在什么位置？若另一光的第一级明纹与上述光的第一级暗纹重叠，则另一光的波长多大？

16. 波长 500 nm 的单色光，垂直照射到宽度 0.25 mm 的单缝上，单缝后置一透镜观察条纹，屏幕放在焦平面上，如果屏幕上中央明纹两侧第三级暗纹之间的距离是 3 mm，求透镜焦距.

17. 一束白光正入射到光栅上，已知光栅常数 $a+b=2.4\times10^{-4}$ cm，透镜焦距 $f=0.25$ m. 问波长为 400 nm 的紫光的第三级谱线和波长为 760 nm 的红光的第二级谱线分别距屏中心点多远？

18. 用每厘米有 5 000 条的衍射光栅，观察钠光谱线($\lambda=590$ nm)，问：(1) 光线垂直入射时，(2) 光线以入射角 30°入射时，最多能看到第几级条纹.

19. 一束 $\lambda=600$ nm 的平行光，垂直射到平面光栅上，在与入射光成 45°的方向上观察到该光的第二级主最大明纹. 问此光栅每毫米有多少条狭缝？

20. 波长 $\lambda=546.1$ nm 的平行光，先后垂直入射到(1)每厘米刻有 500 条刻线的光栅和(2)每厘米刻有 10^4 条刻线的光栅上. 分别计算每个光栅的第一级和第二级明纹的衍射角.

21. 用白光垂直照射光栅常数为 2.0×10^{-4} cm 的光栅，问第一级光谱的张角有多大？设白光波长范围为 400 nm～760 nm.

22. 用钠黄光($\lambda=589$ nm)垂直照射一衍射光栅，其光栅常数为 2×10^{-6} m. 问至多能观察到第几级明纹？

23. 在通常的亮度下，人眼瞳孔直径约为 3.0 mm，若以视觉感受最灵敏的光波波长 550 nm 计算，当人眼的明视距离为 25.0 cm 时用眼睛直接可看清的仪器刻度尺上两相邻刻线的最小距离是多少？在大教室的黑板上画两条横线，其间距为 2.00 mm，坐在距黑板 10.0 m 远的学生能否看清是两条线？

24. 汽车的两盏前灯相距 1.4 m，当汽车由远处迎面驶来时行人能分辨这两盏前灯的最远距离是多少？设人眼瞳孔的直径为 3.0 mm，车灯光的波长为 550 nm.

25. 入射在晶面上的 X 射线不是单色的，而是含有从 0.095 nm～0.130 nm 范围内的各种波长，晶体的晶格常数 $d = 0.275$ nm。问对图示的晶面能否产生强反射？

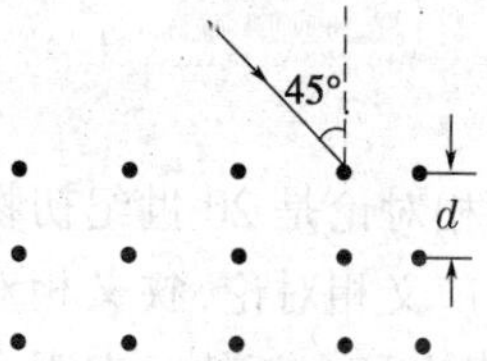

25 题图

26. 自然光投射到两块叠在一起的偏振片上，下列情况下两偏振片偏振方向的夹角 θ 应是多少？(1) 透射光强是入射光强的$\frac{1}{3}$；(2) 透射光强是最大透射光强的$\frac{1}{3}$.

27. 起偏器和检偏器的偏振化方向之间成 $\alpha_1 = 30°$ 夹角时，观察一束单色自然光，在 $\alpha_2 = 60°$ 角时，观察另一束单色自然光. 设两次观察到的透射光强度相等，求两束单色自然光强度之比.

28. 以一光束正射偏振片，此光束由偏振光和自然光混合而成. 旋转偏振片，发现透射光的最大光强是最小光强的 5 倍. 求入射光中两种光的相对强度.

29. 利用布儒斯特定律，可以测定不透明电介质的折射率. 今测得釉质的全偏振角为 58°，求它的折射率.

30. 一束光射入装在玻璃容器($n = 1.5$)里的液体上，并从底部反射. 反射光与容器底成 42°37′角时是完全偏振光，求液体的折射率.

第 11 章　狭义相对论

相对论是 20 世纪初物理学的伟大成就之一，它分为狭义相对论和广义相对论.狭义相对论是从相对性原理和光速不变原理出发，提出了全新的时空观念，建立起比经典理论适用范围更广、更准确的物理规律，揭示了质量和能量之间的内在联系.广义相对论是从加速参照系与引力场等效的原理出发，提出了全新的引力理论和时空结构.相对论已成为现代自然科学和技术的理论基础.本章仅对狭义相对论作简要介绍.

11.1　伽利略变换与绝对时空观

在经典力学中牛顿运动定律所适用的参照系，称**惯性系**.而相对于某一惯性系作匀速直线运动的一切参照系，牛顿运动定律同样适用，因而也是惯性系.对一切惯性系，力学现象服从同样的规律，这就是**力学的相对性原理**，它是在力学范围内根据大量实验事实总结出来的一条普遍规律.按照这一相对性原理，我们研究一个力学现象时，不论取哪一个惯性系，对这一现象的描述都是没有区别的.例如，静坐在匀速直线运动的轮船内的旅客，如果将船舱四周的窗帘拉上，而且船身又不摇晃，旅客就并不感觉到船在前进.这时，竖直向上抛掷一件东西，仍将落回原处；人向后走动并没感觉到比向前走动来得困难.由此可见，船上发生的一切力学现象与

在地面上并没有什么不同,选择船或地面描述运动是完全一样的,船上的旅客不能通过任何力学现象来判断船相对于地面是静止的,还是匀速行驶的.

力学的相对性原理要求:力学定律从一个惯性系变换到另一个惯性系时,定律的表述形式不变.而伽利略变换正是适应了惯性系之间的这种变换关系.

为简单起见,我们取两个惯性参照系 S 和 S',它们的对应坐标轴都相互平行,S' 系相对于 S 系以速度 v 沿 ox 轴的正方向运动,如图 11-1 所示,设开始时两参照系重合在一起.

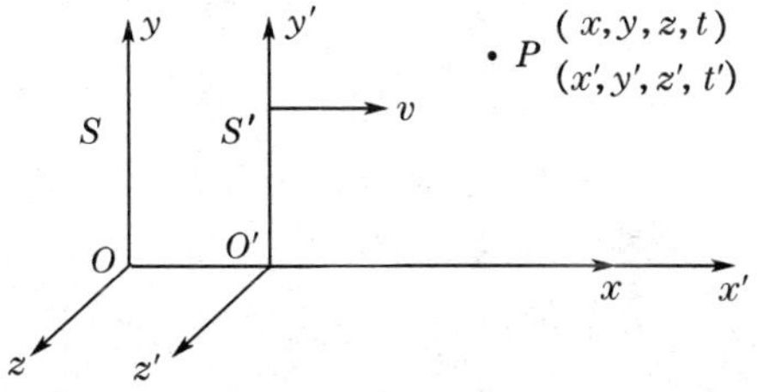

图 11-1　伽利略变换

现在我们在 S 和 S' 系中观察同一质点 P 的运动.在 S 系中测得 P 在时刻 t 的位置为 (x, y, z),在 S' 系中测得相应时刻为 t',位置为 (x', y', z').经典力学认为,从不同的惯性系中测量同一段时间间隔,所测的大小总是相同的;并且认为从不同惯性系中测量同一空间间隔,所测的长短也是相同的.或者说时空的测量与参照系以及它们的相对运动状态无关,这就是牛顿的**绝对时空观**.从这一前提出发,在上述两个惯性系 S、S' 中,测得的时刻是相同的,即 $t = t'$;y、z 方向的坐标也是相同的,x 方向的坐标相差一段 $\overline{OO'} = vt$.因此这两组坐标、时间的变换关系为

$$\begin{cases} x' = x - vt \\ y' = y \\ z' = z \\ t' = t \end{cases} \quad 或 \quad \begin{cases} x = x' + vt \\ y = y' \\ z = z' \\ t = t' \end{cases} \tag{11-1}$$

以上两式称为**伽利略变换**.

为了描述质点 P 的运动情况,将式(11-1)的位置坐标对时间求导,从而得到**伽利略速度变换公式**:

$$\begin{cases} u'_x = u_x - v, \\ u'_y = u_y, \\ u'_z = u_z; \end{cases} \tag{11-2}$$

矢量形式即为

$$\boldsymbol{u}' = \boldsymbol{u} - \boldsymbol{v} \tag{11-3}$$

或

$$\boldsymbol{u} = \boldsymbol{u}' + \boldsymbol{v}. \tag{11-4}$$

这与力学中相对运动的速度合成公式是相同的.将(11-2)式对时间再求导一次,得

$$\begin{cases} a_x' = a_x, \\ a_y' = a_y, \\ a_z' = a_z; \end{cases} \tag{11-5}$$

矢量形式即为

$$\boldsymbol{a}' = \boldsymbol{a}. \tag{11-6}$$

故按伽利略变换,在不同惯性系中,同一质点的加速度是相同的.经典力学认为质点的质量在不同参照系中是不变的,$m = m'$.在惯性系 S 和 S' 中质点 P 的运动方程分别为

$$\boldsymbol{F} = m\boldsymbol{a} \text{ 和 } \boldsymbol{F}' = m'\boldsymbol{a}',$$

由(11-6)式得到

$$\boldsymbol{F} = \boldsymbol{F}' \tag{11-7}$$

上式说明在不同惯性系中牛顿定律的表述形式是相同的.经典力

学以牛顿定律为基础，由这个定律可以导出经典力学的全部定律（例如动量、角动量和能量的三个守恒定律）. 广而言之，在伽利略变换下，经典力学的一切规律在所有惯性系中都保持相同的表述形式. 即经典力学在伽利略变换下满足力学相对性原理.

11.2 狭义相对论的基本原理 洛仑兹变换

11.2.1 狭义相对论的基本原理

19 世纪末，一些新的物理实验表明，伽利略变换和经典力学的相对性原理应用到高速运动物体的力学问题，特别是推广到电磁现象和光学现象中时，与实验事实存在着不可调和的矛盾. 以光的传播速度问题为例，设想一高速飞行的火箭，其相对于地面（近似为一惯性系）以速度 $\boldsymbol{v}$ 作匀速直线运动，则火箭也为一惯性系. 以地面和火箭分别作为参考系 S，S'，建立坐标系 $Oxyz$ 和 $O'x'y'z'$，并使 x，x' 轴沿火箭运动方向，如图 11－1 所示. $t=t'=0$ 时，O，O' 重合. 当 $t=0$ 时，火箭沿飞行方向发出一次闪光（即一个光脉冲），它沿 x' 轴以光速 c 传播. 按伽利略速度变换公式，光相对于地面的观察者来说，其传播速度应为 $u=c+v$；如果上述光脉冲发出方向与火箭飞行方向相反，则光相对于地面的速度应为 $u=c-v$；如果上述光脉冲沿任意方向发出，则光相对于地面的传播速度的大小和方向将各不相同. 即说明在不同惯性系中所测光速是不同的.

但是，根据麦克斯韦电磁场的理论和许多有关光速测量的实验都证实，不论在哪个惯性系中，沿任意方向测定真空中的光速，结果都相同，其大小都等于 c，与光源和观察者的运动情况无关. 这显然是与上述伽利略变换所预期的结果相矛盾，表明伽利略变换在电磁现象（包括光学现象）中是不成立的. 在众多科学家为解决新事实与旧理论的矛盾一筹莫展时,1905 年,爱因斯坦经过深思熟虑,摆脱了绝对时空观的束缚,提出了两个基本原理,并在此基础上建立了狭义相对论.这两条基本原理是:

(1) **狭义相对论的相对性原理**:在所有惯性系中,物理定律都具有相同的表述形式.

(2) **光速不变原理**:在所有惯性系中,测得真空中的光速都等于 c,与光源的运动情况无关.

相对论的相对性原理是力学相对性原理的推广,它不仅适用于力学定律,对电磁学、光学等所有定律都适用.由上述两个原理可以导出狭义相对论的全部结论,故称为**狭义相对论基本原理**.

11.2.2 洛仑兹变换

根据狭义相对论的两个基本原理的要求,我们仍对图 11-1 所示的情况做进一步的讨论,可以导出 S、S′惯性系之间新的时空变换关系为

$$\begin{cases} x=\dfrac{x'+vt'}{\sqrt{1-(v/c)^2}}, \\ y=y', \\ z=z', \\ t=\dfrac{t'+(v/c^2)x'}{\sqrt{1-(v/c)^2}}. \end{cases} \tag{11-8}$$

式中 c 为真空中光速.(11-8)式称为**洛仑兹变换**.其逆变换为

$$\begin{cases} x'=\dfrac{x-vt}{\sqrt{1-(v/c)^2}}, \\ y'=y, \\ z'=z, \\ t'=\dfrac{t-(v/c^2)x}{\sqrt{1-(v/c)^2}}. \end{cases} \tag{11-9}$$

根据洛仑兹变换,可以得到**洛仑兹速度变换公式**为

$$
\begin{cases}
u'_x = \dfrac{\mathrm{d}x'}{\mathrm{d}t'} = \dfrac{u_x - v}{1 - \dfrac{v}{c^2} u_x}, \\[2ex]
u'_y = \dfrac{\mathrm{d}y'}{\mathrm{d}t'} = \dfrac{\sqrt{1 - (\dfrac{v}{c})^2} \cdot u_y}{1 - \dfrac{v}{c^2} u_x}, \\[2ex]
u'_z = \dfrac{\mathrm{d}z'}{\mathrm{d}t'} = \dfrac{\sqrt{1 - (\dfrac{v}{c})^2} \cdot u_z}{1 - \dfrac{v}{c^2} u_x};
\end{cases}
\tag{11-10}
$$

其逆变换为

$$
\begin{cases}
u_x = \dfrac{v'_x + v}{1 + \dfrac{v}{c^2} u'_x}, \\[2ex]
u_y = \dfrac{\sqrt{1 - (\dfrac{v}{c})^2} u'_y}{1 + \dfrac{v}{c^2} u'_x}, \\[2ex]
u_z = \dfrac{\sqrt{1 - (\dfrac{v}{c})^2} u'_z}{1 + \dfrac{v}{c^2} u'_x}.
\end{cases}
\tag{11-11}
$$

由上述结论可见洛仑兹变换与伽利略变换存在较大区别,但当物体速度远小于光速,即 $v \ll c$ 时,洛仑兹变换式(11-8)和(11-9)就成了伽利略变换式(11-1),洛仑兹速度变换式(11-10)就成了伽利略速度变换式(11-2).这说明洛仑兹变换包含了伽利略变换,伽利略变换只是洛仑兹变换在 v 远小于 c 时的特殊情况.

在 S' 系中一光脉冲沿 x' 轴以光速 c 传播,即 $u'_x = c$, $u'_y = 0$, $u'_z = 0$,则按洛仑兹变换式(11-11)得到光脉冲在 S 系中传播速

度为

$$u_x=\frac{c+v}{1+\frac{v}{c^2}c}=c,u_y=0,u_z=0.$$

同理,在 S 系中发出沿 x 轴方向光脉冲,同样测得光速也是 c.这说明洛仑兹变换是满足光速不变原理的.还可看出,不论 v 为何值,光速总是不变,即在洛仑兹变换下光速与光源运动无关.

最后指出,由于实在的物理量的数值必须是有限的实数,所以洛仑兹变换中因子$\sqrt{1-(v/c)^2}$只能取不为零的实数,因此要求 $v<c$,也即说在任何惯性系中,物体的速度小于光速.这表明光速是物体运动的极限速度.

11.3 狭义相对论时空观

运用洛仑兹变换可以得到许多与日常经验直接相违背的、令人惊奇的重要结论.这些结论已被近代高能物理实验所证实,揭示出深刻的物理实质.下面具体介绍新的时空观.

11.3.1 同时的相对性

设在图 11-1 所示惯性系 S 和 S' 中发生了 A 和 B 两事件,如两个闪电.设在 S 系中测得 A 和 B 发生的时刻分别为 t_1 和 t_2,在 S' 系中测得 A 和 B 发生的时刻和地点分别是 t'_1,x'_1 和 t'_2,x'_2,则按洛仑兹变换有

$$t_2-t_1=\frac{t'_2+(v/c^2)x'_2}{\sqrt{1-(v/c)^2}}-\frac{t'_1+(v/c^2)x'_1}{\sqrt{1-(v/c)^2}}$$

$$=\frac{1}{\sqrt{1-(v/c)^2}}\left[(t'_2-t'_1)+\frac{v}{c^2}(x'_2-x'_1)\right].$$

现在设在 S' 系中测得 A 和 B 两事件是同时发生的,即 $t'_1=$

t'_2,那么在 S 系中观察结果如何呢？可分两种情形：

(1)要 S'系中 A 和 B 同时同地发生,即 $x'_1=x'_2$,于是可得到 $t_2=t_1$,也是同时发生的.

(2)在 S'系中 A 和 B 同时不同地发生,即 $x'_1\neq x'_2$,于是在 S 系中 $t_2\neq t_1$,即不同时发生.

可见按相对论,在一个惯性系中观察到同时发生的两起事件在另一惯性系中观测不一定同时发生,同时性与空间、与运动有关,这和经典力学的观念迥异.从上式中还可以看出,若 $v/c\ll 1$,且 $\Delta x'<c\Delta t$,有 $\Delta t\approx\Delta t'$,这表明在低速运动情况下,当两点间的距离远小于光在该段时间内所传过的距离时,"同时"与参考系无关,与经典力学观点相一致.

11.3.2 时间膨胀

对于图 11-1 所示的两惯性系 S 和 S',在 S'系中的同一地点($x'_1=x_2'$)先后发生两起事件 A 和 B,如信号灯亮和熄.用 S' 系中静止的钟计时,A 和 B 分别发生于时刻 t_1'和 t_2'.发生在同一地点的两事件的时间间隔 $\Delta t_0=t_2'-t_1'$,称为**固有时间**.用在 S 系中静止的钟计时,A 和 B 分别发生于时间 t_1 和 t_2,两事件的时间间隔由洛仑兹变换得

$$\begin{aligned}\Delta t&=t_2-t_1=\frac{t'_2+\frac{v}{c^2}x'_2}{\sqrt{1-(v/c)^2}}-\frac{t'_1+\frac{v}{c^2}x'_1}{\sqrt{1-(v/c)^2}}\\&=\frac{1}{\sqrt{1-(v/c)^2}}\left[(t'_2-t'_1)+\frac{v}{c^2}(x'_2-x'_1)\right]\\&=\frac{\Delta t_0}{\sqrt{1-(v/c)^2}}.\end{aligned}\qquad(11-12)$$

由上式得 $\Delta t>\Delta t_0$,这就是说 S 系的钟记录 S'系内某一地点发生的两个事件的时间间隔比 S'系的钟所记录的该两事件的时间间

隔要长些.由于 S'系以速度 v 相对 S 系运动,因此可以说,运动的钟变慢了.同样,从 S'系中观察 S 系的钟,也认为运动着的钟变慢了.这与经典力学中认为在所有惯性系中相同过程经历的时间相等的结论不同.但在运动速度 $v \ll c$ 时,式(11-12)简化为 $\Delta t \approx \Delta t_0$,两事件之间的时间间隔近似为一绝对量,与经典力学观点一致.

11.3.3 长度收缩

如图 11-2 所示,设有两个惯性系 S 和 S'.在 S'系中有一静止刚性棒沿 x'轴方向放置.S'系中观测者测得棒两端的坐标为 x'_1 和 x'_2,棒的静止长度 $L_0 = x'_2 - x'_1$ 称作**固有长度**.S 系中观测者考虑到棒的运动,在同一时刻($t_1 = t_2$)测得棒两端的坐标为 x_1 和 x_2,棒长 $L = x_2 - x_1$,按洛仑兹变换

$$L_0 = x'_2 - x'_1 = \frac{x_2 - vt_2}{\sqrt{1-(v/c)^2}} - \frac{x_1 - vt_1}{\sqrt{1-(v/c)^2}}$$

$$= \frac{x_2 - x_1}{\sqrt{1-(v/c)^2}},$$

即

$$L = \sqrt{1-(v/c)^2}\, L_0. \tag{11-13}$$

由上式得 $L < L_0$.这就是说 S 系测得运动的棒的长度 L 要比静止于 S'系中的长度 L_0 缩短 $\sqrt{1-(v/c)^2}$ 倍.这种长度的收缩只出现

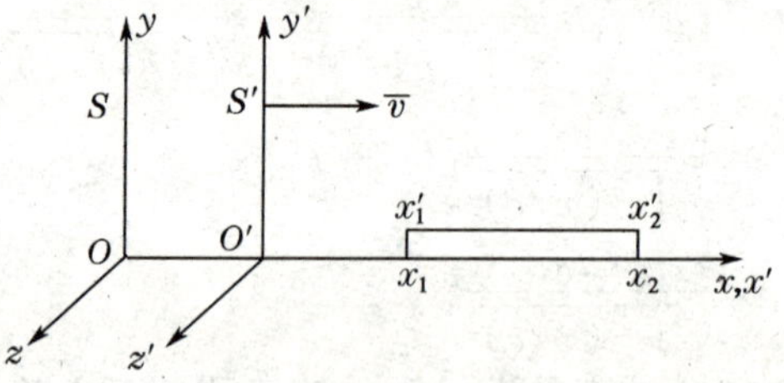

图 11-2

在运动方向上，称为**洛仑兹收缩**．因此一个高速运动的球看起来应像铁饼．

综上所述，狭义相对论指出了时间和空间的量度与参照系的选择有关．时间和空间是相互联系的，不存在孤立的时间，也不存在孤立的空间．

【例题 11－1】 夏夜天空亮起一个闪电，在地球上测得历时 0.1 s．这时恰有一只宇宙飞船以速率 0.95c 掠过．问飞船中的钟测得闪电时间多长？

【解】 在对闪电运动的飞船中测得闪电历时

$$\Delta t=\frac{0.1}{\sqrt{1-(0.95c/c)^2}}=0.32\ \text{s}.$$

【例题 11－2】 在图 11－1 中，$v=\frac{c}{3}$，在 S' 系 $x'O'y'$ 平面内静置一长 1 m，并与 x' 轴成 30°角的杆，试问：在 S 系中观测杆的长度和杆与 x 轴的夹角为多大？

【解】 在 S' 系中杆在 x' 和 y' 轴上投影 L'_{xO}，L'_{Oy} 分别为 $L'_{Ox}=L_0\cos\alpha'$，$L'_{Oy}=L_0\sin\alpha'$．由于 S' 和 S 系仅在 x 轴方向有相对运动，故杆在 S 系中沿 x 轴方向投影 L_x 有收缩，而在 y 轴方向没有变化．即

$$L_x=L'_{Ox}\sqrt{1-(v/c)^2}=L_0\cos\alpha'\sqrt{1-(v/c)^2},$$
$$L_y=L'_{Oy}=L_0\sin\alpha'.$$

因此在 S 系中观测杆的长度 L 及杆与 x 轴夹角 α 分别为

$$L=\sqrt{L_x^2+L_y^2}=L_0\sqrt{1-(v/c)^2\cos^2\alpha'},$$

$$\alpha=\arctan\frac{L_y}{L_x}=\arctan\left(\frac{L_0\sin\alpha'}{L_0\cos\alpha'\sqrt{1-(v/c)^2}}\right)$$
$$=\arctan\frac{\tan\alpha'}{\sqrt{1-(v/c)^2}},$$

代入数据，可得到

$$L=0.95\ \text{m}, \alpha=31.49°.$$

即在 S 系中观察这根高速运动的杆,长度要收缩,空间方位也随之而变化.

11.4 狭义相对论动力学基础

在经典力学中,其基本物理量(时间、长度和质量)与运动速度无关,且力学规律在伽利略变换下形式保持不变,但在洛仑兹变换下却发生变化.这就要求建立新的力学定律形式,保证在洛仑兹变换下满足相对性原理.

11.4.1 相对论质量

在经典力学中,物质的质量是与运动无关的常量.但理论和实验都表明,质量是随速率变化的,质速关系为

$$m=\frac{m_0}{\sqrt{1-(\frac{v}{c})^2}}. \tag{11-14}$$

式中 m_0 是物体在惯性系中的静止质量,称为**静质量**,m 是在惯性系中以速率 v 运动时的质量,称**相对论质量**.物体的速率越大,其相对论质量越大,静止质量是最小值.1909 年德国科学家布赫勒研究了从放射源逸出的高能电子射线,得到电子质量与速度关系的实验曲线与理论曲线符合非常好,从而证实了质速关系.如图 11-3 所示.

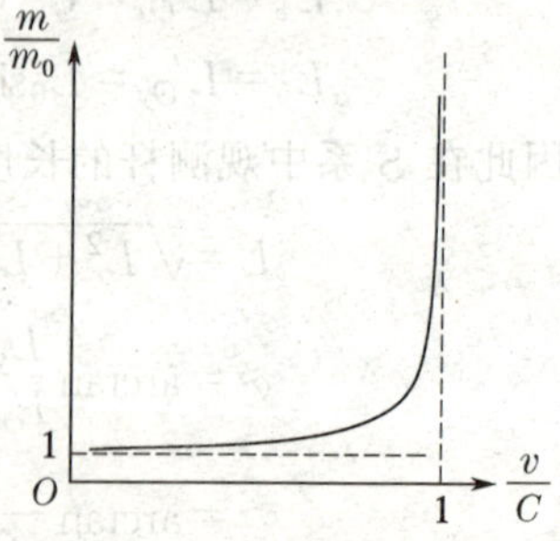

图 11-3 质量的相对论

当 $m_0 \neq 0$ 时,物理事实要求,相对论质量必须是有限值,则 $v<c$,所以有静质量的粒子速度必小于光速;

当粒子速度 $v=c$ 时，例如光子，粒子的质量必须有限，这就要求静质量必须是零. 所以光子的质量就是运动质量，光子只能以光速运动的形式存在.

11.4.2 相对论动量

在相对论中动量定义为

$$\boldsymbol{p}=m\boldsymbol{v}=\frac{m_0\boldsymbol{v}}{\sqrt{1-\left(\frac{v}{c}\right)^2}}. \tag{11-15}$$

即动量保持原来的形式不变，但其中质量是相对论质量.

可以证明，按上述动量定义，动量守恒定律在任一惯性系中成立，而且若一物理过程在某一惯性系中是动量守恒的，则在其他任何惯性系中也是动量守恒的.

11.4.3 相对论力学基本方程

将相对论动量 $\boldsymbol{p}=m\boldsymbol{v}$ 代入经典力学牛顿第二定律的普遍形式 $\boldsymbol{F}=\frac{\mathrm{d}\boldsymbol{p}}{\mathrm{d}t}$ 中，

$$\boldsymbol{F}=\frac{\mathrm{d}}{\mathrm{d}t}(m\boldsymbol{v})=\frac{\mathrm{d}}{\mathrm{d}t}\left(\frac{m_0\boldsymbol{v}}{\sqrt{1-\left(\frac{v}{c}\right)^2}}\right). \tag{11-16}$$

上式表明在相对论中物体在恒力作用下得不到恒定加速度. 当 $\boldsymbol{v}\ll c$ 时，上式归结为牛顿运动方程 $\boldsymbol{F}=m_0\frac{\mathrm{d}\boldsymbol{v}}{\mathrm{d}t}=m_0\boldsymbol{a}$，恒力产生恒定加速度.

11.4.4 相对论能量

按经典力学中的动能定义类推，物体的相对论动能定义为合外力 F 使物体的速度由零增加到 v 时所做的功

$$E_k = \int F dx = \int \frac{d(mv)}{dt} v dt = \int_0^v v d\left(\frac{m_0 v}{\sqrt{1 - v^2/c^2}}\right),$$

应用分部积分法得到**相对论动能** E_k 为

$$E_k = mc^2 - m_0 c^2. \tag{11-17}$$

式中 $m_0 c^2$ 称为物体的**静止能量**,简称**静能**. mc^2 称为物体的**总能量**,简称**总能**,用 E 表示,则

$$E = mc^2. \tag{11-18}$$

上式称为**质能关系式**,它揭示了物体的质量和能量之间的内在关系.当物体的质量发生变化时,必然导致相应的能量变化 ΔE,根据式(11-18),有

$$\Delta E = E_2 - E_1 = (m_2 - m_1)c^2 = \Delta mc^2, \tag{11-19}$$

这是质能关系的又一形式.它表明,物体的质量增加或减小时,必有能量吸收或放出.质能关系已被大量近代物理实验所证实.如 1932 年英国物理学家柯克罗夫特和瓦尔顿在用质子加速器进行核蜕变实验中证实了质能关系式的正确性.

由式(11-18)可得光子的质量为

$$m = \frac{E}{c^2}. \tag{11-20}$$

日蚀时进行天文观察发现,经过太阳近傍射向地球的星光因受太阳引力的影响,传播方向发生 1.57″的偏折,这证明光有质量.

11.4.5 相对论动量与总能的关系

将相对论动量和相对论质量两关系式

$$p = mv = \frac{m_0 v}{\sqrt{1-(v/c)^2}} \text{和} E = mc^2 = \frac{m_0 c^2}{\sqrt{1-(v/c)^2}}$$

中的 v 消去,得到**相对论动量与总能关系式**

$$E^2 = m_0^2 c^4 + p^2 c^2 = E_0^2 + p^2 c^2. \tag{11-21}$$

根据上式可得光子的能量和动量为

$$E = pc \text{ 和 } p = \frac{E}{c}. \tag{11-22}$$

上面我们叙述了狭义相对论的时空观和相对论力学的一些重要结论.在整个物理学的发展史中,狭义相对论具有深远的意义,它揭示了空间和时间之间,以及时空和运动物质之间深刻的联系.与经典物理学相比,狭义相对论更客观、更真实地反映了自然的规律.目前狭义相对论不但已被大量的实验事实所证实,而且已经成为研究宇宙星体、粒子物理以及一系列工程物理(如反应堆中能量的释放、带电粒子加速器的设计)等问题的基础.

【例题 11-3】 电子静止质量 $m_0 = 9.11\times10^{-31}$ kg.求电子以速率 $v = 0.99$ c 运动时的相对论质量、动量和动能,并与经典量对比.

【解】
$$m = \frac{m_0}{\sqrt{1-(v/c)^2}} = \frac{9.11\times10^{-31}}{\sqrt{1-(0.99c/c)^2}} = 6.46\times10^{-30}(\text{kg}),$$

$$\frac{m_0}{m} = 0.14;$$

$$E_k = mc^2 - m_0c^2 - (64.6-9.11)\times10^{-31}\times(3\times10^8)^2 = 4.99\times10^{-13}(\text{J}),$$

$$E_{k0} = \frac{1}{2}m_0v^2 = \frac{1}{2}\times9.11\times10^{-31}\times(0.99\times3\times10^8)^2 = 4.02\times10^{-14}(\text{J}),$$

$$\frac{E_{k0}}{E_k} = 0.08;$$

$$p = mv = 6.46\times10^{-30}\times0.99\times3\times10^8 = 1.92\times10^{-21}(\text{kg}\cdot\text{m}\cdot\text{s}^{-1}),$$

$$p_0 = m_0 v = 9.11\times10^{-31}\times0.99\times3\times10^{8}$$
$$=2.71\times10^{-22}(\text{kg}\cdot\text{m}\cdot\text{s}^{-1}),$$
$$\frac{p_0}{p}=0.14.$$

习 题 11

1. 两个光子火箭 A、B 相向运动. 在地面测得 A、B 的速度均沿 x 轴方向，$v_A=0.9c$，$v_B=-0.9c$，试求它们相对运动速度.

2. 二观察者 S 和 S' 作相对匀速运动. S 测得二事件 A 和 B 相隔 3 s，发生地点相距 10 m. S' 测得二事件相隔 5 s，问二观察者的相对速度多大？

3. 在图 11-1 的惯性系中，在 S 系中沿 x 轴负方向发出一信号，速率为 c. 问在 S' 系中测得光速多大？

4. 如图 11-1 S' 系相对 S 系以速率 $v=0.8c$ 沿 x 轴正方向运动. S 系内观察者观察到飞船匀速沿 x 负方向飞来，在 $t=1$ s 时，飞船位于 x 轴的 2.7×10^{8} m 处，$t=2$ s 时飞过 O 点. 求飞船飞过 O 点时在 S' 系中的位置和速度？

5. 量尺长 100 cm，宽 2 cm，要使测得的量尺的长度等于其宽度(2 cm)，量尺必须以多大速度沿长度方向运动？

6. 一种基本粒子 μ 子，其平均寿命为 $\tau_0=2.2\times10^{-6}$ s，在一组高能物理实验中，当它的速率 $v=0.9966c$ 时，测得平均通过距离为多少？

7. 设想一光子飞船，其相对地球的速率为 $v=0.95c$. 若以飞船为参考系测得飞船长 15 m. 问以地球为参考系，飞船有多长？

8. 一长为 2 m 的棒静止放在 $x'o'y'$ 平面内，在 S' 系中测得棒与 $o'x'$ 轴成 45°角. 试问从 S 系观察者看，此棒多长？与 ox 轴夹角多大？(设 S' 系以速率 $v=(\frac{\sqrt{3}}{2})c$ 沿 $x'x$ 轴相对 S 系运动.)

9. 设想一光子飞船以 $v=0.95c$ 速率相对地球运动. 若飞船上宇航员的计时器测得它吸一支烟用去 10 min，地球上的观察者测得他吸一支烟用去多少时间？

10．地面上有一正方形水池，面积 100 m^2．其对角线沿 Ox 轴方向，一飞船以 0.8 c 的速度沿水池对角线方向掠过．问飞船测得水池面积多大？

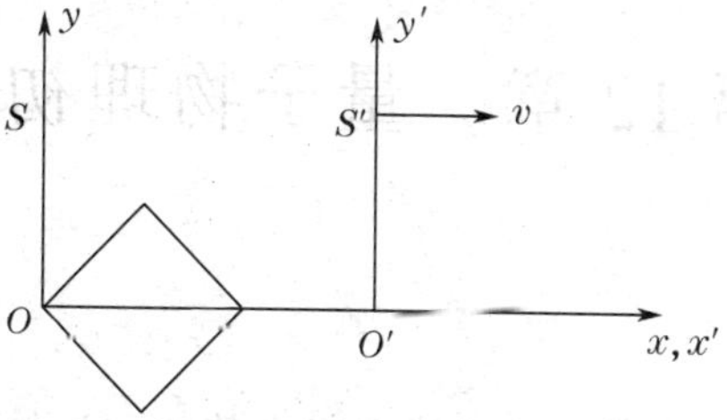

10 题图

11．一质子以 $v=0.800c$ 运动，求其总能量、动能和动量．

12．将电子由速率 $1.2\times10^8\ \mathrm{m\cdot s^{-1}}$ 增加到 $2.4\times10^8\ \mathrm{m\cdot s^{-1}}$，问：(1)电子质量增加多少？(2)电子的总能量增加多少？

第 12 章　量子物理初步

19 世纪末，经典物理已建立起完整的理论体系，这就是以牛顿定律和万有引力定律为基础的经典力学，研究热现象的热力学和统计力学，以及由麦克斯韦方程组统一的电与光的电磁理论. 但上述理论并不完美，它们不能解释当时已经发现的一些实验规律，如黑体辐射、光电效应等. 为摆脱经典物理学的困难，一批物理学家不为旧观念束缚，对物理学上的一些基本概念进行了重新思考，终于在 20 世纪初建立了相对论和量子理论. 关于狭义相对论，上一章已作了初步介绍，这一章介绍量子理论.

12.1　黑体辐射　普朗克量子假说

12.1.1　黑体辐射

炽热的物体发光，是早已为人们共知的事实. 其实任意温度下的一切物体都会发“光”——辐射电磁波. 实验证明，单位时间里以电磁波形式向外辐射的能量的多少，取决于物体本身的温度，这种与温度有关的辐射称为**热辐射**. 物体辐射的电磁波具有各种波长，形成了连续波谱. 在室温下，大多数物体辐射不可见的红外光，随着温度不断升高，颜色由暗红变为橙红、黄、蓝直至白炽. 这时不但物体辐射的能量增大，而且辐射频谱成份也向短波区域扩展.

物体除了发射电磁辐射外，还可吸收电磁辐射. 入射到物体的电磁波，一部分被物体吸收，一部分被物体反射. 如果是透明体，还有部分透射. 如果一物体能吸收除红色外的其他色光，它便呈现红色；如果能吸收除蓝色外的其他色光，它便呈现蓝色，等等. 如果能吸收一切色光，它便呈现黑色；反之把所有色光都反射回去，它便呈现白色. 由此可见白色物体吸收辐射的本领最弱，而黑色物体吸收辐射的本领最强. 实验表明，物体向外辐射的能力与它吸收辐射的能力有密切的关系——对某种电磁辐射吸收能力强的物体，对该种电磁波辐射能力必定也强，因而一个好的辐射体也是一个好的接收体. 当物体向外辐射和吸收达到平衡时，物体便保持恒温.

能吸收入射辐射而无反射和透射的物体称为**绝对黑体**，简称**黑体**. 自然界不存在黑体. 但如用不透明材料制作一个带有小孔的空心容器，则射入小孔的辐射将在空腔内发生无数次反射而被腔壁几乎完全吸收，如图 12－1 所示. 因此腔壁小孔近似于黑体. 空腔经小孔发出的辐射可看作黑体辐射. 通过小孔辐射频谱的研究，就可以了解黑体辐射的特性.

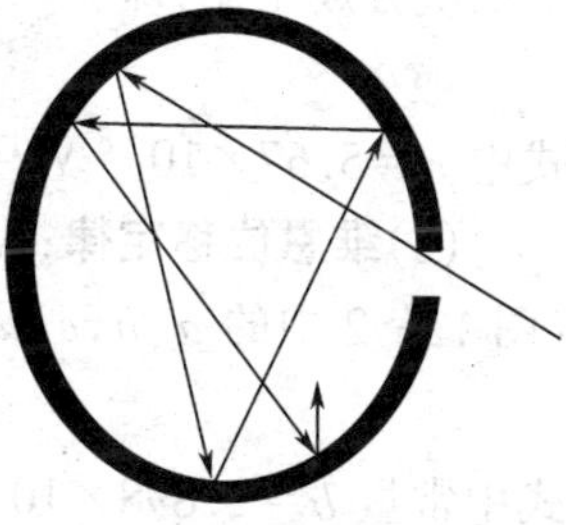

图 12－1

实验测得空腔辐射与腔体温度的关系如图 12－2 所示. $e(\lambda, T)$是黑体的单色辐射强度，它表示单位时间内单位面积发射的、在波长 λ 附近单位波长范围内的辐射能. 单位时间内单位面积发射的一切波长的辐射能称为**总辐射强度**，其大小为

$$E(T)=\int_0^{\infty} e(\lambda, T)\mathrm{d}\lambda . \qquad (12-1)$$

黑体辐射遵循两条重要定律：

(1)**斯忒藩－玻尔兹曼**定律：黑体的总辐射强度与其绝对温度

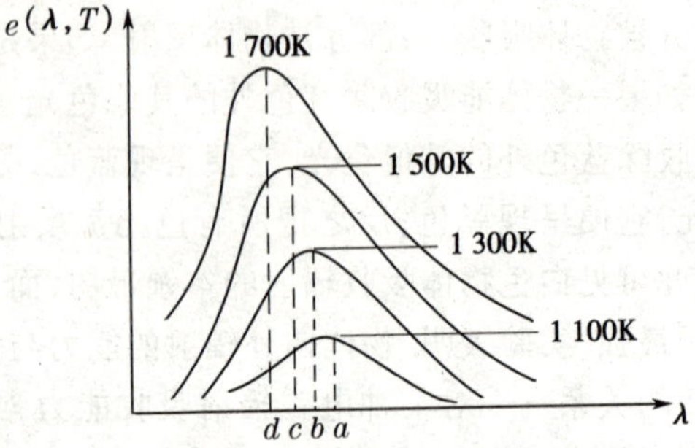

图 12-2　黑体辐射实验曲线

的四次方成正比,即

$$E(T)=\sigma T^4. \tag{12-2}$$

式中 $\sigma=5.67\times10^{-8}\ \mathrm{W\cdot m^{-2}\cdot K^{-4}}$,称为斯忒藩-玻尔兹曼常数.

(2)**维恩位移定律**:黑体的最大单色辐射强度对应的波长 λ_m(图 12-2 中的 a,b,c,d 等)与其绝对温度成反比,即

$$\lambda_m T=b. \tag{12-3}$$

式中常量 $b=2.898\times10^{-3}\ \mathrm{m\cdot K}$.

热辐射的规律有广泛的应用,它是测量高温、红外追踪、遥感、热像、夜视等技术的物理基础.例如根据维恩位移定律测算出太阳表面温度为 5 700 K,根据斯忒藩-玻尔兹曼定律测算出太阳单位表面积的辐射强度为 $6.7\times10^7\ \mathrm{W\cdot m^{-2}}$.

为了从理论上解释黑体辐射规律,许多物理学家做了大量工作,得到了一些结果,其中较好的有 1896 年维恩(德国,1864~1928)根据热力学导出的维恩公式,1900 年瑞利(英国,1842~1919)和金斯(英国,1877~1946)主要根据经典电磁理论导出的瑞利-金斯公式.维恩公式仅在短波区与实验结果一致;瑞利-金斯公式仅在长波区与实验结果一致,而在短波区与实验结果截然相反,当时物理学界称之为“紫外灾难”.这表明黑体辐射无法用经典

物理的理论解释,黑体辐射成为19世纪末飘浮在物理学晴空中的一朵令人不安的“乌云”.

12.1.2 普朗克量子假说

普朗克(德国,1858~1947)为了得到与实验相符的理论公式,于1900年提出了著名的**量子假说**:黑体中分子或原子都可当作是带电的线性谐振子,每个线性谐振子都能发出一种单色电磁波,整个黑体就发出连续辐射.每个频率为ν的谐振子的能量是不能连续变化的,而只能取一些分立的值(称这种性质为**能量的量子化**),这些分立值均为最小能量ε_0的整数倍,即

$$\varepsilon = n\varepsilon_0, n = 1,2,3\cdots$$

其中n称为**量子数**,ε_0称为**能量子**.频率为ν的谐振子的最小能量为

$$\varepsilon_0 = h\nu.$$

式中h为普朗克常数,其值为6.63×10^{-34} J·s.谐振子在发射或吸收能量时也是一份一份的,即只能从这些能量状态之一跃迁到另一状态.

普朗克根据上述假设,应用经典统计理论,导出了与实验完全符合的辐射公式,而且在两个极限条件下,可相应过渡到维恩和瑞利-金斯公式.

普朗克假说与经典理论认为能量是连续变化的观点是截然相反的,假说的提出为量子物理的发展打下了基础,使物理学的发展进入了一个崭新的历史时期.普朗克由于提出量子假说获得1918年的诺贝尔物理学奖.

12.2 光的量子性

12.2.1 光电效应

实验事实表明，一清洁的金属表面受到光照射后，会有电子发射出来. 这种在光的照射下，电子从金属表面逸出的现象称为**光电效应**，被释放出的电子称为**光电子**. 1887 年赫兹(德国，1857～1894)做电磁波实验时首次发现了此现象. 光电效应的实验装置如图 12－3 所示. 真空玻璃管中封装一对金属板 A(阳极)、K(阴极)，让一束单色紫外光穿过石英玻璃窗口照射到金属板 K 上. 当电子由 K 板脱出时，如果 A, K 间加上一个加速电压(A 正，K 负)，则光电子达到 A 板形成**光电流** I；当加上一个减速电压(A 负，K 正)，由于光子脱出 K 板时有一定的初动能，能够克服减速电压 U 达到 A 板形成光电流时，则光电子的最大初动能 $\frac{1}{2}mv_m^2 \geqslant eU$. 若减速电压增加到 $U=U_0$ 时，使光电流刚好减小到零，此时的减速电压称为**遏止电压**. 图 12－4 则为实验得到的光电效应伏－安特性曲线. 分析实验结果，可得光电效应的以下规律：

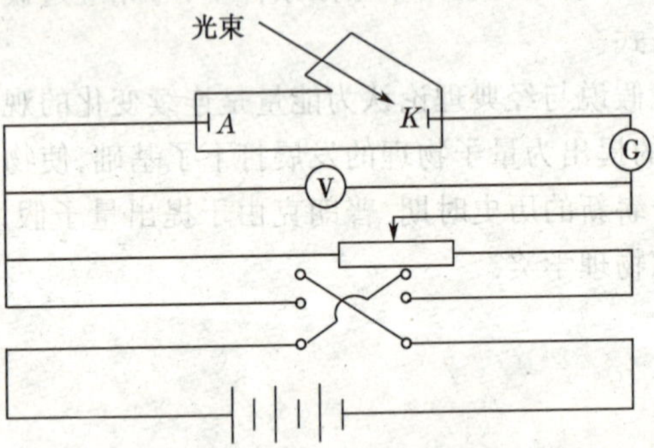

图 12－3　光电效应实验装置示意图

(1)饱和光电流与入射光的强度成正比.当保持入射光的频率不变时,增大加速电压 U,则光电流也随之增大,当 U 增大到某一值后,光电流不再随 U 的增大而增大,光电流达到饱和,其值表示为 I_m.图 12－4 显示饱和电流与入射强度成正比,与加速电压无关,而且在能发生光电效应的入射光频率范围内,饱和电流与入射光的频率无关.

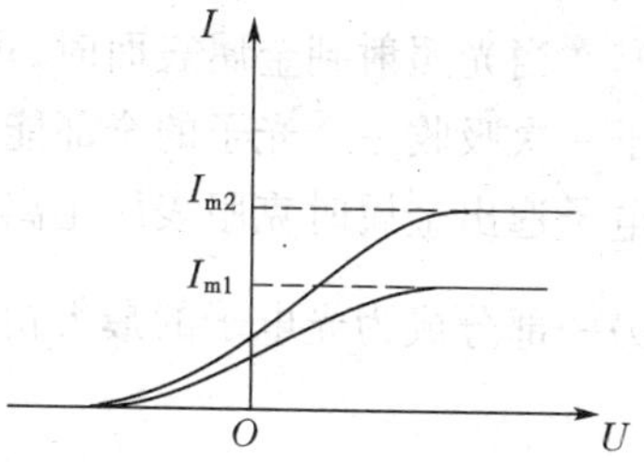

图 12－4　光电效应伏－安特性曲线

(2)光电流的最大初动能只与入射光频率有关,频率越高,光电子能量就越大,而与入射光强度无关.

(3)对于一定材料的金属板 K,入射光的频率必须大于某个频率 ν_0 后,才会发生光电效应;当入射光频率小于 ν_0 时,无论入射光强度多大都不会发生光电效应.ν_0 称为**极限频率**,又称**红限**.

(4)当用频率高于红限的入射光照射金属时,不管光强如何,几乎立刻发射光电子,滞后时间不超过 10^{-9} s.

按照经典理论,金属内的电子受光照射而作受迫振动,从入射光中连续地获得足够的能量后,即可克服金属表层的原子的引力而逸出,成为光电子,不受入射光频率的限制,但积累能量需要时间.强入射光照射,对金属内电子的作用力大,光电子初动能应决定于入射光的强度,与光的频率无关.这些经典结论都与实验矛盾,经典理论不能解释光电效应的规律.

12.2.2　爱因斯坦的光量子理论

为解释光电效应的规律,爱因斯坦在普朗克量子假说的启发下,于 1905 年提出了**光量子假说**:光是以光速运动的粒子流,这些粒子称为**光量子**,简称**光子**.每个光子的能量为 $h\nu$.h 是普朗克常数，ν 是光的频率.

当光照射到金属表面时，可以认为金属表面层的一个自由电子一次吸收一个光子的全部能量 $h\nu$，获得的能量的一部分消耗于电子逸出金属时克服表层正离子的吸引而做功，这个功叫**逸出功**；另一部分成为光电子的最大初动能$\frac{1}{2}mv_{\mathrm{m}}^2$. 按能量守恒定律有

$$h\nu=\frac{1}{2}mv_{\mathrm{m}}^2+A, \tag{12-4}$$

上式称为**爱因斯坦光电效应方程**. 爱因斯坦的假说可以圆满地解释光电效应的实验规律.

(1) 根据光子学说，入射光的强度决定于单位时间内垂直照射到单位面积上的光子数 N，故频率为 ν 的单色光的强度为 $Nh\nu$. 入射光强，单位时间入射的光子数多，每个光子与单个电子发生相互作用，产生的光电子数目就多，因此饱和光电流与入射光强度成正比.

(2) 对于给定的金属，逸出功 A 一定，由方程可知，光电子的最大初动能$\frac{1}{2}mv_{\mathrm{m}}^2$ 与入射光频率 ν 之间成线性关系，而与光强度无关. 光频率越大，光电子最大初动能越大，要阻止电子从阴极 K 飞到阳极 A 所必须施加的反向遏止电压 U_0 越大.

(3) 由方程可知，产生光电效应的条件是

$$h\nu-A>0,$$

入射光的最小频率为

$$\nu_0=\frac{A}{h}. \tag{12-5}$$

(4)当一个光子与金属中一个电子相遇时，电子能一次全部吸收光子能量，这个过程是立即发生的，无需能量的积累时间，容易解释迟缓时间小于 10^{-9} s.

光电效应能把光信号转换成电信号，在近代技术中有极广泛

的应用.利用光电效应制成的光电管、光电倍增管、电视摄像管等多种光电器件可用于自动跟踪、自动报警、自动计数、导航、夜间瞄准、电视摄像等许多方面.

12.2.3 光的波粒二象性

1923年康普顿(美国,1892～1962)和我国物理学家吴有训(1897～1977)研究了X光被物质散射产生的**康普顿效应**,即散射光中有波长增大的成份.经典物理不能解释这一现象.但康普顿和吴有训用X光子对物体中电子的弹性碰撞圆满地解释了这一效应,得出与实验完全相同的结果.康普顿效应再次验证了爱因斯坦的光量子假说,确认光子具有质量、动量和能量,而且证明由宏观现象总结出的动量守恒定律和能量守恒定律在微观粒子相互作用中仍然成立.

光在与物质相互作用(黑体辐射、光电效应、康普顿效应)时显示出光是一种粒子,是分立的、不连续的,可以用动量、能量等概念描述;而光在传播过程(干涉、衍射、偏振)中又表现出光是一种波动,是连续的,可以用波长、频率、相位、振幅等概念描述.因此光具有双重性质,既有波动性,又有粒子性,称为**光的波粒二象性**.表达这种二象性的关系式是

$$\varepsilon = h\nu \text{ 和 } p = \frac{h}{\lambda}, \tag{12-6}$$

它们将反映波动性的频率、波长和反映粒子性的能量、动量由普朗克常数 h 联系起来了.

由于普朗克常数 h 很小,当波长 λ 很长,即频率很小时,$h\nu$ 也很小,这意味着光的粒子性不明显,它和经典理论相一致,表现出波动性.如果波长很短,频率很大,那么这时光呈现粒子性,量子效应将十分明显.

12.3 玻尔理论

12.3.1 氢原子光谱的规律

研究原子的结构及其规律，通常采用两种实验方法，一种是利用高能粒子对原子进行轰击，另一种是观测在外界激发下，原子所发射的光辐射．在所有原子中，氢原子是最简单的．为此，我们先从分析氢原子光谱的规律着手．

大家知道，各种类型的光源，它们的光谱各有其特点．太阳光通过棱镜成光栅后，可以色散为一个包括红、橙、黄、绿、青、蓝、紫等色光的连续光谱；炽热固体、液体和黑体辐射的光谱，也都是**连续光谱**．但如果是气体放电或电弧及火花放电等光源，它们的光谱是由许多彼此分离的亮条纹所组成的**线状光谱**，简称**线光谱**．光源所发射的光谱，无论是连续光谱还是线状光谱，统称**发射光谱**．当连续光谱的光通过某种物质时，其中有些谱线被物质所吸收，这种光谱称**吸收光谱**．发射光谱和吸收光谱都能反映物质的特性．

19 世纪后半期，许多科学家测量了许多光谱的波长，大家都希望通过对线光谱的分析找到谱线的规律性．第一个发现氢原子线光谱可组成线系的是瑞士一位中学数学教师巴尔末（1825～1898），他于 1885 年发现氢原子的线光谱在可见光部分的谱线，可归纳为以下形式：

$$\lambda = B\cdot\frac{n^2}{n^2-4},\ n=3,4,5,\cdots$$

此公式称为巴尔末公式，λ 为波长，$B=364.56$ nm.

如果引入一个称为**波数**的物理量 $\bar{\nu}$，$\bar{\nu}=\dfrac{1}{\lambda}$ 表示单位长度内波长的数目，则巴耳末公式可写为

$$\bar{\nu}=R\left(\frac{1}{2^2}-\frac{1}{n^2}\right) \quad n=3,4,5,\cdots$$

此后相继发现了氢原子光谱的其他一些谱线系.各个线系是:

赖曼(Lyman)系 $\bar{\nu}=R\left(\frac{1}{1^2}-\frac{1}{n^2}\right),\ n=2,3,\cdots$

巴尔末(Balmer)系 $\bar{\nu}=R\left(\frac{1}{2^2}-\frac{1}{n^2}\right),\ n=3,4,\cdots$

帕邢(Paschen)系 $\bar{\nu}=R\left(\frac{1}{3^2}-\frac{1}{n^2}\right),\ n=4,5,\cdots$

布喇开(Brackett)系 $\bar{\nu}=R\left(\frac{1}{4^2}-\frac{1}{n^2}\right),\ n=5,6,\cdots$

普芳德(Pfund)系 $\bar{\nu}=R\left(\frac{1}{5^2}-\frac{1}{n^2}\right),\ n=6,7,\cdots$

以上规律可归纳为一个普遍公式:

$$\bar{\nu}=R\left(\frac{1}{m^2}-\frac{1}{n^2}\right),n=m+1,m+2,\cdots \qquad (12-7)$$

其中 m 可选 1,2,3,…正整数.每个 m 值对应一谱线系.常数 R 称为**里德伯常数**,实验测定

$$R=1.096776\times10^7\mathrm{m}^{-1}.$$

12.3.2 玻尔氢原子理论

1911 年,卢瑟福(英国,1871～1937)提出了原子的**核式结构模型**,他认为原子由原子核和电子组成.原子核集中了全部的正电荷和几乎全部的质量,位于原子中心,而电子则如行星绕太阳旋转似的绕核运动,构成了一个稳定的电结构系统.这个模型建立在 α 粒子通过金属箔出现大角散射的实验基础之上,很快地被物理界所接受,认为这一模型反映了原子内部的真实情况.然而这个模型与经典的电磁理论存在着尖锐的矛盾.首先,电子绕核运动是一种加速运动,它应向外辐射电磁波,因而其能量将逐渐减少,最终电子会落在核上.但是事实表明,原子是稳定的系统.此外,电子辐射

电磁波的频率应随着它绕核旋转频率的减少而连续地减少，因而它应发射连续电磁波.但事实表明，原子光谱是线状光谱而不是连续光谱.这个矛盾说明由宏观电磁运动规律总结出来的经典理论不再适用于原子尺度上的微观过程.

20世纪初，丹麦物理学家玻尔(1885～1952)仔细研究和分析了氢光谱资料，在卢瑟福原子核式模型的基础上，把量子观点首次应用于原子结构，提出了关于氢原子的理论，从而解决了经典理论的困难.

1913年玻尔在它的理论中对氢原子的核外电子运动提出了如下三个基本假设：

(1) **定态假设**.氢原子中的电子只能处于一系列特定的圆轨道上绕核运动，虽然有加速度，但不向外辐射电磁波，原子处于这一系列特定的状态，称为**定态**.

由库仑定律和牛顿第二定律可知，质量为 m 的电子绕核作半径为 r 的圆周运动，应有

$$\frac{e^2}{4\pi\varepsilon_0 r^2}=m\cdot\frac{v^2}{r}, \tag{12-8}$$

式中 v 为电子运动的速率，e 为电子电量，原子系统的总能量为

$$E=E_{\mathrm{k}}+E_{\mathrm{p}}=\frac{1}{2}mv^2-\frac{e^2}{4\pi\varepsilon_0 r}=-\frac{e^2}{8\pi\varepsilon_0 r}. \tag{12-9}$$

(2) **跃迁假设**.原子中的电子在稳定轨道间跃迁时，原子从一个定态跃迁到另一定态，并发射或吸收单色电磁波，其频率由下式决定

$$h\nu=|E_n-E_k|. \tag{12-10}$$

其中 E_n 和 E_k 分别表示原子跃迁前后的能量.若 $E_n>E_k$，则原子向外发射这种频率的电磁波；若 $E_n<E_k$，则原子需吸收电磁波.式中 h 为普朗克常数.(12-10)式称为**玻尔频率跃迁公式**.

(3) **轨道角动量量子化假设**.原子中电子处于稳定态时，电子

绕核作圆周运动的轨道角动量 L 只能取$\frac{h}{2\pi}$的整数倍，即

$$L = n \cdot \frac{h}{2\pi}, n = 1,2,3,\cdots \qquad (12-11)$$

式中 n 称量子数．上式称为**轨道角动量量子化条件**．

利用(12－8)式和(12－11)式消去 v，并以 r_n 表示具有一定 n 值的轨道半径，得

$$r_n = n^2\left(\frac{\varepsilon_0 h^2}{\pi m e^2}\right) = n^2 a_0, n = 1,2,3,\cdots \qquad (12-12)$$

其中

$$\begin{aligned} a_0 &= \frac{\varepsilon_0 h^2}{\pi m e^2} \\ &= \frac{8.85\times10^{-12}\times(6.63\times10^{-34})^2}{3.14\times9.11\times10^{-31}\times(1.6\times10^{-19})^2} \\ &= 0.529\times10^{-10}\ \mathrm{m}, \end{aligned}$$

是最小轨道半径．由式(12－12)确定的量子化轨道，就是电子绕核运动的定态轨道．

将(12－12)式代入(12－9)式得到与电子在定态轨道上运动相对应的原子系统的定态能量，用 E_n 表示

$$E_n = -\frac{me^4}{8\varepsilon_0^2 h^2 n^2} = \frac{1}{n^2}E_1, n = 1,2,3,\cdots.$$

可见，原子系统的能量也具有一系列不连续的数值，这些量子化的能量值称为原子的**能级**．能量为负值，表示电子在原子核周围的场中处于束缚状态．其中 E_1 对应 $n=1$，即电子在第一轨道上运动时氢原子系统的能量

$$E_1 = -\frac{me^4}{8\varepsilon_0^2 h^2} = -2.18\times10^{-18}\ \mathrm{J} = -13.6\ \mathrm{eV}.$$

原子的这个定态称为**基态**，相应的能级最低，原子系统最稳定．$n>1$ 的各个定态称为**激发态**，若 $n=\infty$，则 $E_\infty=0$，$r_\infty=\infty$，即要使电子远离核成为自由电子，外界所必须提供的最小能量称为

电离能,相应的电势差叫**电离电势**.

图 12-5 是玻尔氢原子的轨道、能量和发射跃迁示意图(不成比例).图中负值表示能级,单位是电子伏特(eV).

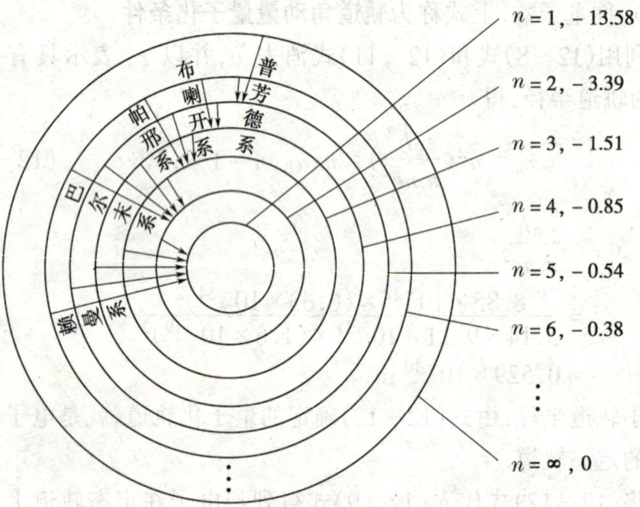

图 12-5 氢原子能级跃迁示意图

1914 年弗兰克(德国,1882～1964)和赫兹(德国,1887～1975)用实验证明了原子确有不连续的定态能级,并因此共同获得了 1925 年诺贝尔物理学奖.

玻尔理论能说明原子的稳定性、氢原子和类氢离子(核外只有一个电子的离子 H^+,Li^{2+},Be^{3+} 等)的线光谱,取得了很大成功.但这个理论也存在严重缺陷.由于在引用量子条件时保留了轨道等经典概念和方法,是一个半经典的理论,它不能解释多电子光谱,对如何解释谱线的强度、宽度也无能为力,不能处理复杂光谱等问题.这些问题只有量子力学才能解决.不过玻尔首先把量子概念引入原子的研究,正确地提出原子能级和定态的概念,为人们建立现代量子理论,认识微观世界奠定了基础.玻尔因此获得 1922 年诺贝尔物理学奖.

【例题 12-1】 计算氢原子的第一激发电势和电离电势.

【解】 氢原子从基态激发到第一激发态所需第一激发能为

$$\begin{aligned}\Delta E &= E_2 - E_1 \\ &= -13.6\times\left(\frac{1}{2^2}-\frac{1}{1^2}\right) \\ &= 10.2\ (\mathrm{eV}),\end{aligned}$$

所以第一激发电势为 $U=\Delta E/e=10.2\ \mathrm{V}$.

氢原子从基态激发到电离态所需的电离能为

$$\begin{aligned}\Delta E_\infty &= E_\infty - E_1 \\ &= -13.6\times\left(\frac{1}{\infty^2}-\frac{1}{1^2}\right) \\ &= 13.6\ (\mathrm{eV}),\end{aligned}$$

所以电离电势为 $U_\infty=\Delta E_\infty/\mathrm{e}=13.6\ \mathrm{V}$.

【例题 12-2】 在气体放电管中,用携带着 12.2 eV 能量的电子去轰击氢原子,试确定此时的氢可能辐射的谱线的波长.

【解】 氢原子所能吸收的最大能量为 12.2 eV,氢原子吸收这能量后,将由基态能级 $E_1=-13.6\ \mathrm{eV}$ 激发到高能级 E_n,而 $E_n=\frac{E_1}{n^2}$,则有

$$E_n=E_1+12.2,$$

$$-\frac{13.6}{n^2}=-13.6+12.2,$$

即

$$n=3.12.$$

因 n 只能取整数,所以能达到的激发态对应 $n=3$. 这样当电子从此激发态回到基态时,可能发出三种不同波长的谱线,如图 12-6 所示,很容易求得三种谱线的波长分别为 656.5 nm,121.7 nm 和 102.7 nm.

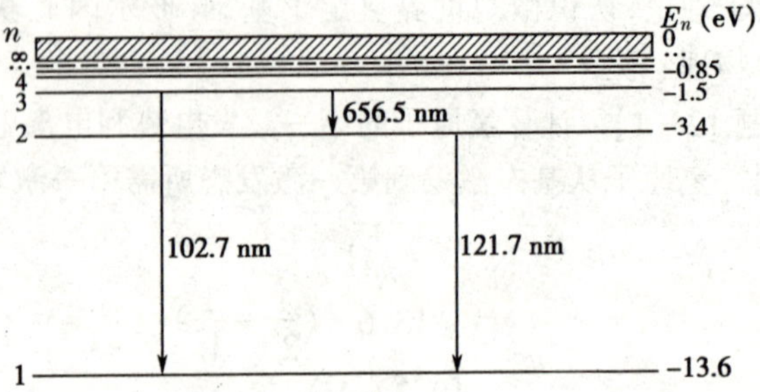

图 12-6

12.4 实物粒子的波粒二象性

12.4.1 物质波

既然光具有波粒二象性,那么实物粒子,如电子、中子、质子等是否也具有波动性?1924 年法国物理学家德布罗意(1892～1987)在光的二象性的启迪下,他认为整个 19 世纪,在光学中,比起波动的研究来,是过于忽略粒子的研究方法;而在实物粒子的理论上,则可能发生了相反的错误,把粒子的图像想得太多,而忽略了波的图像.于是他大胆提出假设:一切实物粒子(静止质量不为零的粒子)也具有波粒二象性.他把光的频率、波长和光的动量、能量的关系:$p=h/\lambda$、$E=h\nu$ 引申到实物粒子,即一个质量为 m、速度为 v 的粒子,一方面可用能量 E 和动量 p 对它作粒子性描述,另一方面也可用频率 ν 和波长 λ 对它作波动性描述.且预言物质波的波长和频率是

$$\lambda=\frac{h}{p}=\frac{h}{mv}=\frac{h}{m_0 v}\sqrt{1-\frac{v^2}{c^2}},\qquad(12-13)$$

$$\nu = \frac{E}{h} = \frac{mc^2}{h} = \frac{m_0 c^2}{h\sqrt{1 - \frac{v^2}{c_2}}}. \qquad (12-14)$$

以上公式称为**德布罗意公式**.这种与实物粒子相联系的波叫**德布罗意波**或**物质波**.

如果 $v \ll c$,则有

$$\lambda = \frac{h}{m_0 v}. \qquad (12-15)$$

以电子为例,电子经电场加速后,设加速电势差为 U,电子的速度可由下式决定

$$\frac{1}{2} m_0 v^2 = eU,$$

这里按非相对论公式计算得 $v = \sqrt{\frac{2eU}{m_0}}$,代入(12－15)式

得
$$\lambda = \frac{h}{\sqrt{2em_0}} \cdot \frac{1}{\sqrt{U}},$$

将 h, e, m_0 代入上式得

$$\lambda = \frac{12.2}{\sqrt{U}} \times 10^{-10}\ \text{m} = \frac{1.22}{\sqrt{U}}\ \text{nm}.$$

由此可知,当 $U = 150$ V 时,$\lambda = 0.1$ nm.

1927 年,美国物理学家戴维逊(1881～1958)和革末(1896～1971)合作,研究低能电子束在镍单晶表面的散射时观察到了电子衍射现象.根据布喇格公式计算的电子波长,与德布罗意公式计算的电子波长符合很好.同年,英国的物理学家汤姆逊(1892～1975)在高能电子束通过薄金属的透射实验中也发现了电子衍射,获得的衍射图样与X射线的衍射图样类似.以后中子、原子和分子的衍射现象也观察到了.所有此类实验的成功都证实了德布罗意假设,一切微观粒子都具有波动性.德布罗意关系式已成为表示波动性和粒子性之间内在联系的基本公式.

实物粒子波动性的发现，不仅对于认识微观世界具有重要意义，而且在现代科学技术上还有许多实际应用，电子显微镜就是一例.我们知道，光学仪器的分辨率与波长成反比，波长越短，分辨率越高.光学显微镜由于受可见光波长限制，其分辨率不可能很大，放大倍数最多约2000倍.但电子的德布罗意波长可以很短，约10^{-11} m～10^{-12} m，因此用电子束代替可见光而制成的电子显微镜，放大率大大提高，我国制造的电子显微镜的放大率可达80万倍，分辨率为0.144 nm，这使观察分子结构、晶格缺陷、细胞和病毒的组织成为可能.此外，利用中子的波动性，已制成了中子摄谱仪.这些设备都是现代科技中进行物理探测有力的工具，它们在工业、生物、医学等方面的应用正日益发展.

12.4.2 德布罗意波的统计解释

在波动一章的学习中，我们知道经典的波动过程是大量介质元的整体所呈现的一种特殊的运动状态；这种运动状态通过一些物理量对空间和对时间的周期性变化来描述，在特定条件下，会发生干涉、衍射现象.那么物质波又是怎样一种情景呢？我们通过理想的电子衍射实验予以分析.

一束电子入射到单缝上形成单缝衍射图样，如图12－7所示.如果减弱入射电子的强度，以致电子几乎是一个个地射向单缝.实验发现，一开始在底板上出现的是零散的无规则的单个电子痕迹，慢慢地，经过足够长时间后，同样形成规则的单缝衍射图样.值得注意的是，电子是被逐个地射向单缝，它们之间毫无联系.结果，大量彼此孤立的电子在照相底板上形成单缝衍射的图样.这表明电子的波动性并不依赖于大量电子是否同时存在而存在，单个电子就具有波动性，它完全不符合经典的波动图像.但是，运动的电子却发生了干涉和衍射现象.干涉现象是波的相干叠加性的反映，是波动特征之一.从能产生干涉、衍射现象这一点，可判断运动的电子具有波动性.

微观粒子的波动性意味着什么？德国物理学家玻恩(1882～1971)提出的物质波是几率波的理论被广泛接受.他认为，电子等微观粒子呈现出来的波动性反映了粒子运动的一种统计规律.在上述实验中，不论是让电子一个个地射向单缝，还是让这些电子一次射向单缝，只要电子数是大量的，就会在照相底板上得到相同的衍射条纹.条纹的明暗反映了波的强度，衍射极大处，波的强度最大，电子到达得多，电子在此处出现的几率最大；衍射极小处，波的强度最小，电子到达最少，电子在这里出现的几率最小.所以某处附近电子出现的概率就反映了德布罗意波的强度.对于电子是如此，对于其他微观粒子也是如此.普遍地说，在某处德布罗意波的振幅平方是与粒子在该处邻近出现的概率成正比的.

应该指出，德布罗意波与经典物理中研究的波是截然不同的.例如机械波是机械振动在空间的传播，而德布罗意波则是对微观粒子运动的统计描述.我们绝不能把微观粒子的波动性机械地理解为经典物理中的波.

电子的波动性被揭示后，人们对它的粒子性有了新的认识.把电子和其他微观粒子称为粒子，是因为它的质量、动量和能量集中在一个很小的范围内，呈现出颗粒的形式.但在任一瞬间，它同经典粒子不同，没有确定的位置和动量，没有确切的运动轨道，这一点，我们可从不确定关系的分析中得到证实.

12.4.3 不确定关系

不确定关系是微观粒子遵循的客观规律.1927 年德国理论物理学家海森伯(1901～1976)以理想的电子单缝实验为例，引出了这一规律.在图 12－7 的实验中，设有一束电子沿 OY 轴射向 AB 屏上的狭缝，缝宽为 a.于是在照相底板 CD 上，可观察到衍射图样.

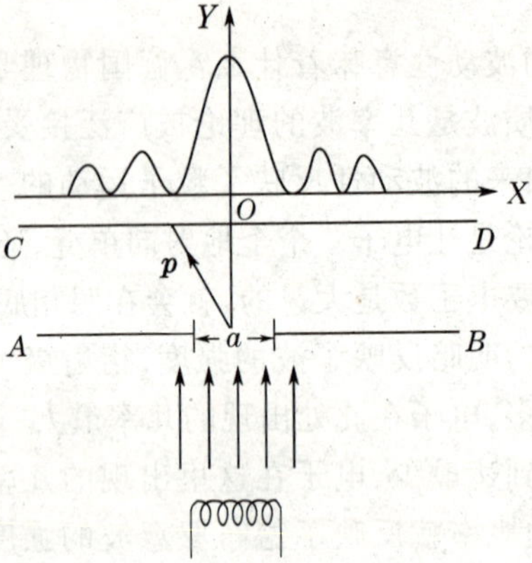

12－7　电子束单缝衍射

如果我们能用坐标 x 和动量 p 来描述电子的运动状态，那么，一个电子通过狭缝的瞬时，它是从缝上哪一点通过的呢？也就是说，电子通过缝的瞬时，其坐标 x 为多少？显然，我们不能准确回答，因为该电子究竟在缝上哪一点通过无法确定.然而，该电子确实是通过了狭缝，因此我们可以认为电子在 OX 轴上的坐标的不确定范围为

$$\Delta x = a.$$

在同一瞬时，由于衍射，电子动量方向有了改变，从图 12－7 可以看到，如果只考虑一级衍射图样，则电子被限制在一级最小的衍射角范围内，有 $\sin\varphi = \lambda/a = \lambda/\Delta x$.因此，电子动量在 OX 轴上的分量的不确定范围为

$$\Delta p_x = p\sin\varphi = p\cdot\frac{\lambda}{\Delta x},$$

由德布罗意公式

$$\lambda = \frac{h}{p},$$

上式可写为

$$\Delta p_x = \frac{h}{\Delta x},$$

即

$$\Delta x \cdot \Delta p_x = h.$$

如果将衍射图样的次级也考察在内,则有

$$\Delta x \Delta p_x \geqslant h. \tag{12-16}$$

此关系式称为**不确定关系**.它不仅适用于电子,也适用于其他微观粒子.不确定关系表明:对于微观粒子不能同时用确定的位置和确定的动量来描述.欲使粒子的位置准确度变高(例如把单缝的宽度减小),此瞬间的动量准确度就愈小(衍射图样铺展变宽),反之亦然.

综上所述,微观粒子不是经典意义下的波,也不是经典物理中的粒子.但它既是波,也是粒子,它的波动性和粒子性在统计意义下得到了统一,这正是波粒二象性的真正含义.

【例题 12-3】 一颗质量为 100 g 的子弹,在其运动过程中的某一瞬间,测得位置的不确定量为 10^{-6} m,试求子弹速率的不确定量,并对结果作出分析.

【解】 由测不准关系得

$$\Delta v = \frac{h}{m \cdot \Delta x} = \frac{6.63 \times 10^{-34}}{10^{-1} \times 10^{-6}} \approx 6.6 \times 10^{-27} (\mathrm{m \cdot s^{-1}}).$$

对于子弹而言,位置不准确度仅为 10^{-6} m,而速率的不准确度也大大超过测量上的精确度,可认为这一瞬间子弹同时具有确定的位置和动量.因此,当普朗克常数的数值与被测粒子的质量相比微不足道时,可不考虑测不准关系,粒子服从经典的力学规律.

【例题 12-4】 原子大小的数量级为 10^{-10} m,电子在原子中运动的位置的不准确量至少为原子大小的十分之一,即 $\Delta x = 10^{-11}$ m,试求电子速率的不确定量.

【解】 $\Delta v = \frac{h}{m\Delta x} = \frac{6.63 \times 10^{-34}}{9.1 \times 10^{-31} \times 10^{-11}} \approx 7.3 \times 10^{7} (\mathrm{m \cdot s^{-1}}).$

原子中电子速率 v 的数量级约 $10^5\ \mathrm{m\cdot s^{-1}} \sim 10^6\ \mathrm{m\cdot s^{-1}}$,速率的不确定量 Δv 与 v 相比不能忽略. 因此粒子的位置和动量不能同时确定,粒子不再服从经典规律,轨道的概念也就无意义了.

12.5 波函数与薛定谔方程

微观粒子具有波粒二象性,其运动状态不遵守经典的力学规律. 因此,有必要寻求不同于经典力学的新的描述方法,建立起能够确定微观粒子的运动状态的方程.

12.5.1 波函数

在物质波概念提出之前,人们采用波动表达式来描写光的波动性质. 光作为电磁波,其简谐平面波用下列函数形式表示

$$\psi(\boldsymbol{r},t) = A\cos(\omega t - \boldsymbol{k}\cdot\boldsymbol{r}),$$

或写成复数形式

$$\psi(\boldsymbol{r},t) = A\mathrm{e}^{\mathrm{i}(\boldsymbol{k}\cdot\boldsymbol{r}-\omega t)}. \tag{12-17}$$

$\psi\psi^* = A^2$ 代表 t 时刻该点波动的强度,$\boldsymbol{k} = (2\pi/\lambda)\boldsymbol{n}$ 称为**波矢**,$\hat{n}$ 为光波传播方向的单位矢量. 另外光作为一种微粒——光子,其动量 $\boldsymbol{p} = \boldsymbol{k}h/2\pi$ 和能量 $E = h\nu = h\omega/2\pi$,于是(12-17)式可改写成

$$\psi(\boldsymbol{r},t) = A\mathrm{e}^{\mathrm{i}\frac{2\pi}{h}(\boldsymbol{p}\cdot\boldsymbol{r}-Et)}.$$

根据上述对光子的波粒二象性运动状态的描述方法,我们采用完全类似的形式来描述自由粒子(无外力场的粒子,总能 $E = E_\mathrm{k}$)的运动状态.

$$\psi(\boldsymbol{r},t) = \psi_0\mathrm{e}^{\mathrm{i}\frac{2\pi}{h}(\boldsymbol{p}\cdot\boldsymbol{r}-Et)}, \tag{12-18}$$

上式称为自由粒子的**状态波函数**,ψ_0 称为**波函数的振幅**. 由于自由粒子不受力,其动量不改变,因而相应的物质波的波长不变,是

单色平面波.对于处在某种力场作用下的实物粒子,其运动状态也用波函数来描述,不过这种情况的波函数形式比较复杂.

如上节所述,处于某一状态的微观粒子,对于空间的各个位置,呈现一定的几率分布,它在某处出现的几率与该处物质波的强度成正比.根据波动观点,波的强度与振幅的平方成正比.根据以上所述,考虑空间一个小体积元 dV,在该体积元中粒子出现的几率用 dP 表示,则

$$dP \propto |\psi|^2 dV.$$

取比例系数为 1,可写成

$$dP = |\psi|^2 dV = \psi \cdot \psi^* dV,$$

则可得到

$$W = \frac{dP}{dV} = \psi \cdot \psi^* = |\psi|^2. \qquad (12-19)$$

W 表示空间某点处单位体积内粒子出现的几率,称为粒子在该点的**几率密度**.可见,波函数本身并没有直接的物理意义,有物理意义的是波函数振幅的平方.$|\psi|^2$ 不能告诉我们粒子肯定在哪里,只能告诉我们粒子在空间某处出现的几率,所以说,粒子的运动受到波函数的引导.粒子出现在$|\psi|^2$ 大的地方可能性大,出现在$|\psi|^2$小的地方可能性小,粒子不会出现在$|\psi|^2=0$ 的地方.总之,微观粒子的运动所遵循的是统计的规律.

根据波函数的统计解释,波函数必须满足一定的要求.首先,粒子任一时刻在整个空间出现的总几率必为 1,所以有

$$\iiint |\psi|^2 dx dy dz = 1.$$

上式中的积分是对整个空间进行,称为波函数的**归一化条件**.其次,由于在一定时刻,在空间某给定点处粒子出现的几率应该是惟一的,并且应该是有限的(实际上应小于 1),同时在空间不同点处,几率应该是连续分布的,不能跃变,所以波函数 $\psi(x,y,z,t)$

必须是(x,y,z,t)的单值、有限、连续的函数，对波函数的这一限制，称为波函数的**标准化条件**.

12.5.2 薛定谔方程

在经典力学中，如果知道质点的受力情况以及质点在起始时刻的坐标和速度，那么由牛顿运动方程可求得质点在任意时刻的运动状态.在量子力学中，微观粒子的状态是由波函数描述的，如果我们知道它所遵循的运动方程，那么由其起始状态和能量，就可求解粒子的状态.1926年奥地利物理学家薛定谔(1897~1961)建立了微观粒子状态波函数所满足的波动方程，称为**薛定谔方程**.下面介绍一种最简单的情况.

当粒子在势场中沿 x 方向运动，且势场的势能函数 U 仅取决于坐标x，即 $U=U(x)$时，波函数将只是坐标 x 的函数，用$\psi(x)$表示.这种情况下的薛定谔方程是

$$\frac{\hbar}{2m}\cdot\frac{\mathrm{d}^2\psi(x)}{\mathrm{d}x^2}+[E-U(x)]\psi(x)=0. \qquad (12-20)$$

式中 m 和E 分别为粒子的质量和能量，$\hbar=\dfrac{h}{2\pi}$，由于 ψ 只是坐标的函数，与时间无关，它所描述的是粒子在空间的一种稳定分布(即处于**定态**)，故(12-20)式称为**一维定态薛定谔方程**.这个方程的每一个有物理意义的解 $\psi(x)$表示粒子运动的某一个稳定状态，与这个解相应的常数 E 就是粒子处在这个稳定状态的能量.

在具体问题中，要正确分析粒子所在的力场，找出势能函数的形式 U，写出薛定谔方程的具体表示式，然后根据波函数的标准化条件，在求解过程中选出物理上合理的波函数，便可对粒子的位置几率分布作出定量的描述.

薛定谔方程是量子力学的基本方程，它不是由某原理推导出来的，是采用类比和推理方法建立的一个假说，它的正确性应在求

解各种具体问题得到的结论和实验相比来验证.几十年来,关于微观领域的大量实验事实,和用薛定谔方程进行计算所得结果符合得很好.所以说,以薛定谔方程作为基本方程的量子力学,是反映微观系统客观实际的近代物理理论.

习 题 12

1. 太阳最大发射本领的波长 $\lambda_m = 4.70\times10^{-7}$ m,假定把太阳当作绝对黑体,试求太阳表面的温度.

2. 温度为室温(20℃)的物体,它在辐射中辐射强度的峰值对应的波长是多少?

3. 波长为 450.0 nm 的单色光射到纯钠的表面上,求(1)这种光的光子的能量和动量;(2)光电子逸出钠表面时的动能;(3)若光子的能量为 2.40 eV,其波长为多少?钠的逸出功为 2.28 eV.

4. 波长为 200.0 nm 的光投射到铝表面上,铝的逸出功为 4.2 eV.(1)最快光电子的初动能多大?(2)为使光电子不能到达阳极 A,光电流为零,需在 A、K 间加的最小反向电势多大?(3)铝的红限波长多大?

5. 能使铯产生光电效应的光的最大波长为 $\lambda_0 = 660.0$ nm,试求当波长 $\lambda = 400.0$ nm 的光照射在铯上时,铯所放出的光电子的速度.忽略电子质量的变化.

6. 钾被波长为 250.0 nm 的紫外光照射,设紫外光的强度为 2 $\mathrm{W\cdot m^{-2}}$,如果钾的逸出功为 2.21 eV,试计算:(1)所发射出的电子的最大动能;(2)每秒从钾表面单位面积所能发射的最大电子数.

7. 设有一群光子,其能量分别为 $h\nu_1 = \frac{1}{2}hcR$, $h\nu_2 = \frac{3}{4}hcR$, $h\nu_3 = hcR$.用它们照射处于基态的氢原子,哪些光子能被吸收?

8. (1)试按巴尔末公式计算谱线 H_α ($n = 3$) 的波长.已知 $B = 364.56$ nm.(2)计算氢原子光谱巴尔末系中最短波长和最长波长.

9. 用可见光(390.0 nm~780.0 nm)照射处于第一激发态的氢原子,问能否使之电离?

10. 在玻尔氢原子中的电子,由量子数 $n=4$ 的轨道跃迁到 $n=2$ 的轨道,求氢原子辐射的波长.

11. (1)彩色电视显像管的电压 $U=2\,000$ V,求在此电压下电子的德布罗意波长.(2)一质量 $m=40$ g 的子弹以速率 $v=1\,000\ \mathrm{m\cdot s^{-1}}$运动,其德布罗意波长是多少?能观察到其波动性吗?

12. 电子和一颗 0.01 kg 的子弹,以 500 $\mathrm{m\cdot s^{-1}}$同样的速度运动,如果它们速度的不确定量为其速度的 0.01%,求电子和子弹位置的不确定量.

13. 设氢原子的线度为 10^{-10} m,计算其中电子速度的不确定量.

14. 已知电子的动能 $E_k=200$ eV,求它的德布罗意波的波长.

15. 静止电子被电势差加速之后,所具有的德布罗意波长为 2.87×10^{-4} nm.已知电子的质量是 1.67×10^{-27} kg,求加速的电势差.

16. 当电子的动能是它的静止能量的两倍时,其德布罗意波波长多大?考虑相对论效应.

17. 试利用自由粒子的波函数讨论它空间位置的几率分布.

18. 处于第一激发态上的汞原子是不稳定的,稍有外界影响就回到基态,同时辐射光子.已知汞原子的第一激发电势为 4.9 eV,求辐射光的频率.

附录 常用物理常数

物理量的名称	符号	数 值
真空中光速	c	$2.997\,924\,58\times10^{8}\ \mathrm{m\cdot s^{-1}}$
真空磁导率	μ_0	$4\pi\times10^{-7}\ \mathrm{H\cdot m^{-1}}$
真空电容率	ε_0	$8.854\,187\,818\times10^{-12}\ \mathrm{F\cdot m^{-1}}$
万有引力常量	G	$6.672\,0\times10^{-11}\ \mathrm{N\cdot m^2\cdot kg^{-2}}$
普适气体常量	R	$8.314\,41\ \mathrm{J\cdot mol^{-1}\cdot K^{-1}}$
摩尔体积	V_m	$2.241\,383\times10^{-2}\ \mathrm{m^3\cdot mol^{-1}}$
阿伏伽德罗常量	N_0	$6.022\,045\times10^{23}\ \mathrm{mol^{-1}}$
玻尔兹曼常量	k	$1.380\,662\times10^{-23}\ \mathrm{J\cdot K^{-1}}$
基本电荷	e	$1.602\,189\,2\times10^{-19}\mathrm{C}$
电子静止质量	m_e	$9.109\,534\times10^{-31}\ \mathrm{kg}$
质子静止质量	m_p	$1.672\,628\,5\times10^{-27}\ \mathrm{kg}$
中子静止质量	m_n	$1.674\,954\,3\times10^{-27}\ \mathrm{kg}$
原子质量单位	u	$1.660\,565\,5\times10^{-27}\ \mathrm{kg}$
电子荷质比	e/m_e	$1.758\,804\,7\times10^{-11}\ \mathrm{C\cdot kg^{-1}}$
普朗克常量	h	$6.626\,176\times10^{-34}\ \mathrm{J\cdot s}$
标准大气压	p_0	$1.013\,25\ \mathrm{Pa}$
标准重力加速度	g_n	$9.806\,65\ \mathrm{m\cdot s^{-2}}$

习 题 答 案

习题 1

1. (1) $-6\ \mathrm{m\cdot s^{-1}}, -15\ \mathrm{m\cdot s^{-2}}$; (2) $-0.5\ \mathrm{m}, -9.0\ \mathrm{m\cdot s^{-2}}$. 2. (1) 2.30×10^4 m; (2)153.6 s; (3)略. 3. (1) $y=\frac{1}{18}x^2+\frac{4}{9}x-7\frac{11}{18}$ m; (2) $(3t+5)\boldsymbol{i}+(\frac{1}{2}t^2+3t-4)\boldsymbol{j}$ m; (3) $3\boldsymbol{i}+4.5\boldsymbol{j}$ m; (4) $3\boldsymbol{i}+4\boldsymbol{j}\ \mathrm{m\cdot s^{-1}}$; (5) $1\boldsymbol{j}\ \mathrm{m\cdot s^{-2}}$. 4. $\frac{v_0}{kv_0t+1}$; $\frac{1}{k}\ln(kv_0t+1)$. 5. $(h^2+s^2)^{\frac{1}{2}}v_0\cdot s^{-1}$; $h^2v_0^2\cdot s^{-2}$. 6. $\frac{h_1}{h_1-h_2}v$ 7. (1) $\left[B^2+\frac{(A-Bt)^4}{R^2}\right]^{\frac{1}{2}}$; (2) $\frac{A}{B}$; (3) $\frac{A^2}{4\pi RB}$. 8. (1)1 s; (2)1.5 m. 9. (1)300 圈; (2) $3\pi\ \mathrm{m\cdot s^{-1}}$, $-0.3\pi\ \mathrm{m\cdot s^{-2}}$, $90\pi^2\ \mathrm{m\cdot s^{-2}}$. 10. 27.72 m. 11. 202 m.

习题 2

1. (1) $\frac{4}{m}$; (2) $\frac{t^2}{3m}$. 2. (1)490 N; (2)450 N; (3)500 N;方向均竖直向下. 3. $7.55\ \mathrm{m\cdot s^{-2}}$; $0.245\ \mathrm{m\cdot s^{-2}}$; 4.9 N. 4. $\frac{mg}{k}(1-e^{-\frac{k}{m}t})$; $\frac{mg}{k}$. 5. $\frac{a^2}{2bv_0}$. 6. 周期: $2\pi\sqrt{l\cos\theta/g}$;张力: $mg/\cos\theta$. 7. (1) $14.7\ \mathrm{m\cdot s^{-2}}$; (2)5 m. 8. $\frac{l-2x}{l}g$. 9. $(\mu_1+\mu_2)(m_1+m_2)g$. 10. 50.96 N. 11. (1)54 N·s; (2) $27\ \mathrm{m\cdot s^{-1}}$. 12. (1) $-2mv\boldsymbol{j}$; (2) $\frac{2mv^2}{\pi R}\boldsymbol{j}$. 13. $-16\ \mathrm{kgm\cdot s^{-1}}$, -16 N·s 与投出时速度方向相反, -8×10^3 N. 14. 33 m. 15. 0.16 N·s;0.08 N. 16. $2.7\times10^5\ \mathrm{m\cdot s^{-1}}$. 17. $3v$,向上. 18. 8 J 19. 28 J. 20. (1)2 238 J; (2) $-1\,470$ J; (3)0; (4) -768 J. 21. (1) 4.23×10^6 J; (2) 1.51×10^2 s. 22. 1.46×10^4 J. 23. 16.9 J. 24. -44 J. 25. (1) $\varphi=\cos^{-1}(\frac{v_0^2}{3Rg}+\frac{2}{3})$; (2) $\sqrt{gR}$. 26. 36 J;76 J. 27. $\frac{3}{5}L$. 28. 0.5 m.

29. 1.02×10^{-1} m.

习题 3

1. (1)3 $\text{rad}\cdot\text{s}^{-1}$;6 $\text{rad}\cdot\text{s}^{-2}$; (2)0.3 $\text{m}\cdot\text{s}^{-1}$;0.6 $\text{m}\cdot\text{s}^{-2}$;0.9 $\text{m}\cdot\text{s}^{-2}$;1.1 $\text{m}\cdot\text{s}^{-2}$. 2. $\omega=\omega\tan\theta/(\tan\theta-\omega_0 t)$. 3. 5 $\text{kg}\cdot\text{m}^2$. 4. $\beta=\dfrac{2(m_1R-m_2r)g(R^2L+r^2l)}{M(R^4L+r^4l)+2(m_1R^2+m_2r^2)(R^2L+r^2l)}$. 5. (1)$3.92\times10^{-3}$ $\text{m}\cdot\text{N}$; (2)48.96 N; (3)2.44 $\text{kg}\cdot\text{m}^2$. 6. $a=m_1g/(m_1+m_2+m/2)$, $T_1=m_1g(m_1+m/2)/(m_1+m_2+m/2)$, $T_2=m_1m_2g/(m_1+m_2+m/2)$.

7. $\sqrt{\dfrac{3(2m+M)gl}{3m+M}}$. 8. 0.16 $\text{m}\cdot\text{s}^{-1}$. 9. (1)2.99 $\text{rad}\cdot\text{s}^{-1}$; (2) 28°35′. 10. $\omega=\dfrac{M-3m}{M+3m}\sqrt{\dfrac{3g}{l}(1-\cos\theta)}$;$v=\dfrac{2M}{M+3m}\sqrt{3gl(1-\cos\theta)}$.

习题 4

1. (1)2.45×10^{25} m^{-3}; (2)1.30 $\text{kg}\cdot\text{m}^{-3}$; (3)$5.31\times10^{-26}$ kg; (4) 6.21×10^{-21} J. 2. $\dfrac{3\pi}{8}$. 5. $\dfrac{4}{\pi\ \bar{v}}$. 6. $\dfrac{1}{2}kT$. 7. 6.23 kJ;6.23 kJ;3.12 kJ;223 J. 8. 3.7×10^3 J;2.2×10^3 J;1.5×10^3 J. 9. 2.74×10^{-10} m. 10. (1)$\bar{\lambda}\propto p^{-1}$,$\bar{z}\propto p$; (2)$\bar{\lambda}\propto T$,$\bar{z}\propto T^{-\frac{1}{2}}$; (3)$\bar{\lambda}$不变,$\bar{z}\propto T^{\frac{1}{2}}$. 11. (1)$6.27\times10^9$ s^{-1}; (2)6.27×10^3 s^{-1}.

习题 5

1. 13.3 $\text{kg}\cdot\text{m}^{-3}$ 2. 3.5×10^{-2} m 3. 318 次 5. (1)$\Delta U=0$, $A=-786$ J, $Q=-786$ J. (2)$\Delta U=-1418$ J, $A=-567$ J, $Q=-1985$ J. (3)$\Delta U=906$ J, $A=-906$ J, $Q=0$. 6. 1.12×10^4 J. 7. 2.5×10^4 J, 6.3×10^3 J. 8. (1)0.015 m^3. (2)1.135×10^5 Pa. (3)239 J. 9. (1) 320 K. (2)20%. 10. (1)93 K. (2)46 K. 11. 13.3% 12. 1.25×10^4 J 13. 9.

习题 6

1. $\pm\sqrt{2}b/4$. 2. $\dfrac{q}{2\pi\varepsilon_0a^2\theta}\sin\dfrac{\theta}{2}$;$\dfrac{1}{4\pi\varepsilon_0}\dfrac{q}{a^2}$;$\dfrac{1}{4\pi\varepsilon_0}\dfrac{\Delta q}{q}$,其中$\Delta q=\dfrac{q}{2\pi}\cdot\Delta\theta$. 3. 0.72 $\text{V}\cdot\text{m}^{-1}$. 4. 6.75×10^2 $\text{V}\cdot\text{m}^{-1}$;$1.50\times10^3$ $\text{V}\cdot\text{m}^{-1}$. 5. 0;$1.7\times10^4$ $\text{V}\cdot\text{m}^{-1}$;$2.8\times10^4$ $\text{V}\cdot\text{m}^{-1}$. 6. 6.38×10^3 $\text{V}\cdot\text{m}^{-1}$;在 $x=$

$\pm\frac{R}{\sqrt{2}}$处，$6.95\times10^{-3}\ \text{m}\cdot\text{s}^{-1}$.　7. $q=\pm2.38\times10^{-8}$ C；$1.40\times10^{-3}\ \text{m}\cdot\text{s}^{-1}$.　8. $\frac{\sigma}{2\varepsilon_0}$；$\frac{\sigma}{2\varepsilon_0}\left[1-\frac{d}{(d^2+r_0^2)^{1/2}}\right]$；$\frac{\sigma}{2\varepsilon_0}\frac{d}{\sqrt{d^2+r_0^2}}$.　10. $\frac{k}{2\varepsilon_0}$.
11. (4) $\frac{q}{2}\left(1-\frac{x}{\sqrt{R^2+x^2}}\right)=\frac{q}{2}(1-\cos\alpha)$.　12. 0，$2.9\times10^3$ V；-2.9×10^{-6} J；2.9×10^{-6} J.　13. -9.02×10^5 C；$1.14\times10^{-12}\ \text{C}\cdot\text{m}^{-3}$.　14. $\frac{\sigma}{2\varepsilon_0}(\sqrt{R^2+x^2}-x)$；$\frac{-\sigma}{2\varepsilon_0}\left(\frac{x}{\sqrt{x^2+R^2}}-1\right)$.　15. $\frac{R}{4\pi\varepsilon_0}(\sqrt{L^2+y^2}-y)$；$\frac{k}{4\pi\varepsilon_0}\cdot\left(1-\frac{y}{\sqrt{L^2+y^2}}\right)$.　16. 1.49×10^4 V；1.86×10^4 V.　17. $-\frac{\sigma}{2\varepsilon_0}x$
18. $\frac{q}{4\pi\varepsilon_0 r_2}$；$-q\frac{r_1}{r_2}$；$-\frac{1}{4\pi\varepsilon_0}\frac{qr_1}{r_2}$.　19. (1) 1.0×10^{-7} C；2.0×10^{-7} C；(2) 2.3×10^3 V.　20. 6.7×10^2 V；0.　21. $\frac{\varepsilon_0 s}{d-t}$.　22. $\sigma_{A\cdot左}=\sigma_{B\cdot右}=\frac{1}{2s}(Q_A+Q_B)$，$\sigma_{A\cdot右}=-\sigma_{B\cdot左}=\frac{1}{2s}(Q_A-Q_B)$，$U_A-U_B=(Q_A-Q_B)\cdot d/2\varepsilon_0 s$.　23. (1)在 $r<R$ 处，$\boldsymbol{E}=0,\boldsymbol{D}=0$；在 $R<r<a$ 处，$\boldsymbol{E}=\frac{Q}{4\pi\varepsilon_0 r^3}\boldsymbol{r}$，$\boldsymbol{D}=\frac{Q}{4\pi r^3}\boldsymbol{r}$；在 $a<r<b$ 处，$\boldsymbol{E}=\frac{Q}{4\pi\varepsilon_0\varepsilon_r r^3}\boldsymbol{r}$，$\boldsymbol{D}=\frac{Q}{4\pi r^3}\boldsymbol{r}$；在 $r>b$ 处，$\boldsymbol{E}=\frac{Q}{4\pi\varepsilon_0 r^3}\boldsymbol{r}$，$\boldsymbol{D}=\frac{Q}{4\pi r^3}\boldsymbol{r}$.　(2) $\boldsymbol{p}=\frac{(\varepsilon_r-1)Q}{4\pi\varepsilon_r r^3}\boldsymbol{r}$，$\sigma_a'=\frac{(\varepsilon_r-1)Q}{4\pi\varepsilon_r a^2}$，$\sigma_b'=\frac{(\varepsilon_r-1)Q}{4\pi\varepsilon_r b^2}$.　(3) 在 $r\leqslant R$ 处，$U=\frac{Q}{4\pi\varepsilon_0}\left(\frac{1}{R}-\frac{\varepsilon_r-1}{\varepsilon_r a}+\frac{\varepsilon_r-1}{\varepsilon_r b}\right)$；在 $R\leqslant r\leqslant a$ 处 $U=\frac{Q}{4\pi\varepsilon_0}\left(\frac{1}{r}-\frac{\varepsilon_r-1}{\varepsilon_r a}+\frac{\varepsilon_r-1}{\varepsilon_r b}\right)$；在 $a\leqslant r\leqslant b$ 处，$U=\frac{Q}{4\pi\varepsilon_0\varepsilon_r}\left(\frac{1}{r}+\frac{\varepsilon_r-1}{b}\right)$；在 $r\geqslant b$ 处，$U=\frac{Q}{4\pi\varepsilon_0 r}$.　(6) $C=4\pi\varepsilon_0/\left[\left(\frac{1}{R}-\frac{1}{a}\right)+\frac{1}{\varepsilon_r}\left(\frac{1}{a}-\frac{1}{b}\right)\right]$.　24. 2 倍，$\frac{2\varepsilon_r}{1+\varepsilon_r}$倍.

25. $\ln\left(\frac{b}{a}\right)/\left[\ln\left(\frac{r_1}{a}\right)+\frac{1}{\varepsilon_r}\ln\left(\frac{r_2}{r_1}\right)+\ln\left(\frac{b}{r_2}\right)\right]$.　26. 1.6×10^{-2} C，4.0×10^{-2} C；800 V；2 J.　27. $120pF$，C_1、C_2 相继被击穿.　28. $Q^2/(8\pi^2\varepsilon r^2 l^2)$；$\frac{Q^2}{4\pi\varepsilon l r}\mathrm{d}r$；$Q^2/8\pi\varepsilon l\cdot\ln\left(\frac{b}{a}\right)$，可算出 $c=\frac{2\pi\varepsilon l}{\ln\left(\frac{b}{a}\right)}$.　29. $4\pi\varepsilon_0/$

$[\frac{1}{R_1}-\frac{1}{R_2}+\frac{1}{R_3}-\frac{1}{R_4}]$.　30. 1.8×10^{-4} J.

习题 7

1. $\frac{\mu_0}{\pi}\frac{Ia}{a^2+x^2}$；$x=0$.　2. 5.66×10^{-4} T.　3. 1.73×10^{-4} T，垂直纸面向外.　4. $j=\frac{Ne}{2\pi r^2}$；$B=0$.　5. 2.36×10^{-4} T.　6. 1.0×10^{-4} T；3.4×10^{-4} T.　7. 7.2×10^{-5} T.　8. 6.1×10^{-4} T；5.6×10^{-4} T.　9. $B_0=0$　10. 6.37×10^{-4} T　11. $\mu_0(i_0-i_1)/2$；$\mu_0(i_1+i_2)/2$.　12. $\frac{\sigma\mu_0 w}{2}\left[\frac{R^2+2x^2}{(R^2+x^2)1/2}-2x\right]$.　13. $\frac{1}{2}\mu_0 jd$.　14. $\mu_0 NI/4R$.　15. 2.2×10^{-6} Wb.　16. 0.24 Wb；0；0.24 Wb.　17. 0.20 A　18. 4.83 N，方向沿角平分线.　19. $2RIB$.　20. $\frac{1}{4}\mu_0 Rj$.　21. 1.2×10^{-2} N·m.　22. 0.35 N.　23. 8.3×10^{-3} N·m；4.8×10^{-3} J.　24. 3.2×10^{-16} N；0.　25. 3.7×10^{7} m·s^{-1}，6.2×10^{-6} J.　26. 2.8×10^{-2} T.　27. 3.3 T，沿水平方向，与速度方向垂直.　28. 1.7×10^{8} m·s^{-1}.　29. 7.57×10^{6} m·s^{-1}.　30. 22 V.　31. 7.9×10^{-2} N·m；7.9×10^{-2} J.　32. (2)29×10^{20} m^{-3}.

习题 8

1. 3×10^{-3} V.　3. 0.20 A.　4. $\frac{1}{2}B\omega(l_2^2-l_1^2)$.

5. $\frac{1}{2}\omega BR^2$；1.3 V；盘边电位高；反过来.　6. $(Blg\sin\theta\cos\theta)t$；$\frac{mgR\sin\theta}{Bl}[1-e^{-(\frac{B^2l^2}{mR}\cos\theta)t}]$.　7. 4.4×10^{7} m·s^{-2}，方向向左；4.4×10^{7} m·s^{-2}，方向向右；4.4×10^{7} m·s^{-2}，向上；0.　8. $(\frac{\pi}{8}-\frac{1}{4})B\omega r_0^2$，$\frac{\pi}{4}B\omega r_0^2$；$V_a=V_c$，$V_a>V_b$.　9. 3.04×10^{-4} V.　10. 0.66 V；1.32 V；0；0.62 C.
11. 10^{-3} C，10^{-4} Wb.　12. 5.0×10^{-4} V·m^{-1}；6.3×10^{-4} V·m^{-1}；3.1×10^{-4} V·m^{-1}.　13. 2.2×10^{2} T·s^{-1}.　14. 7.4×10^{-4} H；3.7 H.
15. 2.76×10^{-8} H；0.　16. 1.5 mH；5.0 mH.　17. $\sqrt{3}\,\mu_0/3\pi\left[(b+h)\ln\frac{b+h}{b}-h\right]$.　19. 100 J；0.247 s；238 J·s^{-1}，152 J·s^{-1}，390 J·s^{-1}.　20. 6.25×10^{-2} J，1.24×10^{3} J·m^{-3}.

习题 9

1. $2\pi\sqrt{\dfrac{m_1+m_2}{l}}$.　2. (1) $x=0.1\cos 2t$.　(2) $x=0.1\sqrt{2}\cos(2t+\dfrac{\pi}{4})$.　3. $35\ \mathrm{s^{-1}}$; 0.18 s; 0.02 m; $-\dfrac{\pi}{3}$.　4. (1) 0.36 s;　(2) $x=0.17\cos(17.5t-0.94)$.　5. (1) $x=0.02\cos(2\pi t+\dfrac{\pi}{4})$;　(2) 0, $0.126\ \mathrm{m\cdot s^{-1}}$, 0;　(3) 0.125 s.　6. $x_B=\dfrac{\sqrt{2}}{2}A$, $x_C=-\dfrac{\sqrt{2}}{2}A$.　7. $\dfrac{\pi}{3}$.　8. $x=A\cos(\dfrac{2\pi}{T}t-\dfrac{\pi}{3})$.　9. (1) $\dfrac{1}{4}E$, $\dfrac{3}{4}E$;　(2) $x=\pm\dfrac{\sqrt{2}}{2}A$.　10. (1) 4.0×10^{-3} J;　(2) 1.41×10^{-1} m;　(3) $5.66\times10^{-1}\ \mathrm{m\cdot s^{-1}}$;　(4) 1.0×10^{-3} J, 3.0×10^{-3} J.　11. 0.75 m, 330 m.　12. (1) 5.45×10^{2} m;　(2) 1.5×10^{-2} m;　(3) 1.63 m.　13. $y=0.03\cos\pi(t-20x)$.　14. (1) 1.2×10^{-3} m, 5×10^{4} Hz, 3.14×10^{-2} m, $1.57\times10^{3}\ \mathrm{m\cdot s^{-1}}$;　(2) 10 rad.　15. (1) $\dfrac{T}{4}$;　(2) $\dfrac{\lambda}{4}$;　(3) $\dfrac{\pi}{2}$;　(4) $18.8\ \mathrm{m\cdot s^{-1}}$.　16. 0.2 m, $250\ \mathrm{m\cdot s^{-1}}$, $2.5\ \pi\cdot\mathrm{s^{-1}}$, 1.25 Hz, 200 m, $1.57\ \mathrm{m\cdot s^{-1}}$.　18. $y=0.0201\cos(200t+0.97\pi)$.　19. (1) 9.2π, -0.04 m, $9.23\ \mathrm{m\cdot s^{-1}}$;　(2) 1.45 m.　20. (1) $0.1\times10^{-3}\cos(25\times10^{3}\pi t)$;　(2) $0.1\times10^{-3}\cos 25\times10^{3}\pi(t-\dfrac{x}{5\times10^{3}})$;　(3) $0.1\times10^{-3}\cos(25\times10^{3}\pi t-\dfrac{\pi}{2})$;　(4) $0.1\times10^{-3}\sin 5\pi x$.　21. $0.16\ \mathrm{J\cdot s^{-1}\cdot m^{-2}}$.　22. $6.2\times10^{-5}\ \mathrm{J\cdot m^{-3}}$, $0.31\ \mathrm{J\cdot s^{-1}\cdot m^{-2}}$.　23. $(10+n)m$, $n=0,\pm1,\pm2,\cdots,\pm9$.　24. $|A_1-A_2|$, A_1+A_2.　25. 0;　0.4×10^{-2} m.　26. (1) 0;　(2) $4I$.　27. $\lambda=\left|\dfrac{0.2}{2k-1}\right|$ m, $k=0,\pm1,\pm2,\cdots$.

习题 10

1. 560 nm.　2. 6.6 μm　3. 2.64 mm.　4. 10^{-4} rad.　5. 1.1786×10^{-6} m.　6. 1.53　7. 增高, 15.0 μm.　8. 100 nm.　9. 紫红, 蓝绿.　11. 697.1 nm, 0.999 m.　12. 1.22.　13. 0.172 mm.

14. 2.0 mm, 1.0 mm.　15. $\theta=30°$, 433 nm.　16. 0.25 m.　17. 0.144 m, 0.205 m.　18. 3, 5.　19. 588.　20. 1°34′, 3°8′; 33°6′, 不

存在.　21. $10°48'$.　22. 3.　23. 5.59×10^{-5} m,看不清.
24. 6 259.3 m.　25. 0.13 nm,0.097 nm.　26. 35.27°,54.73°.
27. 1∶3.　28. $\frac{1}{3}I_0,\frac{2}{3}I_0$.　29. 1.6.　30. 1.38.

习题 11

1. $-0.994\,c$.　2. $0.8\,c$.　3. c.　4. $(-8\times10^8$ m,0,0);
$-0.988\,c$.　5. $0.999\,c$.　6. 7.98×10^3 m.　7. 4.68 m.
8. 1.58 m,63.43°.　9. 32 min.　10. 60 m^2.　11. 1563 MeV,825 MeV,6.68×10^{-19} kg·m·s^{-1}.　12. 5.25×10^{-31} kg,4.73×10^{-13} J.

习题 12

1. 6.17×10^3 K.　2. 9.89 μm.　3. (1)4.42×10^{-19} J,1.47×10^{-27} kg·m·s^{-1};(2)0.48 eV;(3)520.0 nm.　4. (1)2.0 eV;(2)2.0 V;(3)296.0 nm.　5. 6.56×10^5 m·s^{-1}.　6. (1)2.76 eV;(2)2.52×10^{18} m^{-2}·s^{-1}.　8. (1)656.208 nm;(2)364.5 nm,656.1 nm.
10. 4.86×10^2 nm.　11. (1)8.68×10^{-12} m;(2)1.66×10^{-35} m.
12. 1.46×10^{-2} m·s^{-1},1.33×10^{-30} m·s^{-1}.　13. 7.3×10^6 m·s^{-1}.
14. 0.0866 nm.　15. 10^4 eV.　16. 8.57×10^{-4} nm.
18. 253.7 nm.

后 记

《普通物理》是为培养大学专科程度小学教师的五年制师范教育物理学课程而编写的教科书，其内容选取和深浅程度充分考虑了本科教学的特点。在编写过程中，编者充分注意到教学改革对物理教材的要求，以掌握概念、强化应用为教学重点，以必须够用为教学原则。书中着重经典物理学的讲授，对于近代物理学只作概略介绍；着重物理概念、物理结论以及物理意义的阐述，不求缜密的推导和论证。本书注意介绍物理学的思想和方法，在阐述物理学基本内容的同时，适当反映物理学规律的发现和发展过程，以体现理论来自实践、受实践检验的观点；在介绍物理学基本理论时，注意建立正确的物理模型，努力给出明晰的物理图像。

本书由淮阴师范学院詹佑邦、杨志红、边秋平编写。绪论和第一、二、三、四、五、九章由詹佑邦执笔，第十、十一、十二章由杨志红执笔，第六、七、八章由边秋平执笔，全书由詹佑邦负责统稿。

由于我们水平有限，书中必然存在不妥和错误之处，恳请广大读者批评指正。

编　者

2001年8月